運籌學

主編　董君成

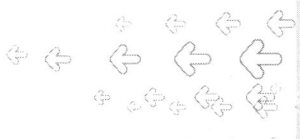

前言 Preface

運籌學是近幾十年來發展起來的一門新興學科,是管理科學和現代管理方法的重要組成部分,是一門運用數學方法研究各種系統優化問題,以決策支持為目標的學科。運籌學是基礎學科也是應用學科。它也是高等院校經濟管理類專業的一門重要的基礎課。因此,長期以來,運籌學一直被諸多專業列為核心課程,這體現了運籌學的重要性。

隨著中國經濟的發展,為了滿足教學改革的需要,同時考慮到經濟管理專業的特點,為方便經濟管理類專業的本科生及各類經濟管理工作者和科技人員,我們結合長期的運籌學教學實踐和理論研究組織編寫了這本經濟管理類專業普遍使用的《運籌學》教材。本書以線性規劃為重點,系統地介紹了基本概念、基本原理和基本方法,著重介紹經濟管理中比較實用的模型和方法,並配有每章課後習題以供學生練習。本書的例題盡量結合一些經濟管理中的實際問題,做到理論聯繫實際。同時,注意培養學生建立數學模型、求解數學模型,以及分析解答結果並進行經濟評估的能力。

本教材將理論與實踐相結合,全面系統地闡述了運籌學的基本理論、基礎知識和基本技能,結構明晰,資料新穎,內容完善,簡單明瞭,實用性強。本教材具有以下四個特點:

(1)將運籌學的知識點與管理實踐有機結合。重視管理運用,注重用實際案例分析運籌學的相關理論應用。

(2)力求準確把握重點,透析難點,簡明扼要,通俗易懂。每章後面有習題,便於學習和把握知識要點,提高學習功效。

(3)突出針對性與實用性。教材中每個知識點都配有經典例題,例題容量適度,解題分析簡繁適宜,解題過程盡可能清楚明確。同時,每章都附有針對性很強的配套練習題,有助於學生消化和吸收所學知識。

(4)力求理論聯繫實際。每章均附有案例,以指導學生學以致用,使學生感受到生活中運籌知識的運用無處不在,提高學生對該課程學習的興趣,以及運用運籌學知識分析和解決實際問題的能力。

本書各章的學時分配建議如下表所示:

Ⅱ　運　籌　學

教學內容	課時安排
緒論	2
第一章　線性規劃及單純形法	7
第二章　對偶理論與靈敏度分析	10
第三章　運輸問題	4
第四章　整數規劃	7
第五章　目標規劃	6
第六章　動態規劃	4
第七章　圖與網路分析	8
第八章　排隊論	7
第九章　存儲論	5
討論與案例：建議至少進行兩次課堂討論或案例分析	4
組織一次課外調研，以小組為單位提交研究報告	（不占用課堂教學時間）
進行實驗教學：用LINGO軟件求解運籌學模型	8
課時總計	72

　　本教材由董君成副教授擔任主編，劉尚俊、謝枰飛、朱葉和黃蕎丹擔任副主編。各章編寫分工如下：董君成編寫緒論、第二章、第五章、第七章；劉尚俊編寫第四章、第六章；謝枰飛編寫第三章；朱葉編寫第一章、第八章；黃蕎丹編寫第九章。全書由董君成負責大綱設計和總纂工作，並編寫了各章的習題及參考答案（以電子版的形式提供）；由謝枰飛負責公式編輯和排版工作。

　　在教材的編寫過程中，編者參閱了大量的文獻及相關資料，在此對相關文獻的作者表示誠摯的感謝。同時，本書的編寫與出版得到了學校領導和出版社多位老師的大力支持，在此一併表示感謝。

　　「讓教師好用，讓學生易學。」這是我們編寫本書奉行的宗旨，也希望能夠奉獻給廣大學生與讀者一本好書。但學海無涯，書中不足之處在所難免，希望同行專家和廣大讀者不吝賜教，多提寶貴意見。

編　者

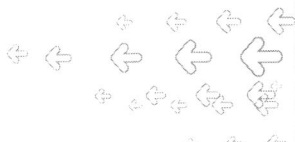

目 錄 Contents

緒論 ··· 1

第一章 線性規劃及單純形法 ································· 6
第一節 線性規劃問題及其數學模型 ······················· 6
第二節 線性規劃問題解的基本理論 ······················· 10
第三節 單純形法 ·· 14
第四節 單純形法的進一步討論 ····························· 22
第五節 線性規劃應用舉例 ··································· 27
思考與練習 ··· 30

第二章 對偶理論與靈敏度分析 ································· 33
第一節 線性規劃的對偶問題及其數學模型 ············· 33
第二節 線性規劃的對偶理論 ······························· 36
第三節 對偶單純形法 ·· 40
第四節 對偶問題的經濟意義 ······························· 42
第五節 靈敏度分析 ··· 45
第六節 參數線性規劃 ·· 56
思考與練習 ··· 61

第三章 運輸問題 ··· 64
第一節 運輸問題及其數學模型 ···························· 64
第二節 運輸問題的表上作業法 ···························· 75
第三節 運輸問題的應用 ····································· 86
思考與練習 ··· 93

第四章 整數規劃 ··· 95
第一節 整數規劃問題及其數學模型 ······················ 95

第二節　整數規劃問題的求解方法 …… 99
第三節　0-1 型整數規劃問題求解 …… 106
第四節　分配問題與匈牙利法 …… 116
思考與練習 …… 127

第五章　目標規劃 …… 130

第一節　目標規劃的數學模型 …… 130
第二節　目標規劃的求解及靈敏度分析 …… 134
第三節　多目標決策 …… 151
第四節　層次分析法 …… 163
思考與練習 …… 175

第六章　動態規劃 …… 179

第一節　動態規劃的基本概念和基本原理 …… 179
第二節　動態規劃模型的建立與求解 …… 186
第三節　動態規劃在經濟管理中的應用 …… 193
思考與練習 …… 207

第七章　圖與網路分析 …… 209

第一節　圖與網路的基本概念 …… 209
第二節　最短路問題 …… 218
第三節　最大流問題 …… 230
第四節　最小費用流問題 …… 238
第五節　中國郵遞員問題 …… 242
思考與練習 …… 247

第八章　排隊論 …… 249

第一節　排隊論概述 …… 249
第二節　排隊論常用分佈 …… 255
第三節　基本的排隊模型 …… 265
第四節　排隊系統的經濟分析 …… 277
思考與練習 …… 281

第九章　存儲論 …… 284

第一節　存儲模型概述 …… 284
第二節　確定型存儲模型 …… 287
第三節　隨機型存儲模型 …… 297
思考與練習 …… 304

參考文獻 …… 307

緒 論

　　運籌學又稱管理科學,是運用科學的方法研究管理和工程中各種決策問題,為決策者提供科學的決策依據的學科。其主要研究方法是將實際問題定量化和模型化,運用數學、統計學、計算機科學和工程學等學科的原理和技術研究各種組織系統的管理問題與生產經營活動,以求得一個合理的運用資源的最優方案,達到系統效益的最優化。它是現代管理中重要的理論基礎和不可缺少的方法之一,已廣泛應用於工業、農業、國防等各個領域。

一、運籌學的產生及發展

　　運籌學的早期工作及其歷史可以追溯到 1914 年,蘭徹斯特(Lanchester)提出軍事運籌學的戰鬥方程,而存儲論的最優批量公式是在 20 世紀 20 年代初提出來的。列溫遜在 20 世紀 30 年代已經用運籌學思想分析商業廣告和顧客心理。運籌學的活動是從第二次世界大戰初期的軍事任務開始的,由於當時迫切需要將各種稀少的資源以有效的方式分配給各種不同的軍事活動團體,因此英國和美國等軍事管理當局號召科學家運用科學手段來處理戰略與戰術問題。在第二次世界大戰期間,運籌學成功地解決了許多重要的作戰問題,顯示了其巨大的威力。

　　在 20 世紀 30 年代末,運籌學正式作為科學名字出現。英國防空部門考慮如何布置防空雷達,建立有效的防空預警系統。雖然從技術上是可行的,但是實際運用時並不可行。為此,一些科學家研究如何合理運用雷達開始進行一類新問題的研究。因為它與研究技術問題不同,所以被稱為「運用研究」(operational research)。為了進行運籌學研究,在英、美的軍隊中成立了一些專門小組,對護航艦隊保護商船隊的編隊問題和當船隊遭受德國潛艇攻擊時,如何使船隊損失最少等問題進行了研究。在研究了反潛深水炸彈的合理爆炸深度後,德國潛艇被摧毀數增加了 400%。他們還研究了船只在受敵機攻擊時,大船應急轉向和小船應緩慢轉向的逃避方法。研究結果使船只在受敵機攻擊時,中彈比例由 47% 下降到 29%。當時研究和解決的問題都是短期的和戰術性的。第二次世界大戰後,在英、美軍隊中相繼成立了更為正式的運籌學研究組織,以蘭德公司(RAND)為首的一些公司開始著重研究戰略性問題、未來的武器系統的設計和其可能合理運用的方法。

　　但是,運籌學作為一門科學,是在第二次世界大戰後期才形成的。在戰後的工業恢復時期,由於企業組織內與日俱增的複雜性和專業化所產生的問題,運籌學進入工商企業和其他部門,並在 20 世紀 50 年代以後得到了廣泛的應用。其中,系統配置、聚散、競爭、優化的運用機理得到深入的研究和廣泛的應用,形成了一套較完備的理論,如規劃論、排隊論、存儲論、決策論等。許多國家相繼成立了專門的運籌學會:1948 年英國成立運籌學學會,1952 年美國成立運籌學學會,1957 年國際運籌學協會成立。至 1986 年,全世界已有 38 個國家和地區成立了運籌學學會或類似的組織。

运筹学的原意是「运用研究」「操作研究」「作业研究」或「作战研究」。中文译名「运筹学」出自《史记·高祖本纪》中刘邦的一句话:「夫运筹於帷幄之中,决胜於千里之外。」借用其中的「运筹」作为 OR 的中文译名十分恰当,因为运筹学不单单只有数学,还含有决策、规划等其他相关学科的内容。这也表明中国早已有运筹学的萌芽。

20 世纪 50 年代中期,钱学森、许国志等教授将运筹学由西方引入中国,并结合中国的特点在国内推广应用。在经济数学方面,特别是投入产出表的研究和应用开展较早。质量控制(後改为质量管理)的应用也很有特色。以华罗庚教授为首的一大批数学家加入运筹学的研究队伍,使运筹数学的很多分支很快跟上当时的国际水平。

中国於 1956 年由中国科学院成立了运筹学小组,并於 1980 年成立了运筹学学会。虽然运筹学的概念起源於欧美国家,但是在学科研究方面,中国并不落後。20 世纪 50 年代中期,著名数学家华罗庚等老一辈科学家对此做出了突出贡献。20 世纪六七十年代,华罗庚的「优选法」和「统筹方法」被各部门采用,取得很好的经济效果,受到中央领导的好评。改革开放以来,运筹学的应用更为普遍,如运用线性规划进行全国范围的粮食、钢材的合理调运和广东省内的水泥合理调运等,同时简单易行的「图上作业法」也发挥了作用。运筹学方法在企业管理中的应用取得了明显的经济效益,提高了企业的管理水平,受到企业决策层和主管部门的重视。

到 20 世纪 60 年代,除军事方面的应用研究以外,运筹学相继在工业、农业、经济和社会等各领域都有应用。与此同时,运筹学有了飞速的发展,并形成了运筹学的许多分支,如数学规划(线性规划、非线性规则、整数规划、目标规划、动态规划、随机规划等)、图论与网路、排队论(随机服务系统理论)、存储论、对策论、决策论、维修更新理论、搜索论、可靠性和质量管理等。

二、运筹学的性质和特点

运筹学是一门应用科学,至今还没有统一且确切的定义。有以下几个定义来说明运筹学的性质和特点。莫斯(P. M. Morse)和金博尔(G. E. Kimball)对运筹学下的定义是:「为决策机构在对其控制下业务活动进行决策时,提供以数量化为基础的科学方法」。定义首先强调的是科学方法。它不单是某种研究方法的分散和偶然的应用,而是可用於整个一类问题上,并能传授和有组织地活动。它强调以量化为基础,必然要用数学。但任何决策都包含定量和定性两方面,而定性方面又不能简单地用数学表示,如政治、社会等因素,只有综合多种因素的决策才是全面的。运筹学工作者的职责是为决策者提供可以量化的分析,指出那些定性的因素。另一定义是:「运筹学是一门应用科学,它广泛应用现有的科学技术知识和数学方法,解决实际中提出的专门问题,为决策者选择最优决策提供定量依据。」此定义表明运筹学具有多学科交叉的特点,如综合运用经济学、心理学、物理学、化学中的一些方法。运筹学强调最优决策,在实际生活中往往用次优、满意等概念代替最优。因此,运筹学的又一定义是:「运筹学是一种给出问题坏的答案的艺术,否则问题的结果会更坏。」运筹学是一门应用科学,它广泛应用现有的科学技术知识和数学方法来解决实际问题。

运筹学研究的对象是经济、军事及科学技术等活动中能用数量关系描述的有关决策、筹划与管理等方面的问题。运筹学著重以管理、经济活动方面的问题及解决这些问题的原理方法作为研究对象。

运筹学发展到今天,内容已相当丰富,分支也很多,主要包括线性规划、整数规划、目标规划、多目标规划、非线性规划、动态规划、图论、决策论、对策论、排队论、存储论、可靠性与质量管理、层次分析法等。显然,运筹学具有多学科交叉的特点,是跨学科的应用科学。

由於运筹学具有广泛的应用性,为了有效地应用运筹学,英国前运筹学会会长汤姆林森(Tomlinson)提出了以下六条原则:

(1) 合作原则:运筹学的应用要和各方面的人士尤其是与企业界合作。

(2) 催化原则:在多学科共同解决某问题时,要引导人们改变一些常规的看法。

(3) 互相滲透原則：要求多部門彼此滲透地考慮問題，而不是只局限於本部門。
(4) 獨立原則：在研究問題時，不應受某人或某部門的特殊政策所左右，應獨立工作。
(5) 寬容原則：解決問題的思路要寬，方法要多，而不是局限於某種特定的方法。
(6) 平衡原則：要考慮各種矛盾的平衡和關係的平衡。

總之，應用運籌學要集思廣益，取長補短，靈活運用，積極進取。

運籌學借助於模型，用定量分析的方法或採取定量與定性分析相結合的方法，合理地解決實際問題，廣泛應用於工商企業、軍事部門、民政事業等研究組織內的統籌協調問題，故其應用不受行業和部門的限制。運籌學在研究問題方面具有以下特點：

(1) 運籌學研究和解決問題的基礎是最優化技術，並強調系統整體最優。運籌學針對研究的實際問題，從系統的觀點出發，以整體最優為目標，研究各組成部分的功能及其相互間的影響關係，解決各組成部門之間的利害衝突，求出使所研究問題達到最佳效果的解，並尋找一個最好的行動方案並付諸實踐。

(2) 運籌學研究和解決問題的優勢是應用各學科交叉的方法，具有綜合性。運籌學從一開始就是由不同學科專長、多方面專家經過共同協作與集體努力而獲得的成果。現在，研究對象的複雜性和多因素性，決定了運籌學內容的跨學科性、交叉滲透性和綜合性。運籌學既對各種經營活動進行創造性的科學研究，又涉及組織的實際管理問題，具有很強的實踐性，最終能向決策者提供建設性意見，並收到實效。

(3) 運籌學研究和解決問題的方法具有顯著的系統分析特徵，其各種方法的運用，幾乎都需要建立數學模型和利用計算機進行求解。可以說現在及今後，沒有計算機的發展就沒有運籌學的發展。計算機的發展使許多運籌學方法得以實現和發展。目前，已有不少可以求解運籌學各種問題的成熟軟件，如 MATLAB、QSB、MATHEMATICA、LINDO、LINGO 等。

(4) 運籌學研究和解決問題的效果具有連續性。一方面，用運籌學獲得的解或最優方案，不可能在同一時間內將所有相關的問題全部解決；另一方面，一旦發現有新的情況或問題，必須對原有模型進行修正或輸入新的數據，以調整原來的解決方案。因此，只有通過連續研究才能獲得新的、更好的效果。

(5) 運籌學具有強烈的實踐性和應用的廣泛性。運籌學的目的在於解決實際問題。它所使用的全部假設和數學模型無非都是解決實際問題的工具，有助於解決各種經濟活動和管理問題，最終能向決策者提供建設性方案並收到實效。因此，它的應用並不受行業和部門的限制，已被廣泛應用於工商企業、軍事部門、服務行業和經濟管理部門。

三、運籌學的模型和研究方法

運籌學研究和解決問題的核心是正確建立和使用模型。通常模型可以認為是客觀世界或現實系統的代表或抽象，是幫助人們認識、分析和解決實際問題的有力工具。人們在管理工作或其他工作中，為了研究某些問題的共性以有助於解決實際問題，經常使用一些文字、數字、符號、公式、圖表及實物，用以描述客觀事物的某些特徵和內在聯繫，從而表示或解釋某一系統的過程，這就是模型。它具有如下功能：

(1) 模型是現實問題某一主要方面的描述或抽象，比現實本身簡單和概括，使人易於認識、理解和操作。

(2) 模型是由與研究實際問題有關的主要因素構成的，表明了這些因素的相互關係，從而能夠更簡明地揭示問題的本質。

(3) 通過模型可以進行試驗，用以分析和預測所研究事物或系統的特徵及性質，尤其在研究工業系統、工程優化設計、政府或社會系統的最優管理或運行的問題時十分必要，因為這樣可以避免由於真實對象的干預所導致的風險。

(4)利用模型可以在相對短的時間內獲得所研究問題的結果,特別是在研究一個複雜問題時,利用模型,使研究者不必真的實現計劃即可改變其參數,從而不必等待一段較長的時間就可以得到問題的答案。

(5)利用模型可以根據過去和現在的信息進行預測,並可用來培訓教育人才。

模型有三種基本形式:形象模型、模擬模型及符號或數學模型,目前用得最多的是符號或數學模型。數學模型是將現實系統或問題中的有關參數和因素及其相互關係歸納成一個或一組數學表達式,並可以用一定的分析和計算方法進行求解,以實現反應現實系統變化規律的主要目標。

運籌學中所使用的數學模型,一般是由決策變量、約束或限制條件及目標函數所構成的,其實質表現為在約束條件允許的範圍內,尋求目標函數的最優解。其中,決策變量又稱為可控變量,是模型所代表的系統中受到控制或能夠控制的變量,在模型中表現為未知參數,對模型進行分析研究,最後就是通過選定決策變量來實現其最優解;約束條件即決策變量客觀上必須滿足的限制條件,反應出實際問題中不受控制的系統變量或環境變量對受控製的決策變量的限制關係;目標函數是模型所代表的性能指標或有效性的宏觀度量,在模型中表現為決策變量的函數,反應了實際問題所要達到的理想目標。

數學模型的一般形式可表述為:

$$\max(\min) z = f(x_1, x_2, \cdots, x_n)$$
$$\text{s.t.} \begin{cases} g_i(x_1, x_2, \cdots, x_n) \leqslant (\geqslant, =) 0 & i = 1, 2, \cdots, m \\ h_j(x_1, x_2, \cdots, x_n) = 0 & j = 1, 2, \cdots, n \end{cases}$$

式中,$x_j(j=1,2,\cdots,n)$為決策變量;z為目標函數;$g_i(x_1,x_2,\cdots,x_n) \leqslant 0$ 和 $h_j(x_1,x_2,\cdots,x_n)=0$ 為約束條件。

針對實際問題所建立的運籌學模型,一般應滿足兩個基本要求:一是要能完整地描述所研究的系統,以便能代替現實供人們分析研究;二是要在適合研究問題的前提下,模型盡量簡單,但要實現這些要求,在開始建模時,往往不容易做到,而且選擇什麼樣的模型和確定建立模型的範圍,在開始階段也很難判斷,需要有豐富的實踐經驗和熟練的技巧,並經多次修改,最後才能確定下來。

運用運籌學方法分析和解決問題,作為一個過程實際上是一個科學決策的過程。這個過程的核心是建立運籌學模型和對模型進行分析、求解。正確地進行這個過程一般要經過如下步驟:

(1)提出並形成問題。要解決問題,首先需要提出問題,弄清問題的目標,明確問題的實質及關鍵所在,明確可能的約束、問題的可控變量及有關參數,收集有關資料,深入調查和分析,確定問題的界限,選準問題的目標。

(2)建立模型。運籌學模型是一個能有效地達到一定目標(或多個目標)的系統,因此,目標一經認定,就要用數學語言描述問題,建立目標函數,把問題中的可控變量和目標與約束之間的關係用一定的模型表示出來。

(3)分析並求解模型。根據所建模型的性質及數學特徵,選擇適當的求解方法,用各種手段(主要是數學方法,也可用其他方法)求解模型。解可以是最優解、次優解、滿意解。複雜模型的求解需用計算機,解的精度要求可由決策者提出。

(4)解的檢驗並評價模型。模型分析和計算得到結果後,尚需按照它能否解決實際問題,主要考慮達成目標的情況,選擇合適的標準,檢查求解步驟和程序有無錯誤,然後檢查解是否反應現實問題。

(5)應用或實施模型的解。經過反覆檢查以後,最終應用或實施模型的解,就是提供給決策者解決問題所需要的有科學依據的數據、信息或方案,以輔助決策者在處理問題時做出正確的決策和行動方案。在解決實施中可能產生的問題時,以上過程應反覆進行。

近幾十年來,運籌學模型已廣泛應用於許多領域。在軍事、交通運輸及國民經濟各部門的資源分配與管理、工程優化設計、市場預測與分析、生產計劃管理、庫存管理、計算機與管理信息系統等諸

多領域都有重要的應用成果出現。

運籌學模型的應用越來越受到重視。美國的杜邦公司在 20 世紀 50 年代就非常重視運籌學在廣告工作、產品評價和新產品開發方面的應用；通用電氣公司還對某些市場進行了模擬研究；西電公司將庫存理論與計算機的物質管理信息相結合，取得了顯著的成效。

在中國，為解決糧食部門的合理運輸問題，數學家萬哲先提出「圖上作業法」；在解決郵遞員合理投遞路線的問題時，管梅谷教授提出了國外稱為「中國郵路問題」的解法。排隊論應用於礦山、港口、電信及計算機設計等方面；圖論用於線路布置、計算機設計和網路流量控製問題；存儲論在應用汽車工業等方面也獲得了成功。運籌學目前已趨向研究和解決規模更大、更複雜的問題，並與系統工程緊密結合。這門學科今後必將在中國的科學技術現代化和管理現代化進程中發揮巨大的作用。

四、運籌學的發展趨勢

運籌學到 20 世紀 70 年代已形成一系列強有力的分支，數學描述相當完善。這一點使不少運籌學界的前輩認為，有些專家鑽進運籌學的深處，而忘掉了運籌學的原有特色，忽略了多學科的橫向交叉聯繫和解決實際問題的研究。有些人只迷戀於數學模型的精巧、複雜化，使用高深的數學工具，而不善於處理大量新的不易解決的實際問題。現代運籌學工作者面臨的大量新問題是經濟、技術、社會、生態和政治等因素交叉在一起的複雜系統。因此，20 世紀 70 年代末至 20 世紀 80 年代初，不少運籌學家提出：要注意研究大系統，注意與系統分析相結合。美國科學院國際開發署寫了一本書，其書名就把系統分析和運籌學並列。有運籌學家提出了「要從運籌學到系統分析」的報告。由於研究新問題的時間範圍很長，因此必須與未來學緊密結合。由於面臨的問題大多涉及技術、經濟、社會、心理等綜合因素的研究，在運籌學中除常用的數學方法以外，還引入了一些非數學的方法和理論。曾在 20 世紀 50 年代寫過《運籌學的數學方法》的美國運籌學家薩蒂(T. L. Saaty)，在 20 世紀 70 年代末提出了層次分析法(Analytic Hierarchy Process，AHP)，並認為過去過分強調精巧的數學模型，但它很難解決那些非結構性的複雜問題。而使用看起來簡單和粗糙的方法，加上決策者的正確判斷，卻能解決實際問題。切克蘭德(P. B. Checkland)把傳統的運籌學方法稱為「硬系統思考」。它適用於解決那種結構明確的系統及戰術和技術性問題，而對於結構不明確的，有人參與活動的系統就不太勝任了。這時應採用軟系統思考方法，相應的一些概念和方法都應有所變化。在 20 世紀 80 年代中一些與運籌學有關的重要國際會議中，大多數學者認為決策支持系統是運籌學發展的一個好機會。到 20 世紀 90 年代和 21 世紀初期，出現了兩個很重要的趨勢。一個是軟運籌學的崛起，其主要發源地是英國。1989 年，英國運籌學學會開了一個會議，後來由羅森漢特(J. Rosenhead)主編了一本論文集，其被稱為運籌學的「聖經」。裡面提到了不少新的屬於軟運籌的方法，如軟系統方法論(SSM；Checkland)、戰略假設表面化與檢驗(SAST；Mason & Mitroff)、戰略選擇(SC；Friend)、問題結構法(PSM；Bryant & Rosenhead)、超對策(hypergame；Benett)、亞對策(Metagame；Howard)、戰略選擇發展與分析(SODA；Eden)、生存系統模型(VSM；Beer)、對話式計劃(IP；Ackoff)、批判式系統啟發(CSH；Ulrich)等。2001 年，該書出版修訂版，增加了很多實例。另一個趨勢是與優化有關的，即軟計算。這種方法不追求嚴格最優，具有啟發式思路，並借用來自生物學、物理學和其他學科的思想。其中較著名的有遺傳算法(GA；Holland)、模擬退火(SA；Metropolis)、神經網路(NN)、模糊邏輯(FL；Zadeh)、進化計算(EC)、禁忌算法(TS)、蟻群化(ACO；Dorigo)等。國際上已有世界軟計算協會，2004 年召開第 9 屆國際會議(都是在網路會議)，並且有雜誌 *Applied soft computing*。此外，在一些老的分支方面也出現了新的亮點，如線性規劃中的內點法、圖論中的無標度網路(scale-free network)等。總之，運籌學還在不斷發展中，新的思想、觀點和方法也在不斷地出現。

第一章

線性規劃及單純形法

線性規劃(Linear Programming,LP)是運籌學的一個重要分支。最早研究這方面問題的是蘇聯數學家康托洛維奇(Л. В. Канторвоич)。他在1939年所著的《生產組織與計劃中的數學方法》一書中,首次提出了線性規劃問題。此後,美國學者希區柯克(F. L. Hitchcock,1941)和柯普曼(T. C. Koopman,1947)又獨立地提出了運輸問題這類特殊的線性規劃問題。1947年,當時正在美國空軍擔任數學顧問的丹捷格(G. B. Dantzig)提出了線性規劃問題的一般解法——單純形法,並於1953年提出「改進單純形法」,以解決計算機求解過程中的舍入誤差問題,為線性規劃的發展奠定了基礎。隨著電子計算機的發展,線性規劃已廣泛應用於工業、農業、商業、交通運輸、經濟管理和國防等各個領域,成為現代化管理的有力工具之一。

第一節　線性規劃問題及其數學模型

一、問題的提出

從管理的角度來看,任何一個企業可供利用的資源(包括人力、物力和財力等)都是有限的。如何合理地利用和調配人力、物力,如何充分發揮現有資金和設備能力,不斷提高生產效率,使企業獲得最大的效益;或者在既定任務的條件下,如何統籌安排,盡量做到用最少的人力、物力和財力資源去完成這一任務,這些都是企業決策者和管理人員十分關心的問題。其實這是一個問題的兩個方面,就是在一定資源限制的條件下,最優決策的問題,也是線性規劃所要研究的問題,如資源合理利用問題、生產的組織與計劃問題、合理下料問題、配料問題、選址問題、作物的合理佈局問題、運輸問題、人員的分配問題和投資項目的合理選擇問題等。下面通過管理中的幾個實例來說明這類問題,並建立它們的數學模型。

【例 1-1】(生產計劃問題)　某企業利用 A、B、C 三種資源,在計劃期內生產甲、乙兩種產品。已知生產單位產品的資源消耗、單位產品利潤等如表 1-1 所示,問如何安排生產計劃可使企業利潤最大?

為了建立此問題的數學模型,首先要選定決策變量,即決策人可以控制的因素。設 x_1, x_2 分別代表甲、乙兩種產品的生產數量(件),z 表示企業的總利潤。依題意,問題可轉換成求變量 x_1, x_2 的值,使總利潤最大,即

$$\max z = 50x_1 + 100x_2$$

稱 $\max z = 50x_1 + 100x_2$ 為目標函數。

表 1-1　產品、資源信息

資源	產品 甲	產品 乙	資源限制 /斤克
A	1	1	300
B	2	1	400
C	0	1	250
單位產品利潤 (元/件)	50	100	

同時滿足甲、乙兩種產品所消耗的 A、B、C 三種資源的數量不能超過它們的限量，即可分別表示為：

$$x_1+x_2 \leqslant 300 \text{（對資源 A 的限制）}$$
$$2x_1+x_2 \leqslant 400 \text{（對資源 B 的限制）}$$
$$x_2 \leqslant 250 \text{（對資源 C 的限制）}$$

稱上述三式為約束條件。此外，一般實際問題都要滿足非負條件，即 $x_1 \geqslant 0, x_2 \geqslant 0$。這樣有

$$\max z = 50x_1 + 100x_2$$
$$\text{s. t.} \begin{cases} x_1+x_2 \leqslant 300 \\ 2x_1+x_2 \leqslant 400 \\ x_2 \leqslant 250 \\ x_1, x_2 \geqslant 0 \end{cases}$$

該模型稱為上述生產計劃問題的數學模型。其中，s. t. 是 subject to 的縮寫，意思為「受約束於」，這類問題通常稱為資源的合理利用問題。

【例 1-2】 假定現有一批某種型號的圓鋼，長 8 厘米，需要截取長 2.5 厘米的毛坯 100 根，長 1.3 厘米的毛坯 200 根，問應該怎樣選擇下料方式，才能既滿足需要，又使總的用料最少？

根據經驗可知，可先將各種可能的搭配方案列出來，如表 1-2 所示。

表 1-2　毛坯下料情況表

毛坯型號	方案 Ⅰ	方案 Ⅱ	方案 Ⅲ	方案 Ⅳ	需要根數
2.5 厘米	3	2	1	0	100
1.3 厘米	0	2	4	6	200

決策變量 $x_j (j=1,2,3,4)$ 表示第 j 種方式所用的原材料根數，則問題的數學模型可歸結為：

$$\min z = x_1 + x_2 + x_3 + x_4$$
$$\text{s. t.} \begin{cases} 3x_1 + 2x_2 + x_3 \geqslant 100 \\ 2x_2 + 4x_3 + 6x_4 \geqslant 200 \\ x_j \geqslant 0 (j=1,2,3,4) \end{cases}$$

該模型稱為合理配料問題。

二、線性規劃問題的數學模型

1. 建立線性規劃模型的基本步驟

上面我們從經濟管理領域中建立了兩個實際問題，這些問題都屬於一類優化問題，下面介紹建立實際問題線性規劃模型的基本步驟。

（1）確定決策變量。x_j 或 $x_{ij} (i=1,2,\cdots,m; j=1,2,\cdots,n)$ 的取值一般為非負，這是很關鍵的一

步。決策變量選取得當,不僅會使線性規劃的數學模型建立得容易,而且比較方便求解。

(2) 確定決策變量的約束條件,並用決策變量的線性等式或不等式來表示,從而得到約束條件。一般可用表格形式列出所有的限制數據,然後根據所列出的數據寫出相應的約束條件,以避免遺漏或重複所規定的限制要求。

(3) 在滿足約束條件的前提下,把實際問題所要達到的目標用決策變量的線性函數來表示,得到目標函數,並確定是求最大值還是最小值。

具備以上三個要素的問題稱為線性規劃問題。簡單說,線性規劃問題就是求一個線性目標函數在一組線性約束條件下的極值問題。線性規劃問題的數學模型分為一般形式和標準形式兩種,下面分別介紹,並討論它們之間的轉化。

2. 線性規劃問題的一般形式

線性規劃問題的一般形式為:求一組變量 $x_j(j=1,2,\cdots,n)$,使得

$$\max(\min) z = c_1 x_1 + c_2 x_2 + \cdots c_n x_n \tag{1-1}$$

$$\text{s. t.} \begin{cases} a_{11}x_1 + a_{12}x_2 + \cdots a_{1n}x_n \geqslant (=,\leqslant) b_1 \\ a_{21}x_1 + a_{22}x_2 + \cdots a_{2n}x_n \geqslant (=,\leqslant) b_2 \\ \cdots\cdots\cdots\cdots\cdots\cdots\cdots\cdots\cdots\cdots\cdots\cdots \\ a_{m1}x_1 + a_{m2}x_2 + \cdots a_{mn}x_n \geqslant (=,\leqslant) b_m \end{cases} \tag{1-2}$$

$$x_j \geqslant 0 (j=1,2,\cdots,n) \tag{1-3}$$

其中 $a_{ij}, b_i, c_j (i=1,2,\cdots,m; j=1,2,\cdots,n)$ 為已知常數;式(1-1)為目標函數;式(1-2)和(1-3)為約束條件,特別稱式(1-3)為非負約束條件。

以上給出的是線性規劃問題的一般形式。對於不同的問題而言,目標函數可以求極大值或求極小值;約束條件可以是線性不等式組,或線性等式組,或者既有等式又有不等式;變量可以有非負限制,也可以沒有。為了研究問題,現將線性規劃問題統一寫成如下的標準形式。

3. 線性規劃問題的標準形式

線性規劃問題的標準形式為:

$$\max z = c_1 x_1 + c_2 x_2 + \cdots c_n x_n \tag{1-4}$$

$$\text{s. t.} \begin{cases} a_{11}x_1 + a_{12}x_2 + \cdots a_{1n}x_n = b_1 \\ a_{21}x_1 + a_{22}x_2 + \cdots a_{2n}x_n = b_2 \\ \cdots\cdots\cdots\cdots\cdots\cdots\cdots\cdots\cdots\cdots \\ a_{m1}x_1 + a_{m2}x_2 + \cdots a_{mn}x_n = b_m \end{cases} \tag{1-5}$$

$$x_j \geqslant 0 (j=1,2,\cdots,n) \tag{1-6}$$

並且假設 $b_i \geqslant 0 (i=1,2,\cdots,m)$,否則將方程兩邊同乘以 -1,將右端常數化為非負數,並稱為 LP 問題,LP 問題還可以用以下幾種形式來表示。

(1) 簡寫形式:

$$\max z = \sum_{j=1}^{n} c_j x_j$$

$$(\text{LP}) \text{ s. t.} \begin{cases} \sum_{j=1}^{n} a_{ij} x_j = b (i=1,2,\cdots,m) \\ x_j \geqslant 0 (j=1,2,\cdots,n) \end{cases}$$

(2) 矩陣形式:

$$\max z = CX$$

$$(LP) \text{ s. t.} \begin{cases} AX = b \\ X \geqslant 0 \end{cases}$$

(3) 向量形式：

$$\max z = CX$$

$$(LP) \text{ s. t.} \begin{cases} \sum_{j=1}^{n} p_j x_j = b \\ x_j \geqslant 0 (j = 1, 2, \cdots, n) \end{cases}$$

其中，$C = (c_1, c_2, \cdots, c_n)$ 為行向量，也是目標函數的係數，又稱價值係數，C 為價值向量；$X = (x_1, x_2, \cdots, x_n)^T$ 為決策變量，X 為決策向量；$b = (b_1, b_2, \cdots, b_n)^T$ 為資源變量，b 為資源向量；$p = (a_{1j}, a_{2j}, \cdots, a_{mj})^T$ 為 A 的第 j 列向量；A 為約束條件的係數矩陣，簡稱約束矩陣，又稱技術係數，是 $m \times n$ 維繫數矩陣，一般有 $m < n$。

$$A = (p_1, p_2, \cdots, p_n) = \begin{bmatrix} a_{11} & a_{12} & \cdots & a_{1n} \\ a_{21} & a_{22} & \cdots & a_{2n} \\ \cdots & \cdots & \cdots & \cdots \\ a_{m1} & a_{m2} & \cdots & a_{mn} \end{bmatrix}$$

(4) 集合形式：

$$\max_{X \in R} CX; 其中 R = \{X \mid AX = b, X \geqslant 0\}$$

線性規劃問題的標準形式具有如下特徵：

(1) 目標函數為求極大值（也可用求極小值問題作為標準形式，本書以討論極大值問題為主）。

(2) 所有的約束條件（非負的約束條件除外）都是等式，即它們是由含有 n 個未知數（決策變量）的 m 個方程組成的線性方程組，且右端常數均為非負。

(3) 所有的決策變量均非負。

規定線性規劃問題的標準形式的目的是便於理論分析和書寫。任何非標準形式的線性規劃問題都可以化為標準形式，具體有以下幾種處理方式：

(1) 目標函數的轉換。如果問題的目標函數是求極小值，即 $\min z = \sum_{j=1}^{n} c_j x_j$，則可將目標函數乘以 -1 而化為求極大值的問題，這樣處理所得線性規劃問題的最優解保持不變。

(2) 約束條件的轉換。約束條件為「$\leqslant$」時，則約束條件左式加上非負的松弛變量 x_{n+i}，將約束條件 $\sum a_{ij} x_j \leqslant b_i$ 變為等式約束，即 $\sum a_{ij} x_j + x_{n+i} = b_i$；約束條件為「$\geqslant$」時，則約束條件左式減去非負的剩餘變量 x_{n+i}，將約束條件 $\sum a_{ij} x_j \geqslant b_i$ 變為等式約束 $\sum a_{ij} x_j - x_{n+i} = b_i$。

(3) 變量的轉換。若 $x_k \leqslant 0$，則 $-x_k \geqslant 0$；若 x_k 為無限制，則令 $x_k = x'_k - x''_k$，其中 $x'_k, x''_k \geqslant 0$。

(4) 若 $b_i \leqslant 0$，則 $-b_i \geqslant 0$。

經過以上各種處理方式所得的線性規劃問題的最優解不變。

【例 1-3】 將下列線性規劃問題化為標準形式：

$$\min z = -2x_1 + x_2 + 3x_3$$

$$\begin{cases} 5x_1 + x_2 + x_3 \leqslant 7 \\ x_1 - x_2 - 4x_3 \geqslant 2 \\ -3x_1 + x_2 + 2x_3 = -5 \\ x_1, x_2 \geqslant 0, x_3 \text{ 為自由變量} \end{cases}$$

解：引入松弛變量 x_4 和剩餘變量 x_5，再令自由變量 $x_3 = x'_3 - x''_3$，將第三個約束方程兩邊乘以 -1，將求極小值問題轉化為求極大值問題，得標準形式：

$$\max z = 2x_1 - x_2 - 3x_3' + 3x_3''$$
$$\begin{cases} 5x_1 + x_2 + x_3' - x_3'' + x_4 = 7 \\ x_1 - x_2 - 4x_3' + 4x_3'' - x_5 = 2 \\ 3x_1 - x_2 - 2x_3' + 2x_3'' = 5 \\ x_1, x_2, x_3', x_3'', x_4, x_5 \geq 0 \end{cases}$$

第二節　線性規劃問題解的基本理論

一、線性規劃問題的圖解法

為了給線性規劃問題的基本理論提供較直觀的幾何說明，我們先介紹線性規劃問題的圖解法。

對於只有兩個變量的線性規劃問題，我們可以在平面上用作圖的方法求解。這種方法稱為圖解法，較簡單、直觀，對於我們理解線性規劃問題的實質和求解的基本原理也是有幫助的。

把滿足約束條件和非負條件的一組解稱為可行解，所有可行解組成的集合稱為可行域。圖解法的一般步驟如下：

(1) 建立平面直角坐標系。
(2) 根據線性規劃問題的約束條件和非負條件畫出可行域。
(3) 作出目標函數等值線 $Z = c$ (c 為常數)，然後根據目標函數平移等值線至可行域邊界，這時目標函數與可行域的交點為最優解。

【例 1-4】　某工廠在計劃期內要安排生產 I、II 兩種產品。已知生產單位產品所需的設備臺數及 A、B 兩種原材料的消耗量見表 1-3。該工廠每生產一件產品 I 可獲利潤 2 元，每生產一件產品 II 可獲利潤 3 元，問應如何安排生產計劃才能使該工廠獲得的利潤最大？

表 1-3　產品、資源信息

產品	資源 I	資源 II	資源限量
設備　臺	1	2	8
原材料 A /斤克	4	0	16
原材料 B /斤克	0	4	12

解： 設 x_1、x_2 分別表示在計劃期內產品 I、II 的生產量，在滿足資源限量的條件下，必須同時滿足下列條件。它們的數學模型為

$$\max z = 2x_1 + 3x_2$$
$$\begin{cases} x_1 + 2x_2 \leq 8 \\ 4x_1 \leq 16 \\ 4x_2 \leq 12 \\ x_1, x_2 \geq 0 \end{cases}$$

以 x_1, x_2 為坐標軸的直角坐標系中，非負條件 $x_1, x_2 \geq 0$ 是指解值在第一象限，每個約束條件都代表一個半平面。例如，約束條件 $x_1 + 2x_2 \leq 8$ 代表以直線 $x_1 + 2x_2 = 8$ 為邊界的左下方的半平面，則它滿足所有約束條件和非負條件的可行解集合即可行域，如圖 1-1 所示的陰影部分。

分析目標函數 $z = 2x_1 + 3x_2$。令 $Z = c$，隨著 c 的取值不同，可得到平面上的一族平行線。位於同一直線上的點具有相同的目標函數值，稱此直線為等值線。當 c 值由小變大時，直線 $2x_1 + 3x_2 = c$ 沿其法線方向向右上方移動。當移動到 Q_2 點時，Z 值在可行域上實現最大化 (見圖 1-2)，這就得到

了此題的最優解：$Q_2(4,2)$，$Z=14$。這說明該廠的最優生產計劃方案是：生產 I 產品 4 件，生產 II 產品 2 件，可得最大利潤 14 元，即該線性規劃問題有唯一最優解。

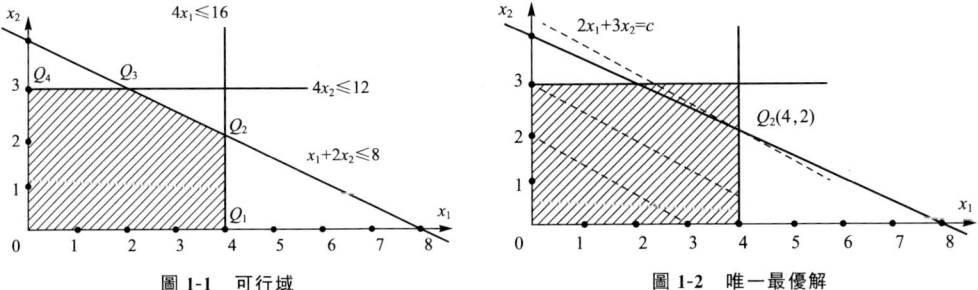

圖 1-1　可行域　　　　　　　　　圖 1-2　唯一最優解

若將上述目標函數變為 $\max z=2x_1+4x_2$，則表示目標函數的等值線與約束條件 $x_1+2x_2\leqslant 8$ 的邊界線 $x_1+2x_2=8$ 平行。當 Z 值由小變大時，與線段 Q_2Q_3 重合，如圖 1-3 所示。線段 Q_2Q_3 上任意一點都使 Z 取得相同的最大值，即這個線性規劃問題有無窮多最優解。

如果在例 1-4 的數學模型中增加一個約束條件：$-2x_1+x_2\geqslant 4$，那麼該線性規劃問題的可行域為空集，即無可行解，也不存在最優解。

【例 1-5】　對下述線性規劃問題，用圖解法求解：

$$\max z=x_1+x_2$$
$$\begin{cases} -2x_1+x_2\leqslant 4 \\ x_1-x_2\leqslant 2 \\ x_1,x_2\geqslant 0 \end{cases}$$

用圖解法求解，結果如圖 1-4 所示。從圖 1-4 中可以看到，該問題可行域無界，目標函數值可以增大到無窮大。稱這種情況為無界解，即不存在最優解。

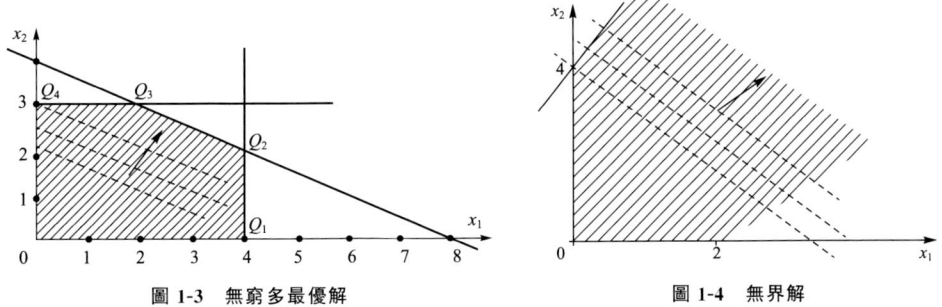

圖 1-3　無窮多最優解　　　　　　圖 1-4　無界解

通過上述圖解法的實例看到，當線性規劃問題的可行域為非空時，它是有界或無界凸多邊形。若線性規劃問題存在最優解，它一定可以在可行域的某個頂點得到；若在兩個頂點同時得到最優解，則它們的連線上任意一點都是最優解，如圖 1-3 所示，即有無窮多最優解；若可行域無界，如圖 1-4 所示，則無最優解。

綜上，線性規劃問題的解有四種情況：唯一最優解、無窮多最優解、無界解和無可行解。

二、線性規劃問題解的幾何意義

在介紹圖解法時，我們已直觀地看到可行域和最優解的幾何意義。在一個線性規劃問題中，每個約束條件（包括資源約束與非負約束）實際上對應著平面坐標系的一個半平面（三維坐標系為半空

間),而所有這些半平面的共同部分,就構成了這個線性規劃問題的可行域。如果用 s_i 表示每個半平面,用 s 表示可行域,那麼有 $s = s_1 \cap s_2 \cap \cdots \cap s_m$,其中可行域中的每個點都是可行解,能夠使目標函數取得極值的可行解就是最優解。下面從理論上進一步討論。

1. 線性規劃問題的基本概念

對於標準形式的線性規劃:

$$\max z = CX \quad (a)$$
$$(\text{LP}) \text{ s.t.} \begin{cases} AX = b \\ X \geqslant 0 \end{cases} \quad (b)$$

有如下基本概念:

(1) 可行解。滿足約束條件 b 的解 $X = (x_1, x_2, \cdots, x_n)^T$ 稱為該線性規劃的一個可行解。其中使目標函數達到最大值的可行解稱為最優解。

(2) 基、基變量、非基變量。設 A 是約束方程組的 $m \times n$ 階系數矩陣,其秩為 m,B 是 A 中 $m \times m$ 階非奇異子矩陣($|B| \neq 0$),則稱 B 是線性規劃問題的一個基。這就是說,矩陣 B 是由 m 個線性獨立的列向量組成的,且不失一般性,可設:

$$B = \begin{bmatrix} a_{11} & a_{12} & \cdots & a_{1m} \\ a_{21} & a_{22} & \cdots & a_{2m} \\ \cdots & \cdots & \cdots & \cdots \\ a_{m1} & a_{m2} & \cdots & a_{mm} \end{bmatrix} = (p_1, p_2, \cdots, p_m)$$

相應的向量 $p_j (j=1,2,\cdots,m)$ 稱為基向量,與其對應的變量 $x_j (j=1,2,\cdots,m)$ 稱為基變量,記為 $X_B = (x_1, x_2, \cdots, x_m)^T$;其餘向量 $p_j (j = m+1, m+2, \cdots, n)$ 稱為非基向量,與其對應的變量 $x_j (j = m+1, m+2, \cdots, n)$ 稱為非基變量,記為 $X_N = (x_{m+1}, x_{m+2}, \cdots, x_n)^T$。

(3) 基本解。將線性規劃約束方程 $AX = b$ 改寫成如下形式,即

$$(B, N)(X_B, X_N)^T = b$$

從而有
$$BX_B = b - NX_N$$
令
$$X_N = 0$$
得到線性方程組
$$BX_B = b$$
可得
$$X_B = B^{-1}b$$

由於 B 中各列向量線性無關,因而此方程組有唯一解,即 $X_B = (x_1^0, x_2^0, \cdots, x_m^0)^T$。於是得到 $AX = b$ 的一個確定的解,即 $X^0 = (X_B, X_N)^T = (x_1^0, x_2^0, \cdots, x_m^0, 0, 0, \cdots, 0)^T$,稱 X^0 為該線性規劃對應於基 B 的一個基本解。由此可見,有一個基,就可以求出一個基解,如圖 1-1 中的點 $0, Q_1, Q_2, Q_3, Q_4$ 及延長各條線(包括 $x_1 = 0, x_2 = 0$)的交點都代表基解。

(4) 基本可行解。滿足非負條件的基本解稱為基本可行解。基本可行解對應的基稱為可行基。一般地,線性規劃通常最多可以有 C_n^m 個基本解,如圖 1-1 中的點 $0, Q_1, Q_2, Q_3, Q_4$ 代表基可行解。可見,基可行解的非零分量的數目也不大於 m,並且都是非負的。

(5) 退化的基本可行解。在線性規劃的一個基可行解中,如果它的所有基變量都取正值(即非零分量恰為 m 個),那麼稱它為非退化的解;反之,如果有基變量也取零值,那麼稱它為退化的解。一個基本可行解中的非零分量小於 m 個時,則該解稱作退化的基本可行解,該解對應的基稱為退化基。若有關的線性規劃問題的所有基本可行解都是非退化解,則該問題稱作非退化的線性規劃問題。

(6) 可行基。對應於基可行解的基,稱為可行基。約束方程具有基解的數目最多是 C_n^m 個。一般基可行

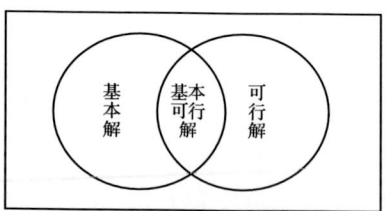

圖 1-5 解之間的關係

的數目小於基解的數目。以上提到的幾種解的概念之間的關係如圖1-5所示。另外要說明一點,基解中的非零分量的個數小於 m 時,該基解是退化解。在以下討論中,假設不出現退化的情況。

以上給出了線性規劃問題的解的概念和定義。它們將有助於分析線性規劃問題的求解過程。

【例1-6】 已知線性規劃問題,試求其基本解、基可行解,並判別是否是退化的。

$$\max z = 2x_1 + x_2$$

$$\text{s. t.} \begin{cases} x_1 + x_2 \leqslant 5 \\ -x_1 + x_2 \leqslant 0 \\ 6x_1 + 2x_2 \leqslant 21 \\ x_1, x_2 \geqslant 0 \end{cases}$$

解:引入松弛變量 x_3, x_4, x_5,將問題化為標準形式:

$$\max z = 2x_1 + x_2 + 0x_3 + 0x_4 + 0x_5$$

$$\text{s. t.} \begin{cases} x_1 + x_2 + x_3 = 5 \\ -x_1 + x_2 + x_4 = 0 \\ 6x_1 + 2x_2 + x_5 = 21 \\ x_j \geqslant 0, (j=1,2,\cdots,5) \end{cases}$$

故約束方程組的係數矩陣為:

$$A = \begin{bmatrix} 1 & 1 & 1 & 0 & 0 \\ -1 & 1 & 0 & 1 & 0 \\ 6 & 2 & 0 & 0 & 1 \end{bmatrix} = (P_1, P_2, \cdots, P_5)$$

取 $B_0 = (P_3, P_4, P_5) = I$ 為一個基,令 $x_1 = x_2 = 0$,得基本解 $x^{(0)} = (0,0,5,0,21)$,這也是一個基可行解,但是是一個退化的解,因為其中有一個基變量 $x_4 = 0$。

還可以取

$$B_1 = (P_1, P_2, P_3) = \begin{bmatrix} 1 & 1 & 1 \\ -1 & 1 & 0 \\ 6 & 2 & 0 \end{bmatrix}$$

為基,令 $x_4 = x_5 = 0$,得

$$X_{B_1} = B_1^{-1} b = \begin{bmatrix} 0 & -\frac{1}{4} & \frac{1}{8} \\ 0 & \frac{3}{4} & \frac{1}{8} \\ 1 & -\frac{1}{2} & -\frac{1}{4} \end{bmatrix} \begin{bmatrix} 5 \\ 0 \\ 21 \end{bmatrix} = \begin{bmatrix} \frac{21}{8} \\ \frac{21}{8} \\ -\frac{1}{4} \end{bmatrix}$$

所以 $x^{(1)} = (\frac{21}{8}, \frac{21}{8}, -\frac{1}{4}, 0, 0)^\mathrm{T}$ 是對應於基 B_1 的一個基本解,因 $x_3 = -\frac{1}{4} < 0$,故不是基可行解,但是是一個非退化解。類似地,也可求出其他基本解。

2. 線性規劃問題的基本定理

定義1 設 K 是 n 維歐氏空間的一個點集。若任意兩點 $X^{(1)} \in K, X^{(2)} \in K$ 的連線上的一切點 $aX^{(1)} + (1-a)X^{(2)} \in K$,其中 $0 \leqslant a \leqslant 1$,則稱 K 為凸集。圖 1-6(a)、圖 1-6(b) 是凸集,圖 1-6(c) 不是凸集。

定義2 設 K 是凸集,$X \in K$。若 X 能用不同的兩點 $X^{(1)} \in K, X^{(2)} \in K$ 的線性組合表示,即 $X = aX^{(1)} + (1-a)X^{(2)} (0 < a < 1)$,則稱 X 為 K 的一個頂點(或極點)。該定義說明,凸集中的頂點不是凸集中任意兩點連線的內點。

定義3 設 $X^{(1)}, X^{(2)}, \cdots, X^{(k)}$ 是歐氏空間中的 k 個點。若存在 k 個數 $u_1, u_2, \cdots, u_k$,滿足 $0 < u_k$

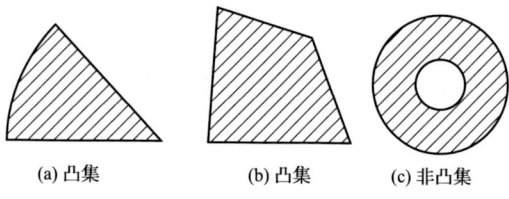

圖 1-6　凸集和非凸集

<1，則稱 $X=u_1X^{(1)}+u_2X^{(2)}+\cdots+u_kX^{(k)}$，為 $X^{(1)},X^{(2)},\cdots,X^{(k)}$ 的凸組合。

定理 1　若線性規劃存在可行域，則其可行域 $R=\{X|AX=b,X\geqslant 0\}$ 是凸集。

證明：　　　　　　　　$\forall X^{(1)}\in R, \forall X^{(2)}\in R,$ 及 $0\leqslant\alpha\leqslant 1$

有　　　　　　　　　　$AX^{(1)}=b$ 且 $X^{(1)}\geqslant 0$

　　　　　　　　　　　$AX^{(2)}=b$ 且 $X^{(2)}\geqslant 0$

則　　　　　　　　　　$X=\alpha X^{(1)}+(1-\alpha)X^{(2)}\geqslant 0$

　　　　　　　　　　　$AX=A(\alpha X^{(1)}+(1-\alpha)X^{(2)})$

　　　　　　　　　　　　$=\alpha AX^{(1)}+(1-\alpha)AX^{(2)}$

　　　　　　　　　　　　$=\alpha b+(1-\alpha)b=b$

即　　　　　　　　　　　$X\in R$

故 R 為凸集。

定理 2　線性規劃問題的可行解 $X=(x_1,x_2,\cdots,x_n)^T$ 為基可行解的充要條件是：X 的非零分量所對應的系數列向量是線性無關的。

定理 3　如果線性規劃有可行解，那麼一定有基可行解。

定理 4　線性規劃問題的基可行解對應於可行域的頂點。

定理 5　若線性規劃問題的可行域非空有界，則線性規劃問題的最優解一定可以在其可行域的某個頂點上得到。

另外，若可行域為無界，則可能無最優解，如果存在最優解也必定在某頂點上得到。根據以上討論，可以得到以下結論：線性規劃問題的所有可行解構成的集合是凸集，也可能為無界域；它們有有限個頂點，線性規劃問題的每個基可行解對應可行域的一個頂點；若線性規劃問題有最優解，必定在某個頂點上得到。頂點數目是有限的(它不大於 C_n^m 個)。若採用「枚舉法」找所有基可行解，然後一一比較，最終可能找到最優解。但是當 n,m 較大時，這種方法是行不通的，因此要繼續討論找到最優解的有效方法。這就是下面要介紹的單純形法。

第三節　單　純　形　法

單純形法的基本思想是在有限的基可行解中尋找最優解。其基本做法是：首先求得一初始基可行解，並判斷其是否為最優解。若是則停止計算，否則就轉換為另一個基可行解，使目標函數值有所改善。如此重複進行，經過有限次迭代，直至得到線性規劃問題的最優解，或判斷出無最優解為止。

一、單純形法的基本思路

下面通過一個計算實例引出單純形法。

【例 1-7】　某企業利用 A、B、C 三種資源，在計劃期內生產甲、乙兩種產品，已知生產單位產品的資源消耗、單位產品利潤等數據如表 1-4 所示，問如何安排生產規劃使企業利潤最大？

表 1-4　產品資源情況表

資源	產品 甲	產品 乙	資源限制 /千克
A	1	2	8
B	4	0	16
C	0	4	12
單位產品利潤（元／件）	2	3	

解：建立線性規劃模型，並用單純形法求解下列線性規劃：

$$\max z = 2x_1 + 3x_2$$

$$\begin{cases} x_1 + 2x_2 \leqslant 8 \\ 4x_1 \leqslant 16 \\ 4x_2 \leqslant 12 \\ x_1, x_2 \geqslant 0 \end{cases}$$

引入松弛變量 x_3, x_4, x_5，將問題化為標準形式：

$$\max z = 2x_1 + 3x_2 + 0x_3 + 0x_4 + 0x_5$$

$$\begin{cases} x_1 + 2x_2 + x_3 = 8 \\ 4x_1 + x_4 = 16 \\ 4x_2 + x_5 = 12 \\ x_j \geqslant 0 (j = 1, 2, \cdots, 5) \end{cases}$$

約束方程組的係數矩陣為：

$$A = (P_1, P_2, P_3, P_4, P_5) = \begin{bmatrix} 1 & 2 & 1 & 0 & 0 \\ 4 & 0 & 0 & 1 & 0 \\ 0 & 4 & 0 & 0 & 1 \end{bmatrix}$$

(1) 找初始可行基。顯然，x_3, x_4, x_5 的係數列向量是線性獨立的，因而這些向量構成一個基：

$$B = (P_3, P_4, P_5) = \begin{bmatrix} 1 & 0 & 0 \\ 0 & 1 & 0 \\ 0 & 0 & 1 \end{bmatrix}$$

對應於 B 的基變量為 x_3, x_4, x_5，從約束條件中可以得到

$$\begin{cases} x_3 = 8 - x_1 - 2x_2 \\ x_4 = 16 - 4x_1 \\ x_5 = 12 - 4x_2 \end{cases}$$

令非基變量 $x_1 = x_2 = 0$，這時得到一個基可行解 $X^{(0)} = (0, 0, 8, 16, 12)^T$，此時目標函數 $Z = 0 + 2x_1 + 3x_2 = 0$。這個基可行解表示：工廠沒有安排生產Ⅰ、Ⅱ產品；資源都沒有被利用，因此工廠的利潤 Z 為 0。

現在的問題是：$X^{(0)}$ 是否是最優解呢？回答是否定的。因為非基變量 x_1、x_2 在目標函數中的係數分別為 2 和 3，均為正，所以在 $X^{(0)}$ 中，當 x_1 增大，即從零變為非零時，問題的目標函數會相應增大；同樣，當 x_2 增大，即從零變為非零時，問題的目標函數也會相應增大。因此，對於某一基可行解，在用其非基變量表示目標函數以後，可用非基變量在目標函數中的係數來判別該基可行解是否為最優解，此時稱目標函數中非基變量的係數為檢驗數。

(2) 尋找可行基，使其對應的基可行解能使目標函數值增加。

從經濟意義上講，安排生產產品Ⅰ或Ⅱ，就可以使工廠的利潤指標增加，因此只要在目標函數中還

存在正系數的非基變量,就表示目標函數值還有增加的可能,就需要將非基變量與某個基變量進行對換,一般選擇正系數最大的那個非基變量為換入變量,將它換到基變量中去,同時要確定基變量中有一個要換出來並成為非基變量,可按以下方法來確定換出變量。

為了使目標函數有所改善,在 $X^{(0)}$ 中必須使 x_1 或 x_2 從零變為非零。由於 x_2 的系數較大,因此首先選擇 x_2 從零變為非零,即選擇:$x_1 \geqslant 0, x_2 = 0$,則有 $X^{(1)} = (x_1, 0, x_3, x_4, x_5)$。要使 $X^{(1)}$ 為基可行解,x_3, x_4, x_5 中必有一個為零,而另兩個大於或等於零。

當將 x_2 定為換入變量後,必須從 x_3, x_4, x_5 中換出一個,並保證其餘都非負,即 $x_3, x_4, x_5 \geqslant 0$。當 $x_1 = 0$ 時,可得到

$$\begin{cases} x_3 = 8 - x_1 - 2x_2 \\ x_4 = 16 - 4x_1 \\ x_5 = 12 - 4x_2 \end{cases}$$

從上式可以看出,只有選擇 $x_2 = \min(8/2, -, 12/4) = 3$ 時,才能使其成立。因為當 $x_2 = 3$ 時,基變量 $x_5 = 0$,所以可用 x_2 去替代 x_5。

這說明了每生產一件產品Ⅱ,需要用掉的各種資源數為 $(2, 0, 4)$。這些資源中的薄弱環節確定了產品Ⅱ的產量。原材料 B 的數量決定產品Ⅱ的產量只能是 $x_2 = 12/4 = 3$ 件。

這樣可以得到 $X^{(1)} = (0, 3, 2, 16, 0)^T$。顯然,$X^{(1)}$ 中的非零分量對應的系數列向量 P_2, P_3, P_4 線性無關;$B = (P_2, P_3, P_4)$ 為一個基,因而 $X^{(1)}$ 為線性規劃對應於 B 的基可行解。在從 $X^{(0)}$ 到 $X^{(1)}$ 的變換過程中,x_2 從零變為非零,稱為進基變量(換入變量);x_5 從非零變為零,稱為出基變量(換出變量)。

從目標函數的表達式中可以看到,非基變量 x_1 的系數是正的。這說明目標函數的值還可以增大,還不是最優解。於是用上述方法,確定換入變量、換出變量,繼續迭代,再得到另外一個基本可行解 $X^{(2)} = (2, 3, 0, 8, 0)^T$。再經過一次迭代,得到一個基本可行解 $X^{(3)} = (4, 2, 0, 0, 4)^T$。而這時得到的目標函數的表達式是:

$$Z = 14 - 1.5x_3 - 0.125x_4$$

分析目標函數,可知所有非基變量 x_3, x_4 的系數都是負數。這說明若要用剩餘資源 x_3, x_4,就必須支付附加費用。當 $x_3, x_4 = 0$,即不再利用這些資源時,目標函數達到最大值,那麼 $X^{(3)}$ 是最優解。這說明當生產產品Ⅰ 4件,生產產品Ⅱ 2件時,工廠才能得到最大利潤。

通過上例,可以瞭解利用單純形法求解線性規劃問題的思路。現將每步迭代得到的結果與圖解法作對比,其幾何意義就很清楚了。

線性規劃問題是二維的,即有兩個變量。當加入松弛變量 x_3, x_4, x_5 後,問題就變換為高維的。這時可以想像,滿足所有約束條件的可行域是高維空間的凸多面體(凸集),此凸多面體上的頂點就是基本可行解。初始基可行解 $X^{(0)} = (0, 0, 8, 16, 12)^T$ 就相當於圖 1-1 中的原點 $(0, 0)$,$X^{(1)} = (0, 3, 2, 16, 0)$ 相當於圖 1-1 中的點 $Q_1(0, 3)$;$X^{(2)} = (2, 3, 0, 8, 0)^T$ 相當於圖 1-1 中的點 $Q_3(2, 3)$,最優解 $X^{(3)} = (4, 2, 0, 0, 4)^T$ 相當於圖 1-1 中的點 $Q_2(4, 2)$。從初始基本可行解 $X^{(0)}$ 開始迭代,依次得到 $X^{(1)}, X^{(2)}, X^{(3)}$。這相當於圖 1-1 中的目標函數平移時,從 0 點開始,首先移到 Q_1,然後移到 Q_3,最後到達 Q_2。

二、單純形法的一般描述和求解步驟

一般線性規劃問題的求解有以下幾個步驟。

(1) 確定初始基本可行解。為了確定初始可行解,首先要找出初始可行基。設一線性規劃問題為

$$\max z = CX$$

$$(\text{LP}) \text{ s.t.} \begin{cases} \sum_{j=1}^{n} P_j x_j = b \\ x_j \geqslant 0 (j = 1, 2, \cdots, n) \end{cases}$$

可分兩種情況討論：

① 若 $P_j(j=1,2,\cdots,n)$ 中存在一個單位基，則將其作為初始可行基

$$B=(P_1,P_2,\cdots,P_m)=\begin{bmatrix} 1 & 0 & \cdots & 0 \\ 0 & 1 & \cdots & 0 \\ \cdots & \cdots & \cdots & \cdots \\ 0 & 0 & 0 & 1 \end{bmatrix}$$

② 若 $P_j(j=1,2,\cdots,n)$ 中不存在一個單位基，則人為地構造一個單位初始基。

（2）求解檢驗數與最優性檢驗。

① 檢驗數的求解。對於線性規劃的一個基可行解，若用非基變量表示目標函數，非基變量在目標函數中的系數稱為檢驗數。為了描述檢驗數的一般性，這裡給出其具體的表達式。

設標準形式的線性規劃問題為：

$$\max z = CX; AX = b, X \geqslant 0$$

現假定其約束方程的系數矩陣 A 中存在一可行基 B，不失一般性，又設 $B=(p_1,p_2,\cdots,p_m)$，B 為單位矩陣，這樣線性規劃的約束方程 $AX=b$ 可以描述成如下形式（也就是用非基變量表示基變量），即：

$$\begin{cases} x_1 & + a_{1,m+1}x_{m+1}+\cdots+a_{1n}x_n = b_1 \\ & x_2 + a_{2,m+1}x_{m+1}+\cdots+a_{2n}x_n = b_2 \\ & \cdots\cdots\cdots\cdots\cdots\cdots\cdots\cdots\cdots\cdots\cdots \\ & x_m + a_{m,m+1}x_{m+1}+\cdots+a_{mn}x_n = b_m \end{cases}$$

亦即

$$x_i = b_i - \sum_{j=m+1}^{n} a_{ij}x_j \quad i=1,2,\cdots,m$$

從上述約束方程中可以得到對應於基 B 的基可行解

$$X=(b_1,b_2,\cdots,b_m,0,\cdots,0)^\mathrm{T}$$

由非基變量表示目標函數有：

$$\begin{aligned} z &= \sum_{j=1}^{n} c_j x_j = \sum_{i=1}^{m} c_i x_i + \sum_{j=m+1}^{n} c_j x_j \\ &= \sum_{i=1}^{m} c_i \left(b_i - \sum_{j=m+1}^{n} a_{ij} x_j \right) + \sum_{j=m+1}^{n} c_j x_j \\ &= \sum_{i=1}^{m} c_i b_i + \sum_{j=m+1}^{n} \left(c_j - \sum_{i=1}^{m} c_i a_{ij} \right) x_j \end{aligned}$$

令

$$z_0 = \sum_{i=1}^{m} c_i b_i$$

$$\sigma_j = c_j - \sum_{i=1}^{m} c_i a_{ij} \quad j=1,2,\cdots,n$$

有

$$z = z_0 + \sum_{j=m+1}^{n} \sigma_j x_j$$

式中，$\sigma_j(j=1,2,\cdots,n)$ 即為基可行解 X 檢驗數。

更一般性的形式為

$$z_0 = \sum_{i \in I} c_i b_i$$

$$\sigma_j = c_j - \sum_{i \in I} c_i a_{ij} \quad j \in J$$

$$z = z_0 + \sum_{j \in J} \sigma_j x_j$$

式中，I 為基變量的下標集；J 為非基變量的下標集。

② 最優性檢驗。對於有基可行解的線性規劃問題：$\max z = CX; AX = b, X \geqslant 0$，可用如下三個判

別定理來判別線性規劃問題是否已獲得最優解或無界解,三個定理的證明從略。

判別定理1 設 X 為線性規劃的一個基可行解,且對於一切 $j \in J$(J 為非基變量的下標集)有 $\sigma_j \leqslant 0$,則 X 為線性規劃問題的最優解。

判別定理2 設 X 為線性規劃的一個基可行解,且對於一切 $j \in J$(J 為非基變量的下標集)有 $\sigma_j \leqslant 0$,同時有某個非基變量的檢驗數 $\sigma_k = 0(k \in J)$,則該線性規劃有無窮多個最優解。

判別定理3 設 X 為線性規劃的一個基可行解,若有 $\sigma_k > 0 (k \in J)$,且 $p_k \leqslant 0$,即 $a_{ik} \leqslant 0 (i=1,2,\cdots,m)$,則該線性規劃問題具有無界解(無最優解)。

當求目標函數極小化時,一種情況如前所述,將其化為標準型。如果不化為標準型,那麼最優解檢驗的三個判別定理表述應做相應調整。

(3) 進行基變換。若初始基本可行解不是最優解,又不能判別無界,則需要找一個新的基可行解。由目標函數的約束條件可看到:當某些非基變量增加時,目標函數值還可能增加。這時,就要將其中某個非基變量換到基變量中去(稱為換入變量)。同時,某個基變量要變成非基變量(稱為換出變量),隨之會得到一個新的基本可行解。從一個基本可行解到另一個基本可行解的變換,就是進行一次基變換。從幾何意義上講,就是從可行域的一個頂點轉向另一個頂點。

確定換入變量的原則是:為了使目標函數值盡快地增加,通常選 $\sigma_j > 0$ 中的最大者,即 $\max_j (\sigma_j > 0) = \sigma_k$;然後選對應的變量 x_k 為換入變量。但也可以任選或按最小下標選。

按照檢驗數的意義,任何具有正檢驗數的非基變量均可入基,都能使目標函數值上升;選擇具有最大正檢驗數的變量入基,目的是使目標函數盡快上升。

確定換出變量的原則是:保持解的可行性,就是要使原基本可行解的某一個正分量變成 0。同時,要保持其餘分量均為非負,這時可按「最小比值原則」選擇換出變量。當進基變量選定之後,可令
$$x_k = \theta > 0, x_j = 0 \quad (j = m+1, \cdots, n, \text{但 } j \neq k)$$

於是約束方程
$$\begin{cases} x_1 + a_{1,m+1}x_{m+1} + \cdots + a_{1n}x_n = b_1 \\ x_2 + a_{2,m+1}x_{m+1} + \cdots + a_{2n}x_n = b_2 \\ \cdots \cdots \cdots \cdots \cdots \cdots \cdots \cdots \cdots \cdots \cdots \cdots \\ x_m + a_{m,m+1}x_{m+1} + \cdots + a_{mn}x_n = b_m \end{cases}$$

變為
$$x_i = b_i - a_{ik}\theta \quad i = 1, 2, \cdots, m;$$

按如下 θ 規則選擇出基變量,即
$$\theta = \min \left\{ \frac{b_i}{a_{ik}} \middle| a_{ik} > 0, i = 1, \cdots, m \right\} = \frac{b_l}{a_{lk}}$$

用右端常數項各元素分別除以所選進基變量所在列對應的各元素之後,取最小值所在行所對應的變量 x_l 為出基變量。這樣處理的結果是
$$x'_k = \frac{b_l}{a_{lk}} > 0, x'_l = b_l - a_{lk}\frac{b_l}{a_{lk}} = 0, x'_i = b_i - a_{ik}\frac{b_l}{a_{lk}} \geqslant 0 \quad (i = 1, \cdots, m, \text{但 } i \neq l)$$

這樣,希望 $\overline{B} = (p_1, p_2, \cdots, p_{l-1}, p_{l+1}, \cdots, p_m)$ 為新的可行基,或者說希望 $\overline{X} = (x'_1, \cdots, x'_{l-1}, 0, x'_{l+1}, \cdots, x'_m, 0, \cdots, 0, x'_k, 0, \cdots, 0)^T$ 為新的基可行解。

(4) 進行迭代計算。對於改進的基可行解 $\overline{X}$,有基變量 $\overline{X}_B = (x_1, \cdots, x_{l-1}, x_k, x'_{l+1}, \cdots, x_m)^T$ 和非基變量 $\overline{X}_N = (x_{m+1}, \cdots, x_{k-1}, x_l, x_{k+1}, \cdots, x_n)^T$。

為了判定 $\overline{X}$ 是否為最優解,首先要用非基變量來表示基變量,這一過程是以 a_{lk} 為主元素用高斯消去法來實現的,即通過高斯消去法將線性規劃約束方程組的增廣矩陣 (A, b) 的第 k 列 p_k 變為一單位向量,得到新的約束方程組。新的增廣矩陣各元素計算如下:

$$a'_{ij} = \begin{cases} \dfrac{a_{ij}}{a_{lk}} & (i=l, j=1,\cdots,n) \\ a_{ij} - a_{ik}\dfrac{a_{lj}}{a_{lk}} & (i \neq l, j=1,\cdots,n) \end{cases} \qquad b'_i = \begin{cases} \dfrac{b_l}{a_{lk}} & (i=l) \\ b_i - \dfrac{a_{ik}}{a_{lk}}b_l & (i \neq l) \end{cases}$$

這樣，約束方程就變換成如下形式：

$$\begin{cases} x_1 + a'_{1l}x_l + a'_{1,m+1}x_{m+1} + \cdots + a'_{1,k-1}x_{k-1} + a'_{1,k+1}x_{k+1} + \cdots + a'_{1n}x_n = b'_1 \\ \cdots\cdots\cdots\cdots\cdots\cdots\cdots\cdots\cdots\cdots\cdots\cdots\cdots\cdots\cdots\cdots \\ x_l + a'_{ll}x_l + a'_{l,m+1}x_{m+1} + \cdots + a'_{l,k-1}x_{k-1} + a'_{l,k+1}x_{k+1} + \cdots + a'_{ln}x_n = b'_l \\ \cdots\cdots\cdots\cdots\cdots\cdots\cdots\cdots\cdots\cdots\cdots\cdots\cdots\cdots\cdots\cdots \\ x_m + a'_{ml}x_l + a'_{m,m+1}x_{m+1} + \cdots + a'_{m,k-1}x_{k-1} + a'_{m,k+1}x_{k+1} + \cdots + a'_{mn}x_n = b'_m \end{cases}$$

令非基變量等於零，可以立即得到線性規劃的一個改進的基可行解：$\overline{X} = (b'_1, \cdots, b'_{l-1}, b'_k, b'_{l+1}, \cdots, b'_m, 0, \cdots 0)^T$。用檢驗數來判別此基可行解是否為最優解或線性規劃問題無最優解。

(5) 填寫單純形表。為了便於理解計算關係，現設計一種計算表，稱為單純形表，其功能與增廣矩陣相似。下面來建立單純形表。

對於線性規劃，有：

$$\max z = c_1 x_1 + c_2 x_2 + \cdots + c_n x_n$$

$$\begin{cases} x_1 \quad\quad\quad\quad + a_{1,m+1}x_{m+1} + \cdots + a_{1n}x_n = b_1 \\ \quad\quad x_2 \quad\quad\quad + a_{2,m+1}x_{m+1} + \cdots + a_{2n}x_n = b_2 \\ \cdots\cdots\cdots\cdots\cdots\cdots\cdots\cdots\cdots\cdots\cdots\cdots \\ \quad\quad\quad\quad x_m + a_{m,m+1}x_{m+1} + \cdots + a_{mn}x_n = b_m \end{cases}$$

$$x_1, x_2, \cdots, x_n \geqslant 0$$

顯然初始可行基為 $B=(p_1, p_2, \cdots, p_m)$，對應的基變量為 $\overline{X}_B = (x_1, x_2, \cdots, x_m)^T$，非基變量為 $\overline{X}_N = (x_{m+1}, x_{m+2}, \cdots, x_n)^T$，則建立的對應的單純形表如表 1-5 所示。

表 1-5　單純形表

	C_j	c_1	$\cdots$	c_l	$\cdots$	c_m	c_{m+1}	$\cdots$	c_k	$\cdots$	c_n	b
C_B	X_B	x_1	$\cdots$	x_l	$\cdots$	x_m	x_{m+1}	$\cdots$	x_k	$\cdots$	x_n	
c_1	x_1	1	$\cdots$	0	$\cdots$	0	$a_{1,m+1}$	$\cdots$	a_{1k}	$\cdots$	a_{1n}	b_1
$\vdots$	$\vdots$	$\cdots$	$\cdots$	$\cdots$	$\cdots$	$\cdots$	$\cdots$	$\cdots$	$\cdots$	$\cdots$	$\cdots$	$\vdots$
c_l	x_l	0	$\cdots$	1	$\cdots$	0	$a_{l,m+1}$	$\cdots$	a_{lk}	$\cdots$	a_{ln}	b_l
$\vdots$	$\vdots$	$\cdots$	$\cdots$	$\cdots$	$\cdots$	$\cdots$	$\cdots$	$\cdots$	$\cdots$	$\cdots$	$\cdots$	$\vdots$
c_m	x_m	0	$\cdots$	0	$\cdots$	1	$a_{m,m+1}$	$\cdots$	a_{mk}	$\cdots$	a_{mn}	b_m
	$c_j - z_j$	0	$\cdots$	0	$\cdots$	0	$c_{m+1} - \sum\limits_{i=1}^{m} c_i a_{i,m+1}$	$\cdots$	$c_k - \sum\limits_{i=1}^{m} c_i a_{ik}$	$\cdots$	$c_n - \sum\limits_{i=1}^{m} c_i a_{in}$	

對於上述單純形表：X_B 列中填入基變量，這裡是 $x_1, x_2, \cdots, x_m$；C_B 列中填入基變量的價值系數，這裡是 $c_1, c_2, \cdots, c_m$，它們是與基變量相對應的；b 列中填入約束方程組右端的常數 $b_1, b_2, \cdots, b_m$；c_j 行中填入基變量的價值系數 $c_1, c_2, \cdots, c_n$；最後一行稱為檢驗數行。則對應各變量 x_j 的檢驗數是

$$c_j - \sum_{i=1}^{m} c_i a_{ij} \quad (j=1,2,\cdots,n)$$

表 1-5 稱為初始單純形表，每迭代一步構造一個新單純形表。一個完整的單純形表，就給出了一個基可行解。

【**例 1-8**】　用單純形表計算下列線性規劃問題：

$$\max z = 2x_1 + 3x_2$$
$$\begin{cases} x_1 + 2x_2 \leqslant 8 \\ 4x_1 \leqslant 16 \\ 4x_2 \leqslant 12 \\ x_1, x_2 \geqslant 0 \end{cases}$$

解：首先對線性規劃問題進行標準化處理，加入松弛變量 x_3, x_4, x_5 並以其為基變量，以它們對應的系數矩陣（單位矩陣）為基，就得到初始基本可行解。標準形式如下：

$$\max z = 2x_1 + 3x_2 + 0x_3 + 0x_4 + 0x_5$$
$$\begin{cases} x_1 + 2x_2 + x_3 = 8 \\ 4x_1 + x_4 = 16 \\ 4x_2 + x_5 = 12 \\ x_j \geqslant 0 (j=1,2,\cdots,5) \end{cases}$$

將有關數字填入表中，得到初始單純形表，見表 1-6。

表 1-6　初始單純形表

C_B	X_B	c_j x_1	x_2	x_3	x_4	x_5	b
		2	3	0	0	0	
0	x_3	1	2	1	0	0	8
0	x_4	4	0	0	1	0	16
0	x_5	0	[4]	0	0	1	12
	$c_j - z_j$	2	3	0	0	0	

從表 1-6 可以看出，取松弛變量 x_3, x_4, x_5 為基變量。它對應的單位矩陣為基，就可以得到初始基可行解 $X^{(0)} = (0,0,8,16,12)^T$，相應目標值為 0。在表中的左上角 C_j 是目標函數中變量的價值係數。在 C_B 列填入初始基變量的價值係數，它們都為零，各非基變量的檢驗數為

$$\sigma_1 = c_1 - C_B P_1 = 2 - (0 \times 1 + 0 \times 4 + 0 \times 0) = 2 > 0$$
$$\sigma_2 = c_2 - C_B P_2 = 3 - (0 \times 2 + 0 \times 0 + 0 \times 4) = 3 > 0$$

因檢驗數都大於零，且 P_1, P_2 有正分量存在，顯然，$X^{(0)}$ 不是最優解，同時也不能判斷出該線性規劃問題無最優解。因此，根據 $\max\{\sigma_j [\sigma_j > 0\} = \sigma_2$，確定 x_2 為換入變量；按 θ 規則確定換出變量，即 $\theta = \min\{b_i / a_{ik} | a_{ik} > 0\} = \min\{8/2, -, 12/4\}$，對應的 x_5 為換出變量；以 x_2 所在列和 x_5 所在行的交叉處[4]稱為主元素，以[4]為主元素進行旋轉運算，即初等變換，使 P_2 變換為 $(0,0,1)^T$，在 X_B 列中用 x_2 替換 x_5，於是得到新的單純形表如表 1-7 所示。

表 1-7　第一次迭代單純形表

C_B	X_B	c_j x_1	x_2	x_3	x_4	x_5	b
		2	3	0	0	0	
0	x_3	[1]	0	1	0	$-1/2$	2
0	x_4	4	0	0	1	0	16
3	x_2	0	1	0	0	$1/4$	3
	$c_j - z_j$	2	0	0	0	$-3/4$	

從表 1-7 中可知：$X^{(1)} = (0,3,2,16,0)^T$ 為對應的基可行解，其相應目標值為 9，因此 $X^{(1)}$ 是改進的基可行解。檢查表 1-7 的檢驗數，這時 $\sigma_1 = 2$，說明 x_1 應為換入變量。重複計算結果如表 1-8 所示。

表 1-8 多次迭代單純形表

c_j		2	3	0	0	0	
C_B	X_B	x_1	x_2	x_3	x_4	x_5	b
2	x_1	1	0	1	0	$-1/2$	2
0	x_4	0	0	-4	1	[2]	3
3	x_2	0	1	0	0	$1/4$	8
$c_j - z_j$		0	0	-2	0	$1/4$	
2	x_1	1	0	0	$1/4$	0	4
0	x_5	0	0	-2	$1/2$	1	4
3	x_2	0	1	$1/2$	$-1/8$	0	2
$c_j - z_j$		0	0	$-3/2$	$-1/8$	0	

表 1-8 最後一行的所有檢驗數都已為負或零，這表示目標函數值已不可能再增大，於是得到最優解 $X^* = (4,2,0,0,4)$，目標函數值 $z^* = 14$。

【例 1-9】 用單純形表計算下列線性規劃問題。

$$\max z = 2x_1 + x_2$$
$$\text{s. t.} \begin{cases} -x_1 + x_2 \leqslant 5 \\ 2x_1 - 5x_2 \leqslant 10 \\ x_1, x_2 \geqslant 0 \end{cases}$$

解：用單純形表實現如表 1-9 所示。

表 1-9 單純形表計算過程

c_j		2	1	0	0	
C_B	X_B	x_1	x_2	x_3	x_4	b
0	x_3	-1	1	1	0	5
0	x_4	[2]	-5	0	1	10
$c_j - z_j$		2	$-3/2$	0	0	
0	x_3	0	$-5/2$	1	$1/2$	10
2	x_1	1	1	0	$1/2$	5
$c_j - z_j$		0	6	0	-1	

由於 $\sigma_2 = 6 > 0$ 且 $P_2 \leqslant 0$，故該線性規劃有無界解（無最優解）。

（6）單純形表的計算步驟。綜上所述，對於非退化的線性規劃，其單純形法的求解可按下列步驟進行：

①找出初始可行基，確定初始基可行解，建立初始單純形表。

②檢驗各非基變量的檢驗數。若對於一切 $j \in J$ 有 $\sigma_j \leqslant 0$，則已得到線性規劃的最優解，可停止計算，否則轉入下一步。

③若有 $a_k > 0 (k \in J)$ 且 $P_k \leqslant 0$，則該線性規劃問題具有無界解（無最優解），停止計算，否則轉入下一步。

④根據 $\max\{\sigma_j [\sigma_j > 0\} = \sigma_k$ 確定 x_k 為換入變量，按 θ 規則確定換出變量，即 $\min\{b_i / a_{ik} | a_{ik} > 0\} = b_l / a_{lk}$，對應的 x_l 為換出變量，轉入下一步。

⑤以 a_{lk} 為主元素進行迭代，得到新的單純形表，轉入步驟②。

第四節　單純形法的進一步討論

一、人工變量法

上述單純形法的基礎是線性規劃問題有初始可行解。有些線性規劃問題化為標準形式以後,就存在初始可行基,如約束條件全部為「$\leq$」的線性規劃問題。對於標準形式的線性規劃問題,若約束方程系數矩陣中不存在現成的初始可行基,則不能簡單地用單純形法,而通常採用所謂的人工變量法。人工變量法一般有大 M 法和兩階段法。

1. 大 M 法

對於標準形式的線性規劃問題(問題 A)有:

$$\max z = c_1 x_1 + c_2 x_2 + \cdots + c_n x_n$$

$$\text{s.t.} \begin{cases} a_{11} x_1 + a_{12} x_2 + \cdots + a_{1n} x_n = b_1 \\ a_{21} x_1 + a_{22} x_2 + \cdots + a_{2n} x_n = b_2 \\ \cdots\cdots\cdots\cdots\cdots\cdots\cdots\cdots\cdots \\ a_{m1} x_1 + a_{m2} x_2 + \cdots + a_{mn} x_n = b_m \\ x_j \geq 0 (j=1,2,\cdots,n) \end{cases}$$

若其約束方程的系數矩陣中不存在現成的初始可行基,則引入所謂的人工變量 $x_{n+1},\cdots,x_{n+m}$,構造如下形式的線性規劃問題(問題 B):

$$\max z = c_1 x_1 + c_2 x_2 + \cdots + c_n x_n - M x_{n+1} - \cdots - M x_{n+m}$$

$$\text{s.t.} \begin{cases} a_{11} x_1 + a_{12} x_2 + \cdots + a_{1n} x_n + x_{n+1} = b_1 \\ a_{21} x_1 + a_{22} x_2 + \cdots + a_{2n} x_n + x_{n+2} = b_2 \\ \cdots\cdots\cdots\cdots\cdots\cdots\cdots\cdots\cdots\cdots\cdots \\ a_{m1} x_1 + a_{m2} x_2 + \cdots + a_{mn} x_n + x_{n+m} = b_m \\ x_1, x_2, \cdots, x_n, x_{n+1}, \cdots, x_{n+m} \geq 0 \end{cases}$$

問題 B 中 M 為任意大的正數,顯然問題 B 存在現成的單位基,且初始基可行解中,以人工變量為基變量。

關於問題 B 的幾點結論如下:

(1) 問題 B 要實現極大化,必須將人工變量從基變量中換出,否則目標函數不可能實現極大化。

(2) 若在求解問題 B 的過程中,已將人工變量從基變量中換出,則已得到問題 A 的一個基可行解,可繼續求解,以獲得問題 A 的最優解或判別問題 A 無最優解。

(3) 若求解問題 B 已得到最優解,且最優解的基變量中不含有人工變量,則問題 B 的最優解就是問題 A 的最優解。

【例 1-10】　用單純形法(大 M 法)計算下列線性規劃問題。

$$\max z = 3x_1 - x_2 - x_3$$

$$\text{s.t.} \begin{cases} x_1 - 2x_2 + x_3 \leq 11 \\ -4x_1 + x_2 + 2x_3 \geq 3 \\ -2x_1 + x_3 = 1 \\ x_1, x_2, x_3 \geq 0 \end{cases}$$

解:在約束條件中分別加入松弛變量 x_4、剩餘變量 x_5 和人工變量 x_6, x_7,整理得到:

$$\max z = 3x_1 - x_2 - x_3 + 0x_4 + 0x_5 - Mx_6 - Mx_7$$

$$\text{s. t.} \begin{cases} x_1 - 2x_2 + x_3 + x_4 = 11 \\ -4x_1 + x_2 + 2x_3 - x_5 + x_6 \geq 3 \\ -2x_1 + x_3 + x_7 = 1 \\ x_1, x_2, x_3, x_4, x_5, x_6, x_7 \geq 0 \end{cases}$$

用單純形進行計算,計算過程如表 1-10 所示。

表 1-10　單純形表計算過程

C_B	X_B	c_j	3	-1	-1	0	0	$-M$	$-M$	b
			x_1	x_2	x_3	x_4	x_5	x_6	x_7	
0	x_4		1	-2	1	1	0	0	0	11
$-M$	x_6		-4	1	2	0	-1	1	0	3
-1	x_7		-2	0	[1]	0	0	0	1	1
	$c_j - z_j$		$3-6M$	$-1+M$	$-1+3M$	0	$-M$	0	0	
0	x_4		3	-2	0	1	0	0	-1	10
$-M$	x_6		0	[1]	0	0	-1	1	-2	1
-1	x_3		-2	0	1	0	0	0	1	1
	$c_j - z_j$		1	$-1+M$	0	0	$-M$	0	$-3M+1$	
0	x_4		[3]	0	0	1	-2	2	-5	12
-1	x_2		0	1	0	0	-1	1	-2	1
-1	x_3		-2	0	1	0	0	0	1	1
	$c_j - z_j$		1	0	0	0	-2	$-M+1$	$-M-3$	
3	x_1		1	0	0	1/3	$-2/3$	2/3	$-5/3$	4
-1	x_2		0	1	0	0	-1	1	-2	1
-1	x_3		0	0	1	2/3	$-4/3$	4/3	$-7/3$	9
	$c_j - z_j$		0	0	0	$-1/3$	$-1/3$	$-M+1/3$	$-M+2/3$	

由於 $\sigma_j \leq 0\ (j=1,\cdots,7)$,且基變量中不含人工變量,故 $X^* = (4,1,9)^\mathrm{T}$,$z^* = 2$。

【例 1-11】 用單純形法(大 M 法)計算下列線性規劃問題。

$$\max z = 3x_1 + 2x_2$$

$$\text{s. t.} \begin{cases} 2x_1 + x_2 \leq 2 \\ 3x_1 + 4x_2 \geq 12 \\ x_1, x_2 \geq 0 \end{cases}$$

解:化為標準形式後,引入人工變量 x_5,得到

$$\max z = 3x_1 + 2x_2 - Mx_5$$

$$\text{s. t.} \begin{cases} 2x_1 + x_2 + x_3 = 2 \\ 3x_1 + 4x_2 - x_4 + x_5 = 12 \\ x_1, \cdots, x_5 \geq 0 \end{cases}$$

用單純形法計算,其過程如表 1-11 所示。

表 1-11　單純形法求解過程

C_B	X_B	c_j	3	2	0	0	$-M$	b
			x_1	x_2	x_3	x_4	x_5	
0	x_3		2	1	1	0	0	2
$-M$	x_5		3	[4]	0	-1	1	12
	$c_j - z_j$		$3+3M$	$2+4M$	0	$-M$	0	
2	x_2		2	1	1	0	0	2
$-M$	x_5		-5	0	-4	-1	1	4
	$c_j - z_j$		$-1-5M$	0	$-2-4M$	$-M$	0	

從表 1-11 中可以看出，雖然檢驗數均小於或等於零，但基變量中含有非零的人工變量 $x_5 = 4$，所以原問題無可行解。

2. 兩階段法

對於標準形式的線性規劃問題（問題 A），有：

$$\max z = c_1 x_1 + c_2 x_2 + \cdots + c_n x_n$$

$$\text{s. t.} \begin{cases} a_{11} x_1 + a_{12} x_2 + \cdots + a_{1n} x_n = b_1 \\ a_{21} x_1 + a_{22} x_2 + \cdots + a_{2n} x_n = b_2 \\ \cdots\cdots\cdots\cdots\cdots\cdots\cdots\cdots\cdots \\ a_{m1} x_1 + a_{m2} x_2 + \cdots + a_{mn} x_n = b_m \\ x_j \geqslant 0 (j = 1, 2, \cdots, n) \end{cases}$$

其約束方程的系數矩陣中不存在現成的初始可行基，則引入所謂的人工變量 $x_{n+1}, \cdots, x_{n+m}$，構造如下形式的線性規劃問題（問題 C）：

$$\min w = x_{n+1} + \cdots + x_{n+m}$$

$$\text{s. t.} \begin{cases} a_{11} x_1 + a_{12} x_2 + \cdots + a_{1n} x_n + x_{n+1} = b_1 \\ a_{21} x_1 + a_{22} x_2 + \cdots + a_{2n} x_n + x_{n+2} = b_2 \\ \cdots\cdots\cdots\cdots\cdots\cdots\cdots\cdots\cdots\cdots\cdots\cdots \\ a_{m1} x_1 + a_{m2} x_2 + \cdots + a_{mn} x_n + x_{n+m} = b_m \\ x_1, x_2, \cdots, x_n, x_{n+1}, \cdots, x_{n+m} \geqslant 0 \end{cases}$$

關於問題 C 的結論如下：

(1) 由於問題 C 為極小化問題，且目標函數有下界，因此問題 C 肯定有最優解。

(2) 求解問題 C 已得到其最優解，若問題 C 最優解所對應的目標函數值 $w > 0$，則原問題 A 無可行解；若問題 C 所對應的目標函數值 $w = 0$，則已得到原問題 A 的一個基可行解。

因此，此問題的求解有如下兩階段：

(1) 用單純形法求解輔助線性規劃問題 C，若問題 C 最優解所對應的目標函數值 $w = 0$，則得到原線性規劃問題的基可行解，於是轉向第二階段；若問題 C 的目標函數值 $w > 0$，則原線性規劃問題無可行解，計算停止。

(2) 把第一階段的輔助線性規劃問題的最優解作為原問題 C 的初始基可行解，用單純形法繼續求解。

【例 1-12】 用兩階段法計算下列線性規劃問題。

$$\max z = 3x_1 - x_2 - x_3$$

$$\text{s. t.} \begin{cases} x_1 - 2x_2 + x_3 \leqslant 11 \\ -4x_1 + x_2 + 2x_3 \geqslant 3 \\ -2x_1 + x_3 = 1 \\ x_1, x_2, x_3 \geqslant 0 \end{cases}$$

解：構造輔助線性規劃問題，整理得到：

$$\min w = x_6 + x_7$$

$$\text{s. t.} \begin{cases} x_1 - 2x_2 + x_3 + x_4 = 11 \\ -4x_1 + x_2 + 2x_3 - x_5 + x_6 \geqslant 3 \\ -2x_1 + x_3 + x_7 = 1 \\ x_1, x_2, x_3, x_4, x_5, x_6, x_7 \geqslant 0 \end{cases}$$

利用單純形法求解該線性規劃問題（極小化為標準形式），如表 1-12 所示。

表 1-12 第一階段單純形法求解過程

	C_j	0	0	0	0	0	1	1	
C_B	X_B	x_1	x_2	x_3	x_4	x_5	x_6	x_7	b
0	x_4	1	-2	1	1	0	0	0	11
1	x_6	-4	1	2	0	-1	1	0	3
1	x_7	-2	0	[1]	0	0	0	1	1
	$-w$	6	-1	-3	0	1	0	0	
0	x_4	3	-2	0	1	0	0	-1	10
1	x_6	0	[1]	0	0	-1	1	-2	1
0	x_3	-2	0	1	0	0	0	1	1
	$-w$	0	-1	0	0	1	0	3	
0	x_4	3	0	0	1	-2	2	-5	12
0	x_2	0	1	0	0	-1	1	-2	1
0	x_3	-2	0	1	0	0	0	1	1
	$-w$	0	0	0	0	0	1	1	

在上述最優單純形表中,基變量中已無人工變量,且 $w^* = 0$。消去第一階段最優單純形表中人工變量所在列,並將目標函數係數換成原線性規劃問題相應的係數,進行第二階段的單純形迭代,其計算過程如表 1-13 所示。

表 1-13 第二階段單純形法求解過程

	C_j	3	-1	-1	0	0	
C_B	X_B	x_1	x_2	x_3	x_4	x_5	b
0	x_1	[3]	0	0	1	-2	12
1	x_2	0	1	0	0	-1	1
1	x_3	-2	0	1	0	0	1
	$C_j - Z_j$	1	0	0	0	-1	
3	x_1	1	0	0	1/3	$-2/3$	4
-1	x_2	0	1	0	0	-1	1
-1	x_3	0	0	1	2/3	$-4/3$	9
	$C_j - Z_j$	0	0	0	$-1/3$	$-1/3$	

由於 $\sigma_j \leqslant 0 (j = 1, \cdots, 5)$,故 $X^* = (4, 1, 9)^T$, $z^* = 2$。

3. 退化與循環

在單純形法計算中,用 θ 規則確定換出變量時,有時存在兩個以上相同的最小比值,這樣在下一次迭代中就有一個或幾個基變量等於零,這時退化解就出現了。這時抽象出變量 $x_l = 0$,迭代後目標函數值不變。不同基表示為同一頂點。當出現退化時,進行多次迭代,而基從 $B_1, B_2, \cdots$,又返回到 B_1,即出現計算過程的循環,便永遠達不到最優解。

儘管計算過程的循環現象很少出現,但是還是有可能的。如何解決這個問題?先後有人提出了「攝動法」和「字典序法」。1974 年由勃蘭特(Bland)提出一種簡便的規劃,簡稱「勃蘭特規則」,表述如下:

(1) 選取 $\sigma_j > 0$ 中下標最小的非基變量 x_k 為換入變量,即 $k = \min\{j [\sigma_j > 0\}$。
(2) 當按 θ 規則計算存在兩個或兩個以上最小比值時,選取下標最小的基變量為出基變量。

可以證明,按勃蘭特規則計算時,一定能避免出現循環。大量計算實踐表明,退化是常見的,而

循環則極少出現。

二、單純形法的矩陣描述

現在用矩陣描述單純形法的計算過程。它有助於對單純形法的理解,以及後面相關理論的學習。

設線性規劃問題:
$$\max z = CX$$
$$(\text{LP}) \text{ s. t.} \begin{cases} AX \leqslant b \\ X \geqslant 0 \end{cases}$$

加上松弛變量 $X_S = (x_{n+1}, x_{n+2}, \cdots, x_{n+m})^T$,將其標準化為標準形式:
$$\max z = CX + 0X_S$$
$$(\text{LP}) \text{ s. t.} \begin{cases} AX + IX_S = b \\ X \geqslant 0, X_S \geqslant 0 \end{cases}$$

其中 I 為 $m \times m$ 階單位矩陣。

$$A = \begin{bmatrix} a_{11} & a_{12} & \cdots & a_{1n} \\ a_{21} & a_{22} & \cdots & a_{2n} \\ \cdots & \cdots & \cdots & \cdots \\ a_{m1} & a_{m2} & \cdots & a_{mn} \end{bmatrix} = [P_1, P_2, \cdots, P_n] = [B, N]$$

不失一般性,設 $B = [P_1, P_2, \cdots, P_m]$ 為基;$N = [P_{m+1}, P_{m+2}, \cdots, P_n]$ 為非基變量系數構成的矩陣;$X = (x_1, x_2, \cdots, x_n)^T = (X_B, X_N)^T$,其中 $X_B = (x_1, x_2, \cdots, x_m)^T$ 為基變量構成的向量,$X_N = (x_{m+1}, x_{m+2}, \cdots, x_n)^T$ 為非基變量構成的向量。$C = (c_1, c_2, \cdots, c_n) = (C_B, C_N)$,其中 $C_B = (c_1, c_2, \cdots, c_m)$;$C_N = (c_{m+1}, c_{m+2}, \cdots, c_n)$,這樣

$$(A, I)\begin{pmatrix} X \\ X_S \end{pmatrix} = (B, N, I)\begin{pmatrix} X_B \\ X_N \\ X_S \end{pmatrix} = BX_B + NX_N + IX_S$$

因而有
$$BX_B + NX_N + IX_S = b$$
即
$$X_B = B^{-1}b - B^{-1}NX_N - B^{-1}X_S$$

用非基變量 X_N 表示目標函數,有
$$z = CX + 0X_S = (C_B, C_N)\begin{pmatrix} X_B \\ X_N \end{pmatrix} + 0X_S$$
$$= C_B X_B + C_N X_N + 0X_S$$

將 $X_B = B^{-1}b - B^{-1}NX_N - B^{-1}X_S$ 代入目標函數中,可得
$$z = C_B(B^{-1}b - B^{-1}NX_N - B^{-1}X_S) + C_N X_N + 0X_S$$
$$= C_B B^{-1}b + (C_N - C_B B^{-1}N)X_N - C_B B^{-1}X_S$$

令
$$X_N = 0, X_S = 0$$

得到對應於基 B 的基可行解為
$$X = (X_B, X_N, X_S)^T = (B^{-1}b, 0, 0)^T$$

目標值為
$$z = C_B B^{-1}b$$

相應的非基變量的檢驗數為
$$\sigma_N = (C_N - C_B B^{-1}N, -C_B B^{-1})$$

將基變量一起考慮,有:

$$\sigma = (0, C_N - C_B B^{-1} N, -C_B B^{-1}) = (C - C_B^{-1} A, -C_B B^{-1})$$

此外,從上式中可推出計算某一具體變量 x_j 的檢驗數計算公式,即

$$\sigma_j = c_j - C_B B^{-1} p_j$$

上述過程可用如下單純形表描述,如表 1-14 所示。

表 1-14　單純形表的矩陣表示

C	C_B	C_N	0		b
C_B	X_B	X_B	X_N	X_S	
C_B	X_B	I	$B^{-1}N$	B^{-1}	$B^{-1}b$
$C_j - Z_j$		0	$C_N - C_B B^{-1} N$	$-C_B B^{-1}$	$-C_B B^{-1} b$

由最優性判別定理可知,當 $\sigma = (C - C_B^{-1} A, -C_B B^{-1}) \leq 0$ 時,$X = (X_B, X_N, X_S)^T = (B^{-1}b, 0, 0)^T$ 為線性規劃的最優解;若存在 $\sigma_j = c_j - C_B B^{-1} p_j > 0 \ (j \in J)$,有 $-B^{-1} p_j \leq 0$,則線性規劃問題有無界解。

第五節　線性規劃應用舉例

一、生產計劃問題

生產計劃問題的一般提法是:用若干種資源 $B_1, B_2, \cdots, B_m$,生產若干產品 $A_1, A_2, \cdots, A_m$,資源供應有一定限制,要求制訂一個產品生產計劃,使其在資源限制條件下,得到最大效益。這個問題如表 1-15 所示。

表 1-15　產品資源限制條件

資源	產品 $A_1, A_2, \cdots, A_m$	資源限制
B_1	$a_{11}, a_{12}, \cdots, a_{1n}$	b_1
B_2	$a_{21}, a_{22}, \cdots, a_{2n}$	b_2
$\cdots$	$\cdots\cdots$	
B_m	$a_{m1}, a_{m2}, \cdots, a_{nm}$	b_m
單件利潤	$c_1, c_2, \cdots, c_m$	

解:設 x_j 表示生產 A_j 種產品的計劃數,$j = 1, 2, \cdots, n$,則有:

$$\max z = \sum_{j=1}^{n} c_j x_j$$

$$\text{s.t.} \begin{cases} \sum_{j=1}^{n} a_{ij} x_j \leq b_i \\ x_j \geq 0 \end{cases} \quad (i = 1, 2, \cdots, m; j = 1, 2, \cdots, n)$$

【例 1-13】 某廠計劃生產甲、乙兩種產品,要消耗 B_1、B_2、B_3 三種資源。已知每件產品對這三種資源的消耗,這三種資源的現有數和每件產品可獲得的利潤如表 1-16 所示,問如何安排生產計劃,既能充分利用現有資源,又使總利潤最大?

表 1-16 資源約束和限制表

資源	產品 甲	產品 乙	資源限制
B_1	5	2	170
B_2	2	3	100
B_3	1	5	150
單件利潤	10	18	

解：為了建立此問題的數學模型，首先要選定決策變量，即決策人可控製的因素。可令 x_1, x_2 分別表示生產產品甲和乙的產量。根據決策變量的限制條件，可建立如下線性規劃模型：

$$\max z = 10x_1 + 18x_2$$

$$\text{s.t.} \begin{cases} 5x_1 + 2x_2 \leq 170 \\ 2x_1 + 3x_2 \leq 100 \\ x_1 + 5x_2 \leq 150 \\ x_1, x_2 \geq 0 \end{cases}$$

求解得到 $x_1 = 50$ 件；$x_2 = 200$ 件；$z = 4,100$ 元。

二、人力資源配置問題

人力資源配置問題的一般提法是：一項工作根據其特點在不同的時間段，雇用不同的工作人員，問如何安排工作人員的作息，既滿足工作需要，又使配備人員的數量最小。

【例 1-14】 某大都市有晝夜服務的公交線路，經長時間統計觀察，每天各時段所需要的司乘人員數見表 1-17。設司乘人員分別在每時段準時上班，並連續工作 8 小時，問公交公司應如何安排這條公交線路的司乘人員，才能既滿足工作需要，又使配備的司乘人員最少？

表 1-17 司乘人員需求信息

班次	時間區間	所需人數
1	6:00～10:00	60
2	10:00～14:00	70
3	14:00～18:00	60
4	18:00～22:00	50
5	22:00～2:00	20
6	2:00～6:00	30

解：設用 x_i 表示第 i 班開始上班的司乘人員數，由於每班實際上班的人數中必包括前一班的人數，於是可建立如下線性規劃模型：

$$\min z = x_1 + x_2 + x_3 + x_4 + x_5 + x_6$$

$$\text{s.t.} \begin{cases} x_1 + x_6 \geq 60 \\ x_1 + x_2 \geq 70 \\ x_2 + x_3 \geq 60 \\ x_3 + x_4 \geq 50 \\ x_4 + x_5 \geq 20 \\ x_5 + x_6 \geq 30 \\ x_j \geq 0 \quad (j = 1, 2, \cdots, n) \end{cases}$$

求解得到 $x_1 = 50$；$x_2 = 20$；$x_3 = 50$；$x_4 = 0$；$x_5 = 20$；$x_6 = 10$；$z = 150$。

三、合理配料問題

合理配料問題的提法是：某飼料場用 n 種飼料 $B_1, B_2, \cdots B_n$，配製成含有 m 種營養成分 A_1, $A_2, \cdots A_m$ 的混合配料，各種飼料所含營養成分、混合飼料對各種成分的最低需求及各種飼料的單價，應該如何配料，才能既能滿足需求，又使混合飼料總成本最低。

【例 1-15】 某食品公司考慮用西紅柿、菠菜、洋蔥、馬鈴薯、黃豆、小蘿蔔、胡蘿蔔等食品來配餐，要求配製後的食品滿足一定的維生素含量(這裡只考慮 VA、VB、VC 三種維生素)。配餐中的各種食品的維生素含量及單位成本等數據如表 1-18 所示，公司管理層希望以最小的成本配製滿足維生素需要量的食品。

表 1-18　維生素的含量及單位成本表

營養物	西紅柿	菠菜	梨	洋蔥	馬鈴薯	黃豆	小蘿蔔	胡蘿蔔	需要量
VA	8	8	6	4	7	4	5	2	70
VB	2	5	4	5	1	1	2	1	60
VC	1	2	1	3	3	2	1	4	30
價格	7	5	4	5	5	6	8	5	

解：分別用 x_j 分別代表各種營養物在配餐食品中的數量，於是建立如下線性規劃模型：

$$\min z = 7x_1 + 5x_2 + 4x_3 + 5x_4 + 5x_5 + 6x_6 + 8x_7 + 5x_8$$

$$\text{s.t.} \begin{cases} 8x_1 + 8x_2 + 6x_3 + 4x_4 + 7x_5 + 4x_6 + 5x_7 + 2x_8 = 70 \\ 2x_1 + 5x_2 + 4x_3 + 5x_4 + x_5 + x_6 + 2x_7 + x_8 = 60 \\ x_1 + 2x_2 + x_3 + 3x_4 + 3x_5 + 2x_6 + x_7 + 4x_8 = 30 \\ x_j \geq 0 \quad (j = 1, 2, \cdots, 8) \end{cases}$$

求解得到的結果為 $X^* = (0, 5, 0.7143, 6.4286, 0, 0, 0, 0)$, $Z = 60$。

四、套裁下料問題

套裁下料問題的一般提法是：在加工業中，需要將某類規格的棒材或板材裁成不同規格的毛坯，對毛坯有一定的數量要求。問如何裁取，既滿足對毛坯的數量要求，又使所使用的原材料最少。

【例 1-16】 現要做 100 套鋼架，每套長 2.9 m、2.1 m 和 1.5 m 的圓鋼各一根，已知原料長 7.4 m，問應如何下料，使所用的原材料最省。

簡單的下料方法是：每根圓鋼截取 2.9 m、2.1 m 和 1.5 m 的長度各一根，組成一套，這樣每根圓鋼剩下料頭 0.9 m。完成任務後，共消耗圓鋼 100 根，餘下的料頭共 90 m。若改成套裁方法，即可先設計出幾個較好的下料方案。所謂較好即第一要求是每個方案下料後的料頭較短，第二要求是所有的方案配合起來能滿足完成任務的需要。為此，可設計 5 種方案供參考使用，見表 1-19。

表 1-19　套裁方案

長度 米	下料根數				
	I	II	III	IV	V
2.9	1	2	0	1	0
2.1	0	0	2	2	1
1.5	3	1	2	0	3
合計	7.4	7.3	7.2	7.1	6.6
料頭	0	0.1	0.2	0.3	0.8

為了得到 100 套鋼架,需要混合使用各種下料方案。設按 I 方案下料的原材料根數為 x_1, II 方案為 x_2, III 方案為 x_3, IV 方案為 x_4, V 方案為 x_5,可列出以下數學模型:

$$\min z = 0x_1 + 0.1x_2 + 0.2x_3 + 0.3x_4 + 0.8x_5$$

$$\begin{cases} x_1 + 2x_2 + x_4 = 100 \\ 2x_3 + 2x_4 + x_5 = 100 \\ 3x_1 + x_2 + 2x_3 + 3x_5 = 100 \\ x_1, x_2, x_3, x_4, x_5 \geq 0 \end{cases}$$

計算得出最優下料方案是:按 I 方案為 30 根;按 II 方案為 10 根,IV 方案為 50 根,即需 90 根原材料,可以製造 100 套鋼架。

思考與練習 >>>>

1. 將下列線性規劃模型轉化為標準型。

(1) $\max z = 3x_1 + 2x_2 + 4x_3 - 8x_4$
s.t. $\begin{cases} x_1 + 2x_2 + 5x_3 + 6x_4 \geq 8 \\ -2x_1 + 5x_2 + 3x_3 - 5x_4 \leq 3 \\ 2x_1 + 4x_2 + 4x_3 - 5x_4 = 18 \\ x_1 \geq 0, x_2 \geq 0, x_3 \geq 0, x_4 \text{ 無約束} \end{cases}$

(2) $\min z = -3x_1 + 4x_2 - 2x_3 + 5x_4$
s.t. $\begin{cases} 4x_1 - x_2 + 2x_3 - x_4 = -2 \\ x_1 + x_2 + 3x_3 - x_4 \leq 14 \\ -2x_1 + 3x_2 - x_3 + 2x_4 \geq 2 \\ x_1, x_2, x_3 \geq 0; x_4 \text{ 無約束} \end{cases}$

2. 用圖解法求解下列線性規劃問題。

(1) $\min z = 2x_1 + 3x_2$
s.t. $\begin{cases} x_1 + 3x_2 \geq 3 \\ x_1 + x_2 \geq 2 \\ x_1, x_2 \geq 0 \end{cases}$

(2) $\min z = 2x_1 - 10x_2$
s.t. $\begin{cases} x_1 - x_2 \geq 2 \\ 3x_1 - x_2 \geq -5 \\ x_1, x_2 \geq 0 \end{cases}$

3. 分別用大 M 法和兩階段法求解下列線性規劃問題。

(1) $\max z = 2x_1 - 2x_2 + x_3$
s.t. $\begin{cases} 3x_1 + x_2 + x_3 \leq 60 \\ x_1 - x_2 + 2x_3 \leq 10 \\ x_1 + x_2 - x_3 \leq 20 \\ x_1, x_2, x_3 \geq 0 \end{cases}$

(2) $\max z = 2x_1 + x_2 + x_3$
s.t. $\begin{cases} 4x_1 + 2x_2 + 2x_3 \geq 4 \\ 2x_1 + 4x_2 \leq 20 \\ 4x_1 + 8x_2 + 2x_3 \leq 16 \\ x_1, x_2, x_3 \geq 0 \end{cases}$

(3) $\max z = 5x_1 - 2x_2 + x_3$
s.t. $\begin{cases} x_1 + 4x_2 + x_3 \leq 6 \\ 2x_1 + x_2 + 3x_3 \geq 2 \\ x_1, x_2 \geq 0; x_3 \text{ 符號不限} \end{cases}$

(4) $\max z = 5x_1 + 3x_2 + 6x_3$
s.t. $\begin{cases} x_1 + 2x_2 + x_3 \leq 18 \\ 2x_1 + x_2 + 3x_3 \leq 16 \\ x_1 + x_2 + x_3 = 10 \\ x_1, x_2 \geq 0; x_3, x_4 \text{ 符號不限} \end{cases}$

4. 某公司在三年的計劃期內,有四個建設項目可以投資:項目 I 從第一年到第三年年初都可以投資。預計每年年初投資,年末可收回本利 120%,每年又可以重新將所獲本利納入投資計劃;項目 II 需要在第一年年初投資,經過兩年可收回本利 150%,又可以重新將所獲本利納入投資計劃,但用於該項目的最大投資額不得超過 20 萬元;項目 III 需要在第二年年初投資,經過兩年可收回本利 160%,但用於該項目的最大投資額不得超過 15 萬元;項目 IV 需要在第三年年初投資,年末可收回本利 140%,但用於該項目的最大投資額不得超過 10 萬元。在這個計劃期內,該公司第一年可供投資的資金有 30 萬元。問怎樣的投資方案,才能使該公司在這個計劃期獲得最大利潤?

5. 表 1-20 中給出求極大化問題的單純形表,問表中 a_1, a_2, c_1, c_2, d 為何值時及表中變量屬於哪一種類型時有:

(1) 表中解為唯一最優解；
(2) 表中解為無窮多最優解之一；
(3) 表中解為退化的可行解；
(4) 下一步迭代將以 x_1 代替基變量 x_5；
(5) 該線性規劃問題具有無界解；
(6) 該線性規劃問題無可行解。

表 1-20 單純形表

基	b	x_1	x_2	x_3	x_4	x_5
x_1	d	4	a_1	1	0	0
x_1	2	-1	-5	0	1	0
x_1	3	a_2	-3	0	0	1
$c_j - z_j$		c_1	c_2	0	0	0

6. 某石油公司有兩個冶煉廠。甲廠每天可分別生產高級、中級和低級的石油 200 桶、300 桶和 200 桶。乙廠每天可分別生產高級、中級和低級的石油 100 桶、200 桶和 100 桶。公司需要三種油的數量分別為 14,000 桶、24,000 桶和 14,000 桶。甲廠每天的運行費是 5,000 元,乙廠是 4,000 元。問:
(1) 公司應安排這兩個廠各生產多少天最經濟?
(2) 如甲廠的運行費是 2,000 元,乙廠是 5,000 元。公司應如何安排兩個廠的生產?
請列出線性規劃模型並求解。

7. 某糖果廠用原料 A、B、C 加工成三種不同牌號的糖果甲、乙、丙。各種牌號糖果中 A、B、C 含量,原料成本,各種原料的每月限制用量,三種牌號糖果的單位加工費及售價如表 1-21 所示,問該廠每月應生產這三種牌號糖果各多少千克,使該廠獲利最大?試建立這個問題的線性規劃的數學模型。

表 1-21 原材料情況表

	甲	乙	丙	原材料成本(元/斤克)	每月限制用量 斤克
A	$\geq 60\%$	$\geq 15\%$		2.00	2,000
B				1.50	2,500
C	$\leq 20\%$	$\leq 60\%$	$\leq 50\%$	1.00	1,200
加工費(元/斤克)	0.50	0.40	0.30		
售價	3.40	2.85	2.25		

8. 某旅館每日至少需要下列數量的服務員(見表 1-22),每班服務員從開始上班到下班連續工作八小時,為滿足每班所需要的最少服務員數,這個旅館至少需要多少服務員?

表 1-22 服務員需要信息表

班次	時間(日夜服務)	最少服務員人數
1	上午 6 點～上午 10 點	80
2	上午 10 點～下午 2 點	90
3	下午 2 點～下午 6 點	80
4	下午 6 點～夜間 10 點	70
5	夜間 10 點～夜間 2 點	40
6	夜間 2 點～上午 6 點	30

9. 某工廠生產 Ⅰ、Ⅱ、Ⅲ、Ⅳ 四種產品,產品 Ⅰ 需依次經過 A、B 兩種機器加工,產品 Ⅱ 需依次經過 A、C 兩種機器加工,產品 Ⅲ 需依次經過 B、C 兩種機器加工,產品 Ⅳ 需依次經過 A、B 機器加工。

有關數據如表 1-23 所示，請為該廠制訂一個最優生產計劃。

表 1-23　資源、成本費用表

產品	機器生產率（件/小時） A	B	C	原料成本 元	產品價格 元
Ⅰ	10	20		16	65
Ⅱ	20		10	25	80
Ⅲ		10	15	12	50
Ⅳ	20	10		18	70
機器成本（元/小時）	200	150	225		
每週可用小時數	150	120	70		

10. 某制衣廠生產四種規格的出口服裝，有 A、B、C 三種制衣機可以加工這四種服裝，它們的生產效率（每天製作的服裝件數）等有關數據如表 1-24 所示，試確定各種服裝的生產數量，使總的加工費用最少。

表 1-24　生產情況表

衣服規格	制衣機 A	B	C	需要生產數量 件
Ⅰ	300	600	800	10,000
Ⅱ	280	450	700	9,000
Ⅲ	200	350	680	7,000
Ⅳ	150	410	450	8,000
每天加工費 元	80	100	150	

第二章

對偶理論與靈敏度分析

本章內容分為兩大部分:對偶規劃與靈敏度分析。對偶規劃是線性規劃問題從另一個角度進行的研究,是線性規劃理論的進一步深化,也是線性規劃理論整體的一個不可分割的組成部分。靈敏度分析是對線性規劃結果的再發掘,是對線性規劃理論的充分利用。通過本章的學習,要求能夠寫出任意一個線性規劃問題的對偶問題,並能應用對偶單純形法解決相應的線性規劃問題,同時能對線性規劃的求解結果進行多種情況的靈敏度分析。

第一節 線性規劃的對偶問題及其數學模型

一、對偶問題的提出

在例 1-1 的生產計劃問題中,從安排生產使企業利潤最大化的角度考慮。若用 x_1, x_2 分別代表甲、乙兩種產品的生產數量,則該問題的線性規劃數學模型為:

問題 A

$$\max z = 50x_1 + 100x_2$$

$$\text{s.t.} \begin{cases} x_1 + x_2 \leqslant 300 \\ 2x_1 + x_2 \leqslant 400 \\ x_2 \leqslant 250 \\ x_1, x_2 \geqslant 0 \end{cases}$$

現從另一個角度考慮,即企業不安排生產,而是轉讓三種資源,應如何給三種資源定價?

設 y_1, y_2, y_3 分別代表 A,B,C 三種資源的價格,即轉讓單位數量資源所獲的收益。對於決策者,首先當然會考慮如下兩個條件:

約束條件 1:生產一件產品甲所耗資源數量的轉讓所得的總收益不能低於生產一件產品甲所獲的利潤,即:$1y_1 + 2y_2 \geqslant 50$。

約束條件 2:生產一件產品乙所耗資源數量的轉讓所得的總收益不能低於生產一件產品乙所獲的利潤,即:$1y_1 + 1y_2 + 1y_3 \geqslant 100$。

而企業將現有三種資源全部轉讓所得的總收益,即目標函數為:

$$w = 300y_1 + 400y_2 + 250y_3$$

從數學的角度分析,若目標函數極大化,則問題為無界解,即問題無意義,故目標函數只能極小

化。從經濟的角度看，A,B,C 三種資源的轉讓是與企業利用這三種資源進行最優生產來進行比較的。因此，企業的決策可以從這種比較中瞭解在不低於企業最優生產所獲利潤的條件下各資源的最低轉讓價格。從工廠決策者的角度來看，w 值當然越大越好，但從接受方的角度來看，支付越少越好。因此，工廠的決策者只能在滿足將資源出租的所有收入不低於自己組織生產該產品所獲得的利潤的條件下，使其總收入盡可能小，這樣才能使接受方接受，工廠才能實現其意願。這樣，問題的目標函數也是要求為極小化，因此問題的數學模型為：

問題 B

$$w = 300y_1 + 400y_2 + 250y_3$$

s.t. $\begin{cases} 1y_1 + 2y_2 \geqslant 50 \\ 1y_1 + 1y_2 + 1y_3 \geqslant 100 \\ y_1, y_2, y_3 \geqslant 0 \end{cases}$

問題 B 為問題 A 的對偶問題，問題 A 為原問題。

二、對偶問題的數學模型

線性規劃單純形法的矩陣描述有單純形乘子 $Y = CB^{-1}$，線性規劃原問題 P 為：

$$\max z = CX$$

s.t. $\begin{cases} AX \leqslant b \\ X \geqslant 0 \end{cases}$

最優解標準為所有變量的檢驗數 $\sigma \leqslant 0$，即 $C_B - C_B B^{-1} A \leqslant 0$，有 $C - YA \leqslant 0$，得

$$YA \geqslant 0$$

$$\sigma = C_B - C_B B^{-1} A \leqslant 0$$

得

$$C_B B^{-1} \geqslant 0$$

即有

$$Y \geqslant 0$$

對 $Y = C_B B^{-1}$ 兩邊右乘 b，得

$$Yb = C_B B^{-1} b = Z$$

因為 $Y \geqslant 0$，要使 Z 有最大值，Yb 只能存在最小值，即有

$$\min \omega = Yb$$

式(2-1)、式(2-2)、式(2-3)構成線性規劃原問題 P 的對偶問題 D 的數學模型：

$$\min \omega = Yb$$

s.t. $\begin{cases} YA \geqslant C \\ Y \geqslant 0 \end{cases}$ (2-1)

同理，線性規劃原問題為：

$$\min Z = CX$$ (2-2)

s.t. $\begin{cases} YX \leqslant b \\ X \geqslant 0 \end{cases}$ (2-3)

其對偶問題為：

$$\min \omega = Yb$$

s.t. $\begin{cases} YA \geqslant C \\ Y \geqslant 0 \end{cases}$

上述兩種對偶模型稱為對稱型模型。另外，還有一種原問題約束為等式或變量為無約束變量的對偶模型，稱為非對稱型模型。線性規劃原問題為：

$$\min Z = CX$$

s.t. $\begin{cases} AX = b \\ X \geqslant 0 \end{cases}$

這種非對稱型模型對偶關係的處理步驟如下：
(1) 先將等式約束條件分解為兩個不等式約束條件，則可表示為：
$$\max Z = CX$$
$$\text{s. t.} \begin{cases} AX \leqslant b \\ AX \geqslant b \\ X \geqslant 0 \end{cases}$$

即有
$$\max Z = CX$$
$$\text{s. t.} \begin{cases} AX \leqslant b & (1) \\ -AX \leqslant -b & (2) \\ X \geqslant 0 \end{cases}$$

$Y' = (y'_1, y'_2, \cdots, y'_m)$ 是對應約束條件(1)的對偶變量。
$Y'' = (y''_1, y''_1, \cdots, y''_m)$ 是對應約束條件(2)的對偶變量。
(2) 按對稱型變換關係可寫出它的對偶問題，有
$$\min \omega = Y'b + (-Y''b)$$
$$\text{s. t.} \begin{cases} Y'A + (-Y''A) \geqslant C \\ Y', Y'' \geqslant 0 \end{cases}$$

令 $Y = Y' - Y''$，且 $Y', Y'' \geqslant 0$，由此可知 Y 不受正、負限制。用 Y 代替後，原問題的對偶問題為：
$$\begin{cases} YA \geqslant C \\ Y \text{ 無約束} \end{cases}$$

線性規劃問題為：
$$\min Z = CX$$
$$\text{s. t.} \begin{cases} YX \leqslant b \\ X \geqslant 0 \end{cases}$$

其對偶問題為
$$\min \omega = Yb$$
$$\text{s. t.} \begin{cases} YA \geqslant C \\ Y \geqslant 0 \end{cases}$$

前者稱為原問題，後者稱為對偶問題，具體的數量對應關係為：
① 原問題
$$\max z = c_1 x_1 + c_2 x_2 + \cdots + c_n x_n$$
$$\text{s. t.} \begin{cases} a_{11} x_1 + a_{12} x_2 + \cdots + a_{1n} x_n \geqslant (= , \leqslant) b_1 \\ a_{21} x_1 + a_{22} x_2 + \cdots + a_{2n} x_n \geqslant (= , \leqslant) b_2 \\ \cdots\cdots\cdots\cdots\cdots\cdots\cdots\cdots\cdots\cdots\cdots\cdots\cdots \\ a_{m1} x_1 + a_{m2} x_2 + \cdots + a_{mn} x_n \geqslant (= , \leqslant) b_m \\ x_j \geqslant 0 (j = 1, 2, \cdots, n) \end{cases}$$

② 對偶問題
$$\min w = b_1 y_1 + b_2 y_2 + \cdots + b_n y_n$$
$$\text{s. t.} \begin{cases} a_{11} y_1 + a_{21} y_2 + \cdots + a_{m1} y_n \geqslant c_1 \\ a_{12} y_1 + a_{22} y_2 + \cdots + a_{m2} y_n \geqslant c_2 \\ \cdots\cdots\cdots\cdots\cdots\cdots\cdots\cdots\cdots\cdots\cdots\cdots \\ a_{1n} y_1 + a_{2n} y_2 + \cdots + a_{mn} y_n \geqslant c_n \\ y_j \geqslant 0 (j = 1, 2, \cdots, m) \end{cases}$$

根據對偶問題的定義不難推出，對於線性規劃問題：$\min w = Yb; YA \geqslant C; Y \geqslant 0$，其對偶問題為：$\max z = CX; AX \leqslant b; X \geqslant 0$，即兩線性規劃問題互為對偶。

事實上，任何一個線性規劃問題都有一個固定的線性規劃問題與之對偶，且二者互為對偶關係，

線性規劃的這種性質稱為對稱性。更進一步地，對於線性規劃問題：$\max z = CX; AX = b; X \geq 0$；其對偶問題為：$\min w = Yb; YA \geq C; Y$ 無限制

根據以上分析，線性規劃原問題與對偶問題的數量關係可用表 2-1 描述。

表 2-1 線性規劃原問題與對偶問題的數量關係

原問題（或對偶問題）			對偶問題（或原問題）	
目標函數	$\max z$		$\min w$	目標函數
變量	n 個		n 個	約束條件
	≥ 0		$\geq$	
	≤ 0		$\leq$	
	無約束		$=$	
約束條件	m 個		m 個	變量
	$\leq$		≥ 0	
	$\geq$		≤ 0	
	$=$		無約束	
	約束條件右端常數項 目標函數變量係數		目標函數變量係數 約束條件右端常數項	

【例 2-1】 寫出下列線性規劃問題的對偶問題。

$$\max z = 2x_1 + 3x_2 - 5x_3 + x_4$$

$$\text{s.t.} \begin{cases} 4x_1 + x_2 - 3x_3 + 2x_4 \geq 5 \\ 3x_1 - 2x_2 + 7x_4 \leq 4 \\ -2x_1 + 3x_2 + 4x_3 + x_4 = 6 \\ x_1 \leq 0, x_2, x_3 \geq 0, x_4 \text{ 無限制} \end{cases}$$

解：根據對偶規則，可直接寫出上述問題的對偶問題：

$$\min w = 5y_1 + 4y_2 + 6y_3$$

$$\text{s.t.} \begin{cases} 4y_1 + 3y_2 - 2y_3 \leq 2 \\ y_1 - 2y_2 + 3y_3 \geq 3 \\ -3y_1 + 4y_3 \geq -5 \\ 2y_1 + 7y_2 + y_3 = 1 \\ y_1 \leq 0, y_2 \geq 0, y_3 \text{ 無限制} \end{cases}$$

第二節 線性規劃的對偶理論

線性規劃的對偶理論包括以下幾個主要的基本定理：

定理 2-1（弱對偶定理） 設 X 和 Y 分別是原問題 $\max z = CX; AX \leq b; X \geq 0$ 和對偶問題 $\min w = Yb; YA \geq C; Y \geq 0$ 的可行解，則必有 $CX \leq Yb$。

證：由原問題和對偶問題的約束條件：$AX \leq b, YA \geq C$ 及 $X \geq 0, Y \geq 0$，不難得到

$$YAX \leq Yb, YAX \geq CX$$

則有

$$CX \leq YAX \leq Yb$$

即

$$CX \leq Yb$$

該定理說明，原問題的最大目標函數值肯定不大於對偶問題的最小目標函數值。這就給出了線性規劃原問題與對偶問題之間界的關係：若原問題可行，其任意可行解 X 對應的目標函數值 CX 就

提供了相應對偶問題的目標函數值的一個下界；反之，若對偶問題可行，它的任意可行解 Y 對應目標函數值 Yb 則提供了其對應原問題的目標函數值的一個上界。弱對偶定理同時也說明，若原問題是極大化問題，則它的任一可行解對應的目標函數值不大於其對偶問題（最小化問題）的任一可行解對應的目標函數值。

定理 2-2(對稱性定理)　對偶問題的對偶是原問題。這一定理的內涵顯而易見，證明從略。

定理 2-3(最優性定理)　設 X 和 Y 分別是原問題 $\max z=CX; AX \leq b; X \geq 0$ 和對偶問題 $\min w = Yb; YA \geq C; Y \geq 0$ 的可行解，若 $CX=Yb$，則 X,Y 分別是它們的最優解。

證：設 $\overline{X}$ 是原問題的任一可行解，由弱對偶定理可知 $C\overline{X} \leq Yb = CX$。
故 X 為原問題的最優解，同理可證 Y 為對偶問題的最優解。證畢。

定理 2-4(對偶原理)　原問題 $\max z = CX; AX \leq b; X \geq 0$ 有最優解，則其對偶問題 $\min w = Yb; YA \geq C; Y \geq 0$ 一定有最優解，且二者的目標函數值相等。兩者之間存在如下對應關係：

(1) 原問題有最優解的充要條件是對偶問題有最優解。

(2) 若原問題無界則對偶問題不可行，若對偶問題無界則原問題不可行。

(3) 若 X^* 和 Y^* 分別是原問題和對偶問題的可行解，則它們分別為原問題和對偶問題的最優解的充要條件是 $CX^* = Y^* b$。

證：對應關係(1)先證必要性。由 $YA \geq C$ 得 $Y(B, N) \geq (C_B, C_N)$
即
$$(YB, YN) \geq (C_B, C_N)$$
有 $YB \geq C_B$。兩邊右乘 B^{-1}，得
$$Y \geq C_B B^{-1}$$

由於對偶問題屬最小化問題，因此 $Y \geq C_B B^{-1}$ 必為對偶問題的最優解（這一結論也稱為單純形乘子的對偶定理）。

設 X^* 是原問題的最優解，B 是最優基，則由原問題的最優解條件 $C_B - C_B B^{-1} A \leq 0$ 和 $C_B B^{-1} \geq 0$，令 $Y = C_B B^{-1}$，得 $YA \geq C, Y \geq 0$。顯然 Y 是對偶問題的一個可行解。再根據弱對偶定理，有 $CX^* \leq Yb$，即最小化問題的對偶問題必存在一個下界，即 $\min Yb$ 必存在最優解。充分性的證明由對稱性定理即可得到。

對應關係(2)用反證法證明。假定原問題無界但一定有可行解，根據弱對偶定理，對於原問題的一切可行解均有 $CX \leq Yb$。這表明原問題有上界，這與原問題無界的假設相矛盾。同時，根據弱對偶定理，若原問題無界，則對偶問題必無下界，因對偶問題屬最小化問題，故必無可行解。

對應關係(3)的證明如下。

①必要性。設 X^* 是原問題的最優解，B 是最優基，由弱對偶定理知：若 $Y = C_B B^{-1}$ 是對偶問題的可行解，則有 $CX^* \leq Yb$，由此不等式知若 Yb 存在最小值，其最小值為 CX^*。又根據定理 2-4(1) 相應對偶問題有最優解 Y^*，即 YB 必存在最小值 $\min Yb = Y^* b$，所以 $CX^* = Y^* b$。

②充分性。設 X^* 和 Y^* 分別是原問題和對偶問題的可行解，且滿足 $CX^* = Y^* b$，於是根據弱對偶定理，對於原問題的任何可行解 X，存在 $CX \leq Y^* b = CX^*$。由於原問題屬最大化問題，故 CX^* 必為最優值，即 X^* 為最優解。同理可證，Y^* 亦是對偶問題的最優解。原問題與對偶問題解的對應關係見表 2-2。

表 2-2　原問題與對偶問題解的對應關係

對應關係		對偶問題		
		有最優解	無界	無可行解
原問題	有最優解	一定	不可能	不可能
	無界	不可能	不可能	一定
	無可行解	不可能	一定	可能

定理 2-5（互補鬆弛定理） 如果 X 和 Y 分別為原問題和對偶問題的可行解，它們分別為原問題 $\max z=CX; AX\leq b; X\geq 0$ 及其對偶問題 $\min w=Yb; YA\geq C; Y\geq 0$ 最優解的充要條件是 $(C-YA)X=0$ 和 $Y(b-AX)=0$，即 $YX_S=0, Y_S X=0$。

證：① 必要性。

對於對稱型對偶問題，引入鬆弛變量 $X_S\geq 0$ 和 $Y_S\geq 0$ 後，原問題和對偶問題的約束方程變為
$$AX+X_S=b, YA-Y_S=C$$
即有
$$X_S=b-AX, Y_S=-(C-YA)$$
經變換得
$$YX_S=Y(b-AX), Y_S X=-(C-YA)X$$

若 X, Y 為最優解，由對偶定理得 $CX=Yb$，則有 $(YA-Y_S)X=Y(AX+A_S)$，即 $YX_S+Y_S X=0$，也就是 $YX_S=0, Y_S X=0$。所以有 $(C-YA)X=0, Y(b-AX)=0$。

② 充分性。設 X 和 Y 分別為原問題和對偶問題的可行解，且滿足 $(C-YA)X=0$ 和 $Y(AX-b)=0$，即得 $CX=YAX=Yb$。

由對偶原理可知，X 和 Y 必是原問題和對偶問題的最優解。互補鬆弛定理也稱鬆緊定理。它描述了線性規劃問題達到最優時，原問題（或對偶問題）的變量取值和對偶問題（或原問題）約束的鬆緊性之間的對應關係。我們知道，在一對互為對偶的線性規劃問題中，原問題的變量和對偶問題的約束是一一對應的，原問題的約束和對偶問題的變量也是一一對應的。當線性規劃問題達到最優時，不僅可以同時得到原問題與對偶問題的最優解，而且可以得到變量與約束之間的一種對應關係。互補鬆弛定理即揭示了這一點。

於是當線性規劃達到最優時，有下列關係：

（1）如果原問題的某一約束為緊約束（鬆弛變量為零），該約束對應的對偶變量應大於或等於零。

（2）如果原問題的某一約束為鬆約束（鬆弛變量大於零），則對應的對偶變量必為零。

（3）如果原問題的某一變量大於零，該變量對應的對偶約束為緊約束。

（4）如果原問題的某一變量等於零，該變量對應的對偶約束可能是緊約束，也可能是鬆約束。

【例 2-2】 已知線性規劃問題
$$\min Z=2x_1+3x_2+5x_3+2x_4+3x_5$$
$$\text{s.t.} \begin{cases} x_1+x_2+2x_3+x_4+3x_5\leq 4 \\ 2x_1-x_2+3x_3+x_4+x_5\leq 3 \\ x_j\geq 0 (j=1,2,3,4) \end{cases}$$

又已知其對偶問題的最優解為 $y_1^*=4/5, y_2^*=3/5, Z=5$。試用對偶理論解原問題。

解：其對偶問題為：
$$\max w=4y_1+3y_2$$
$$\text{s.t.} \begin{cases} y_1+2y_2\geq 2 & ① \\ y_1-y_2\geq 3 & ② \\ 2y_1+3y_2\geq 5 & ③ \\ y_1+y_2\geq 2 & ④ \\ 3y_1+y_2\geq 3 & ⑤ \\ y_1, y_2\geq 0 \end{cases}$$

將 $y_1^*=4/5, y_2^*=3/5$ 代入約束條件，得 ②、③、④ 為嚴格不等式，其對應的對偶鬆弛變量 $y_{s2}, y_{s3}, y_{s4}\neq 0$，由互補鬆弛定理得 $x_2=x_3=x_4=0$，又因 $y_1^*=4/5, y_2^*=3/5\neq 0$，由互補鬆弛定理得 $x_{s1}=x_{s2}=0$，即原問題約束條件為嚴格等式，也就是 $x_1+3x_5=4, 2x_1+x_5=3$，解得 $x_1^*=1, x_5^*=1$，故原問題的最優解為 $x^*=(1,0,0,0,1)^T$。

定理 2-6 原問題單純形表的檢驗數行對應對偶問題的一個基本解。

該定理的進一步解釋如下：

若原問題最優解存在，則原問題最優單純形表的檢驗數行中，松弛變量或剩餘變量的檢驗數對應對偶問題的最優解。

若原問題為 $\max z=CX;AX\leqslant b;X\geqslant 0$，且存在最優解，則其最優單純型表可用表 2-3 描述，表中松弛變量對應的檢驗數為 $-C_B B^{-1}$。由對偶定理可知，該檢驗數就是其對偶問題的最優解。

若原問題為 $\min z=CX;AX\geqslant b;X\geqslant 0$，則其對偶問題 $\min w=Yb;YA\leqslant C;Y\geqslant 0$。若原問題存在最優解，用大 M 法（極小化為標準型）可得到如表 2-3 所示的最優單純形表。

表 2-3 最優單純形表一般形式

C		C_B	C_N	0	M	b
C_B	X_B	X_B	X_N	X_S	X_R	
C_B	X_B	I	$B^{-1}N$	$-B^{-1}$	B^{-1}	$B^{-1}b$
	$-Z$	0	$C_N-C_B B^{-1}N$	$C_B B^{-1}$	$-C_B B^{-1}+M$	$-C_B B^{-1}b$

表中，剩餘變量的檢驗數為 $C_B B^{-1}$，人工變量的檢驗數為 $-C_B B^{-1}+M$。

設 $Y^*=C_B B^{-1}$，由於 $C-C_B B^{-1}\geqslant 0, C_B B^{-1}\geqslant 0$，因此 $Y^*\geqslant 0$，且 $Y^* A\leqslant C$，即 Y^* 為對偶問題的可行解。這樣 $W^*=Y^* b=C_B B^{-1}b=z^*$。因此，$C_B B^{-1}$ 為對偶問題的最優解。

【例 2-3】 對於下列線性規劃問題的單純形表，從表中找出對應對偶問題的最優解。

對於原問題：

$$\max z=50x_1+100x_2$$
$$\text{s.t.}\begin{cases} x_1+x_2\leqslant 300 \\ 2x_1+x_2\leqslant 400 \\ x_2\leqslant 250 \\ x_1,x_2\geqslant 0 \end{cases}$$

其對偶問題為：

$$\min w=300y_1+400y_2+250y_3$$
$$\text{s.t.}\begin{cases} y_1+2y_2\geqslant 50 \\ y_1+y_2+y_3\geqslant 100 \\ y_1,y_2,y_3\geqslant 0 \end{cases}$$

原問題的最優單純形表如表 2-4 所示。

表 2-4 最優單純形表

C_j		50	100	0	0	0	b
C_B	X_B	x_1	x_2	x_3	x_4	x_5	
50	x_1	1	0	1	0	-1	50
0	x_4	0	0	-2	1	1	50
100	x_2	0	1	0	0	1	250
	$-z$	0	0	-50	0	-50	$-27,500$
對偶問題最優解				$-y_1^*$	$-y_2^*$	$-y_3^*$	

對應的對偶問題最優解列於表 2-4 中最後一行，表中 x_3,x_4,x_5 為松弛變量，原問題最優解為：$X^*=(50,250)^T, z^*=27,500$。

對偶問題的最優解為：$Y^*=(50,0,50), w^*=27,500$。

【例 2-4】 對於下列線性規劃問題的單純形表，從表中找出對應對偶問題的最優解。

對於原問題：

$$\max w=350y_1+125y_2+600y_3$$
$$\text{s.t.}\begin{cases} y_1+y_2+2y_3\leqslant 2 \\ y_1+y_3\leqslant 3 \\ y_1,y_2\geqslant 0;y_3\leqslant 0 \end{cases}$$

其對偶問題為：

$$\min z=2x_1+3x_2$$
$$\text{s.t.}\begin{cases} x_1+x_2\leqslant 350 \\ x_1\geqslant 125 \\ 2x_1+x_2\leqslant 600 \\ x_1,x_2\geqslant 0 \end{cases}$$

解：用以極小化為標準形式的單純形法求得原問題最優單純形表如表 2-5 所示，對應的對偶問題最優解列於表中最後一行。

表 2-5　極小化形式的最優單純形表

C_j		2	3	0	0	0	M	M	
C_B	X_B	x_1	x_2	x_3	x_4	x_5	x_6	x_7	b
3	x_2	0	1	-2	0	-1	2	0	100
2	x_1	1	0	1	0	0	-1	0	250
0	x_4	0	0	1	1	1	-1	-1	125
	$-z$	0	0	4	0	1	$-4+M$	M	-800
對偶問題最優解				y_1^*	y_2^*	$-y_3^*$	$-y_1^*+M$	$-y_2^*+M$	

說明：表中 x_3,x_4 為剩餘變量，x_5 為松弛變量。原問題最優解為：$X^*=(250,100)^\mathrm{T}, z^*=800$，對偶問題的最優解為：$Y^*=(4,0,-1), w^*=800$。

從上述兩個例子可以看出：對偶問題的最優解對應於原問題的最優單純形表中松弛變量檢驗數的相反數或剩餘變量的檢驗數。

第三節　對偶單純形法

一、對偶單純形法的基本思想

對偶單純形法是用對偶原理求解原問題解的一種方法，而不是求解對偶問題解的單純形法。與對偶單純形法相對應，已有的單純形法稱為原始單純形法。兩種求解原問題的方法的主要區別在於：原始單純形法在整個迭代過程中，始終保持原問題的可行性，即 $X=B^{-1}b\geqslant 0$，達到最優解時檢驗數 $C-CB^{-1}A\leqslant 0$ 為止，而 $C-CB^{-1}A\leqslant 0$ 也就是 $C-YA\leqslant 0$，即 $YA\geqslant C$，因此原始單純形法的實質就是在保證原問題可行的條件下向對偶問題可行的方向迭代。而對偶單純形法在整個迭代過程中，始終保持對偶問題的可行性，即 $YA\geqslant C$，也始終保持所有檢驗數 $C-CB^{-1}A\leqslant 0$，最後達最優解時 $X_B=B^{-1}b\geqslant 0$ 即滿足原問題的可行性為止，因此對偶單純形法的實質就是在保證對偶問題可行的條件下向原問題可行的方向迭代。總之，對偶單純形法適應求解的線性規劃問題是目標函數最大化（或最小化），價格向量 $C\leqslant 0$（或 $C\geqslant 0$），且屬於初始可行基中有負單位基、約束條件是「$\geqslant$」形式。對此線性規劃問題可不用人工變量法，而用對偶單純形法，先給「$\geqslant$」形式的約束條件兩邊乘以 -1 使約束條件變為「$\leqslant$」形式，然後加松弛變量即可得初始可行基 B。此時原問題存在一基本解 $X=B^{-1}b\leqslant 0$，但它不是基本可行解；檢驗數 $C-CB^{-1}A\leqslant 0$（或 $\geqslant 0$）也就是滿足 $YA\geqslant C$，即對偶問題存在可行解；再迭代保持檢驗數 $C-CB^{-1}A\leqslant 0$（或 $\geqslant 0$），使 $X_B=B^{-1}b\geqslant 0$ 即原問題得到基本可行解。由對偶定理可知，原問題得到最優解。即為對偶單純形法的思路。對偶單純形法與原始單純形法相比有以下兩個顯著的優點：

（1）初始解是非可行解。當檢驗數都非正時，可以進行基的變換，這時不需要引進人工變量，簡化了計算。

（2）對於變量個數多於約束方程個數的線性規劃問題，採用對偶單純形法的計算量少。因此，對於變量較少、約束較多的線性規劃問題，可用對偶單純形法求解。

通過上面的說明，可以總結如下：

設 $X^{(0)}$ 為線性規劃問題 $\max z=CX, AX=b, X\geqslant 0$ 的一個基本解，若對應的檢驗數 $\sigma_j\leqslant 0(j\in J)$，則稱 $X^{(0)}$ 為該線性規劃問題的一個正則解，相應的基稱為正則基。正則解一般為非可行解，若正則解同時為可行解，則該正則解就是線性規劃問題的最優解。由正則解的這一性質，就有與單純形

法基本思想對應的對偶單純形法。

單純形法的基本思想是：從一基可行解（$B^{-1}b \geq 0$）出發，在滿足可行解的基礎上，通過逐次基可行解的轉換，直至 $\sigma_j \leq 0 (j \in J)$ 成立，即達到可行的正則解，從而判斷是否得到最優解或無最優解。

對偶單純形法的基本思想是：從一正則解（$\sigma_j \leq 0 (j \in J)$）出發，在滿足正則解的基礎上，通過逐次基轉換，直至 $B^{-1}b \geq 0$ 成立，即達到滿足正則解條件的可行解，從而判斷是否得到最優解或無最優解。

二、對偶單純形法的計算步驟

對偶單純形法的一般解題步驟如下：

（1）根據線性規劃問題，列出初始單純形表。檢查 b 列的數字，若都為非負，並且檢驗數都為非正，則已得到最優解，停止計算；若 b 列的數字至少還有一個負分量，並且檢驗數都為非正，那麼進行以下計算。

（2）確定換出變量。按 $\min\{b_i | b_i < 0, i=1,\cdots,m\} = b_r$，則 b_r 所在行對應的變量 x_r 為出基變量。若 b_r 所在行對應的 A 陣中各元素 $a_{rj} \geq 0, j=1,\cdots,n$，則問題無可行解，此時可停止計算；否則轉入下一步。

（3）基變量。由 $\theta = \min\{\sigma_j / a_{rj} | a_{rj} < 0, j \in J\} = \sigma_k / a_{rk}$，則對應的變量 x_k 為進基變量。

（4）主元素按原單純形法同樣的方法進行迭代計算，得到新的單純形表。重複上述（1）～（4）步驟，直至獲得最優解。

【例 2-5】 用對偶單純形法求解下列線性規劃。

$$\min z = 5x_1 + 2x_2 + 6x_3$$
$$\text{s.t.} \begin{cases} 2x_1 + 4x_2 + 8x_3 \geq 24 \\ 4x_1 + x_2 + 4x_3 \geq 8 \\ x_1, x_2, x_3 \geq 0 \end{cases}$$

解：將問題改寫成標準形式：

$$\max z = -5x_1 - 2x_2 - 6x_3$$
$$\text{s.t.} \begin{cases} -2x_1 - 4x_2 - 8x_3 + x_4 = -24 \\ -4x_1 - x_2 - 4x_3 + x_5 = -8 \\ x_1, x_2, x_3, x_4, x_5 \geq 0 \end{cases}$$

顯然，P_4, P_5 可構成現成的單位基，此時，非基變量在目標函數中的系數全為負數，因此 P_4, P_5 構成的就是初始正則基。整個問題的計算過程如表 2-6 所示。

表 2-6　對偶單純形法的計算過程

C_j		-5	-2	-6	0	0	
C_B	X_B	x_1	x_2	x_3	x_4	x_5	b
0	x_4	-2	$[-4]$	-8	1	0	-24
0	x_5	-4	-1	-4	0	1	-8
	$-z$	-5	-2	-6	0	0	0
	θ	$-5/-2$	$-2/-4$	$-6/-8$	0	0	
-2	x_2	$1/2$	1	2	$-1/4$	0	6
0	x_5	$-7/2$	0	$[-2]$	$-1/4$	1	-2
	$-z$	-4	0	-2	$-1/2$	0	12
	θ	$-4/(-7/2)$	0	$-2/-2$	$(-1/2)/(-1/4)$	0	
-2	x_2	-3	1	0	$-1/2$	1	4
-6	x_3	$7/4$	0	1	$1/8$	$-1/2$	1
	$-z$	$-1/2$	0	0	$-1/4$	-1	14

最後一個單純形表中,已得到一個可行的正則解,因而得到問題的最優解為 $X^* = (0, 4, 1)^T$,最優值為 $Z^* = 14$。

使用對偶單純形法在以下三種情況下較為方便:

(1) 對於形如 $\min z = CX; AX \geq b; X \geq 0$,且 $C \geq 0$ 的線性規劃問題,因為可以將其改寫為形如 $\max(-z) = -CX; -AX + X_s = -b; X \geq 0$ 的線性規劃問題,所以可以立即得到初始正則解。

(2) 當變量多於約束條件時,對這樣的線性規劃問題用對偶單純形法計算可以減少計算量。

(3) 在靈敏度分析中,有時需要用對偶單純形法,這樣可使問題的處理得以簡化。

第四節　對偶問題的經濟意義

一、影子價格

設 B 是 $\max Z = \{CX \mid AX \leq b, X \geq 0\}$ 的最優解 Z^* 對應的基,則有 $Z^* = C_B B^{-1} b = Y^* b$,得

$$\frac{\partial Z^*}{\partial b} = C_B B^{-1} = Y^*$$

這就是說,對偶問題最優解的經濟意義是在其他條件不變的情況下,由單位資源變化所引起的目標函數的最優值的變化。

【例 2-6】某工廠在計劃期內要安排生產Ⅰ、Ⅱ兩種產品,已知生產單位產品所需的設備臺數及A、B兩種原材料的消耗量如表 2-7 所示。該工廠每生產一件產品Ⅰ可獲利潤 2 元,每生產一件產品Ⅱ可獲利潤 3 元,問應如何安排生產計劃使該工廠獲得的利潤最大?

表 2-7　產品資源信息

資源	產品 Ⅰ	產品 Ⅱ	資源限量
設備　臺	1	2	8
原材料 A /斤克	4	0	16
原材料 B /斤克	0	4	12

運用單純形法求解得最優單純形法如下:

表 2-8　最優單純形表

C_j		2	3	0	0	0	b
C_B	X_B	x_1	x_2	x_3	x_4	x_5	
2	x_1	1	0	0	1/4	0	4
0	x_5	0	0	-2	1/2	1	4
3	x_2	0	1	1/2	-1/8	0	2
	$-z$	0	0	-3/2	-1/8	0	

由例 2-6 的最終單純形表(表 2-8)可知,其對偶問題的最優解為 $y_1^* = 1.5, y_2^* = 0.125, y_3^* = 0$。這說明在其他條件不變的情況下,若設備增加 1 臺,該廠按最優計劃安排生產可多獲利潤 1.5 元;原材料 A 增加 1 千克,可多獲利潤 0.125 元;原材料 B 增加 1 千克,對獲利潤無影響。y_i 的值代表對第 i 種資源的估價值。這種估價是針對具體工廠的具體產品而存在的一種特殊價格,稱為影子價格。影子價格的經濟意義如下:

(1) 在該廠現有資源和現有生產方案的條件下,設備的每小時租賃費為 1.5 元,1 千克原材料 A 的出讓費為除成本外再加 0.125 元,1 千克原材料 B 可按原成本出讓,這時該廠的收入與自己組織

生產時所獲利潤相等。

（2）影子價格隨其體情況而異。在完全市場經濟的條件下，當某種資源的市場價格低於影子價格時，企業應買進該資源用於擴大生產；而當某種資源的市場價格高於影子價格時，企業的決策者應把已有的資源賣掉。可見，影子價格是企業根據市場價格變動調整企業生產計劃的一個依據。

影子價格有如下特點：

（1）影子價格的大小客觀地反應了資源在系統內的稀缺程度。根據互補松弛定理的條件，如果某一資源在系統內供大於求（即有剩餘），其影子價格（即對偶解）就為零。這一事實表明，增加該資源的供應不會引起系統目標的任何變化。如果某一資源是稀缺資源（即相應約束條件的剩餘變量為零），則其影子價格必然大於零（非基變量的檢驗數為非零）。影子價格越高，資源在系統中越稀缺。

（2）影子價格是一種邊際價格，與經濟學中所說的邊際成本的概念類似，因而在經濟管理中有重要的應用價值。

（3）影子價格是對系統資源的一種最優估價，只有當系統達到最優時才能賦予該資源這種價值。因此，有人也把它稱為最優價格。

（4）影子價格的值與系統狀態有關。系統內部資源數量、技術系數和價格的任何變化，都會引起影子價格的變化，因此它又是一種動態價格。

二、邊際貢獻

在單純形迭代過程中，如果檢驗數 $C_N - C_B B^{-1} N > 0$，根據目標函數的表達式，目標函數值的改善實際就取決於 X（迭代後將變為基變量）可能取值的大小，因此目標函數 Z 也可看成非基變量 X_N 的函數，即 $Z = f(X_N)$，求偏導，得

$$\frac{\partial Z}{\partial X} = C_N - C_B B^{-1} N = \sigma$$

該式表明，檢驗數在數學上可以解釋為非基變量的單位改變量引起目標函數的改變量。檢驗數可以表示為：

$$\sigma = C_j - C_B B^{-1} p_j = C_j - Y p_j$$

已經知道，Y 是影子價格，p_j 是第 j 種產品對各種資源的消耗系數（即基中的第 j 列向量），所以 $Y p_j$ 可解釋為按影子價格計算的產品成本。C_j 一般都是產品的邊際價值即價格。因此，檢驗數即產品價格 C_j 與影子成本 $Y p_j$ 的差額，在經濟上就可以解釋為產品對於目標函數的邊際貢獻，即增加該產品單位產量為目標函數帶來的貢獻。

檢驗數與每一個變量相對應。當線性規劃達到最優時，檢驗數總是小於或等於零（對於極大化問題）。這意味著在最優狀態下，每個變量對於目標函數的邊際貢獻都小於或等於零。具體地講，這分為兩種情況：對基變量而言，根據互補松弛定理的條件，由於變量 $X > 0$，故其對應的檢驗數必為零，因此基變量對目標函數的貢獻為零，這實際也就是等邊際原理 MVP＝MIC。其中，MIC＝成本增量／產出增量，MVP＝價值產品增量／產出增量＝產品價格。按照等邊際原理，只有在 MVP＝MIC 成立時，產品生產的規模才是最佳的（在這裡給定的條件下，MIC＝0，因為資源給定，增加產出不涉及成本）。反過來，對於非基變量而言，由於檢驗數小於零，因而相應的變量只能取零值才能保證最優解條件的成立，也就是說，若某產品對目標函數的邊際貢獻小於零，則以不安排生產為宜。

由檢驗數所代表的邊際貢獻與影子價格具有相類似的特點：它是系統在達到最優時對變量價格的估量；其取值也受系統狀態的影響，隨系統狀態的變化而變化。

對於目標函數極小化約束條件為大於或等於號的問題：$\min z = CX, AX \geq b, X \geq 0$，其右端常數項可理解為需要完成的任務。因此，該類型線性規劃一般是描述完成一定任務使耗費的資源最小的

問題。此時，其對偶問題的最優解 $y_i^*(i=1,\cdots,m)$ 表示第 i 種任務的邊際成本，即單位任務增加引起的資源耗費的增加量。

【例 2-7】 某工廠使用某種原材料生產甲、乙兩種產品。根據現有條件和市場預期，產品甲的產量不小於 100 單位，產品甲和產品乙的總產量不小於 250，每單位甲消耗原材料 2 單位，每單位乙消耗原材料 1 單位，產品甲和產品乙的生產成本分別是 50 元/單位和 80 元/單位，原材料總數量為 400 單位，問如何安排生產計劃，使生產成本最小？

解：若 x_1, x_2 分別表示產品甲和產品乙的生產數量，則問題的線性規劃模型為：

$$\min z = 50x_1 + 80x_2$$

$$\text{s.t.} \begin{cases} x_1 \geq 100 \\ x_1 + x_2 \geq 250 \\ 2x_1 + x_2 \leq 400 \\ x_1, x_2 \geq 0 \end{cases}$$

用大 M 法（極小化為標準形式）求解問題的最優單純形表如表 2-9 所示。

表 2-9　最優單純形表

C_j		50	80	0	0	0	M	M	
C_B	X_B	x_1	x_2	x_3	x_4	x_5	x_6	x_7	b
50	x_1	1	0	0	1	1	0	-1	150
80	x_2	0	1	0	-2	-1	0	2	100
0	x_3	0	0	1	1	1	-1	-1	50
	$-z$	0	0	0	110	30	M	$-110+M$	$-15,500$
					y_1^*	y_2^*	$-y_3^*$	x_1^*+M	y_2^*+M

從表 2-9 中可知，對偶問題的最優解為 $y_1^*=0, y_2^*=110$，分別表示每增加 1 單位的產品甲和 1 單位的總產量所增加的工廠的成本，即最優生產條件下的產品甲和總產量的邊際成本。

三、對偶價格

無論對偶問題的最優解表示的是資源的影子價格還是任務的邊際成本，只要為正，那麼表示右端常數項增加，目標函數也增；若為負則表示右端常數項增加，而目標函數減少。對於極大化的問題，目標函數值增加則表明目標函數得到改善；對於極小化問題，目標函數值減少則表明目標函數得到改善。為了二者的統一，線性規劃問題某約束條件的右端常數項的單位增加量所引起的目標函數的改善量稱為右端常數項的對偶價格。

因此，若對偶價格為正，則增加右端常數項，從而使目標函數值得到改善；若對偶價格為負，則增加右端常數項，目標函數值將會「惡化」。

根據對偶價格的定義，對於極大化的問題，對偶價格就等於其對偶問題的最優解；對於極小化問題，對偶價格就等於其對偶問題最優解的相反數。

【例 2-8】 求下列線性規劃問題各約束條件的對偶價格。

$$\min z = 2x_1 + 3x_2 + 4x_3$$

$$\text{s.t.} \begin{cases} x_1 + x_2 + x_3 \leq 120 \\ 2x_1 + x_2 + x_3 \geq 60 \\ x_1 + 2x_2 + x_3 = 80 \\ x_1, x_2, x_3 \geq 0 \end{cases}$$

用大 M 法（極小化為標準形式）求解問題的最優單純形表如表 2-10 所示。

表 2-10　最優單純形表

C_j		2	3	4	0	0	M	M	
C_B	X_B	x_1	x_2	x_3	x_4	x_5	x_6	x_7	b
0	x_4	0	0	1 ß	1 ß	−1 ß	−1 ß	−1 ß	220 ß
2	x_1	1	0	1 ß	−2 ß	2 ß	2 ß	−1 ß	40 ß
3	x_2	0	1	1 ß	1 ß	−1 ß	−1 ß	2 ß	100 ß
	$-z$	0	0	0	1 ß	1 ß	−1 ß+M	−4 ß+M	−380 ß
				7 ß	y_1^*	y_2^*		$-y_3^*+M$	

因此，對偶問題的最優解為 $a_{ij}, b_i, c_j = 0, a_{ij}, b_i, c_j = 1$ ß，$a_{ij}, b_i, c_j = 4$ ß。由於極小化問題，三個約束條件的對偶價格為對偶問題最優解的相反數，分別為 0、−1 ß 和 −4 ß。即第二個約束條件的右端常數項增加 1 個單位，則目標函數值「惡化」1 ß 個單位，即 380 ß +1 ß = 381；若第二個約束條件右端常數項減少 1 個單位，則目標函數值「改善」1 ß 個單位，即 380 ß −1 ß = 379 ß。對於第一個、第三個約束條件可做同樣的分析。

第五節　靈敏度分析

前面討論的線性規劃問題中，a_{ij}, b_i, c_j 等都是常數，但實際上，這些係數往往是估計值、預測值或當前值。隨著時間的推移，它們都可能發生變化。其中，a_{ij} 與企業技術水平有關，技術進步可能引起其變化；b_i 與資源數量結構有關；c_j 與市場有關，市場的波動可能引起其變化。這些係數的變化，都會影響企業的決策。靈敏度分析就是分析這些因素中的一個或幾個變化給生產決策帶來的影響。靈敏度分析的內容如下：

(1) a_{ij}, b_i, c_j 中一個或幾個發生某一具體變化時，線性規劃問題的最優決策相應會發生什麼樣的變化。

(2) a_{ij}, b_i, c_j 在什麼範圍內變化，線性規劃問題的最優解或最優基不變。

靈敏度分析一般是在已得到線性規劃最優基的基礎上進行的。現在假定一個線性規劃已經求出其最優基，如果它的一個或幾個係數發生變化，沒有必要重新求解，只需要看改變後的係數是否破壞了最優性的條件。若最優性的條件仍然成立，則說明最優基的地位沒有發生變化；若最優性條件不成立了，則說明原來的最優基的地位已經改變，在這種情況下要繼續迭代，直至求出新的最優基。

假設表 2-11 中的基 B 就是最優基，現在討論線性規劃問題中各係數的變化會引起最優單純形表的哪些部分發生變化。

表 2-11　單純形表

	C	C_B	C_N	0	
C_B	X_B	X_B	X_N	X_S	b
C_B	X_B	I	$B^{-1}N$	$-B^{-1}$	$B^{-1}b$
	$-Z$	0	$C_N-C_BB^{-1}N$	C_BB^{-1}	$-C_BB^{-1}b$

從表 2-11 中不難看出：

(1) b_i 的改變只會引起 $B^{-1}b$ 的改變。

(2) c_j 的改變只會引起檢驗數 $\sigma = (C_N-C_BB^{-1}N, -C_BB^{-1})$ 的改變。

(3) a_{ij} 的改變有兩種情況：若 a_{ij} 屬於 N 中某一非基向量中的一個元素，則其改變只會引起檢驗數的改變；若 a_{ij} 中 B 中某一基向量中的一個元素，則 a_{ij} 的改變會引起 B^{-1} 的改變，從而引起檢驗數 $(C_N-C_BB^{-1}N, -C_BB^{-1})$ 和右端常數項 $B^{-1}b$ 的同時改變。

此係數的改變可能會出現表 2-12 中所列的情況，對這些情況也有相應的處理方法。

表 2-12　幾種情況的處理方式

原問題	對偶問題	結論或處理方法
可行解	可行解	最優基不變
可行解	非可行解	單純形法迭代求最優解
非可行解	可行解	對偶單純形法迭代求最優解
非可行解	非可行解	引入人工變量，編製新的單純形表，求最優解

靈敏度分析的任務就是研究 a_{ij}, b_i, c_j 這些數據的變化對最優解或最優基的影響。因為靈敏度分析是在已求得最優解的基礎上進行分析的，所以又稱優化後分析。靈敏度分析的問題概括起來說就是：

(1) 為了保持現有最優解或最優基不變，找出這些數據變化的範圍，即數據的穩定性區間。

(2) 當這些數據的變化超出了 (1) 的範圍時，如何在原有最優解或最優基的基礎上，做微小的調整，以盡快求出新的最優解或最優基。

從表 2-11 可以看出，有些數據只和表中的某些塊有關，因而當這些數據發生變化時，只需對相應的某些塊進行修改，便可得到新問題的單純形表，從而能夠進行判別和迭代，而不必從頭開始計算線性規劃問題，這正是單純形法的優點之一。

如前所述，在實際問題中，下面這些數據或條件是會經常發生變化的：

目標函數係數 c_j；右端常數 b_i；價值係數 a_{ij}（包括增加新的變量和增加新的約束條件）。

下面將分別討論這些變化對最優解或最優基的影響。

一、目標函數中價值係數 c_j 的變化分析

1. 非基變量 x_j 的價值係數 c_j 的變化

若對於最優基 x_j 而言，非基變量 x_j 的價值係數 c_j 改變為 $c'_j = c_j + \Delta c_j$，則變化後的檢驗數為

$$\sigma'_j = c_j + \Delta c_j - c_B B^{-1} P_j = \sigma_j + \Delta c_j$$

要持原最優解不變，則必須有 $\sigma'_j = c_j + \Delta c_j - c_B B^{-1} P_j = \sigma_j + \Delta c_j \leqslant 0$，由此導出 $\Delta c_j \leqslant -\sigma_j$，這就是保持原最優解不變時，非基變量 x_j 的目標係數變化範圍。當超出這個範圍時，原最優解將不再是最優解。為了求新的最優解，必須在原最優單純形表的基礎上繼續迭代。

【例 2-9】 已知線性規劃問題

$$\max z = x_1 + 5x_2 + 3x_3 + 4x_4$$

$$\text{s. t.} \begin{cases} 2x_1 + 3x_2 + x_3 + 2x_4 \leqslant 800 \\ 5x_1 + 4x_2 + 3x_3 + 4x_4 \leqslant 1,200 \\ 3x_1 + 4x_2 + 5x_3 + 3x_4 \leqslant 1,000 \\ x_j \geqslant 0 (j=1,2,3,4) \end{cases}$$

的最優單純形表如表 2-13 所示。

表 2-13　最優單純形表

C_j		1	5	3	4	0	0	0	
C_B	X_B	x_1	x_2	x_3	x_4	x_5	x_6	x_7	b
0	x_5	1 A	0	−13 A	0	1	1 A	−1	100
4	x_4	2	0	−2	1	0	1	−1	200
5	x_2	−3 A	1	11 A	0	0	−3 A	1	100
	−z	−13 A	0	−11 A	0	0	−1 A	−1	−1,300

(1) 為保持現有最優解不變,分別求非基變量 x_1, x_3 的系數 c_1, c_3 的變化範圍。
(2) 當 c_1 變為 5 時,求新的最優解。

解:(1)由表 2-13 可知 $\sigma_1 = -\dfrac{13}{4}, \sigma_3 = -\dfrac{11}{4}$,於是由保持原最優解不變時,非基變量 x_j 的目標系數變化範圍公式 $\Delta c_j \leqslant -\sigma_j$ 知,要使現有最優解不變,必須有

$$\Delta c_1 \leqslant -\dfrac{13}{4}, \Delta c_3 \leqslant -\dfrac{11}{4}$$

即當

$$c_1' = c_1 + \Delta c_1 \leqslant 1 + \dfrac{13}{4} = \dfrac{17}{4}$$

$$c_3' = c_3 + \Delta c_3 \leqslant 3 + \dfrac{11}{4} = \dfrac{23}{4}$$

時,原最優解不變。

(2) 當 $c_1' = 5 > \dfrac{17}{4}$ 時,已超出了 c_1 的變化範圍,最優解要發生變化,新的最優解可用以下的方法求得。首先求出新的檢驗數:

$$\sigma_1' = c_1' - c_B B^{-1} P_1 = 5 - (0, 4, 5) \begin{bmatrix} \dfrac{1}{4} \\ 2 \\ -\dfrac{3}{4} \end{bmatrix} = \dfrac{3}{4} > 0$$

故 x_1 應進基,用新的檢驗數 $\sigma_1' = 3/4$ 代替原來的檢驗數 $\sigma_1 = -13/4$,其餘的數據不變,得新的單純形表(見表 2-14)並繼續迭代。

表 2-14 新的單純形表

C_j		5	5	3	4	0	0	0	
C_B	X_B	x_1	x_2	x_3	x_4	x_5	x_6	x_7	b
x_5	1/4	0	−13/4	0	1	1/4	−1	100	
x_4	2	0	−2	1	0	1	−1	200	
x_2	−3/4	1	11/4	0	0	−3/4	1	100	
$-z$	3/4	0	−11/4	0	0	−1/4	−1	−1,300	
x_5	0	0	−3	−1/8	1	1/8	−7/8	75	
x_1	1	0	−1	1/2	0	1/2	−1/2	100	
x_2	0	1	2	3/8	0	−3/8	5/8	175	
$-z$	0	0	−2	−3/8	0	−5/8	−5/8	−1,375	

由表 2-14 可以得出,已經求得新的最優解為 $X^* = (100, 175, 0, 0, 75)^T$,新的目標函數最優值 $Z^* = 1,375$。

2. 基變量 x_r 的價值系數 c_r 的變化

若對於最優基 B 而言,某個基變量 x_r 的價值系數 c_r 改變為 $c_r' = c_r + \Delta c_r$,因 $c_r \in c_B$,則

$$(C_B + \Delta C_B) B^{-1} A = C_B B^{-1} A + (0, \cdots, \Delta C, \cdots, 0) B^{-1} A$$
$$= C_B B^{-1} A + \Delta C_r (a_{r1}', a_{r2}', \cdots, a_{rm}')$$

其中 $(a_{r1}', a_{r2}', \cdots, a_{rm}')$ 是矩陣 $B^{-1} A$ 的第 r 行。於是,變化後的檢驗數為:

$$\sigma_j' = C_j - C_B B^{-1} P_j = \sigma_j + \Delta C_j - \Delta C_r a_{rj}' = \sigma_j - \Delta C_r a_{rj}' \ (j = 1, 2, \cdots, n)$$

若要求最優解不變,則必須滿足下式,即

$$\sigma_j' = \sigma_j - \Delta C_r a_{rj}' \leqslant 0 \ (j = 1, 2, \cdots, n)$$

由此可以導出:當 $a_{rj}' < 0$ 時,有 $\Delta C_r \leqslant \sigma_j / a_{rj}'$;當 $a_{rj}' > 0$ 時,有 $\Delta C_r \geqslant \sigma_j / a_{rj}'$。

因此,ΔC_r 的允許範圍是

$$\max_j\left\{\frac{\sigma_j}{a'_{rj}}\,[a'_{rj}>0]\right\}\leqslant\Delta C_r\leqslant\min_j\left\{\frac{\sigma_j}{a'_{rj}}\,[a'_{rj}<0]\right\}$$

在使用上述公式時，首先在最優表上查出基變量 x_r 所在行中的元素 $a'_{rj}(j=1,2,\cdots,n)$，而且只取與非基變量所在列相對應的元素，將其中的正元素放在不等式左邊，負元素放在不等式右邊，分別求出 ΔC_r 的上下界。

【例 2-10】 利用表 2-15 中的數據，為使最優基變量 (x_3,x_1,x_5) 不變，ΔC_1 的允許範圍是：

$$\max\left\{-\frac{13}{\frac{4}{2}},-\frac{\frac{1}{4}}{1}\right\}\leqslant\Delta C_1\leqslant\min\left\{-\frac{\frac{11}{4}}{-2},\frac{-1}{-1}\right\}$$

$$-\frac{1}{4}\leqslant\Delta C_1\leqslant1$$

故當 $-\frac{15}{4}\leqslant C_1\leqslant 5$ 時，原最優解不變，現在 C_1 變為 6，已超過了 ΔC_1 的允許範圍。

同樣地，ΔC_2 的允許範圍是

$$\max\left\{\frac{-11/4}{11/4},\frac{-1}{1}\right\}\leqslant\Delta C_2\leqslant\min\left\{\frac{-13/4}{-3/4},\frac{-1/4}{-3/4}\right\}$$

即

$$-1\leqslant\Delta C_2\leqslant\frac{1}{3}$$

故當 $4\leqslant c_2\leqslant 16/3$ 時，原最優解不變，現在 c_2 變為 2，也不在 Δc_2 的允許範圍內。當 C_B 由 $(0,4,5)$ 改變為 $(0,6,2)$，即 C_1 變為 6，c_2 變為 2 時，都超過了它們的允許範圍，需要求新的最優解。為此，用變換後的 C'_B 代替 C_B，將表 2-14 改寫並繼續迭代求得新的最優解，由表 2-15 可求得最優解為：$X^*=(0,0,0,300,200,0,100)^T$，新的目標函數最優值 $Z^*=1,800$。

表 2-15 最優單純形表

C_j		1	2	3	6	0	0	0	b
C_B	X_B	x_1	x_2	x_3	x_4	x_5	x_6	x_7	
	x_5	1/4	0	−13/4	0	1	1/4	−1	100
	x_4	2	0	−2	1	0	1	−1	200
2	x_2	−3/4	1	11/4	0	0	−3/4	1	100
	$-z$	−19/2	0	19/2	0	0	−9/2	4	−1,400
0	x_5	−1/2	1	−1/2	0	1	−1/2	0	200
	x_4	5/4	1	3/4	1	0	1/4	0	300
0	x_7	−3/4	1	11/4	0	0	−3/4	1	100
	$-z$	−13/2	−4	−3/2	0	0	−3/2	0	−1,800

二、右端常數的靈敏度分析

由於 $X_B=B^{-1}b$，$Z=C_BB^{-1}b$，因此右端常數 b_i 的變化會影響到原最優解的可行性與目標函數值。設某個右端常數 b_r 變為 $b'_r=b_r+\Delta b_r$，並假設原問題中的其他系數不變，則使最終表中原問題的解相應地變為：$X'_B=B^{-1}(b+\Delta b)$，其中 $b=(b_1,b_2,\cdots,b_r,\cdots,b_m)^T$，$\Delta b=(0,\cdots,\Delta b_r,\cdots,0)^T$。這時

$$X'_B=B^{-1}(b+\Delta b)=B^{-1}b+B^{-1}\Delta b=B^{-1}b+B^{-1}\begin{bmatrix}0\\\vdots\\\Delta b_r\\\vdots\\0\end{bmatrix}=\begin{bmatrix}b'_1\\\vdots\\b'_i\\\vdots\\b'_m\end{bmatrix}+\begin{bmatrix}a'_{1r}\Delta b_r\\\vdots\\a'_{ir}\Delta b_r\\\vdots\\a'_{mr}\Delta b_r\end{bmatrix}=\begin{bmatrix}b'_1+a'_{1r}\Delta b_r\\\vdots\\b'_i+a'_{ir}\Delta b_r\\\vdots\\b'_m+a'_{mr}\Delta b_r\end{bmatrix}$$

其中 $(a'_{1r}, a'_{2r}, \cdots, a'_{mr})^T$ 為逆矩陣 B^{-1} 中的第 r 列。若要求最優基 B 不變,則必須有 $X'_B \geq 0$,即
$$b'_i + a'_{ir} \Delta b_r \geq 0 \quad (i=1,2,\cdots,m)$$

由此可導出:當 $a'_{ir} > 0$ 時,有 $\Delta b_r \geq \dfrac{-b'_i}{a'_{ir}}$;當 $a'_{ir} < 0$ 時,有 $\Delta b_r \leq \dfrac{-b'_i}{a'_{ir}}$。

因此,Δb_r 的允許變化範圍是
$$\max\left\{-\dfrac{b'_i}{a'_{rj}}[a'_{rj}>0]\right\} \leq \Delta b_r \leq \min\left\{\dfrac{b'_i}{a'_{rj}}[a'_{rj}<0]\right\}$$

當 b 改變為 $b+\Delta b$ 後,若最優基不變,則目標函數變為
$$Z' = C_B B^{-1}(b+\Delta b) = Z^* + C_B B^{-1}\Delta b$$

在使用上述公式時,首先要在最優表中查最優基 B 的逆矩陣 B^{-1}。若要分析 b_r,則只需將 B^{-1} 的第 r 列中的正元素放在不等式左邊,負元素放在不等式右邊,再求出 Δb_r 的上下界。

【例 2-11】 在例 2-10 中:

(1) 為保持現有最優解不變,分別求 b_1, b_2, b_3 的允許變化範圍。

(2) 如果 b_3 減少 150,驗證原最優解是否可行?如果不可行,求出改變後的最優解及最優值。

解:(1) 由下例公式及表 2-15 中的數據,可得
$$\max\left\{-\dfrac{b'_i}{a'_{rj}}[a'_{rj}>0]\right\} \leq \Delta b_r \leq \min\left\{\dfrac{b'_i}{a'_{rj}}[a'_{rj}<0]\right\}$$

$$\max\left\{-\dfrac{100}{1}\right\} \leq \Delta b_1 < +\infty \quad \text{即} -100 \leq \Delta b_1 < +\infty$$

這是因為在
$$B^{-1} = \begin{bmatrix} 1 & 1/4 & -1 \\ 0 & 1 & -1 \\ 0 & -3/4 & 1 \end{bmatrix}$$

中第 1 列只有一個非零元素 1,故 Δb_1 的上界無限制。

同理可得
$$\max\left\{-\dfrac{100}{1/4}, -\dfrac{200}{1}\right\} \leq \Delta b_2 < \min\left\{-\dfrac{100}{-3/4}\right\}$$

即
$$-200 \leq \Delta b_2 \leq \dfrac{400}{3}$$

$$\max\left\{-\dfrac{100}{1}\right\} \leq \Delta b_3 < \min\left\{-\dfrac{100}{-1}, -\dfrac{200}{-1}\right\}$$

$$-100 \leq \Delta b_3 \leq 100$$

(2) 當 $\Delta b_3 = -150$ 時,已超過了 Δb_3 的變化範圍 $[-100, 100]$,因而原最優基不可行,又

$$X'_B = \begin{bmatrix} x_5 \\ x_1 \\ x_2 \end{bmatrix} = B^{-1}(b+\Delta b) = \begin{bmatrix} 1 & 1/4 & -1 \\ 0 & 1 & -1 \\ 0 & -3/4 & 1 \end{bmatrix} \begin{bmatrix} 800 \\ 1,200 \\ 850 \end{bmatrix} = \begin{bmatrix} 250 \\ 350 \\ -50 \end{bmatrix}$$

及
$$Z' = C'_B B^{-1}(b+\Delta b) = (0,4,5) \begin{bmatrix} 250 \\ 350 \\ -50 \end{bmatrix} = 1,150$$

用這些數據去替換表 2-13 中的相應數據,其餘數據不變,得表 2-16,用對偶單純形法進行迭代得最優單純形表,從而求得最優解。

表 2-16　最優單純形表

C_j		1	5	3	4	0	0	0	b
C_B	X_B	x_1	x_2	x_3	x_4	x_5	x_6	x_7	
0	x_5	1/4	0	−13/4	0	1	1/4	−1	250
4	x_4	2	0	−2	1	0	1	−1	350
5	x_2	−3/4	1	11/4	0	0	−3/4	1	−50
	−z	−13/4	0	−11/4	0	0	−1/4	4	−1,150
0	x_5	1/3	1/3	−7/3	0	1	0	−2/3	700/3
4	x_4	4/3	4/3	5/3	1	0	0	1/3	850/3
0	x_6	1	−4/3	−11/3	0	0	1	−4/3	200/3
	−z	−3	−1/3	−11/3	0	0	0	−4/3	−3,400/3

求得最優解為：

$$X^* = \left(0, 0, 0, \frac{850}{3}, \frac{700}{3}, \frac{200}{3}, 0\right)^T$$

此時，目標函數最優值 $Z^* = \dfrac{3,400}{3}$。

三、技術係數的靈敏度分析

企業裡設備、工藝、技術和管理等方面的改進和提高，都可能引起資源消耗量的改變。這些改變反應到線性規劃模型中就是技術係數 a_{ij} 的改變。這種靈敏度分析比較複雜。根據變動的係數 a_{ij} 處於矩陣中的哪一列又可分為兩種情況來考慮：一是 a_{ij} 處於非基變量列中；二是 a_{ij} 處於基變量列中。這種靈敏度分析比較複雜，討論如下幾種情況：

1. 非基變量 x_j 的係數列向量 P_j 的變化

對最優基 B 而言，非基變量 x_j 的係數列向量 P_j 改變為 $P'_j = P_j + \Delta P_j$，則變化後的檢驗數為：

$$\sigma'_j = C_j - C_B B^{-1} P'_j = C_j - C_B B^{-1}(P_j + \Delta P_j) = \sigma_j - Y \Delta P_j \ (j = 1, 2, \cdots, n)$$

要使最優基 B 的地位不變，應有 $\sigma_j - Y \Delta P_j \leq 0$，即 $Y \Delta P_j \geq \sigma_j$。

特別地，當 $\Delta P_j = (0, \cdots, \Delta a_{ij}, \cdots, 0)^T$ 時，可得到

$$(y_1, \cdots, y_i, \cdots, y_m) \begin{bmatrix} 0 \\ \vdots \\ \Delta a_{ij} \\ \vdots \\ 0 \end{bmatrix} = y_i \Delta a_{ij} \geq \sigma_j$$

由此可導出：當 $y_i > 0$ 時，有 $\Delta a_{ij} \geq \dfrac{\sigma_j}{y_i}$；當 $y_i < 0$ 時，有 $\Delta a_{ij} \leq \dfrac{\sigma_j}{y_i}$。

2. 基變量 x_j 的係數列向量 P_j 的變化

對於最優基 B 而言，當基變量 x_j 的係數列向量 P_j 發生變化時，基 B 及其逆矩陣 B^{-1} 都會受影響，即不僅影響現行的最優解的可行性，也影響它的最優性，從而影響到單純形表的每一列，一般要重新迭代。

【例 2-12】 在例 2-10 中：

(1) 為保持現有最優解不變，分別求非基變量 x_1、x_3 的係數的變化範圍。

(2) 若非基變量 x_3 的係數由 (1, 3, 5) 變為 (1, 4, 1)，考察原最優解是否仍然保持最優？若不是，該怎麼辦？

解：(1) 由最優單純形表可以查得 $y_1 = 0, y_2 = 1/4, y_3 = 1$，且 $y_2 > 0$，故

$$\Delta a_{21} \geq \frac{\sigma_1}{y_2} = \frac{-13/2}{1/2} = -13, \quad \Delta a_{31} \geq \frac{\sigma_1}{y_3} = \frac{-13/2}{1} = -\frac{13}{4}$$

$$\Delta a_{23} \geq \frac{\sigma_3}{y_2} = \frac{-11/2}{1/2} = -11, \quad \Delta a_{33} \geq \frac{\sigma_3}{y_3} = \frac{-11/2}{1} = -\frac{11}{4}$$

(2) 當 x_3 的係數由 $(1,3,5)$ 變為 $(1,4,1)$ 時，顯然有

$$\Delta P_3 = \begin{bmatrix} 1 \\ 4 \\ 1 \end{bmatrix} - \begin{bmatrix} 1 \\ 3 \\ 5 \end{bmatrix} = \begin{bmatrix} 0 \\ 1 \\ -4 \end{bmatrix}$$

則

$$Y \Delta P_3 = \left(0, \frac{1}{4}, 1\right) \begin{bmatrix} 0 \\ 1 \\ -4 \end{bmatrix} = -\frac{15}{4} < -\frac{11}{4} = \sigma_3$$

原最優解不再是最優解。為了求新的最優解，應先求新的檢驗數：

$$\sigma_3' = C_3 - C_B B^{-1} P_3' = 3 - \left(0, \frac{1}{4}, 1\right) \begin{bmatrix} 1 \\ 4 \\ 1 \end{bmatrix} = 1$$

用它去替換表 2-15 中的第 3 列，得表 2-17。

表 2-17　最優單純形表

C_j		1	5	3	4	0	0	0	
C_B	X_B	x_1	x_2	x_3	x_4	x_5	x_6	x_7	b
0	x_5	1/2	0	1	0	1	1/2	−1	100
4	x_4	2	0	3	1	0	1	−1	200
5	x_2	−3/2	1	−2	0	0	−3/2	1	100
	$-z$	−13/2	0	0	1	0	−1/2	−1	−1300
0	x_5	−5/6	0	0	−1/3	1	1/6	−2/3	100/3
3	x_3	2/3	0	1	1/3	0	1/3	−1/3	200/3
5	x_2	7/2	1	0	2/3	0	−1/2	1/3	700/3
	$-z$	−47/2	0	0	−1/3	0	−7/2	−2/3	−4100/3

通過表 2-17 求得最優解：$X^* = \left(0, \frac{700}{3}, \frac{200}{3}, 0, \frac{100}{3}, 0, 0\right)^T$ 及最優值 $Z^* = 4,100/3$。

【例 2-13】 在例 2-10 中，若基變量 x_2 的技術係數列向量由 $P_2 = (3,4,4)^T$ 變為 $P_2' = (4,5,6)^T$，而它在目標函數中的係數由 $C_2 = 5$ 變為 $C_2' = 6$，試求變化後的最優解。

解：為便於利用最優表進行分析，首先要計算在最終表中對應於 x_2 的列向量：

$$B^{-1} P_2' = \begin{bmatrix} 1 & 1/2 & -1 \\ 0 & 1 & -1 \\ 0 & -3/2 & 1 \end{bmatrix} \begin{bmatrix} 4 \\ 5 \\ 6 \end{bmatrix} = \begin{bmatrix} -3/2 \\ -1 \\ 9/2 \end{bmatrix}$$

同時計算出 x_2 的檢驗數：

$$\sigma_2' = C_2' - C_B B^{-1} P_2' = 6 - (0, 4, 6) \begin{bmatrix} -3/2 \\ -1 \\ 9/2 \end{bmatrix} = -\frac{7}{2}$$

由於數據發生了變化，在最終表上，原基變量 x_2 的係數列向量不再是單位列向量，檢驗數也不再為零，但如果仍然想保持原最優基不變，即還是把 x_2 作為基變量看待，那麼需將以上計算結果填入最終表 x_2 的列向量位置，得表 2-18。

表 2-18 增加一列的單純形表

C_j		1	6	3	4	0	0	0	
C_B	X_B	x_1	x_2	x_3	x_4	x_5	x_6	x_7	b
0	x_5	1/4	−3/4	−13/4	0	1	1/4	−1	100
4	x_4	2	−1	−2	1	0	1	−1	200
6	x_2	−3/4	9/4	11/4	0	0	−3/4	1	100
	$-z$	−5/2	−7/2	−11/2	0	0	−1/2	−2	−1,400

表 2-18 並不是一個正規的單純形表。因為沒有單位矩陣,為了得到一個單位矩陣,注意到 x_2 仍為第 3 個基變量,故必須將 x_2 所在列變成單位列向量 $(0,0,1)^T$,同時將 $\sigma'_2 = -7/2$ 變為 0,即以 $a'_{32} = 9/4$ 為主元進行矩陣的初等變換(這種變換沒有換基,x_2 仍為基變量),得表 2-19。

表 2-19 最優單純形表

C_j		1	6	3	4	0	0	0	
C_B	X_B	x_1	x_2	x_3	x_4	x_5	x_6	x_7	b
0	x_5	0	0	−7/3	0	1	0	−2/3	400/3
4	x_4	5/3	0	−7/9	1	0	2/3	−5/9	2,200/9
6	x_2	−1/3	1	11/9	0	0	−1/3	4/9	400/9
	$-z$	−11/3	0	−11/9	0	0	−2/3	−4/9	−11,200/9

由表 2-19 求得新的最優解為:$X^* = \left(0, \dfrac{400}{9}, 0, \dfrac{2,200}{9}, \dfrac{400}{3}, 0, 0\right)^T$ 及最優值 $Z^* = 11,200/9$。

3. 增加新變量的靈敏度分析

企業開發新產品,反應到線性規劃模型中就相當於增加新的變量,並把新增的變量所消耗的各種資源量作為一列向量,代入原最優單純形表中求新的最優解。

如果增加一個新的變量 x_{n+1},它對應的價值系數為 C_{n+1},在約束矩陣中的對應系數列向量為 $P_{n+1} = (a_{1,n+1}, a_{2,n+1}, \cdots, a_{m,n+1})^T$,那麼把 x_{n+1} 看成非基變量,在原來的最優單純形表中增加一列:

$$P'_{n+1} = B^{-1} P_{n+1} = \begin{bmatrix} a'_{1,n+1} \\ a'_{2,n+1} \\ \vdots \\ a'_{m,n+1} \end{bmatrix}$$

及檢驗數 $\sigma_{n+1} = C_{n+1} - C_B B^{-1} P_{n+1}$,就得到了新問題的單純形表。若 $\sigma_{n+1} \leq 0$,則原問題最優解不變;否則,可繼續用單純形法迭代求解。

【例 2-14】 在例 2-10 中新增一個決策變量 x_8(相當於生產計劃中增加一種新產品),已知價值系數 $C_8 = 7$,技術系數 $P_8 = (3\ 2\ 5)^T$,問該產品是否值得投產?如果值得投產,求新的最優解。

解:

$$P'_{n+1} = B^{-1} P_{n+1} = \begin{bmatrix} a'_{1,n+1} \\ a'_{2,n+1} \\ \vdots \\ a'_{m,n+1} \end{bmatrix} = P'_8 = B^{-1} P_8 = \begin{bmatrix} 1 & 1/4 & -1 \\ 0 & 1 & -1 \\ 0 & -\dfrac{3}{4} & 1 \end{bmatrix} \begin{bmatrix} 3 \\ 2 \\ 5 \end{bmatrix} = \begin{bmatrix} -3/2 \\ -3 \\ 7/2 \end{bmatrix}$$

並求檢驗數:

$$\sigma_8 = C_8 - C_B B^{-1} P_8 = 7 - (0\ 4\ 5) \begin{bmatrix} -3/2 \\ -3 \\ 7/2 \end{bmatrix} = \dfrac{3}{2} > 0$$

故 x_8 可以進基,即新產品可以投產。為求新的最優解,在原最優單純形表的基礎上再增加一列 x_8,將 P_8' 及 σ_8 填在相應位置,經過換基運算,得表 2-20,從而求得最優解。

表 2-20 加入新變量的最優單純形表

C_j		1	5	3	4	0	0	0	5	b
C_B	X_B	x_1	x_2	x_3	x_4	x_5	x_6	x_7	x_8	
0	x_5	1/4	0	−13/4	0	1	1/4	−1	−3/2	100
4	x_4	2	0	−2	1	0	1	−1	−3	200
5	x_2	−3/4	1	11/4	0	0	−3/4	1	7/2	100
	$-z$	−13/4	0	−11/4	0	0	−1/4	−1	3/2	−1,300
0	x_5	−1/14	3/7	−29/14	0	1	−1/14	−4/7	0	1,000/7
4	x_4	19/14	6/7	5/14	1	0	5/14	−1/7	0	2,000/7
7	x_8	−3/14	2/7	11/14	0	0	−3/14	2/7	1	200/7
	$-z$	−41/14	−3/7	−55/14	0	0	1/14	−10/7	0	−9400/7
0	x_5	1/5	3/5	−2	1/5	1	0	−3/5	0	200
0	x_6	19/5	12/5	1	14/5	0	1	−2/5	0	800
7	x_8	3/5	4/5	1	3/5	0	0	1/5	1	200
	$-z$	−16/5	−3/5	−4	−1/5	0	0	−7/5	0	−1,400

從表 2-20 可以得出最優解:$X^* = (0,0,0,0,200,800,0,200)^T$ 及最優值 $Z^* = 1,400$。

4. 增加新約束條件的靈敏度分析

生產中增加加工工序,反應在線性規劃模型中即相當於增加新的約束條件。對這種情況下的靈敏度分析,一般地可先將求出的最優解代入新增加的約束條件,若滿足該約束條件,則最優解不變;否則,需將新增加的約束條件加到原先得到的最優單純形表中,進行調整求解。在迭代求解過程中根據需要可以採用單純形法或對偶單純形法及引入人工變量等方法。

若在原線性規劃問題中,再增加一個新的約束條件:$a_{m+1,1}x_1 + a_{m+1,2}x_2 + \cdots + a_{m+1,n}x_n \leq b_{m+1}$,其中 $a_{m+1,j}(j=1,2,\cdots,n)$ 及 b_{m+1} 均為已知常數,則首先把已求得的原問題的最優解 $X^* = (x_1^*, x_2^*, \cdots, x_n^*)^T$ 代入新的約束條件中,若滿足,則原問題的最優解 X^* 仍為新問題的最優解,計算停止;若不滿足,則新的約束條件加入系統,繼續求解。具體做法是在原最優單純形表上增加一行和一列,增加的行中以 x_{n+1}(松弛變量)為基變量,並在變量 x_j 下面填入 $a_{m+1,j}(j=1,2,\cdots,n)$;增加到列 P_{n+1} 是一個單位列向量,它的最下面的一個元素為 1,其餘元素均為 0(包括 $\sigma_{n+1} = 0$),這樣增加一行以後,可能破壞了原最優表上的單位矩陣(最優基),要用矩陣的初等行變換將原單位矩陣恢復,然後繼續迭代求解。

增加等式約束條件,一般地將使約束矩陣的秩增加,故需增加基變量,顯然,增加一個不等式約束也可以看成增加一個等式約束,但是,此時引入的松弛變量 x_{n+1} 正好成為基變量,故可立即得到新問題的一個正則解,而增加一個等式約束時,沒有明顯的可添加的基變量,故需引入人工變量 x_{n+1} 作為基變量,再用大 M 法或兩階段法將它剔除。

【例 2-15】 在例 2-10 中增加一個新的約束條件
$$4x_1 + 2x_2 - 2x_3 + 4x_4 \leq 600$$
問原最優解能否仍然保持?若不能,則求出新的最優解。

解: 引入松弛變量 x_8,在表 2-15 中增加一行和一列,將有關數據填入,得到表 2-21。

表 2-21　增加約束條件的最優單純形表

C_j		1	5	3	4	0	0	0	0	
C_B	X_B	x_1	x_2	x_3	x_4	x_5	x_6	x_7		b
0	x_5	1 /4	0	−13 /4	0	1	1 /4	−1	0	100
4	x_4	2	0	−2	1	0	1	−1	0	200
5	x_2	−3 /4	1	11 /4	0	0	−3 /4	1	0	100
0	x_8	4	2	−2	4	0	0	0	1	600
	$-z$	−13 /4	0	−11 /4	0	0	−1 /4	0	0	−1,300
0	x_5	1 /4	0	−13 /4	0	1	1 /4	−1	0	100
4	x_4	2	0	−2	1	0	1	−1	0	200
5	x_2	−3 /4	1	11 /4	0	0	−3 /4	1	1	100
0	x_8	−5 /2	0	1 /2	0	0	−5 /2	2	0	−400
	$-z$	−13 /4	0	−11 /4	0	0	−1 /4	0	0	−1,300
0	x_5	0	0	−16 /5	0	1	0	−4 /5	1 /10	60
4	x_4	1	0	−9 /5	1	0	0	−1 /5	2 /5	40
5	x_2	0	1	13 /5	0	0	0	2 /5	−3 /10	220
0	x_6	1	0	−1 /5	0	0	1	−4 /5	−2 /5	160
	$-z$	−3	0	−14 /5	0	0	0	−6 /5	−1 /10	−1,260

表 2-21 並不是正規的單純形表,因為將新約束條件的系數填入基變量 x_8 所在的行以後,破壞了原來的單位矩陣(最優基)。為了恢復原來的單位矩陣,需用矩陣的初等行變換將單位列向量中新出現的非零元素變為零,這樣得出單純形表,然後用對偶單純法繼續迭代,得出最優解為:$X^* = (0,220,0,40,60,16,0,0)^T$ 及最優 $Z^* = 1,260$。

5. 幾個系數同時變化的靈敏度分析

關於 C_j 和 b_i 的靈敏度分析,都是在其他條件不變,某個單變量系數變化時所進行的分析。所有以上的目標函數系數及約束條件右端項的靈敏度計算公式只適用於單個系數變化的情況。當兩個或更多的系數都發生變化時,則可採用所謂的百分之一百法則。

百分之一百法則是使最優基不變的單個系數的變化範圍,即各單個系數的當前值、下限值和上限值。對於給定的線性規劃模型,這些計算均可借助計算機軟件進行計算,利用軟件很容易得到線性規劃問題的最優解、各單個系數變的上限值和下限值、各約束條件的對偶價格等。另外,在熟悉和掌握了線性規劃的求解方法和靈敏度分析的計算公式的基礎上,自己編製計算機軟件也不是一件困難的事。

百分之一百法則的原理如下:

(1) 對於所有變化的目標函數系數,當其所有允許增加百分比和允許減少百分比之和不超過 100% 時,則最優解不變。

(2) 對於所有變化的右端常數項,當其所有允許增加百分比和允許減少百分比之和不超過 100% 時,則對偶價格不變。

其中,

允許增加百分比 = (變化值 − 當前值)/(上限 − 當前值) × 100%

允許減少百分比 = (當前值 − 變化值)/(當前值 − 下限) × 100%

【例 2-16】 某工廠在計劃期內要安排生產甲、乙兩種產品,已知生產一件產品所消耗的 A、B、C 三種原材料的數量及單位產品的利潤如表 2-22 所示。

第二章 對偶理論與靈敏度分析

表 2-22 資源消耗及原材料狀況

原材料	產品 甲	產品 乙	資源限量 /斤克
A	1	3	90
B	2	1	80
C	1	1	45
單位產品利潤 /(千元 /件)	5	4	

求出關於價格系數和右端常數項的單個系數變化的上限值與下限值及右端常數項的對偶價格，並對多個系數變化進行百分之一百分析。

解：若 x_1, x_2 分別表示工廠生產甲、乙產品的數量，則使工廠獲得最大利潤的生產計劃的數學模型為

$$\max z = 5x_1 + 4x_2$$

$$\begin{cases} x_1 + 3x_2 \leqslant 90 \\ 2x_1 + x_2 \leqslant 80 \\ 2x_1 + x_2 \leqslant 45 \\ x_1, x_2 \geqslant 0 \end{cases}$$

利用軟件計算最優解如表 2-23 所示：

表 2-23 利用軟件計算最優解

目標函數最優值為：215

變量	最優解	檢驗數	
x_1	35	0	
x_2	10	0	
約束條件	松弛/剩餘變量	對偶價格	
1	25	0	
2	0	1	
3	0	3	

目標函數系數範圍：

變量	下限	當前值	上限
x_1	4	5	8
x_2	2.5	4	5

右端常數項範圍：

約束條件	下限	當前值	上限
1	65	90	無上限
2	67.5	80	90
3	40	45	50

上述計算結果說明：

(1) 在現有條件下，工廠生產甲產品 35 件、乙產品 10 件，獲得最大利潤 215,000 元。

(2) 第一個約束條件的松弛變量為 25，說明資源 A 有剩餘，剩餘量為 25 千克；第二、三個約束條件的松弛變量為 0，說明資源 B、C 已用完。

(3) 第一個約束條件的對偶價格為 0，說明資源在一定的範圍內變化，工廠的利潤不會發生變

化；第二、三個約束條件的對偶價格分別為 1 和 3，說明增加資源 B 或 C，目標函數會得到改善，即工廠的利潤會增加。而且增加 1 千克的資源 B，工廠利潤增加 1,000 元，增加 1 千克的資源 C，工廠利潤增加 3,000 元。

(4) 若變量 x_1 的價格係數在 4~8 中變化，x_2 的價格係數不變，則問題的最優生產計劃不變；若變量 x_2 的價格係數在 2.5~5 中變化，x_1 的價格係數不變，則問題的最優生產計劃不變。

(5) 若資源 A 的數量在 65~∞ 中變化，其他資源的數量不變，則資源 A 的對偶價格不變；若資源 B 的數量在 67.5~90 中變化，其他資源的數量不變，則資源 B 的對偶價格不變；若資源 C 的數量在 40~50 中變化，其他資源的數量不變，則資源 C 的對偶價格不變。

利用上述計算結果進行多個係數變化的分析：

(1) 若 C_1 從 5 增加到 6.5，C_2 從 4 減少到 3，試分析最優解是否會發生變化。

C_1 的允許增加百分比＝(6.5－5)∕(8－5)＝50%

C_2 的允許減少百分比＝(4－3)∕(4－2.5)≈66.67%

因為 C_1、C_2 變化的百分比之和(50%＋66.67%)大於 100%，因此，最優解要發生變化。

(2) 若 b_1 從 90 增加到 120，b_2 從 80 減少到 75，b_3 從 45 增加到 47，試分析對偶價格是否會發生變化。

b_1 允許增加的百分比＝(120－90)∕(∞－90)＝0%

b_2 允許減少的百分比＝(80－75)∕(80－67.5)＝40%

b_3 允許增加的百分比＝(47－45)∕(50－45)＝40%

因為 b_1、b_2、b_3 變化的百分比之和小於 100%，因此，該問題的對偶價格不變。

第六節　參數線性規劃

在線性規劃的實際應用中，由於某種原因，有時線性規劃問題的目標函數係數和約束條件的右端常數會隨著某個參數而連續變化。例如，在制訂生產計劃時，產品的價格會由於原材料的供應價格的波動而波動，這樣，代表總利潤的目標函數中的價格係數便會隨著某個參數而改變。又如，在同樣的問題中，由於供應原材料的廠家的生產發生變化，原材料的限制量產生波動，那麼約束條件的右端常數項也隨著某個參數而有所改變。這種問題用靈敏度分析的方法處理是很不方便的，因為靈敏度分析是研究單個數據變化對最優解產生的影響，而當數據隨著某個參數而連續變化時，研究它們對最優解的影響，則是參數線性規劃所討論的問題。但是，由於這兩種方法都是討論數據的變化對最優解的影響，因而它們分析和處理問題的方法有許多相似之處。因為參數規劃是研究這些參數中某一參數連續變化時，最優解發生變化的各臨界點的值。即把某一參數作為參變量，而目標函數在某區間內是這個參變量的線性函數，含這個參變量的約束條件是線性等式或不等式。因此，仍可用單純形法和對偶單純形法分析參數線性規劃問題，其步驟如下：

(1) 對含有某參變量 λ 的參數線性規劃問題，先令 $\lambda=0$，用單純形法求出最優解；

(2) 用靈敏度分析法，將參變量 λ 直接反應到最終表中；

(3) 當參變量 λ 連續變大或變小時，觀察 b 列和檢驗數行各數字的變化。若在 b 首先出現某負值時，則以它對應的變量為換出變量，於是用對偶單純形法迭代一步。若在檢驗數行首先出現某正值時，則將它對應的變量為換入變量，用單純形法迭代一步；

(4) 在經迭代一步後得到的新表上，令參變量 λ 繼續變大或變小，重複步驟(3)，直到 b 不能再出現負值，檢驗數行不能再出現正值為止。

一、目標函數的係數含有參數的線性規劃問題

【例 2-17】　求解參數規劃問題

第二章 對偶理論與靈敏度分析

$$\max z = (3-6\lambda)x_1 + (2-5\lambda)x_2 + (5+2\lambda)x_3$$

$$\text{s.t.} \begin{cases} x_1 + 2x_2 + x_3 \leqslant 430 \\ 3x_1 \qquad\quad + 2x_3 \leqslant 460 \\ x_1 + 4x_2 \qquad\quad \leqslant 420 \\ x_j \geqslant 0 \ (j=1,2,3) \end{cases}$$

解：首先求解 $\lambda=0$ 的線性規劃問題，得最優單純形表（見表 2-24）；再在最優表中增加 C' 和 Z' 兩行及 C'_B 列得到擴充的單純形表，如表 2-25 所示。

表 2-24　最優單純形表

C_j		3	2	5	0	0	0	b
C_B	X_B	x_1	x_2	x_3	x_4	x_5	x_6	
2	x_2	−1/4	1	0	1/2	−1/4	0	100
5	x_3	3/2	0	1	0	1/2	0	230
0	x_6	2	0	0	−2	1	1	20
$-z$		−4	0	0	−1	−2	0	−1,350

為使表 2-24 的最優解仍為參數規劃的最優解，由最優解的條件，有

$$\begin{cases} \sigma_1(\lambda) = \sigma_1 + \lambda\sigma'_1 = -4 - \dfrac{41}{4}\lambda \leqslant 0 \\ \sigma_4(\lambda) = \sigma_4 + \lambda\sigma'_4 = -1 + \dfrac{5}{2}\lambda \leqslant 0 \\ \sigma_5(\lambda) = \sigma_5 + \lambda\sigma'_5 = -2 - \dfrac{9}{4}\lambda \leqslant 0 \end{cases}$$

表 2-25　擴充的單純形表

	C'_j		−6	−5	2	0	0	0	b
	C_j		3	2	5	0	0	0	
C'_B	C_B	X_B	x_1	x_2	x_3	x_4	x_5	x_6	
−5	2	x_2	−1/4	1	0	1/2	−1/4	0	100
2	5	x_3	3/2	0	1	0	1/2	0	230
0	0	x_6	2	0	0	−2	1	1	20
$-z$			−4	0	0	−1	−2	0	−1,350
$-z'$			−41/4	0	0	5/2	−9/4	0	40

於是可得基 B 的下特徵數和上特徵數：

$$\bar{\lambda}_B = \min\left\{-\frac{-1}{5/2}\right\} = \frac{2}{5} \qquad \underline{\lambda}_B = \max\left\{-\frac{-4}{-41/4}, -\frac{-2}{-9/4}\right\} = -\frac{16}{41}$$

即對於 $\left[-\dfrac{16}{41}, \dfrac{2}{5}\right]$ 上的任意一個 λ 的值，參數規劃的最優解是 $X^* = (0,100,230,0,0,20)^T$，最優值是

$$Z^* = 1,350 - 40\lambda$$

再討論 $\lambda > \dfrac{2}{5}$ 的情形：由最優解的檢驗數公式可知，非基變量 x_4 對應的檢驗數 $\sigma_4(\lambda) > 0$，使表 2-25 不再是最優表，應取 x_4 為進基變量；又根據最小比值法則，應取 x_2 為出基變量，繼續進行換基迭代，得表 2-26。

表 2-26　第一次迭代的單純形表

C'_j			-6	-5	2	0	0	0	
C_j			3	2	5	0	0	0	b
C'_B	C_B	X_B	x_1	x_2	x_3	x_4	x_5	x_6	
0	0	x_4	$-1/2$	2	0	1	$-1/2$	0	200
2	5	x_3	$3/2$	0	1	0	$1/2$	0	230
0	0	x_6	1	4	0	0	0	1	420
$-Z$	$-9/2$	2	0	0	$-5/2$	0		-1150	
$-Z'$	-9	-5	0	0	-1	0		-460	

為使表 2-26 中的最優解 $X^* = (0,0,230,200,0,420)^T$ 仍為參數規劃問題的最優解，計算下特徵數和上特徵數：

$$\overline{\lambda}_B = +\infty \qquad \underline{\lambda}_B = \max\left\{\frac{-9/2}{-9}, \frac{-2}{-5}, \frac{-5/2}{-1}\right\} = \frac{2}{5}$$

即對於 $\left[\frac{2}{5}, +\infty\right]$ 上的任意一個 λ 的值，參數規劃的最優解都是 $X^* = (0,0,230,200,0,420)^T$，最優值是 $Z^* = 1,150 + 460\lambda$。

再討論 $\lambda < -16/41$ 的情形：這時由檢驗數可知，非基變量 x_1 對應的檢驗數 $\sigma_1(\lambda) > 0$，使得表 2-26 不再是最優表，應取 x_1 為進基變量，再根據最小比值法則知，應取 x_6 為出基變量，進行換基迭代，得表 2-27。

表 2-27　第二次迭代的單純形表

C'_j			-6	-5	2	0	0	0	
C_j			3	2	5	0	0	0	b
C'_B	C_B	X_B	x_1	x_2	x_3	x_4	x_5	x_6	
-5	2	x_2	0	1	0	$1/4$	$-1/8$	$-1/8$	$205/2$
2	5	x_3	0	0	1	$3/2$	$-1/4$	$-3/4$	215
-6	3	x_1	1	0	0	-1	$1/2$	$1/2$	10
$-Z$	0	0	0	-5	0	2		$-1,310$	
$-Z'$	0	0	0	$-31/4$	$23/8$	$41/8$		$285/2$	

為使表 2-27 的最優解仍為參數規劃的最優解，由檢驗數可知：

$$\begin{cases} \sigma_1(\lambda) = \sigma_1 + \lambda \sigma'_1 = -5 - \frac{31}{4}\lambda \leqslant 0 \\ \sigma_5(\lambda) = \sigma_5 + \lambda \sigma'_5 = 0 + \frac{23}{8}\lambda \leqslant 0 \\ \sigma_6(\lambda) = \sigma_6 + \lambda \sigma'_6 = 2 + \frac{41}{8}\lambda \leqslant 0 \end{cases}$$

於是，可計算下特徵數和上特徵數：

$$\overline{\lambda}_B = \min\left\{-\frac{0}{23/8}, -\frac{2}{41/8}\right\} = -\frac{16}{41} \qquad \underline{\lambda}_B = \max\left\{-\frac{-5}{-31/4}\right\} = -\frac{20}{31}$$

即對 $\left[-\frac{20}{31}, -\frac{16}{41}\right]$ 上的任意一個 λ 的值，參數規劃的最優解 $X^* = \left(10, \frac{205}{2}, 215, 0, 0, 0\right)^T$。

最優值是 $Z^* = 1,310 - \frac{285}{2}\lambda$。

再討論 $\lambda < -20/31$ 的情形：這時由檢驗數可知，非基變量 x_1 對應的檢驗數 $\sigma_1(\lambda) > 0$，使得表 2-27 不再是最優表，應取 x_1 為進基變量，再根據最小比值法，應取 x_3 為出基變量，進行換基迭代，

得表 2-28。

表 2-28　第三次迭代的單純形表

C'_j			-6	-5	2	0	0	0	
	C_j		3	2	5	0	0	0	b
C'_B	C_B	X_B	x_1	x_2	x_3	x_4	x_5	x_6	
-5	2	x_2	0	1	$-1/6$	0	$-1/12$	$1/4$	$200/3$
0	0	x_4	0	0	$2/3$	1	$-1/6$	$-1/2$	$430/3$
-6	3	x_1	1	0	$2/3$	0	$1/3$	0	$460/3$
$-Z$			0	0	$10/3$	0	$-5/6$	$-1/2$	$-1,780/3$
$-Z'$			0	0	$31/6$	0	$19/12$	$5/4$	$3,760/3$

為使表 2-28 的最優解仍為參數規劃的最優解，可計算下特徵數和上特徵數：

$$\bar{\lambda}_B = \min\left\{-\frac{10/3}{31/6}, -\frac{-5/6}{19/12}, -\frac{-1/2}{5/4}\right\} = -\frac{20}{31} \qquad \underline{\lambda}_B = -\infty$$

即對 $\left(-\infty, -\dfrac{20}{31}\right]$ 上的任意一個 λ 的值，參數規劃的最優解 $X^* = \left(\dfrac{460}{3}, \dfrac{200}{3}, 0, \dfrac{430}{3}, 0, 0\right)^T$。

最優值是 $Z^* = \dfrac{1,780}{3} - \dfrac{3,760}{3}\lambda$。

至此，問題已全部解答完畢，現將此參數規劃問題的解列成表 2-29。

表 2-29　參數規劃的解

最優區間	最優解	最優值
$(-\infty, -20/31)$	$(460/3, 200/3, 0, 430/3, 0, 0)^T$	$(1,780/3 - 3,760\lambda/3)$
$(-20/31, -16/11)$	$(10, 205/2, 215, 0, 0, 0)^T$	$(1,310/3 - 285\lambda/2)$
$(-16/11, 2/5)$	$(0, 100, 230, 0, 0, 20)^T$	$(1,350 - 40\lambda)$
$(2/5, +\infty)$	$(0, 0, 230, 200, 0, 420)^T$	$(1,150 + 460\lambda)$

二、右端常數項含有參數的線性規劃問題

【例 2-18】 求解參數規劃問題

$$\max z = 3x_1 + 2x_2 + 5x_3$$

$$s.t. \begin{cases} x_1 + 2x_2 + x_3 \leq 430 + \lambda \\ 3x_1 + 2x_3 \leq 460 - 4\lambda \\ x_1 + 4x_2 \leq 420 - 4\lambda \\ x_j \geq 0 \quad (j = 1, 2, 3) \end{cases}$$

解：首先，當 $\lambda = 0$ 時，運用單純形法可求得最優單純形表，見表 2-30。

表 2-30　最優單純形表

C_j		3	2	5	0	0	0	
C_B	X_B	x_1	x_2	x_3	x_4	x_5	x_6	b
2	x_2	$-1/4$	1	0	$1/2$	$-1/4$	0	100
5	x_3	$3/2$	0	1	0	$1/2$	0	230
0	x_6	2	0	0	-2	1	1	20
$-Z$		-4	0	0	-1	-2	0	$-1,350$

又因為

$$B^{-1}b^* = \begin{bmatrix} 1/2 & -1/4 & 0 \\ 0 & 1/2 & 0 \\ -2 & 1 & 1 \end{bmatrix} \begin{bmatrix} 1 \\ -4 \\ -4 \end{bmatrix} = \begin{bmatrix} 3/2 \\ -2 \\ -10 \end{bmatrix}$$

將它作為新的一列加到表 2-30 中，得到擴充的單純形表，如表 2-31 所示。

表 2-31　擴充的單純形表

C_j		3	2	5	0	0	0		
C_B	X_B	x_1	x_2	x_3	x_4	x_5	x_6	b	b^*
2	x_2	$-1/4$	1	0	$1/2$	$-1/4$	0	100	$3/2$
5	x_3	$3/2$	0	1	0	$1/2$	0	230	-2
0	x_4	2	0	0	-2	1	1	20	-10
$-Z$		-4	0	0	-1	-2	0	$-1,350$	7

為使表 2-31 的最優基保持不變，根據檢驗數有

$$\begin{cases} b_1(\lambda) = 100 + \frac{3}{2}\lambda \geq 0 \\ b_2(\lambda) = 230 - 2\lambda \geq 0 \\ b_3(\lambda) = 20 - 10\lambda \geq 0 \end{cases}$$

於是，求出下特徵數和上特徵數：

$$\bar{\lambda}_B = \min\left\{-\frac{230}{-2}, -\frac{20}{-10}\right\} = 2 \qquad \underline{\lambda}_B = \max\left\{-\frac{100}{\frac{3}{2}}\right\} = -\frac{200}{3}$$

即對 $\left[-\frac{200}{3}, 2\right]$ 上的任意一個 λ 的值，參數規劃的最優解 $X^* = \left(0, 100 + \frac{3}{2}\lambda, 230 - 2\lambda\right)^T$。

最優值是 $Z^* = 1,350 - 7\lambda$。

再討論 $\lambda > 2$ 的情形：這時由檢驗數可知，基變量 x_6 取負值，使得表 2-30 對於原問題是不可行的，運用對偶單純形法消除不可行性，應取 x_6 為出基變量，再根據最小比值法則知，應取 x_1 為進基變量，進行換基迭代，得表 2-32。

表 2-32　第一次迭代的單純形表

C_j		3	2	5	0	0	0		
C_B	X_B	x_1	x_2	x_3	x_4	x_5	x_6	b	b^*
2	x_2	$-1/4$	1	0	0	0	$1/4$	105	-1
5	x_3	$3/2$	0	1	0	$1/2$	0	230	-2
0	x_4	-1	0	0	1	$-1/2$	$-1/2$	-10	5
$-Z$		-5	0	0	0	$-5/2$	$-1/2$	$-1,360$	12

為使表 2-32 的基為最優基，並計算下特徵數和上特徵數：

$$\bar{\lambda}_B = \min\left\{-\frac{105}{-1}, -\frac{230}{-2}\right\} = 105 \qquad \underline{\lambda}_B = \max\left\{-\frac{-10}{5}\right\} = 2$$

即對 $[2, 105]$ 上的任意一個 λ 的值，參數規劃的最優解 $X^* = (0, 105 - \lambda, 230 - 2\lambda)^T$。

最優值是 $Z^* = 1360 - 12\lambda$。

再討論 $\lambda > 105$ 的情形：這時，基變量 x_2 變量取負值，使得表 2-29 中 x_2 所在行中，約束條件的系數都是正數，因此原問題是不可行的，即當 $\lambda > 105$ 時，原問題不存在最優解。

再討論 $\lambda < -200/3$ 的情形：由表 2-30 可知，基變量 x_2 取負值，故取 x_2 為出基變量，再根據最小比值法則知，應取 x_5 為進基變量，用對偶單純形法進行換基迭代，得表 2-33。

表 2-33　第二次迭代的單純形表

C_j		3	2	5	0	0	0	b	b^*
C_B	X_B	x_1	x_2	x_3	x_4	x_5	x_6		
0	x_5	1	-4	0	-2	1	0	-400	-6
5	x_3	1	2	1	1	0	0	430	1
0	x_6	1	4	0	0	0	1	420	-4
$-Z$		-2	-8	0	-5	0	0	$-2,150$	-5

為使表 2-33 的基為最優基，計算下特徵數和上特徵數：

$$\bar{\lambda}_B = \min\left\{\frac{-400}{-6}, \frac{420}{-4}\right\} = -\frac{200}{3} \qquad \underline{\lambda}_B = \max\left\{-\frac{-430}{1}\right\} = -430$$

即對 $[-430, -200/3]$ 上的任意一個 λ 的值，參數規劃的最優解 $X^* = (0, 0, 430+\lambda)^T$。
最優值是 $Z^* = 2,150 + 5\lambda$。

再討論 $\lambda < -430$ 的情形：這時，基變量 x_3 取負值，但從表 2-33 中 x_3 所在行中，約束條件的係數都是正數，因此原問題是不可行的，故當 $\lambda < -430$ 時，原問題不存在最優解。

至此，問題已全部解答完畢，現將此參數規劃的解列表 2-34。

表 2-34　參數規劃的解

最優區間	最優解	最優值
$(-\infty, -430)$	無	無
$(-430, -200/3)$	$(0, 0, 430+\lambda)^T$	$2,150 + 5\lambda$
$(-200/3, 2)$	$(0, 100+3\lambda/2, 230-2\lambda)^T$	$1,350 - 7\lambda$
$(2, 105)$	$(0, 105-\lambda, 230-2\lambda)^T$	$1,360 - 12\lambda$
$(105, +\infty)$	無	無

思考與練習 >>>>

1. 寫出下列線性規劃問題的對偶問題

(1) $\max z = x_1 + 2x_2 + 3x_3 + 4x_4$

s.t. $\begin{cases} -x_1 + x_2 - x_3 - 3x_4 = 5 \\ 6x_1 + 7x_2 + 3x_3 - 5x_4 \geq 8 \\ 12x_1 - 9x_2 - 9x_3 + 9x_4 \leq 20 \\ x_1, x_2 \geq 0, x_3 \leq 0, x_4 \text{ 無約束} \end{cases}$

(2) $\max z = 2x_1 + 3x_2 - 7x_3 + 8x_4$

s.t. $\begin{cases} x_1 - x_3 + 2x_4 = 10 \\ 2x_1 + 3x_2 + x_3 + 2x_4 \leq 17 \\ -x_1 + 3x_2 - 4x_3 \geq 12 \\ 3 \leq x_2 \leq 25 \\ x_1, x_3 \geq 0, x_4 \leq 0 \end{cases}$

2. 已知線性規劃問題

$$\max z = 2x_1 + x_2 + 5x_3 + 6x_4$$

s.t. $\begin{cases} 2x_1 + x_3 + x_4 \leq 8 \\ 2x_1 + 2x_2 + x_3 + 2x_4 \leq 12 \\ x_j \geq 0 \quad (j = 1, \cdots, 4) \end{cases}$

其對偶問題的最優解為 $y_1^* = 4, y_2^* = 1$，試應用對偶問題的性質，求原問題的最優解。

3. 考慮線性規劃問題

$$\max z = 2x_1 + 4x_2 + 3x_3$$

$$\text{s.t.} \begin{cases} 3x_1+4x_2+2x_3 \leqslant 60 \\ 2x_1+x_2+2x_3 \leqslant 40 \\ x_1+3x_2+2x_3 \leqslant 80 \\ x_1,x_2,x_3 \geqslant 0 \end{cases}$$

(1) 寫出其對偶問題。
(2) 用單純形法求解原問題，列出每步迭代計算得到的原問題的解與互補的對偶問題的解。
(3) 用對偶單純形法求解其對偶問題，並列出每步迭代計算得到的對偶問題解及與其互補的對偶問題的解。
(4) 比較(2)和(3)的計算結果。

4. 用對偶單純形法求下列線性規劃。

(1) $\min z = 3x_1 + 2x_2 + x_3 + 4x_1$
s.t. $\begin{cases} 2x_1+4x_2+5x_3+x_1 \geqslant 0 \\ 3x_1-x_2+7x_3-2x_1 \geqslant 2 \\ 5x_1+2x_2+x_3+6x_1 \geqslant 15 \\ x_1,x_2,x_3,x_1 \geqslant 0 \end{cases}$

(2) $\min z = x_1 + x_2$
s.t. $\begin{cases} 2x_1+x_2 \geqslant 4 \\ x_1+2x_2 \geqslant 6 \\ x_1 \leqslant 4 \\ x_1,x_2 \geqslant 0 \end{cases}$

5. 已知線性規劃問題如下：

$$\max z = -5x_1 + 5x_2 + 13x_3$$

$$\text{s.t.} \begin{cases} -x_1+x_2+3x_3 \leqslant 20 \\ 12x_1+4x_2+10x_3 \leqslant 90 \\ x_1,x_2,x_3 \geqslant 0 \end{cases}$$

先用單純形法求解，分別就下列情況進行靈敏度分析，並求新的最優解。
(1) 約束條件 1 的右端常數由 20 變為 30；　(2) 約束條件 2 的右端常數由 90 變為 70；
(3) 目標函數中 x_3 的系數由 13 變為 8；　(4) x_1 的系數列向量由 $\begin{pmatrix} -1 \\ 12 \end{pmatrix}$ 變為 $\begin{pmatrix} 0 \\ 5 \end{pmatrix}$；
(5) 增加一個約束條件 3：$2x_1+3x_2+5x_3 \leqslant 50$；
(6) 將原約束條件 2 改變為：$10x_1+5x_2+10x_3 \leqslant 100$。

6. 某文教用品廠用原材料白坯紙生產原稿紙、日記本和練習本三種產品。該廠現有工人 100 人，每月白坯紙供應量為 30,000 千克。已知工人的勞動生產率為：每人每月可生產原稿紙 30 捆，或日記本 30 打，或練習本 30 箱。已知原材料消耗為：每捆原稿紙用白坯紙 $\frac{10}{3}$ 千克，每打日記本用白坯紙 $\frac{40}{3}$ 千克，每箱練習本用白坯紙 $\frac{80}{3}$ 千克。又知每生產一捆原稿紙可獲利 2 元，生產一打日記本獲利 3 元，生產一箱練習本獲利 1 元。試確定：
(1) 現有生產條件下獲利最大的方案。
(2) 如白坯紙的供應數量不變，當工人數不足時可招收臨時工，臨時工工資支出為每人每月 40 元，則該廠要不要招收臨時工？招多少臨時工最合適？

7. 某工廠擬生產甲、乙、丙三種產品，都需要用 A、B 兩種設備加工，有關數據如表 2-35 所示。

表 2-35　相關數據表

設備	產品 甲	乙	丙	設備有效臺時（每月）
A	1	2	1	40
B	2	1	2	50
產值 /仟元	3	2	1	

(1) 如何充分發揮設備能力,使總產值最大?
(2) 若為了提高產量,以每臺時 35 元租金租外廠 A 設備,是否合算?
(3) 試分別確定甲產品單位產值、B 設備供應量各自的影響範圍。
(4) 若每月能以 3.9 萬元租金租用外廠 B 設備 30 臺時,則是否租用? 為什麼?
(5) 若每月 A 設備供應量減少 20 臺,B 設備供應量增加 10 臺時,試問最優解與影子價格有何變化?

8. 分析下列參數規劃中當 t 變化時最優解的變化情況。

(1) $\max z = (7+2t)x_1 + (12+t)x_2 + (10-t)x_3 \quad (t \geq 0)$
s.t. $\begin{cases} x_1 + x_2 + x_3 \leq 20 \\ 2x_1 + 2x_2 + x_3 \leq 30 \\ x_1, x_2, x_3 \geq 0 \end{cases}$

(2) $\max z = 2x_1 + x_2$
s.t. $\begin{cases} x_1 \leq 10 + 2t \\ x_1 + x_2 \leq 25 - t \quad (0 \leq t \leq 25) \\ x_2 \leq 10 + 2t \\ x_1, x_2 \geq 0 \end{cases}$

第三章

運輸問題

在生產中,經常需要將某種物資從一些產地運往另一些銷地,因而存在著如何調運使總的運費最小的問題。這類問題一般可用線性規劃模型來描述,當然也可以用單純形法求解,但由於其模型結構特殊,學者們提供了更為簡便和直觀的解法——表上作業法。此外,有些線性規劃問題從實際意義上看,並非運輸問題,但其模型結構類似於運輸問題,因而其也可以化為運輸問題進行求解。

第一節　運輸問題及其數學模型

一、運輸問題模型

1. 平衡運輸問題

運輸問題的一般提法是這樣的:某種物質有 m 個產地 $A_1, A_2, \cdots, A_m$,其產量分別為 $a_1, a_2, \cdots, a_m$,另有 n 個銷地 $B_1, B_2, \cdots, B_n$,其銷量分別為 $b_1, b_2, \cdots, b_n$,各產地 $A_i (i=1, 2, \cdots, m)$ 運往銷地 B_j $(j=1, 2, \cdots, n)$ 的單位運價(或運輸距離)為 c_{ij},其數據列入表 3-1。問應如何組織調運才能使總運費最省?

表 3-1　運價表

產地	銷地				產量
	B_1	B_2	$\cdots$	B_n	
A_1	c_{11}	c_{12}	$\cdots$	c_{1n}	a_1
A_2	c_{21}	c_{22}	$\cdots$	c_{2n}	a_2
$\cdots$	$\cdots$	$\cdots$	$\cdots$	$\cdots$	$\cdots$
A_m	c_{m1}	c_{m2}	$\cdots$	c_{mn}	a_m
銷量	b_1	b_2	$\cdots$	b_n	$\sum a_i$ $\sum b_j$

將運價表 3-1 與運量結合形成表 3-2,該問題為求解最佳調運方案,即求解所有 x_{ij} 的值,使總的運輸費用 $\sum_{i=1}^{m} \sum_{j=1}^{n} c_{ij} x_{ij}$ 達到最少。

表 3-2 運輸平衡表

產地	銷地				產量
	B_1	B_2	...	B_n	
A_1	$x_{11} c_{11}$	$x_{12} c_{12}$	...	$x_{1n} c_{1n}$	a_1
A_2	$x_{21} c_{21}$	$x_{22} c_{22}$	...	$x_{2n} c_{2n}$	a_2
...	...	...	...	...	...
A_m	$x_{m1} c_{m1}$	$x_{m2} c_{m2}$	...	$x_{mn} c_{mn}$	a_m
銷量	b_1	b_2	...	b_n	

設 x_{ij} 表示由產地 A_i 運往銷地 B_j 的運量，也為決策變量，那麼在產銷平衡的條件下，要求得到總運費最小的調運方案，該問題的數學模型形式為

$$\min Z = \sum_{i=1}^{m} \sum_{j=1}^{n} c_{ij} x_{ij}$$

$$\text{s.t.} \begin{cases} \sum_{j=1}^{n} x_{ij} = a_i & (i=1,2,\cdots,m) \\ \sum_{i=1}^{m} x_{ij} = b_j & (j=1,2,\cdots,n) \\ x_{ij} \geq 0 & (i=1,2,\cdots,m; j=1,2,\cdots,n) \end{cases}$$

上述模型包含 $m \times n$ 個變量，$m+n$ 個約束方程。其系數矩陣可以表示為

$$\begin{matrix} x_{11} & x_{12} & \cdots & x_{1n} & x_{21} & x_{22} & \cdots & x_{2n} & \cdots & x_{m1} & x_{m2} & \cdots & x_{mn} \end{matrix}$$

$$\begin{bmatrix} 1 & 1 & \cdots & 1 & & & & & & & & & \\ & & & & 1 & 1 & \cdots & 1 & & & & & \\ & & & & & & & & \ddots & & & & \\ & & & & & & & & & 1 & 1 & \cdots & 1 \\ 1 & & & & 1 & & & & & 1 & & & \\ & 1 & & & & 1 & & & & & 1 & & \\ & & \ddots & & & & \ddots & & & & & \ddots & \\ & & & 1 & & & & 1 & & & & & 1 \end{bmatrix} \begin{matrix} \\ \\ \end{matrix} \begin{matrix} \}\text{共有 } m \text{ 行} \\ \\ \}\text{共有 } n \text{ 行} \end{matrix}$$

該系數矩陣中對應於變量 x_{ij} 的系數向量是 p_{ij}，其分量中除第 i 個和第 $m+j$ 個為 1 以外，其餘的都為零。

對產銷平衡的運輸問題，由於 $\sum_{j=1}^{n} b_j = \sum_{j=1}^{n}(\sum_{i=1}^{m} x_{ij}) = \sum_{i=1}^{m}(\sum_{j=1}^{n} x_{ij}) = \sum_{i=1}^{m} a_i$，往往上述系數矩陣中肯定有一個是多餘的，即模型最多只有 $m+n-1$ 個獨立約束方程，系數矩陣的秩小於或等於 $m+n-1$。

定理 1 平衡運輸問題必有可行解，也必有最優解。

證：設 $\sum_{i=1}^{m} a_i = \sum_{j=1}^{n} b_j = Q$，取

$$x_{ij} = \frac{a_i b_j}{Q} \quad (i=1,2,\cdots,m; j=1,2,\cdots,n)$$

則顯然有 $x_{ij} \geq 0$ $(i=1,2,\cdots,m; j=1,2,\cdots,n)$，又

$$\sum_{j=1}^{n} x_{ij} = \sum_{j=1}^{n} \frac{a_i b_j}{Q} = \frac{a_i}{Q} \sum_{j=1}^{n} b_j = a_i \quad (i=1,2,\cdots,m)$$

$$\sum_{i=1}^{m} x_{ij} = \sum_{i=1}^{m} \frac{a_i b_j}{Q} = \frac{b_j}{Q} \sum_{i=1}^{m} a_i = b_j \quad (j=1,2,\cdots,n)$$

所以 x_{ij} 是運輸問題的一個可行解。

又因為 $c_{ij} \geq 0$ $(i=1,2,\cdots,m; j=1,2,\cdots,n)$，故對於任意一個可行解 $\{x_{ij}\}$，運輸問題的目標函數都不會為負數，即目標函數值有下界零。對於求極小值問題，目標函數值有下界，則必有最優解，證畢。

【例 3-1】 設某種物資共有三個產地 A_1, A_2, A_3，其產量分別為 9、5、7 個單位；另有 4 個銷地 B_1, B_2, B_3, B_4，其銷量分別為 3、8、4、6 個單位。已知由產地 $A_i (i=1,2,3)$ 運往銷地 $B_j (j=1,2,3,4)$ 的單位運價為 c_{ij}，其數據列入表 3-3（為了表示清楚，我們將運價填在小方框內）。問如何調運才能使總運費最省？試建立此問題的數學模型。

表 3-3 例 3-1 的數據

產地	銷地 B_1	銷地 B_2	銷地 B_3	銷地 B_4	產量
A_1	x_{11} ， 2	x_{12} ， 9	x_{13} ， 10	x_{14} ， 7	a_1
A_2	x_{21} ， 1	x_{22} ， 3	x_{23} ， 4	x_{24} ， 2	a_2
A_3	x_{31} ， 8	x_{32} ， 4	x_{33} ， 2	x_{34} ， 5	a_3
銷量	3	8	4	6	21

解：設 x_{ij} 表示由產地 A_i 運往銷地 $B_j (i=1,2,3; j=1,2,3,4)$ 的運量，則此問題的數學模型為：求 $x_{ij} (i=1,2,3; j=1,2,3,4)$，使得

$$\min Z = 2x_{11} + 9x_{12} + 10x_{13} + 7x_{14} + x_{21} + 3x_{22} + 4x_{23} + 2x_{24} + 8x_{31} + 4x_{32} + 2x_{33} + 5x_{34}$$

$$\text{s.t.} \begin{cases} x_{11} + x_{12} + x_{13} + x_{14} = 9 \\ x_{21} + x_{22} + x_{23} + x_{24} = 5 \\ x_{31} + x_{32} + x_{33} + x_{34} = 7 \\ x_{11} + x_{21} + x_{31} = 3 \\ x_{12} + x_{22} + x_{32} = 8 \\ x_{13} + x_{23} + x_{33} = 4 \\ x_{14} + x_{24} + x_{34} = 6 \\ x_{ij} \geq 0 (i=1,2,3; j=1,2,3,4) \end{cases}$$

這是一個平衡運輸問題。

和一般的線性規劃問題一樣，運輸問題的最優解也一定可以在基可行解中找到，下面結合例 3-1 來研究在運輸問題中基可行解的特徵。

根據單純形法的原理，我們首先要確定約束系數矩陣 A 的秩。

對於例 3-1，如果將變量 $x_{ij} (i=1,2,3; j=1,2,3,4)$ 按字典序排列，則得約束系數矩陣 A，其中前 3 行分別為第 1～3 約束方程的系數，後 4 列分別為第 4～7 個約束方程的系數。顯然這是一個 (3+4) 行和 (3×4) 列的矩陣。如果在 A 中右邊增加一列，將約束方程組的右端常數填入，那麼得約束方程的增廣矩陣，記為 $\overline{A}$。

一般地，若將變量 $x_{ij} (i=1,2,3; j=1,2,3,4)$ 按字典序排列，則得運輸問題的約束方程組的系數矩陣和增廣矩陣分別為

$$A = \begin{bmatrix} \overset{x_{11}}{1} & \overset{x_{12}}{1} & \overset{x_{13}}{1} & \overset{x_{14}}{1} & \overset{x_{21}}{} & \overset{x_{22}}{} & \overset{x_{23}}{} & \overset{x_{24}}{} & \overset{x_{31}}{} & \overset{x_{32}}{} & \overset{x_{33}}{} & \overset{x_{34}}{} \\ & & & & 1 & 1 & 1 & 1 & & & & \\ & & & & & & & & 1 & 1 & 1 & 1 \\ 1 & & & & 1 & & & & 1 & & & \\ & 1 & & & & 1 & & & & 1 & & \\ & & 1 & & & & 1 & & & & 1 & \\ & & & 1 & & & & 1 & & & & 1 \end{bmatrix}$$

$$\overline{A} = \begin{bmatrix} 1 & 1 & \cdots & 1 & & & & & & & & & a_1 \\ & & & & 1 & 1 & \cdots & 1 & & & & & a_2 \\ & & & & & & \ddots & & & & & & \vdots \\ & & & & & & & & 1 & 1 & \cdots & 1 & a_m \\ 1 & & & & 1 & & & & 1 & & & & b_1 \\ & 1 & & & & 1 & & & & 1 & & & b_2 \\ & & \ddots & & & & \ddots & & & & \ddots & & \vdots \\ & & & 1 & & & & 1 & & & & 1 & b_n \end{bmatrix}$$

這兩個矩陣均屬於一種大型稀疏矩陣。「大型」是指矩陣的規模大,矩陣 A 共有 $(m+n)$ 行,mn 列,當 m 和 n 較大時,矩陣 A 和 $\overline{A}$ 的規模是很大的。稀疏是指矩陣中的非零元素較少(一般僅 5%)。且矩陣 A 或 $\overline{A}$ 中相應於 x_{ij} 的列向量為

$$P_{ij} = \begin{bmatrix} 0 \\ \vdots \\ 1 \\ 0 \\ \vdots \\ 1 \\ \vdots \\ 0 \end{bmatrix} \begin{matrix} \leftarrow \text{第 } i \text{ 行} \\ \\ \leftarrow \text{第 } m+j \text{ 行} \end{matrix}$$

即 P_{ij} 中的第 i 個分量和第 $m+j$ 個分量為 1,其餘元素均為 0。

正是由於運輸問題的係數矩陣 A 和增廣矩陣 $\overline{A}$ 具有上面說的這種特殊結構,因此一般單純形法對於它的求解雖然適用,但不是很有效,需要尋求求解運輸問題的特殊途徑。我們先證明下面幾個重要性質。

定理 2 運輸問題的約束方程係數矩陣 A 和增廣矩陣 $\overline{A}$ 的秩相等,且等於 $m+n-1$。

證:假設 $m, n \geq 2$,則有 $m+n \leq mn$,於是 $r(\overline{A}) \leq m+n$。又由平衡條件可知,$\overline{A}$ 的前 m 行之和應等於後 n 行之和,因此 $\overline{A}$ 的行是線性相關的,故必有 $r(\overline{A}) \leq m+n$。

然後,證明 $\overline{A}$ 中至少存在一個 $m+n-1$ 階的非奇異方陣 B。事實上,可以按下列方式選一個 $m+n-1$ 階的子方陣 B:

$$|B| = \begin{bmatrix} \overset{x_{11}}{} & \overset{x_{12}}{} & \cdots & \overset{x_{1n}}{} & \overset{x_{21}}{} & \overset{x_{31}}{} & \cdots & \overset{x_{m1}}{} \\ & & & 1 & & & & \\ & & & & 1 & & & \\ & 0 & & & & \ddots & & \\ & & & & & & 1 & \\ 1 & & 1 & 1 & 1 & \cdots & 1 & \\ & 1 & & & & & & \\ & & \ddots & & & 0 & & \\ & & & 1 & & & & \end{bmatrix} \begin{matrix} \Bigg\} \text{前 } m-1 \text{ 行} \\ \neq 0 \\ \Bigg\} \text{後 } n \text{ 行} \end{matrix}$$

由此可見，$\overline{A}$ 的秩恰為 $m+n-1$。又由於 B 事實上是包含在 A 中的，故 A 的秩也等於 $m+n-1$。證畢。

由於 A 與 $\overline{A}$ 的秩都是 $m+n-1$，因此在問題的約束方程組中，雖有 $m+n$ 個結構約束條件，但由於總產量等於總銷量，故只有 $m+n-1$ 個結構約束條件是線性獨立的。可以證明，去掉其中任何一個方程，剩下的 $m+n-1$ 個方程都是獨立的。

由線性規劃的理論可知，約束方程組系數矩陣的秩就決定了基可行解中基變量的個數，因此我們可得如下的重要推論。

推論 1 運輸問題的基可行解中應包含 $m+n-1$ 個基變量。

對於例 3-1，顯然 $r(A)$ 與 $r(\overline{A})$ 的秩都為 $3+4-1=6$，故它的基可行解中，基變量共 6 個。那麼，究竟怎樣的 $m+n-1$ 個變量可以作為基變量呢？為了回答這個問題，我們設這樣的變量：

$$x_{i_1 j_1}, x_{i_2 j_2}, \cdots, x_{i_s j_s} \,(s=m+n-1)$$

只要這些變量對應的約束方程系數列向量

$$P_{i_1 j_1}, P_{i_2 j_2}, \cdots, P_{i_s j_s} \,(s=m+n-1)$$

是線性無關的，這些變量就可以作為基變量。但是，要從一個很大的系數矩陣 A 中，選擇 $m+n-1$ 個線性無關的列向量，其工作量也是很大的（首先，選擇的方式多，共有 C_{mn}^{m+n-1} 種選法；其次，判斷它是否線性無關的工作量也很大）。因此，我們不走直接從 A 中選擇基向量這條路，而是根據運輸問題的特點設計了另一種更直觀和簡便易行的方法。為此，我們首先引進閉回路的概念。它在運輸問題的解法中作用很大。

定義 1 凡是能排列成

$$x_{i_1 j_1}, x_{i_1 j_2}, x_{i_2 j_2}, x_{i_2 j_3}, \cdots, x_{i_s j_s}, x_{i_s j_1}$$

或

$$x_{i_1 j_1}, x_{i_2 j_1}, x_{i_2 j_2}, x_{i_3 j_2}, \cdots, x_{i_s j_s}, x_{i_1 j_s}$$

（其中 $i_1, i_2, \cdots, i_s$ 互不相同；$j_1, j_2, \cdots, j_s$ 互不相同）形式的變量集合，用一條封閉折線將它們連接起來形成的圖形稱為一個閉回路，其中諸變量稱為這個閉回路的頂點，連線相鄰兩個頂點及最後一個頂點與第一個頂點的線段稱為閉回路的邊。

例如，設 $m=4, n=5$，則集合為

$$\{x_{11}, x_{14}, x_{44}, x_{45}, x_{35}, x_{32}, x_{22}, x_{21}\}$$

若把各頂點標在運價表上（見表 3-4），且用線段把相鄰兩頂點以及最後一個頂點與第一個頂點連接起來，就形成了一條閉回路。

表 3-4　運價表上的閉回路

	B_1	B_2	B_3	B_4	B_5
A_1	x_{11}			x_{14}	
A_2	x_{21}	x_{22}			
A_3		x_{32}			x_{35}
A_4				x_{44}	x_{45}

顯然在閉回路中，相鄰兩點或者是處在相同的行（第一個下標相同），或者是處在相同的列（第二個下標相同），而且如果第一、第二個頂點處在相同的行，則第二、第三個頂點就處在相同的列，依次類推，最後一個頂點必與第一個頂點處在相同的列。

另外，閉回路也可以寫成

$$\{x_{11}, x_{21}, x_{22}, x_{32}, x_{35}, x_{45}, x_{44}, x_{14}\}$$

即第一、第二個頂點處在相同的列,第二、第三個頂點處在相同的行,依次類推,最後一個頂點與第一個頂點處在相同的行。

也就是說,閉回路上的頂點按順時針排列和按逆時針排列的結果是一樣的。還要說明的是,這裡 x_{31} 不是閉回路的頂點,因為閉回路在這一點沒有轉彎。

顯然,閉回路有以下幾何性質:
(1) 每個頂點都是轉角點;
(2) 每條邊都是水平線或垂直線,閉回路是由這些水平線或垂直線構成的一條封閉折線;
(3) 每行(或列)若有閉回路的頂點,則必有兩個。

根據不同的情況,閉回路可以有不同的形式。例如,在 $m=3, n=4$ 的運輸問題中,變量組 $\{x_{11}, x_{12}, x_{32}, x_{31}, x_{21}, x_{21}\}$ 和 $\{x_{11}, x_{12}, x_{22}, x_{24}, x_{31}, x_{31}\}$ 都是閉回路,把它們畫在運價表上,分別如表 3-5 和表 3-6 所示。

表 3-5　運價表上的閉回路

	B_1	B_2	B_3	B_4
A_1	x_{11}	x_{12}		
A_2				x_{24}
A_3	x_{21}	x_{32}		x_{34}

表 3-6　運價表上的閉回路

	B_1	B_2	B_3	B_4
A_1	x_{11}			
A_2		x_{22}		x_{24}
A_3	x_{31}			x_{34}

再根據運輸問題的約束方程系數矩陣 A 中的列向量 P_{ij} 的特徵,可以推出閉回路有如下性質:

性質 1 構成閉回路的變量組對應的列向量組 $P_{i_1 j_1}, P_{i_1 j_2}, P_{i_2 j_2}, P_{i_2 j_3}, \cdots, P_{i_s j_s}, P_{i_s j_1}$ 必線性相關。

證:由直接計算可知
$$P_{i_1 j_1} - P_{i_1 j_2} + P_{i_2 j_2} - P_{i_2 j_3} + \cdots + P_{i_s j_s} - P_{i_s j_1} = 0$$
故向量組必線性相關。

性質 2 若變量組 $x_{i_1 j_1}, x_{i_2 j_2}, \cdots, x_{i_s j_s}$ 中有一個部分組構成閉回路,則變量組對應的列向量組 $P_{i_1 j_1}, P_{i_2 j_2}, \cdots, P_{i_s j_s}$ 是線性相關的。

證:由性質 1 知,向量組中有一個部分組(與閉回路的頂點相對應的向量組)是線性相關的。根據線性代數理論可知,若向量組中有一部分線性相關,則全體也線性相關。因此,向量組必線性相關。證畢。

推論 2 若變量組對應的列向量線性無關,則該變量組一定不含閉回路。

下面再介紹孤立點的概念。

定義 2　在變量組中,若某一個變量 x_{ij} 是它所在的行(第 i 行)或列(第 j 列)中出現於變量組中的唯一變量,則稱該變量 x_{ij} 是該變量組的一個孤立點。

例如,有變量

$$x_{12}, x_{14}, x_{21}, x_{25}, x_{32}$$

構成的變量組(見表 3-7)。由於在第 1 列的所有變量中,只有變量 x_{21} 屬於該變量組,因此它是一個孤立點。同理,x_{25}, x_{33} 也都是孤立點。

性質 3　若變量組中不包含任何閉回路,則該變量必有孤立點。

證:用反證法。假設變量組中沒有孤立點,即變量組的任一變量所在的行和列上至少還有變量組中的另一個變量。現從該變量組中任取一個變量 x_{ij},按假設,必有組中另一變量與 x_{ij} 同行,設它為 x_{i,j_2}。同理,又必有組中的一變量與 x_{ij} 同列,設它為 x_{i_2j}。

表 3-7　變量組

	B_1	B_2	B_3	B_4	B_5
A_1		x_{12}		x_{14}	
A_2	x_{21}			x_{24}	x_{25}
A_3		x_{32}	x_{33}		

同理,又有組中的一變量與 $x_{i_2j_2}$ 同行,設它為 $x_{i_2j_3}$,……,如此下去,可得一系列變量:

$$x_{i_1j_1}, x_{i_1j_2}, x_{i_2j_2}, x_{i_2j_3}, \cdots$$

這些變量都屬於原變量組,但原變量組是有限集合,因此,變量組中必有重複出現的現象。設 x_{i,j_r}(或 $x_{i,j_{r+1}}$)是第一次出現的與前面某一變量相重合的變量。設前面的那個變量為 x_{i,j_s}(或 x_{i,j_s}),這時

$$x_{i,j_s}, x_{i,j_{s+1}}, x_{i_{s+1}j_{s+1}}, \cdots, x_{i,j_r}, x_{i,j_{r+1}}$$

是一個閉回路,但這與變量組不包含閉回路的假設矛盾。證畢。

下面給出一個重要的定理。

定理 3　變量組對應的列向量組線性無關的充要條件是該變量組中不包含任何閉回路。

證:先證必要性。用反證法。設變量組對應的列向量組線性無關,但該變量組包含一條以其中某些變量為頂點的閉回路,則由性質 1 知這些變量對應的列向量必線性相關,因而變量組也線性相關,這與假設矛盾。

再證充分性,即證若變量組中不包含任何閉回路,則向量組線性無關。事實上,若存在一組數 $k_1, k_2, \cdots, k_r$,使得

$$k_1 P_{i_1j_1} + k_2 P_{i_2j_2} + \cdots + k_r P_{i_rj_r} = 0$$

因為變量組中不包含任何閉回路,由性質 3 可知其中必有孤立點。不妨設 $x_{i_1j_1}$ 為孤立點,又不妨設 $x_{i_1j_1}$ 是在第 i_1 行上唯一的變量(至於是第 j_1 列上唯一的變量的情形可以完全類似地給出證明)。這時,由 P_{ij} 的特徵可以看出,上式的左端第 i_1 個分量的和是 k_1,而右端為 0,因此 $k_1 = 0$。從而變成

$$k_2 P_{i_2j_2} + k_3 P_{i_3j_3} + \cdots + k_r P_{i_rj_r} = 0$$

但 $x_{i_2j_2}, x_{i_3j_3}, \cdots, x_{i_rj_r}$ 仍不包含閉回路,故在去掉 $x_{i_1j_1}$ 後,其中還有孤立點,設為 $x_{i_2j_2}$。由與前面類似的分析可證 $k_2 = 0$。同理,可得

$$k_3 = k_4 = \cdots = k_r = 0$$

這就證明了向量組線性無關。證畢。

由此得出下列重要推論。

推論 3　運輸問題中的一組 $m+n-1$ 個變量

$$x_{i_1j_1}, x_{i_2j_2}, \cdots, x_{i_sj_s} \quad (s = m+n-1)$$

能構成基變量的充要條件是它不包含任何閉回路。

上面的推論給出了運輸問題的基可行解中基變量的一個基本特徵:基變量組不含閉迴路。

這個推論是很重要的,因為利用它來判斷 $m+n-1$ 個變量是不是構成基變量組,就看它是否包含閉迴路。這種方法簡便易行。它比直接判斷這些變量對應的列向量是不是線性無關要簡單得多。另外,在下面將看到利用基變量的這個特徵,可以導出求運輸問題的初始基可行解的一些簡便方法。

2. 不平衡運輸問題

上述運輸問題都要求總產量等於總銷量,因而也稱為產銷平衡的運輸問題。產銷不平衡的運輸問題是指總產量不等於總銷量的運輸問題 $\sum_{i=1}^{m}a_i \neq \sum_{j=1}^{n}b_j$,這類問題更為常見。其模型如下:

$$\min Z = \sum_{i=1}^{m}\sum_{j=1}^{n}c_{ij}x_{ij}$$

$$\text{s.t.} \begin{cases} \sum_{i=1}^{m}x_{ij} \geqslant b_j & j=1,2,\cdots,n \\ \sum_{j=1}^{n}x_{ij} \leqslant a_i & i=1,2,\cdots,n \\ x_{ij} \geqslant 0 & i=1,2,\cdots,m; j=1,2,\cdots,n \end{cases}$$

根據該問題中總供應量 $\sum_{i=1}^{m}a_i$ 與總需求量 $\sum_{j=1}^{n}b_j$ 的關係,可以將運輸問題分為兩類。

(1) 如果產量大於銷量,即 $\sum_{i=1}^{m}a_i > \sum_{j=1}^{n}b_j$,說明有一部分產量為庫存,暫時無法銷售,則其運輸模型為

$$\min Z = \sum_{i=1}^{m}\sum_{j=1}^{n}c_{ij}x_{ij}$$

$$\text{s.t.} \begin{cases} \sum_{j=1}^{n}x_{ij} \leqslant a_i & i=1,2,\cdots,m \\ \sum_{i=1}^{m}x_{ij} = b_j & j=1,2,\cdots,n \\ x_{ij} \geqslant 0 & i=1,2,\cdots,m; j=1,2,\cdots,n \end{cases}$$

(2) 當 $\sum_{i=1}^{m}a_i < \sum_{j=1}^{n}b_j$ 時,銷量大於產量,其數學模型為

$$\min Z = \sum_{i=1}^{m}\sum_{j=1}^{n}c_{ij}x_{ij}$$

$$\text{s.t.} \begin{cases} \sum_{j=1}^{n}x_{ij} = a_i & i=1,2,\cdots,m \\ \sum_{i=1}^{m}x_{ij} \leqslant b_j & j=1,2,\cdots,n \\ x_{ij} \geqslant 0 (i=1,2,\cdots,m; j=1,2,\cdots,n) \end{cases}$$

為了能夠採用產銷平衡的運輸問題求解算法解決產銷不平衡的運輸問題,通常需要把不平衡的運輸問題化成平衡的運輸問題,其主要的方法是增加一個假想的產地或者銷地。

如果產量大於銷量,就要考慮多餘物質的存儲問題。假設有一個銷地 B_{n+1},可以將其理解為企業倉庫或者中轉站。令 $x_{i,n+1}$ 是產地 A_i 產品需要的儲存量,於是有

$$\sum_{j=1}^{n}x_{ij} + x_{i,n+1} = \sum_{j=1}^{n+1}x_{ij} = a_i \quad (i=1,\cdots,m)$$

$$\sum_{i=1}^{m}x_{ij} = b_j \quad (j=1,\cdots,n)$$

$$\sum_{i=1}^{m}x_{i,n+1} = \sum_{i=1}^{m}a_i - \sum_{j=1}^{n}b_j = b_{n+1}$$

假定各個產地到銷地 B_{n+1} 的單位運費為 $c_{i,n+1}$，其運輸模型為

$$\min z = \sum_{i=1}^{m}\sum_{j=1}^{n} c_{ij}x_{ij} + \sum_{i=1}^{m} c_{i,n+1}x_{i,n+1}$$

$$\text{s.t.} \begin{cases} \sum_{i=1}^{m} x_{ij} = b_j & (j=1,2,\cdots,n+1) \\ \sum_{j=1}^{n+1} x_{ij} = a_i & (i=1,2,\cdots,m) \\ x_{ij} \geq 0 & (i=1,2,\cdots,m; j=1,2,\cdots,n+1) \end{cases}$$

其中 $\sum_{i=1}^{m} a_i = \sum_{j=1}^{n} b_j + b_{n+1} = \sum_{j=1}^{n+1} b_j$。

如果所有產地到假想地的運費均為零，則模型可化簡為

$$\min z = \sum_{i=1}^{m}\sum_{j=1}^{n} c_{ij}x_{ij}$$

$$\text{s.t.} \begin{cases} \sum_{i=1}^{m} x_{ij} = b_j & (j=1,2,\cdots,n+1) \\ \sum_{j=1}^{n+1} x_{ij} = a_i & (i=1,2,\cdots,m) \\ x_{ij} \geq 0 & (i=1,2,\cdots,m; j=1,2,\cdots,n+1) \end{cases}$$

如果銷量大於產量，則可以假想一個產地，也可以理解為從庫存取出進行銷售。假定從假想的產地到各個銷地的單位運費為 $c_{m+1,j}$，運時為 $x_{m+1,j}$，其運輸模型為

$$\min z = \sum_{i=1}^{m}\sum_{j=1}^{n} c_{ij}x_{ij} + \sum_{j=1}^{n} c_{m+1,j}x_{m+1,j}$$

$$\text{s.t.} \begin{cases} \sum_{i=1}^{m+1} x_{ij} = b_j & (j=1,2,\cdots,n) \\ \sum_{j=1}^{n} x_{ij} = a_i & (i=1,2,\cdots,m+1) \\ x_{ij} \geq 0 & (i=1,2,\cdots,m+1; j=1,2,\cdots,n) \end{cases}$$

其中，$\sum_{i=1}^{m+1} a_i = \sum_{j=1}^{n} b_j$。如果所有產地到假想地的運費均為零，則模型可以簡化為

$$\min z = \sum_{i=1}^{m}\sum_{j=1}^{n} c_{ij}x_{ij}$$

$$\text{s.t.} \begin{cases} \sum_{i=1}^{m+1} x_{ij} = b_j & (j=1,2,\cdots,n) \\ \sum_{j=1}^{n} x_{ij} = a_i & (i=1,2,\cdots,m+1) \\ x_{ij} \geq 0 & (i=1,2,\cdots,m+1; j=1,2,\cdots,n) \end{cases}$$

3. 有轉運的運輸問題

在實際問題中，物品通常需要先由產地運輸到某個中間轉運站(可能是另外的產地、銷售地、中轉倉庫或者配送中心等)，再轉運到相應的銷地。在此情形下，通過轉運可能節約運費，比直接運輸更為經濟合理。例如，家樂福就在全球建立了多家配送中心。

有 m 個產地 $A_i(i=1,2,\cdots,m)$ 和 n 個銷地 $B_j(j=1,2,\cdots,n)$ 均可以作為中轉站使用，因此，發送物品的地點不僅僅是產地，還包括銷地，有 $m+n$ 個，接收物品的地點也有 $m+n$ 個。

產地 A_i 發送到各個地方的物品數量之和，等於該地的產量加上經過它轉運的物品數量。各地

運輸到 B_j 的物品數量之和,等於它的淨需求量加上轉運量。在建立模型中,除了考慮單位運價之外,通常還需要考慮各個地點轉運單位物品的相關費用。

前面討論的運輸問題都是假定任意產地與銷地之間都有直達路線,可以直接運輸物資,並且產地只輸出貨物,銷地只輸入貨物。但實際情況可能更複雜一些。例如,可以考慮下列更一般的情況:

(1) 產地與銷地之間沒有直達路線,貨物由產地到銷地必須通過某中間站轉運;

(2) 某些產地既輸出貨物,也吸收一部分貨物;某些銷地既吸收貨物,又輸出部分貨物。即產地或銷地也可以起中轉站的作用,或者既是產地又是銷地;

(3) 產地與銷地之間雖然有直達路線,但直達運輸的費用或運輸距離分別比經過某些中轉站還要高或遠。

存在以上情況的問題,統稱為轉運問題。解決此類問題的思路是先將它化為無轉運的平衡運輸問題,再進行求解。為此,需要作如下假設:

① 首先根據具體問題求出最大可能中轉量 Q(Q 是大於總產量 $\sum_{i=1}^{m} a_i$ 的一個數);

② 純中轉站可視為輸出量和輸入量均為 Q 的一個產地和一個銷地;

③ 兼中轉站的產地 A_i 可視為一個輸入量為 Q 的銷地及一個產量為 A_i+Q 的產地;

④ 兼中轉站的銷地 B_j 可視為一個輸出量為 Q 的產地及一個銷量為 B_j+Q 的銷地。

在此假設的基礎上,列出各產地的輸出量、各銷地的輸入量及各產銷地之間的運輸表,然後求解。將有轉運的運輸問題轉化為產銷平衡的運輸問題,步驟如下:

(1) 所有產地、銷地、轉運站同時看作產地和銷地;

(2) 運輸表中不可能方案的運費取作 M(一個足夠大的數),自身對自身的運費為 0;

(3) 經過轉運點的物資量既是該點作為銷地的需求量,又是該點作為產地的供應量。如果無法獲取該數量的確切值,將調運總量作為該數值的上界。

下面舉例說明這一轉化過程。

【例 3-2】 已知某物資的產量、銷量及運價如表 3-8 所示。

表 3-8 某物資的產量、銷量及運價表

產地	地區				產量
	B_1	B_2	B_3	B_4	
A_1	3	11	3	10	7
A_2	1	9	2	8	4
A_3	7	4	10	5	9
銷量	3	6	5	6	20

另外還假定這些物資在三個產地之間可以互相調運,在四個銷地之間也可以互相調運,其運價如表 3-9 和表 3-10 所示。

表 3-9 產地間運價表

	A_1	A_2	A_3
A_1	0	1	3
A_2	1	0	M
A_3	3	M	0

表 3-10 銷地間運價表

	B_1	B_2	B_3	B_4
B_1	0	1	4	2
B_2	1	0	2	1
B_3	4	2	0	3
B_4	2	1	3	0

另外再假定還有四個純中轉站 T_1,T_2,T_3,T_4。它們到各產地、各銷地及中轉站之間的運價如

表 3-11 所示。

表 3-11　有中轉站的運價表

	A_1	A_2	A_3	T_1	T_2	T_3	T_4	B_1	B_2	B_3	B_4
T_1	2	3	1	0	1	3	2	2	8	4	6
T_2	1	5	M	1	0	1	1	4	5	2	7
T_3	4	M	2	3	1	0	2	1	8	2	4
T_4	3	2	3	2	1	2	0	1	M	2	6

問在考慮到產銷地之間直接運輸和非直接運轉的各種可能方案的情況下，怎樣將三個產地 A_1, A_2, A_3 所產的物資運往四個銷地 B_1, B_2, B_3, B_4，使總運費最省。

解：從表 3-8 看出，從 A_1 到 B_2 的運費為 11。而將表 3-11 結合起來看，如果從 A_1 經 A_3 運往 B_2，總費用為 $3+4=7$。如果再結合表 3-11 看，從 A_1 經 T_2 運往 B_2 只需 $1+5=6$。而再結合表 3-10 可知，從 A_1 到 B_2 運費最少的路徑是從 A_1 經 A_2 到 B_1，最後到 B_2，其總運費只需 $1+1+1=3$。可見，在這個問題中，從每個產地到各銷地之間的運輸方案是很多的。為了把這個問題仍當作一般的運輸問題處理，可以這樣做：

(1) 由於問題中所有產地、中間轉運站、銷地都可以既看作產地，又看作銷地，因此可以把整個問題當作有 11 個產地和 11 個銷地擴大的運輸問題。

(2) 對擴大的運輸問題建立單位運價表，見表 3-11。

(3) 所有中間轉運站的產量等於銷量。由於運費最少時不可能出現一批物資來回倒運現象，所以每個轉運站的轉運數不超過總產量 20。因此，可以規定四個中轉站 T_1, T_2, T_3, T_4 的產量和銷量均為 20。由於實際的轉運量

$$\sum_{j=1}^{n} x_{ij} \leqslant a_i, \sum_{i=1}^{m} x_{ij} \leqslant b_j$$

可以在每個約束條件中增加一個松弛變量 x_{ii}。x_{ii} 相當於一個虛構的轉運站，意義就是自己運給自己，$(20-x_{ii})$ 就是每個轉運站實際轉運量，x_{ii} 對應的運價 $c_{ii}=0$。

(4) 擴大的運輸問題中，原來的產地與銷地也有轉運站的作用，因此同樣在原來產量與銷量的數字上加 20。即三個產地 A_1, A_2, A_3 的產量改成 27、24、29，銷量均為 20；四個銷地 B_1, B_2, B_3, B_4 的銷量改成 23、26、25、26，產量均為 20。同時引進 x_{ii} 作為松弛變量。

下面列出擴大運輸問題的產銷平衡與單位運價表（見表 3-12）。

表 3-12　有中轉問題的產銷平衡表

產地 \ 銷地	A_1	A_2	A_3	T_1	T_2	T_3	T_4	B_1	B_2	B_3	B_4	產量
A_1	0	1	3	2	1	4	3	3	11	3	10	27
A_2	1	0	M	3	5	M	2	1	9	2	8	24
A_3	3	M	0	1	M	2	3	7	4	10	5	29
T_1	2	3	1	0	1	3	2	2	8	4	6	20
T_2	1	5	M	1	0	1	1	4	5	2	7	20
T_3	4	M	2	3	1	0	2	1	8	2	4	20
T_4	3	2	3	2	1	2	0	1	M	2	6	20
B_1	3	1	7	2	4	1	1	0	1	4	2	20
B_2	11	9	4	8	5	8	M	1	0	1	2	20
B_3	3	2	10	4	2	2	2	4	2	0	3	20
B_4	10	8	5	6	7	4	6	2	1	3	0	20
銷量	20	20	20	20	20	20	20	23	26	25	26	

由於表 3-12 是一個產銷平衡的運輸問題，因此可以用表上作業法求解。

第二節　運輸問題的表上作業法

運輸問題的解法主要有圖上作業法和表上作業法兩種。本節主要介紹表上作業法(又稱為運輸單純形法)。它是根據單純形法的原理和運輸問題的特徵,設計出來的一種便於在表上運算的方法。作為一種迭代算法,它的主要步驟是:

①求一個初始基可行解(又稱初始調運方案)。
②判別當前的基可行解是否為最優解。若是,則迭代停止;否則,轉下一步。
③改進當前的基可行解,得新到的基可行解,再返回②。

本節首先介紹初始基可行解的求法,下一節再介紹如何判斷改進。

我們知道,在線性規劃問題的解法中,求初始基可行解是比較麻煩的,特別當約束方程組的係數矩陣 A 中不含單位矩陣時,還要引入人工變量,用大 M 法或兩階段法來求初始基可行解。對於運輸問題,由於約束方程係數矩陣 A 中不包含單位矩陣,照理也要引入人工變量。但是由於運輸問題的特殊性,可以不必引入人工變量,而是利用一些特殊的方法直接求出運輸問題的初始基可行解。下面介紹幾種常用的求運輸問題的初始基可行解的方法。

一、西北角法

西北角法又稱左上角法,用這種方法來制訂運輸問題的初始調運方案即初始基可行解,應遵循如下規則:

優先安排運價表上編號最小的產地和銷地之間(即運價表的西北角位置)的運輸業務。也就是從運價表的西北角位置(即 x_{11} 處)開始,依次安排 m 個產地和 n 個銷地之間的運輸業務,從而得到一個初始調運方案。

需要說明的是,西北角法所遵循的規則純粹是一種人為的規定,沒有任何理論依據和實際背景。但它容易操作,特別適合在計算機上編程計算,因而仍不失為一種制訂初始調運方案的好方法,受到廣大實際工作者青睞。

首先通過例題介紹這種方法的基本思路和解題過程。

【例 3-3】 用西北角法求例 3-1 的一個初始調運方案。

解:首先安排產地 A_1 與銷地 B_1 之間的運輸業務,即從運價表上西北角(或左上角)位置 x_{11} 開始分配運輸量,並使 x_{11} 取盡可能大的數值。現在產地 A_1 的產量為 9,而銷地 B_1 的需求量為 3,故安排產地 A_1 運送 3 個單位的貨物給銷地 B_1,即取 $x_{11} = \min\{a_1, b_1\} = \min\{9, 3\} = 3$。

當產地 A_1 運出 3 個單位貨物後,還剩有 $9-3=6$ 個單位的貨物,將這個數填在 a_1 的修正量處。而當銷地 B_1 接收到 3 個單位貨物後,它的需求量已經得到滿足,於是 b_1 的修正量為 0。這時產地 A_2, A_3 就不可能再運送貨物給銷地 B_1 了,即 $x_{21} = x_{31} = 0$,並稱第 1 列已飽和。

解此類問題時,通常總是先畫一張運價與產銷平衡表(見表 3-13)。表中的 x_{ij} 先空著,然後把求出來的值逐個填進去。為了在表上能夠看出哪些變量是基變量,哪些是非基變量,可以約定在代表基變量的格子中畫上一個圈,把基變量取的值填在圈內,並把這種格子稱為數字格或賦值格,它所對應的是基變量;而在代表非基變量的格子中畫上「×」,它的值一定等於 0,這種打×的格子稱為空格,它對應的是非基變量。

按照這些規定,本例中在決定了基變量 $x_{11}=3$ 和非基變量 x_{21} 和 x_{31} 之後,應將③填在 x_{11} 處,將「×」填在 x_{21} 和 x_{31} 處(見表 3-13)。這時運價表上西北角處得到賦值,而第 1 列的各變量 x_{i1} 都已確定,即第 1 列已飽和,可以認為第 1 列已經從表中已劃掉了。

表 3-13　西北角法求解第一步

	B_1	B_2	B_3	B_4	產量	修正量
A_1	③　　2	9	10	7	9	6
A_2	×　　1	3	4	2	5	
A_3	×　　8	4	2	5	7	
銷量	3	8	4	6		
修正量	0					

再在剩下的運價表上重複上述過程。決定 x_{12} 的值（劃去了第 1 列後的表中西北角的變量），令 x_{12} 為基變量，並且 x_{12} 應取盡可能大的值。即取 $x_{12} = \min\{a_1, b_1\} = \min\{6, 8\} = 6$。

在表 3-14 中 x_{12} 的格子中填上⑥，然後令 $x_{13} = x_{14} = 0$，即取 x_{13}, x_{14} 為非基變量，在對應的格子中打上「×」。這時 a_1 的修正量為 0，而 b_2 的修正量為 $8-6=2$。這時第 1 行已飽和，可以劃去。

表 3-14　西北角法求解第二步

	B_1	B_2	B_3	B_4	a_i	修正量
A_1	③　　2	⑥　　9	×　　10	×　　7	9	6, 0
A_2	×　　1	②　　3	③　　4	2	5	3, 0
A_3	×　　8	×　　4	①　　2	⑥　　5	7	6, 0
b_j	3	8	4	6		
修正量	0	2　0	1　0	0		

用同樣的方法，可以得出 $x_{22} = 2$（x_{22} 是基變量），$x_{32} = 0$，劃去第 2 列。

$x_{23} = 3$（x_{23} 是基變量），$x_{24} = 0$，劃去第 2 列。

$x_{33} = 1$（x_{33} 是基變量），劃去第 3 列。

$x_{34} = 6$（x_{34} 是基變量），同時劃去第 3 行和第 4 列。

不難看出，表 3-14 中的各數（「×」代表 0）構成了一個可行解（事實上，不斷修改 a_i 和 b_j 的過程，就是為了保證所填的數，按行相加等於 a_i，按列相加等於 b_j）。同時，畫圈的數恰好等於 $m+n-1 = 3+4-1=6$。後面將證明，用這方法求得的解是一個基可行解，而且 $m+n-1$ 個畫圈的地方正好是基變量。

本例中，用西北角法求出的初始基可行解 $X^{(0)}$ 的各分量為

$$x_{11}^{(0)} = 3, x_{12}^{(0)} = 6, x_{22}^{(0)} = 2, x_{23}^{(0)} = 3, x_{33}^{(0)} = 1, x_{34}^{(0)} = 6，其餘 x_{ij}^{(0)} = 0$$

其對應的目標函數值（總費用）為

$$Z^{(0)} = 2 \times 3 + 9 \times 6 + 3 \times 2 + 4 \times 3 + 2 \times 1 + 5 \times 6 = 110$$

【例 3-4】　已知運輸問題的運價及產銷量表如表 3-15 所示，試用西北角法求初始基可行解。

表 3-15 運輸平衡表

	B_1	B_2	B_3	B_4	產量
A_1	7	8	1	4	3
A_2	2	6	5	3	5
A_3	1	4	2	7	8
銷量	2	1	7	6	16

解：首先取

$$x_{11}^{(0)} = \min\{a_1, b_1\} = \min\{3, 2\} = 2$$

在 x_{11} 處填②，則 $x_{21}^{(0)} = x_{31}^{(0)} = 0$，在 x_{21}，x_{31} 處打上「×」。第 1 列已飽和，可以劃去（見表 3-16）。

表 3-16 西北角法求解過程

	B_1	B_2	B_3	B_4	產量	修正量
A_1	② 2	① 9	× 10	× 7	3	1,0
A_2	× 1	0 3	⑤ 4	× 2	5	0
A_3	× 8	4	② 2	⑥ 5	8	6,0
銷量	2	1	7	6	16	
修正量	0	0	2 0	0		

再考慮 x_{12}，令 $x_{12}^{(0)} = \min\{a_1, b_2\} = \min\{1, 1\} = 1$。

在 x_{12} 處填①，這時 x_{13}，x_{14} 及 x_{22}，x_{32} 都必須為 0，即第 1 行和第 2 行同時飽和。在這種情況下，規定只在一個方向上打「×」。例如，若在第 1 行上打「×」，即取 $x_{13}^{(0)} = x_{14}^{(0)} = 0$。且 x_{13}，x_{14} 為非基變量。這時劃去第 1 行，而第 2 列的修正量為 0。

再考慮 x_{22}，令

$$x_{22}^{(0)} = \min\{a_2, b_2\} = \min\{5, 0\} = 0$$

在 x_{22} 處填 0，表示 x_{22} 為基變量，但取值為 0（屬退化的解）。這時再在 x_{32} 處打「×」，劃去第 2 列。

繼續做下去，可以得到

$$x_{23}^{(0)} = 5, x_{24}^{(0)} = 0, x_{33}^{(0)} = 2, x_{31}^{(0)} = 6, 其餘 x_{ij}^{(0)} = 0$$

相應的目標函數值為

$$Z^{(0)} = 7 \times 2 + 8 \times 1 + 6 \times 0 + 5 \times 5 + 2 \times 2 + 7 \times 6 = 93$$

注意，在 x_{22} 處寫 0 並畫圈，主要是使帶圈的數目保持為 $m+n-1$ 個。因為前面已經說過，畫圈的地方正好是基變量，而基變量必須是 $m+n-1$ 個。一般在用西北角法求初始解時，應注意以下幾點：

（1）在填入一個畫圈的數時，如果行和列同時飽和，規定只劃去一行或一列，而不能同時劃去行和列。這時，行和列的修正量均為 0，如果劃去的是行（或列），下次遇到修正量為 0 的列（或行）時，就必須在相應的西北角位置，取變量的值為 0，並加上圈。這表明該基變量取 0 值（屬於退化的解），

它與不填數字的地方取 $x_{ij}=0$ 是不同的。前者是基變量取 0 值，後者是非基變量取 0 值。這樣可以保證畫圈的數恰為 $m+n-1$。

（2）在剩下最後一個空格時，只能填數（必要時可取 0）並畫圈，以保證畫圈的數為 $m+n-1$。

（3）在某一行（或列）填最後一個數時，若行和列都同時飽和，則規定只劃去該行（或列），下次再遇到該列時，應寫 0 並畫圈。

如在例 3-4 中，A_3 的產量由 8 改為 2，B_1 的銷量由 6 改為 0，則在填入 $x_{33}=2$ 時第 3 行與第 3 列均已飽和。這時的第 3 列再無填數的空格，故應先劃去這一列。最後在 x_{31} 處填⑩，這樣才不致使畫圈的數減少。

西北角法的算法歸納如下：

在運算過程中，若以 I 表示當前還有貨物可運出的產地 A_i 的下標集合，以 J 表示當前需求量尚未得到滿足的銷地 B_j 的下標集合，以 Δ 表示已畫圈點的集合（即基變量的集合），則西北角法的算法步驟如下：

（1）$I=\{1,2,\cdots,m\}, J=\{1,2,\cdots,n\}; \Delta=\varphi, x_{ij}=0(i=1,2,\cdots,m; j=1,2,\cdots,n)$。

（2）確定 p 和 q：取 $p=\min\{i|i\in I\}, q=\min\{j|j\in J\}$。

（3）取 $\varepsilon=\min\{a_p,b_q\}$，令 $x_{pq}=\varepsilon$ 並加圈填入 A_p 與 B_q 交叉處的格子點。令 $a_p=a_p-\varepsilon, b_q=b_q-\varepsilon, \Delta=\Delta\cup\{x_{pq}\}$。如果 $a_p=0$，則取 $I=I-\{P\}$；如果 $b_q=0$，則取 $J=J-\{q\}$。

（4）$a_p+b_q=0$？若滿足則轉（5），否則返回（2）。

（5）判斷是否有 $I=\varphi$。若是，則 $x_{ij}(i=1,2,\cdots,m; j=1,2,\cdots,n)$ 為所求，Δ 為基變量集合，算法停止；否則，取 $\Delta=\Delta\cup\{x_{p,q+1}\}$ 或 $\Delta=\Delta\cup\{x_{p+1,q}\}$，令 $x_{p,q+1}=0$ 或 $x_{p+1,q}=0$ 並加圈填入相應的位置，返回（2）。用西北角法求得的解是基可行解，且畫圈的個數恰為 $m+n-1$。

二、最小元素法

用西北角法制訂運輸問題的初始調運方案時，完全沒有考慮運價的大小這個因素，這顯然與常理不合。如果考慮運價的大小，應遵循如下規則：「優先安排單位運價最小的產地與銷地之間的運輸業務」。依次安排最小元素、次小元素，從而得到一個初始基可行解。這種算法稱為最小元素法。顯然，用這種方法制訂出來的調運方案，其總運費一般會比用西北角法制訂的調運方案要省（當然也不一定是最省的）。

和一般線性規劃問題一樣，運輸問題的最優解也一定可以在其基可行解中找到。類似於單純形法，最小元素法仍然需要解決如下問題：初始基可行解的確定；最優解的判定；基可行解的轉換。

1. 初始基可行解的確定

這種方法的基本思想就是就近供應，即從單位運價表中最小的運價開始確定供銷關係，然後次小，一直到求出初始基可行解為止。下面結合例 3-5，給出最小元素法的具體步驟。

【例 3-5】 設有某物資從 A_1, A_2, A_3 處運往 B_1, B_2, B_3, B_4 四個地方，各處供應量（產量）、需求量（銷量）及單位運價見表 3-17。問應如何安排運輸方案，才能使總運費最少？

表 3-17　運輸平衡表

產地	銷地				產量
	B_1	B_2	B_3	B_4	
A_1	3	7	6	4	50
A_2	2	4	3	2	20
A_3	8	3	8	9	30
銷量	40	20	15	25	100 / 100

(1) 列出如表 3-18 所示的調運表(包括單位運價、產量與銷量)。

表 3-18　最小元素法求解

產地	銷地				產量
	B_1	B_2	B_3	B_4	
A_1	20 / 3	× / 7	5 / 6	25 / 4	50
A_2	20 / 2	× / 4	× / 3	× / 3	20
A_3	× / 8	20 / 3	10 / 8	× / 9	30
銷量	40	20	15	25	

(2) 在調運表中找出一個單位運價最小的格子,在相應的運量位置上填上盡可能大的數(必須滿足約束條件)。如表 3-18 中,單位運價 $c_{21}=2$ 為最小,這樣在 c_{21} 所在格子相應運量的位置上填上盡可能大的數 20(滿足 A_2 產量為 20 的約束條件)。

(3) 在填有數字的格子的所在行或列的運量應該為 0 的位置上打「×」(即表示該運量為 0,相應的變量為非基變量),且只能在行或列的方向上打「×」,不能同時在兩個方向上打「×」。如第 2 行第 1 個填有運量為 20 的格子,由於 A_2 的供應量已全部用完,因此,該行的其他格子的運量應全部為 0,這樣在相應的運量位置上打「×」。

(4) 在既沒有填數也未打「×」的格子重複上述步驟(2)、(3)。

(5) 最後剩下的一行或一列只能填數,不能打「×」。

表 3-18 中給出的 $x_{11}=20, x_{13}=5, x_{14}=25, x_{21}=20, x_{32}=20, x_{33}=10$,其他 $x_{ij}=0$,顯然是該運輸問題的一個可行解。同時,調運表中不包含以這些非零變量為頂點的閉回路。因此,該可行解就是該運輸問題的一個基可行解。更一般地,可以證明,由最小元素法給出的可行解就是運輸問題的一個基可行解。

2. 最優解的判定

最優解的判定通常有兩種方法,即閉回路法和位勢法。

(1) 閉回路法。在表 3-18 所描述的調運表中,任一非基可變量都可以作出這樣的閉回路:該閉回路以選定的非基變量為第一個頂點,其餘的頂點都是基變量。可以證明,對於任一非基變量,這樣的閉回路只有一條。

在這樣的閉回路上,可以對調運方案進行調整,使調運方案仍然滿足所有約束條件,即滿足產銷平衡的要求。例如,對表 3-18 中非基變量 x_{12} 作閉回路,如表 3-19 所示。

表 3-19　最小元素法閉回路

產地	銷地				產量
	B_1	B_2	B_3	B_4	
A_1	20 / 3	7	5 / 6	25 / 4	50
A_2	20 / 2	4	3	3	20
A_3	8	20 / 3	10 / 8	9	30
銷量	40	20	15	25	

在表 3-19 中所示的閉迴路上，為滿足產銷平衡條件，若要使 x_{12} 增加 1 個單位運量，x_{13} 就必須減少 1 個單位運量，同時 x_{33} 必須增加 1 個單位運量，x_{32} 須減少 1 個單位運量。

再來觀察經過調整後的目標函數的變化：x_{12} 增加 1 個單位運量，則運費增加 7 個單位；x_{13} 減少一個單位運量，則運費減少 6 個單位；x_{33} 增加 1 個單位運量，則運費增加 8 個單位；x_{32} 減少一個單位運量，則運費減少 3 個單位。這樣，調整後的目標函數總的變化量為 $7-6+8-3=6$，即目標函數增加 6 個單位。因此，以上的調整是不合算的，即以 x_{12} 為非基變量的選擇是正確的。

這種在閉迴路上進行的 1 個單位運量的調整所得到的目標函數值的變化量，實際上是相應非基變量的檢驗數。如上述 x_{12} 的檢驗數 $\sigma_{12}=6$，由於運輸問題為極小化，所以若所有的非基變量的檢驗數都大於或等於零，則得到的基可行解就是最優解，否則，就要進行基可行解的轉換。

表 3-18 中所有非基變量的檢驗數計算過程如表 3-20 所示。

表 3-20 非基變量的檢驗數計算過程

非基變量	閉迴路	檢驗數
x_{12}	$x_{12} \to x_{13} \to x_{33} \to x_{32} \to x_{12}$	6
x_{22}	$x_{22} \to x_{21} \to x_{11} \to x_{13} \to x_{33} \to x_{32} \to x_{22}$	4
x_{23}	$x_{23} \to x_{21} \to x_{11} \to x_{13} \to x_{23}$	-2
x_{24}	$x_{24} \to x_{21} \to x_{11} \to x_{14} \to x_{24}$	0
x_{31}	$x_{31} \to x_{11} \to x_{13} \to x_{33} \to x_{31}$	3
x_{34}	$x_{34} \to x_{33} \to x_{13} \to x_{14} \to x_{34}$	3

x_{23} 的檢驗數 $\sigma_{23}=-2<0$，故表 3-18 中的基可行解不是最優解。

(2) 位勢法。當運輸問題變量的個數較多時，閉迴路法計算比較繁瑣，此時位勢法更為簡便。對於以下運輸問題：

$$\min z = CX$$
$$AX = b$$
$$X \geq 0$$

設 B 為其一可行解，則相應的基可行解的各變量的檢驗數可用下式計算，即

$$\sigma_{ij} = c_{ij} - C_B B^{-1} p_{ij}$$

又有運輸問題的對偶問題：

$$\max z = YB$$
$$YA \leq C$$
$$Y \text{ 無限制}$$

其中，$Y=(u_1,\cdots,u_m,v_1,\cdots,v_n)$ 為對偶變量，各分量分別對應 $m+n$ 個條件。根據對偶理論有

$$Y = C_B B^{-1}$$

因此有

$$\sigma_{ij} = c_{ij} - Y p_{ij}$$

又因為 p_{ij} 中除第 i 個元素和第 $m+j$ 個元素為 1 以外，其餘元素均為 0，即 $p_{ij}=e_i+e_{m+j}$，因此有

$$\begin{aligned}\sigma_{ij} &= c_{ij} - Y p_{ij} \\ &= c_{ij} - (u_1,\cdots,u_m,v_1,\cdots,v_n) p_{ij} \\ &= c_{ij} - (u_i + v_j)\end{aligned}$$

而所有基變量的檢驗數等於 0，因此有

$$c_{ij} - (u_i + v_j) = 0$$

即

$$u_i + v_j = c_{ij} \quad (i,j) \in I \text{（基變量下標集）}$$

由於 u_i 對應於調運表中的第 i 行,故稱其為第 i 行的行位勢;v_j 對應於調運表中的第 j 列,故稱其為第 j 列的列位勢。

位勢法的具體計算步驟如下:
(1) 在調運表中,對於每個基變量都按公式 $u_i+v_j=c_{ij}$ 列出一個位勢方程,形成位勢方程組;
(2) 任意決定其中一個位勢的數值,然後求出其他位勢的數值;
(3) 按公式 $\sigma_{ij}=c_{ij}-(u_i+v_j)$ 計算非基變量的檢驗數,若有非基變量的檢驗數均大於或等於 0,則調運表中的基可行解就是最優解,否則就不是最優解。

下面用位勢法對表 3-18 中的基可行解進行最優性檢驗,如表 3-21 所示。

表 3-21 位勢法求解

產地	銷地 B_1	B_2	B_3	B_4	產量	行位勢
A_1	3 / 20	7	6 / 5	4 / 25	50	u_1
A_2	2 / 20	4	3	3	20	u_2
A_3	8	3 / 20	8 / 10	9	30	u_3
銷量	40	20	15	25		
列位勢	v_1	v_2	v_3	v_4		

位勢方程組為

$$u_1+v_1=3 \quad u_1+v_4=4 \quad u_3+v_2=3$$
$$u_1+v_3=6 \quad u_2+v_1=2 \quad u_3+v_3=8$$

取 $u_1=0$,解上述方程組得

$$u_1=0;u_2=-1;u_3=2 \quad v_1=3;v_2=1;v_3=6;v_4=4$$

各非基變量的檢驗數為

$$\sigma_{12}=c_{12}-(u_1+v_2)=7-(0+1)=6>0$$
$$\sigma_{22}=c_{22}-(u_2+v_2)=4-(-1+1)=4>0$$
$$\sigma_{23}=c_{23}-(u_2+v_3)=3-(-1+6)=-2<0$$
$$\sigma_{24}=c_{24}-(u_2+v_4)=3-(-1+4)=0$$
$$\sigma_{31}=c_{31}-(u_3+v_1)=8-(2+3)=3>0$$
$$\sigma_{34}=c_{34}-(u_3+v_4)=9-(2+4)=3>0$$

由於 $\sigma_{23}=-2<0$,故表 3-21 中基可行解不是最優解。

3. 基可行解的轉換

當調運表中仍然有非基變量的檢驗數為負時,則說明問題還沒有得到最優解,需要進行基可行解的轉換。具體辦法為:
(1) 以某一個 $\sigma_{ij}<0$(若有多個則取最小者)對應的變量 x_{ij} 作為進基變量;
(2) 以所選的 x_{ij} 為第一個頂點作閉回路。該閉回路除 x_{ij} 外,其餘頂點都是基變量,並排序;
(3) 以順序為偶數的頂點的基變量最小值 $\min\{(x_{ij})_k | k$ 為偶數$\}$ 作為調整量,在順序為奇數的頂點上加上該調整量,在順序為偶數的頂點上減去該調整量,即可得到新的基可行解。

這裡對表 3-18 中的基可行解進行轉換。

由於 $\sigma_{23}=-2<0$，故以 x_{23} 為進基變量，並以 x_{23} 為第一個頂點作閉迴路，如表 3-22 所示。

表 3-22　位勢法基可行解轉換

產地	銷地 B_1	銷地 B_2	銷地 B_3	銷地 B_4	產量
A_1	20 / 3	7	5 / 6	25 / 4	50
A_2	20 / 2	4	x_{23} / 3	3	20
A_3	8	20 / 3	10 / 8	9	30
銷量	40	20	15	25	

該閉迴路上，偶數頂點上的基變量最小值為 5，以該調整量進行調整得到如表 3-23 所示的新的基可行解。

新基可行解的位勢方程組為

$$u_1+v_1=3 \quad u_2+v_1=2 \quad u_3+v_2=3$$
$$u_1+v_4=4 \quad u_2+v_3=3 \quad u_3+v_3=8$$

取 $u_1=0$，解上述方程組得

$$u_1=0; u_2=-1; u_3=4 \qquad v_1=3; v_2=-1; v_3=4; v_4=4$$

表 3-23　閉迴路調整

產地	銷地 B_1	銷地 B_2	銷地 B_3	銷地 B_4	產量
A_1	25 / 3	7	6	25 / 4	50
A_2	15 / 2	4	5 / 3	3	20
A_3	8	20 / 3	10 / 8	9	30
銷量	40	20	15	25	

各非基變量的檢驗數為

$$\sigma_{12}=7-(0-1)=8>0 \qquad \sigma_{24}=3-(-1+4)=0$$
$$\sigma_{13}=6-(0+4)=2>0 \qquad \sigma_{31}=8-(4+3)=1>0$$
$$\sigma_{22}=4-(-1-1)=6>0 \qquad \sigma_{34}=9-(4+4)=1>0$$

由於所有非基變量的檢驗數均大於或等於 0，故從表 3-11 中得到最優解為

$$x_{11}=25, x_{14}=25, x_{21}=15, x_{23}=5, x_{32}=20, x_{33}=10, 其他 x_{ij}=0$$

最優目標值為

$$z^*=3\times25+4\times25+2\times15+3\times5+3\times20+8\times10+4\times25+4\times25=560$$

此外，由於 $\sigma_{24}=0$，故此問題有另一最優基可行解。具體求法是在表 3-22 中，以 x_{24} 為進基變量作閉迴路，進行調整後得到。

由上面分析可知，表上作業法的實質是用單純形方法求解像運輸問題這類的特殊形式的線性規劃問題的簡化方法，因而也稱它為運輸單純形法。

總結表上作業法的解題步驟如下:
(1) 編製調運表(包括產銷平衡表及單位運價表)。
(2) 在調運表求出初始基可行解。
(3) 用位勢法或閉迴路法計算非基變量的檢驗數。若所有非基變量的檢驗數均大於或等於 0,則已得到問題的最優解,即可停止計算;否則轉入下一步。
(4) 選取小於 0 的檢驗數中的最小者所對應的變量作為進基變量,用閉迴路法進行基可行解的轉換,得到新的基可行解,轉入步驟(3)。

【例 3-6】 用最小元素法求本節例 3-1 的初始調運方案。

解:首先從運價表(c_{ij})上的最小元素所處的格子(若有幾個格子同時達到最小值,則可任取其中一個)開始分配,其餘作法與西北角法大體一致。

本例中,第一個最小元素為 1,故先定 x_{21} 的值。和前面一樣,令 x_{21} 為基變量,給 x_{21} 以盡可能大的值。即令 $c_{21}=1$,有
$$x_{21}^{(0)}=\min\{a_2,b_1\}=\min\{5,3\}=3$$

在 x_{21} 處填入③,並在 x_{11}, x_{31} 處打上「×」,即令 $x_{11}^{(0)}=x_{31}^{(0)}=0$,這時第 1 列的修正量為 0,即第 1 列已飽和,可以劃去。第 2 行的修正量為 5－3＝2(見表 3-24)。

再在剩下的運價表上找最小元素,這裡 $c_{21}=c_{33}=2$ 都是最小的,可任取一個。如取 c_{33},則令
$$x_{33}^{(0)}=\min\{a_3,b_3\}=\min\{7,4\}=4$$

在 x_{33} 處填入④,並在 x_{13}, x_{23} 處打上「×」,即令 $x_{13}^{(0)}=x_{23}^{(0)}=0$。劃去第 3 列。

用同樣的方法可得:
$x_{34}^{(0)}=2$,$x_{22}^{(0)}=0$,劃去第 2 行;$x_{32}^{(0)}=3$,$x_{31}^{(0)}=0$,劃去第 3 行;$x_{14}^{(0)}=4$,劃去第 4 列;$x_{12}^{(0)}=5$,同時劃去第 1 行和第 2 列。

表 3-24 最小元素法求解過程

	B_1	B_2	B_3	B_4	產量	修正量
A_1	× 2	⑤ 9	× 10	④ 7	9	5,0
A_2	③ 1	× 3	× 4	② 2	5	2,0
A_3	× 8	③ 4	④ 2	× 5	7	3,0
銷量	3	8	4	6		
修正量	0	5 0	0	4 0		

相應的目標函數值(總費用)為
$$Z^{(0)}=9\times 5+7\times 4+1\times 3+2\times 2+4\times 3+2\times 4=100$$

由此可以看出,用最小元素法找出的初始基可行解比用西北角法求出的結果要好些。

在使用最小元素法時應注意的問題與在西北角法中強調的三點相同,這裡不再重複。這樣,在使用最小元素法時應注意的問題中,除了在西北角法中說明的三點外,還應加上一條,即:在只剩下一行或一列還未填數或打×的格子中,按餘額分配,只準填數畫圈(必要時寫 0 畫圈),不準打×。這樣做也是為了保證畫圈的數字個數為 $m+n-1$ 個。現將最小元素法的算法步驟歸納如下:

(1) $I=\{1,2,\cdots,m\}$,$J=\{1,2,\cdots,n\}$;$\Delta=\varphi$,$x_{ij}=0(i=1,2,\cdots,m;j=1,2,\cdots,n)$。
(2) 確定 p 和 q;取 $c_{pq}=\min\{c_{ij}|i\in I,j\in J\}$。
(3) 取 $\varepsilon=\min\{a_p,b_q\}$,令 $x_{pq}=\varepsilon$ 並加圈填入 A_p 與 B_q 交叉處的格子點。令 $a_p=a_p-\varepsilon$,$b_q=b_q-$

$\varepsilon, \Delta = \Delta \cup \{x_{pq}\}$。如果 $a_p = 0$,則取 $I = I - \{p\}$;如果 $b_q = 0$,則取 $J = J - \{q\}$。

(4) 判斷是否滿足 $a_p + b_q = 0$。若滿足則轉(5),否則返回(2)。

(5) 判斷是否滿足 $I = \varphi$。若是則 $x_{ij}(i = 1, 2, \cdots, m; j = 1, 2, \cdots, n)$ 為所求,Δ 為基變量集合,算法停止;否則,取 $c_{rs} = \min\{c_{ij} | i \in I, j \in J, \Delta = \Delta \cup \{x_{rs}\}\}$,令 $p = r, q = s$ 返回(3)。

西北角法與最小元素法的比較:

西北角法的最大優點是實現簡單,特別適合編製程序上機計算,但缺點是所制訂的初始方案往往離最優解較遠,後面的調整量較大;而最小元素法的最大優點是制訂的初始方案一般離最優解較近,後面調整量較小。但要在一張大型的運價表上每次搜索最小元素,其計算量也是很可觀的(即使是在計算機上搜索也是如此)。當然,當問題的規模不大,用手工計算時,可以通過人的判斷力,很快找到最小元素,這樣也不會花費太多的計算量。因此,用手工計算時,一般使用最小元素法求初始調運方案較好。

最後,我們證明這兩種算法所共有的一個重要性質。

定理4 用西北角法或最小元素法得到的一組變量的值是運輸問題的一個基可行解,而圈中的數恰是對應的基變量的值,個數為 $m + n - 1$。

證:首先根據 $\{x_{ij}\}$ 的取法可知,每填一個畫圈的數,就要修改相應行的產量和列的需求量,因而這樣得到的一個解必是問題的一個可行解。

其次,我們證明畫圈的個數恰是 $m + n - 1$ 個。因為採用這兩種方法,每填一個畫圈的數,就要劃去一行或一列,即行數和列數之和總是減少1。如表 3-25 所示。

表 3-25 基變量個數

行數+列數	畫圈的個數
$m + n$	0
$m + n - 1$	1
$m + n - 2$	2
$\vdots$	$\vdots$
3	$m + n - 3$
2	$m + n - 2$

不難看出,若表中至少有兩行,則劃去一行後,行數和列數之和就減少1。對於劃去的列也有類似的結論。但表中若只有一行時,這個結論就不對了。如有一行四列,那麼行數與列數之和就為5,而劃去一行,則行數和列數之和就變成0了。為了避免出現這種情況,在最小元素法中,我們加了如下規定:在只剩下一行(或一列)時,不準打 ×,即不準劃去一行(或一列),只準劃去列(或行)。而在西北角法中,在只剩下一行(或一列)時,永遠不會出現打 × 的情況。因此,每填一個畫圈的數,行數和列數之和永遠減少1(見表 3-25)。

在填了 $m + n - 2$ 個畫圈的數之後,行數與列數之和為2,即只剩下一行一列(即一個格子點)。這時顯然只能再填一個數,就把所有的行和列消去了,故一共填了 $m + n - 1$ 個畫圈的數。

下面再證明,這 $m + n - 1$ 個畫圈的數對應的變量集合不包含閉回路。

用反證法。假設這組畫圈的數中含有一個閉回路(如圖 3-1 所示。為了簡單起見,我們僅選擇了4個畫圈的點構成的閉回路,一般情況的證明完全一樣)。假定在填 $x_{i_1 j_1}$ 這個畫圈的數時劃去的是行,那麼 $x_{i_1 j_2}$ 這個數就一定要比 $x_{i_1 j_1}$ 先填,並且填 $x_{i_1 j_2}$ 時劃去的應是列。由此,$x_{i_2 j_2}$ 這個數要比 $x_{i_1 j_2}$ 先填,而且填 $x_{i_2 j_2}$ 時劃去的應是行,這又說明 $x_{i_2 j_1}$ 一定比 $x_{i_2 j_2}$ 先填,而且填 $x_{i_2 j_1}$ 時劃去的應是列。這樣一來,$x_{i_1 j_1}$ 處根本就

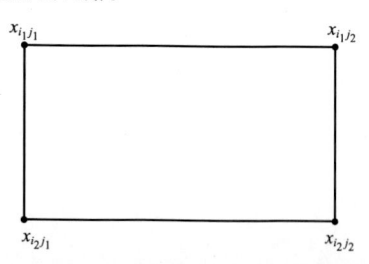

圖 3-1

不能填數了，因而得出矛盾，故這組變量不含閉回路。再由推論 3 知，這 $m+n-1$ 個畫圈的數必是基變量的值。

綜上所述，用西北角法和最小元素法得到的一個解 $\{x_{ij}\}$，其中畫圈的個數恰為 $m+n-1$ 個，且不含閉回路，因而這個解一定是基可行解。證畢。

三、元素差額法

元素差額法又稱 vogel 近似法，是在最小元素法的基礎上改進的一種求初始方案的方法。在分配運量以確定產銷關係時，不是從最小元素開始，而是以運價表中各行和各列的最小元素和次小元素的差額來確定產銷關係，因而得名。

下面結合具體例子來介紹元素差額法的計算步驟。

【例 3-7】 用元素差額法求下列運輸問題的初始調運方案（見表 3-26）。

表 3-26　元素差額法求解過程

	B_1	B_2	B_3	B_4	產量	差額		
A_1	× 5	× 15	⑤ 3	② 14	7	2	2	11
A_2	③ 1	× 9	× 2	① 7	4	1	1	5
A_3	× 7	⑥ 4	× 11	③ 5	9	1	2	6
銷量	3	6	5	6	20			
差額	4	5	1	2				
	4		1	2				
			1	2				

解：第 1 步：找出運價表上每行運價中的最小元素和次小元素，並計算其差額，填入表的右邊「差額」欄的第 1 列；找出運價表上每列運價中的最小元素和次小元素，並計算其差額，填入表下邊「差額」欄的第 1 行。

例如，由表 3-26 的第 1 行可以看出：從 A_1 運往 B_3 的運價最小，即 $c_{13}=3$；運往 B_1 的運價為次小，即 $c_{11}=5$。它們的差額是 2，因此在 A_1 行的右邊寫上差額 2。又如，由表的第 1 列可以看出：從 A_2 運往 B_1 的運價 $c_{21}=1$ 最小；從 A_1 運往 B_1 的運價 $c_{11}=5$ 為次小，它們的差額是 4。用同樣的方法可求出其他各行和各列的差額，見表 3-26 所示的第 1 列差額和第 1 行差額。

第 2 步：在第 1 列差額和第 1 行差額中選出差額最大者，並對該最大差額所在的行（或列）中的最小元素進行分配（分配的方法與最小元素法相同）。若出現有幾個相同的最大差額的行或列，則可任取一行或一列進行分配。

在本例的 7 個差額（分別是 2、1、1 和 4、5、1、2）中，最大者是 5，它出現在 B_2 列。而 B_2 列中的最小元素是 4，它所在的行是第 3 行，於是要定出 x_{32} 的值。和前面一樣，令 x_{32} 為基變量，並給 x_{32} 以盡可能大的值，即令

$$x_{32}=\min\{a_3,b_2\}=\min\{9,6\}=6$$

在 x_{32} 格左上角填上 6 並畫圈，在 $x_{12}、x_{22}$ 格左上角打「×」，同時修改 $a_3=9-6=3,b_2=6-6=0$。即 B_2 列已飽和，可以劃去（見表 3-26）。

第 3 步：在新的運價表上（B_2 列已劃去）重新計算差額，重複上述步驟。

在本例中，新的 6 個差額（2、1、2 和 4、1、2）中的最大者是 4，它出現在 B_1 列。而 B_1 列中最小元素是 1，它所在的行是第 2 行。故要定出 x_{21} 的值，令

$$x_{21}=\min\{a_2,b_1\}=\min\{4,3\}=3$$

在 x_{21} 處填上 3 並畫圈,在 x_{11},x_{31} 處打「×」,同時修改 $a_2=4-3=1,b_1=3-3=0$。即 B_1 列已飽和,可以劃去(見表 3-26)。

再計算新的差額,重複第 1 步和第 2 步。

表 3-26 中第三次差額有 5 個(11、5、6 和 1、2),其中最大差額為 11,它出現在 A_1 行。這一行的最小元素是 3(已填過、打過×的格子不再考慮),在第 3 列,因此要定出 x_{13}。令

$$x_{13}=\min\{a_1,b_3\}=\min\{7,5\}=5$$

在 x_{13} 處填上 5 並畫圈,在 x_{23},x_{33} 處打上×。同時修改 $a_1=7-5=2,b_3=5-5=0$,劃去 B_3 列。

在剩下最後一行或一列按餘額分配時,只準填數畫圈(必要時填零畫圈),不準打×,以確保畫圈的數字個數為 $m+n-1$ 個。

這裡最後剩下 B_1 列,先就其中的最小元素 $c_{31}=5$ 處分配,令

$$x_{31}=\min\{a_3,b_1\}=\min\{3,6\}=3$$

在 x_{31} 處填上 3 並畫圈,同時修改 $a_3=3-3=0,b_1=6-3=3$,這時第 3 行已飽和可以劃去。

再考慮 B_1 列剩下的元素中最小者 $c_{21}=7$,令

$$x_{21}=\min\{a_2,b_1\}=\min\{1,3\}=1$$

在 x_{21} 處填上 1 並畫圈,同時修改 $a_2=1-1=0,b_1=3-1=2$,這時第 2 行已飽和,可以劃去。

最後剩下 $c_{11}=14$。令

$$x_{11}=\min\{a_1,b_1\}=\min\{2,2\}=2$$

在 x_{11} 處填上 2 並畫圈。至此已全部分配完畢,這樣便得初始調運方案(見表 3-26),其對應的運費為

$$Z=3\times5+14\times2+1\times3+7\times1+4\times6+5\times3=92$$

如果用元素差額法求解本節例 3-1,所得的初始調運方案見表 3-27。對應的運費為

$$Z=2\times3+9\times5+7\times1+2\times5+4\times3+2\times4=88$$

表 3-27 元素差額法運算的初始調運方案

	B_1	B_2	B_3	B_4	產量
A_1	③ 2	⑤ 9	× 10	① 7	9
A_2	× 1	× 3	× 4	⑤ 2	5
A_3	× 8	③ 4	④ 2	× 5	7
銷量	3	8	4	6	21

具體演算請讀者自行完成。

顯然,從計算的角度考慮,元素差額法比西北角法和最小元素法都要好,所得的初始解更接近最優解。但它也有不足之處,即每次都要計算最小元素與次小元素的差額,其計算量也不小。

第三節 運輸問題的應用

這一節講的是通過運輸問題來解決實際問題,許多應用和運輸並沒有什麼直接聯繫,只要能轉化為一個運輸問題進行分析,就可以通過它來獲得解決方案。

一、一般的產銷不平衡運輸問題

【例 3-8】 表 3-28 給出了三個產地及四個銷地的某物資供應量與需求量及從各產地到各銷地

的單位物資運價，試求出運費最小的運輸方案。

表 3-28　不平衡運輸表

產地	銷地				供應量
	B_1	B_2	B_3	B_4	
A_1	3	2	4	5	200
A_2	7	5	2	1	100
A_3	9	6	3	5	150
需求量	50	100	150	50	450 / 350

解：由表 3-28 可知，總供應量為 450，總需求量為 350，即問題為產大於銷的運輸問題。因此，需要設想一個銷地 B_5，其需求量為 $450-350=100$。但問題並未給出物資的存儲費用。因此，從各產地到 B_5 的單位運價視為 0，即 $c_{i5}=0(i=1,2,3)$，得到新的產銷平衡表如表 3-29 所示。

表 3-29　產銷平衡表

產地	銷地					供應量
	B_1	B_2	B_3	B_4	B_5	
A_1	3	2	4	5	0	200
A_2	7	5	2	1	0	100
A_3	9	6	3	5	0	150
需求量	50	100	150	50	100	450 / 450

用表上作業法解得該問題的最優運輸方案為：$x_{11}=25, x_{12}=100, x_{15}=50, x_{23}=50, x_{24}=50, x_{33}=100, x_{35}=50$。其中，$x_{15}=50, x_{35}=50$ 表示 A_1, A_3 各有 50 個單位的物資庫存。總運費為 800 元。

【例 3-9】 某運輸問題有三個產地和三個銷地，產地的總供應量小於銷地的最高需求量之和，但超過了銷地的最低需求量之和。現在，各銷地的最低需求量必須被滿足，最低需求量到最高需求量之間的需求量若不能被滿足，就會造成經濟損失，其中 B_1 銷量必須被滿足，B_2, B_3 不能被滿足的單位損失分別為 3 元和 2 元。單位運價、供應量與需求量如表 3-30 所示，求出最優調運方案。

表 3-30　單位運價、供應量與需求量表

產地	銷地			供應量
	B_1	B_2	B_3	
A_1	5	1	7	200
A_2	6	4	6	800
A_3	3	2	5	150
最低需求量	600	120	300	1,150
最高需求量	600	200	430	

解：B_2 的最高需求量與最低需求量不相等，而 B_1 的最低需求量必須被滿足，因此可將 B_2 看成兩個銷地 B_{21} 和 B_{22}，其中 B_{21} 的需求量為 B_2 的最低需求量，該需求量必須滿足；B_{22} 的需求量為 B_2 的最高需求量減去最低需求量，即 $200-120=80$，該需求量可以不被滿足。對銷地 B_3 也可以同樣處理。這樣問題就變為一個三個產地、五個銷地的運輸問題，其中總產量為 1,150，總需求量為 1,230，因此其是一個銷大於產的問題。為求解此問題，又要假設一個產地 A_4，其產量為 $1,230-1,150=$

80。為了使各銷地的最低銷量得到滿足，可令 A_1 運往 B_1, B_{21}, B_{31} 的運價為 M，即給出一個很高的運價。這樣就可以得到產銷平衡表，如表 3-31 所示。

表 3-31　產銷平衡表

產地	銷地					供應量
	B_1	B_{21}	B_{22}	B_{31}	B_{32}	
A_1	5	1	1	7	7	200
A_2	6	4	4	6	6	800
A_3	3	2	2	5	5	150
A_4	M	M	3	M	2	80
需求量	600	120	80	300	130	1,230 / 1,230

用表上作業法求解，可以得到如表 3-32 所示的調運方案。

表 3-32　調運方案

產地	銷地					供應量
	B_1	B_{21}	B_{22}	B_{31}	B_{32}	
A_1		120	80			200
A_2	450			300	50	800
A_3	150					150
A_4					80	80
需求量	600	120	80	300	130	1,230 / 1,230

從最優調運表中可以看出，B_1 和 B_2 的需求量全部得到滿足，而 B_3 的需求量滿足了 350。總運費(包括缺貨損失費 160 元)為 5,610 元。

【例 3-10】　設有三個化肥廠供應四個地區的農用化肥。假設每個地區使用各廠的化肥效果相同。各化肥廠年產量、各地區的需要量(單位：萬噸)和從各化肥廠到各地區運送化肥的運價(萬元／萬噸)如表 3-33 所示。試求使總運費最低的化肥調運方案。

解：這是一個產銷不平衡的運輸問題。總產量為 160 萬噸，四個地區的最低需求量為 110 萬噸，最高需求量不限。根據現有產量，在滿足 B_1, B_2 和 B_3 地區最低需求的情況下，最多能供應 B_4 地區 60 萬噸化肥，即 $(50+60+50)-(30+70+0)=60$(萬噸)。

表 3-33　化肥需求情況表

化肥廠	地區				產量
	B_1	B_2	B_3	B_4	
A_1	16	13	22	17	50
A_2	14	13	19	15	60
A_3	19	20	23	—	50
最低需求	30	70	0	10	
最高需求	50	70	30	不限	

這四個地區的最高需求量為

$$50+70+30+60=210(萬噸)$$

大於產量。為求得平衡，在產銷平衡表中，增加一個假想的化肥廠 A_1，其年產量為

$$210-160=50(萬噸)$$

由於各地區的需求量包括兩部分：最低需求量和額外需求量部分（最高需求量減去最低需求量），前者必須滿足，後者在有條件時盡量滿足。如地區 B_1 的最低需求量是 30 萬噸，是必須要滿足的，所以不能由假想化肥廠 A_1 供應，為此，令單位運價為 M（充分大的正數），而另一部分為 $50-30=20(萬噸)$，這屬於額外需求部分，只是在有條件時盡量滿足，因此可以考慮由假想的化肥廠 A_1 供應，為此令相應的運價為 0。其他地區都可做作類似的分析，即凡是對需求量分成兩部分的地區，實際上都可以按兩個地區來對待。這樣就可以將原運輸表（表 3-33）改寫成如表 3-34 所示的運輸表。

表 3-34　運輸表

化肥廠	地區						供應量
	B_1'	B_1''	B_2	B_3	B_4'	B_4''	
A_1	16	16	13	22	17	17	50
A_2	14	14	13	19	15	15	60
A_3	19	19	20	23	M	M	50
A_4	M	0	M	0	M	0	50
需求量	30	20	70	30	10	50	210

這樣將原問題轉化為一個平衡運輸問題。根據表上作業法，可求得這個問題的最優調運方案，見表 3-35。

表 3-35　最優調運方案

化肥廠	地區						供應量
	B_1'	B_1''	B_2	B_3	B_4'	B_4''	
A_1			50				50
A_2			20		10	30	60
A_3	30	20	0				50
A_4				30		20	50
需求量	30	20	70	30	10	50	210

由表 3-35 可以看出，地區 B_1 的最高需求量 50 萬噸全部滿足了，地區 B_4 供應了 40 萬噸，而地區 B_3 沒有供應，地區 B_2 的 70 萬噸是必須保證供應的，這種供應方式顯然是合理的。

二、生產與存儲問題

【例 3-11】 某高科技企業生產某種光電通信產品，現要安排今後四個季度的生產計劃。已知今後四個季度的合同簽訂數、企業各季度生產能力及各季度的生產成本如表 3-36 所示。考慮資金的機會成本，預計每件產品每存儲一個季度的費用為 100 元。在完成合同的條件下，試安排這四個季度的生產計劃，使生產成本與存儲費用之和最小。

表 3-36　各季生產成本

季度	合同簽訂數/臺	生產能力/臺	生產成本/千元
1	230	270	3.2
2	265	280	3.33
3	255	260	3.31
4	245	270	3.42

解：設 x_{ij} 表示第 i 季度生產第 j 季度交貨的該種產品的數量，考慮生產成本與存儲費用後，x_{ij} 所對應的目標函數中的價格系數 c_{ij} 如表 3-37 所示。

表 3-37　x_{ij} 所對應的價格系數 c_{ij}

i	j			
	1	2	3	4
1	3.2	3.3	3.4	3.5
2		3.33	3.43	3.53
3			3.31	3.41
4				3.42

這樣，該問題的數學模型可以描述為

$$\min z = 3.2x_{11} + 3.3x_{12} + 3.4x_{13} + 3.5x_{14} + 3.33x_{22} + 3.43x_{23} + 3.53x_{24} + 3.31x_{33} + 3.41x_{34} + 3.42x_{44}$$

$$\text{s.t.} \begin{cases} x_{11} + x_{12} + x_{13} + x_{14} \leq 270 \\ x_{33} + x_{34} \leq 260 \\ x_{44} \leq 270 \\ x_{11} = 230 \\ x_{12} + x_{22} = 265 \\ x_{13} + x_{23} + x_{33} = 255 \\ x_{14} + x_{24} + x_{34} + x_{44} = 245 \\ x_{ij} \geq 0, i = 1, \cdots, 4; j = 1, \cdots, 4; i \geq j \end{cases}$$

模型中，前 4 個條件為生產能力約束，後 4 個條件為合同限制約束。觀察該模型可知，若將 $x_{21}, x_{31}, x_{32}, x_{41}, x_{42}, x_{43}$ 等變量補齊，則模型變為一個標準的運輸問題的數學模型。為了保證模型的性質不變，必須使這些補齊的變量為 0。為此，可在函數目標中令這些變量的系數為 M，這樣就得到一個產銷不平衡的運輸問題。此時，可假設一個銷地，將其變成產銷平衡問題。產銷表及運價表如表 3-38 所示。

表 3-38　產銷表及運價表

產地	銷地					產量
	1	2	3	4	5	
1	3.2	3.3	3.4	3.5	0	270
2	M	3.33	3.43	3.53	0	280
3	M	M	3.31	3.41	0	260
4	M	M	M	3.42	0	270
銷量	230	265	255	245	85	1,080 / 1,080

用表上作業法，可求得四個季度的生產計劃如表 3-39 所示。

表 3-39 生產計劃表

產地	銷地 1	2	3	4	5	產量
1	230	40				270
2		225			55	280
3			255	5		260
4				240	30	270
銷量	230	265	255	245	85	1,080 / 1,080

從最優調運表中可以看出：第 1 季度生產 270 臺，其中 40 臺用於滿足第 2 季度需要；第 2 季度生產 225 臺；第 3 季度生產 260 臺，其中 5 臺用於滿足第 4 季度需要；第 4 季度則生產 240 臺。總運費為 3,299,150 元。

三、轉運問題

【例 3-12】 某公司生產某種高科技產品。該公司在大連和廣州設有兩個分廠，以生產這種產品，在上海和天津設有兩個銷售公司負責對南京、濟南、南昌和青島四個城市進行產品供應。因大連與青島相距較近，公司同意大連也可以直接向青島供貨。各廠產量、各地需要量、線路網路及相應各城市間的每單位產品的運費均標在圖 3-2 中，單位為百元。現在的問題是：如何調運這種產品使公司總的費用最小？

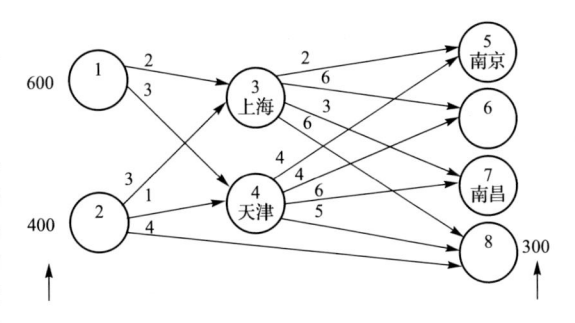

圖 3-2 公司運輸網路

解：如圖 3-2 所示，給各城市編號，即 $i=1,2,\cdots,8$ 分別代表廣州、大連、上海、天津、南京、濟南、南昌和青島。

設 x_{ij} 表示從 i 到 j 的調運量（臺），則問題的目標函數為

$$\min z = 2x_{13} + 3x_{11} + 3x_{23} + 2x_{21} + 4x_{28} + 2x_{35} + 6x_{36} + 3x_{37} + 6x_{38} + 4x_{15} + 4x_{16} + 6x_{17} + 5x_{18}$$

對於發貨點 1、2，有供應量約束

$$\begin{cases} x_{13} + x_{14} \leqslant 600 \\ x_{23} + x_{24} + x_{28} \leqslant 400 \end{cases}$$

對於中轉點 3、4，有平衡約束

$$\begin{cases} x_{13} + x_{23} - x_{35} - x_{36} - x_{37} - x_{38} = 0 \\ x_{14} + x_{24} - x_{15} - x_{16} - x_{17} - x_{18} = 0 \end{cases}$$

對於需求點 5、6、7、8，有需求量約束

$$\begin{cases} x_{35} + x_{15} = 200 \\ x_{36} + x_{16} = 150 \\ x_{37} + x_{17} = 350 \\ x_{38} + x_{18} + x_{28} = 300 \end{cases}$$

由此可得到該問題的線性規劃模型

$$\min z = 2x_{13} + 3x_{14} + 3x_{23} + 2x_{24} + 4x_{28} + 2x_{35} + 6x_{36} + 3x_{37} + 6x_{38} + 4x_{15} + 4x_{16} + 6x_{17} + 5x_{18}$$

$$\begin{cases} x_{13}+x_{14} \leqslant 600 \\ x_{23}+x_{24}+x_{28} \leqslant 400 \\ x_{13}+x_{23}-x_{35}-x_{36}-x_{37}-x_{38}=0 \\ x_{14}+x_{24}-x_{15}-x_{16}-x_{17}-x_{18}=0 \\ x_{35}+x_{15}=200 \\ x_{36}+x_{16}=150 \\ x_{37}+x_{17}=350 \\ x_{38}+x_{18}+x_{28}=300 \\ x_{ij} \geqslant 0 \end{cases}$$

對於上述模型,用單純形法可以得到最優解,但如果將其轉化成運輸問題模型,用表上作業法求解更加簡單、直觀。具體做法是:每個中轉站對於發貨點來說可以看作銷地,其銷量為所有可以運到該地的產量之和;每個中轉站對於銷地來說可以看作產地,其產量等於其銷量。這樣,該問題就變成了4個產地、6個銷地的運輸問題。產地到銷地的單位運價的處理辦法是:中轉站自己到自己的運價為0;網路圖中,不能直接運輸的產地到銷地之間的運價為 M;其餘運價直接用網路圖中標明的數字。該問題的產銷平衡表如表 3-40 所示。

表 3-40　產銷平衡表

產地	銷地						供應量
	3(上海)	4(天津)	5(南京)	6(濟南)	7(南昌)	8(青島)	
1(廣州)	2	3	M	M	M	M	600
2(大連)	3	1	M	M	M	4	400
3(上海)	0	M	2	6	3	6	1,000
4(天津)	M	0	4	4	6	5	1,000
需求量	1,000	1,000	200	150	350	300	3,000　3,000

用表上作業法,可求得該問題的最優調運方案如表 3-41 所示。

從表 3-41 可以看出,最優方案是:廣州向中轉站上海運 550 臺,天津運 50 臺;大連向中轉站天津運 100 臺,直接向青島運 300 臺;中轉站上海向南京和南昌分別運 200 臺和 350 臺;中轉站天津向濟南運 150 臺。最少運費為 4,600 元。

表 3-41　最優調運方案表

產地	銷地						供應量
	3(上海)	4(天津)	5(南京)	6(濟南)	7(南昌)	8(青島)	
1(廣州)	550	50					600
2(大連)		100				300	400
3(上海)	450		200		350		1,000
4(天津)		850		150			1,000
需求量	1,000	1,000	200	150	350	300	3,000　3,000

思考與練習

1. 已知某運輸問題的產銷平衡表與單位運價表如表 3-42 所示。
(1) 求最優調運方案；
(2) 如產地 A_3 的產量變為 130，而 B_2 地區的銷量又必須滿足，試重新確定最優調運方案。

表 3-42　產銷平衡表與單位運價表

產地	銷地					產量
	B_1	B_2	B_3	B_4	B_5	
A_1	10	15	20	20	40	50
A_2	20	40	35	30	30	100
A_3	30	35	40	55	25	150
銷量	25	115	60	30	70	

2. 某百貨公司去外地採購 A, B, C, D 四種規格的服裝，數量分別為 A—1,500 套，B—2,000 套；C—3,000 套；D—3,500 套；有三個城市可供應上述規格服裝，供應數量為城市Ⅰ—2,500 套，城市Ⅱ—2,500 套，城市Ⅲ—5,000 套。由於這些城市的服裝質量、運價、銷售情況不同，預計售出後的利潤(元/套)也不同，見表 3-43。請幫助該公司確定一個預期營利最大的採購方案。

表 3-43　採購情況表

城市	規格			
	A	B	C	D
Ⅰ	10	5	6	7
Ⅱ	8	2	7	6
Ⅲ	9	3	4	8

3. 某造船廠根據合同要求從當年起連續三年末各提供三條規格型號相同的大型客貨輪。已知該廠這三年內生產大型客貨輪的能力及每艘客貨輪成本如表 3-44 所示。

表 3-44　貨輪運輸能力及成本表

年度	正常生產時間內可完成的客貨輪數	加班生產時間內可完成的客貨輪數	正常生產時每艘成本 萬元
1	2	3	500
2	4	2	600
3	1	3	550

已知加班生產時，每艘客貨輪成本比正常生產時高出 70 萬元。又知造出來的客貨輪如當年不交貨，每艘每積壓一年造成積壓損失為 40 萬元。在簽訂合同時，該廠已儲存了兩艘客貨輪，而該廠希望在第三年年末完成合同後還能儲存一艘備用。問該廠應如何安排每年客貨輪的生產量，使在滿足上述各項要求的情況下，總的生產費用加積壓損失最少？

4. 已知運輸問題的單位運價表、產銷平衡表及某一調運方案如表 3-45 和表 3-46 所示。
(1) 該調運方案對應的變量 $x_{11}, x_{12}, x_{23}, x_{33}$ 為基變量，列出該運輸問題用單純形法求解時的單純形表；
(2) 在單純形表上判斷方案是否最優？若否，用單純形法繼續迭代求出最優。
(3) 利用單純形表判斷 $A_3 \to B_3$ 的運費 c_{33} 在什麼範圍內變化時，最優解不變。

表 3-45　產銷平衡表及調運方案

產地	銷地 B_1	B_2	B_3	產量
A_1	1	5		6
A_2			1	1
A_3	6		2	8
銷量	7	5	3	

表 3-46　單位運價表

產地	銷地 B_1	B_2	B_3
A_1	2	3	11
A_2	3	2	8
A_3	5	8	15

5. 某廠按照合同規定每個季末分別提供 20 臺、25 臺、30 臺、30 臺同一規格的設備。若生產出來當季不交貨，則每儲存和維護一個產品一個季度需要 3,000 元。求在完成合同的情況下，使得全年的所有費用最小的決策。該廠各個季度的生產能力和每臺設備的成本如表 3-47 所示。

表 3-47　生產能力用每臺設備的成本表

季度	生產能力	單位成本 萬元
I	25	11
II	34	11.5
III	40	10.8
IV	20	11.2

6. 已知甲、乙兩處分別有 70 噸和 55 噸物資外運，A、B、C 三處各需要物資 30 噸、40 噸、50 噸。物資可以直接運達目的地，也可以經某些點轉運。已知各處之間的距離（千米）如表 3-48～表 3-50 所示。試製訂一個最優調運方案。

表 3-48　甲、乙到 B_1、B_2 的距離

始 ＼ 終	B_1	B_2
甲	0	12
乙	10	0

表 3-49　甲、乙到 A、B、C 的距離

始 ＼ 終	A	B	C
甲	10	14	12
乙	15	12	18

表 3-50　A、B 與 C 之間的距離

始 ＼ 終	A	B	C
A	0	14	11
B	10	0	4
C	8	12	0

7. 某公司生產一種農藥，它在每季度的生產成本、生產量及訂貨量如表 3-51 所示。如果農藥在當季不交，每瓶農藥每季度要收 1 元的倉庫保管費用。

(1) 公司希望制訂一個成本最低的生產計劃，問各季度應生產多少？

(2) 其他條件不變，不允許延期交換。公司考慮讓工人加班，但加班生產出來的產品的成本比原來的成本高 20%，且每季度加班最多生產 2 萬瓶。問在這種情況下，如何安排生產使總成本最低？

表 3-51　生產成本、生產量及訂貨量

季度	生產成本（瓶 元）	訂貨量 萬瓶	生產量 萬瓶
1	5	10	14
2	5	14	15
3	6	20	15
4	6	8	13

第四章 整數規劃

整數規劃是數學規劃的一個重要分支。在一個規劃問題中,如果它的某些變量(或全部變量)要求取整數時,這個規劃問題就稱為整數規劃問題(Integer Programming, IP)。嚴格來講,根據規劃模型的表達方式,整數規劃問題也應分為線性和非線性的整數規劃,但因為非線性的整數規劃問題尚未有成熟而準確的解法,所以在運籌學中,常常把整數規劃視為線性規劃的一個分支。因此,本書中所說的整數規劃問題等同於整數線性規劃問題,簡稱為整數規劃問題。

整數規劃有很現實的意義,因為在很多線性規劃問題中,決策變量往往代表的是人數、機器臺數等。這時,非整數解顯然是不合要求的。整數規劃在工業、商業、交通運輸、經濟管理和軍事等領域都有重要的應用。

第一節 整數規劃問題及其數學模型

一、整數規劃問題的提出

在線性規劃模型中,得到的最優解往往是分數或小數,但有些實際問題要求有的解必須是整數,也就是在原來線性規劃模型的基礎上產生了一個新的約束,即要求變量有些或全部為整數。這樣的線性規劃稱為整數規劃,是規劃論中的一個分支。

整數規劃是一類特殊的線性規劃。為滿足整數解的條件,看似只要對相應的線性規劃的非整數解四捨五入即可。當變量取值很大時,用上述方法得到的解與最優解差別不大,但當變量取值較小時,得到的解與實際最優解的差別較大;變量較多時,如 $n=10$,整數組合有 $2^{10}=1,024$ 個,而整數解不一定在這些組合中。因此,整數規劃要求一部分或全部決策變量必須取整數值。不考慮整數條件,由餘下的目標函數和約束條件構成的規劃問題稱為該整數規劃問題的松弛問題(slack problem)。若松弛問題是一個線性規劃,則稱該整數規劃為整數線性規劃(integer linear programming)。

根據整數規劃中決策變量是否必須取整數的條件不同,整數規劃可分為三大類:

(1) 純整數線性規劃(pure integer linear programming):指全部決策變量都必須取整數值的整數線性規劃,有時也稱為全整數規劃。

(2) 混合整數線性規劃(mixed integer linear programming):指決策變量中有一部分必須取整數值,另一部分可以不取整數值的整數線性規劃。

(3) 0-1 型整數線性規劃(zero-one integer linear programming):指決策變量只能取 0 或 1 的整數線性規劃,也稱 0-1 規劃。

【例 4-1】 某工廠生產甲、乙兩種設備,已知生產這兩種設備需要消耗材料 A、材料 B,有關數據如表 4-1 所示,問這兩種設備應各生產多少才能使工廠的利潤最大?

表 4-1 材料狀況表

材料	設備 甲	設備 乙	資源限制
材料 A 噸	2	3	14
材料 B 噸	1	0.5	4.5
利潤（萬元／臺）	3	2	

解:設生產甲、乙兩種設備的臺數分別為 x_1, x_2。由於是設備臺數,所以其變量都要求為整數,建立模型如下:

$$\max z = 3x_1 + 2x_2$$

$$\text{s.t.} \begin{cases} 2x_1 + 3x_2 \leqslant 14 & ① \\ x_1 + 0.5x_2 \leqslant 4.5 & ② \\ x_1, x_2 \geqslant 0 & ③ \\ x_1, x_2 \text{ 為整數} & ④ \end{cases}$$

要求該模型的解,首先不考慮整數約束條件④,用單純形法對相應的線性規劃求解,其最優解為:

$$x_1 = 3.25, x_2 = 2.5, \max z = 14.75$$

由於 $x_1 = 3.25, x_2 = 2.5$ 都不是整數解,故都不符合整數約束條件。用四捨五入湊整的辦法能否得到最優解呢?

取 $x_1 = 4, x_2 = 3$ 代入約束條件,破壞約束②;取 $x_1 = 3, x_2 = 2$ 代入約束條件,滿足要求,此時 $z = 13$,但這不是最優解,因為當 $x_1 = 4, x_2 = 1$ 時,$z = 14$。

由此可知,用這種四捨五入或湊整的方法找不到最優解。再用圖解方法來看尋找整數解的過程。

在圖 4-1 中,$ABCD$ 為相應線性規劃的可行域,可行域中打(＋)的點為可行的整數解。湊整得到的點(4,2)不在可行域範圍內;點(3,2)儘管在可行域內,但沒有達到極大化。為了使目標函數達到極大值,將目標函數等值線向原點方向移動,直到遇到點(4,1)為止,使目標函數達到最大,即 $z = 14$。

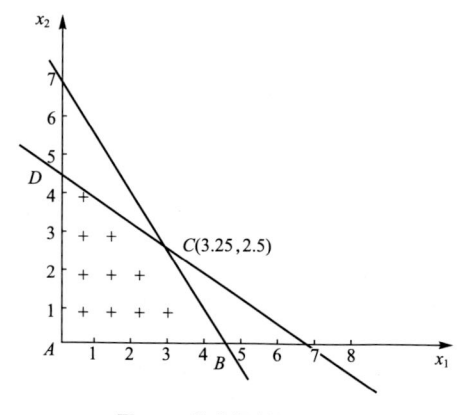

圖 4-1 整數規劃的圖解法

二、整數規劃數學模型的一般形式

由上述例子可以得出,整數線性規劃數學模型的一般形式為:

$$\max(\text{或 min})z = \sum_{j=1}^{n} c_j x_j$$

$$\text{s.t.} \begin{cases} \sum_{j=1}^{n} a_{ij} x_j \leqslant (\text{或} =, \text{或} \geqslant) b_i \\ x_j \geqslant 0 \\ x_1, x_2, \cdots, x_n \text{ 中部分或全部取整數} \\ i = 1, 2, \cdots, m; j = 1, 2, \cdots, n \end{cases}$$

若稱該整數規劃問題為原問題,則線性規劃問題

$$\max(\text{或 min})z = \sum_{j=1}^{n} c_j x_j$$

$$\text{s.t.} \begin{cases} \sum_{j=1}^{n} a_{ij} x_j \leqslant (\text{或} =, \text{或} \geqslant) b_i \\ x_j \geqslant 0 \quad (i=1,2,\cdots,m; j=1,2,\cdots,n) \end{cases}$$

為原問題對應的松弛問題。

顯然,原問題與松弛問題有如下關係:
(1) 松弛問題的可行域包含原問題的可行域。
(2) 若兩者都有最優解,則松弛問題的最優解的對應目標值大於原問題的最優解的對應目標值。
(3) 若松弛問題的最優解為整數解,則該最優解就是原問題的最優解。

三、整數線性規劃在實際中的應用

【例 4-2】 現有資金總額 B。可供選擇的投資項目有 n 個,項目 j 所需投資額和預期收益分別為 a_j 和 $c_j (j=1,2,\cdots,n)$。此外,由於技術上的原因,投資受到以下約束:
(1) 若選擇項目 1,就必須同時選擇項目 2,反之則不一定;
(2) 項目 3 和項目 4 中至少選擇一個;
(3) 項目 5、項目 6 和項目 7 中恰好選擇兩個。
問如何選擇一個最好的投資方案才能使投資收益最大?

解:每個投資項目都有被選擇和不被選擇兩種可能,為此令

$$\begin{cases} x_j = 1, & \text{對項目 } j \text{ 投資} \\ x_j = 0, & \text{對項目 } j \text{ 不投資} (j=1,2,\cdots,n) \end{cases}$$

這樣,問題可表示為

$$\max z = \sum_{j=1}^{n} c_j x_j$$

$$\text{s.t.} \begin{cases} \sum_{j=1}^{n} a_j x_j \leqslant B \\ x_2 \geqslant x_1 \\ x_3 + x_4 \geqslant 1 \\ x_5 + x_6 + x_7 = 2 \\ x_j = 0 \text{ 或 } 1 (j=1,2,\cdots,n) \end{cases}$$

這是一個 0-1 規劃問題。其中,中間三個約束條件分別對應三個附加條件。

【例 4-3】 工廠 A_1 和 A_2 生產某種物資。由於該種物資供不應求,故需要再建一家工廠。相應的建廠方案有 A_3 和 A_4 兩個。這種物資的需求地有 $B_1、B_2、B_3、B_4$ 四個。各工廠年生產能力、各地年需求量、各廠至各需求地的單位物資運費 $c_{ij} (i,j=1,2,3,4)$ 見表 4-2:

表 4-2 各點之間運價表

需求地	生產地				生產能力/(千噸 年)
	B_1	B_2	B_3	B_4	
A_1	2	9	3	4	400
A_2	8	3	5	7	600
A_3	7	6	1	2	200
A_4	4	5	2	5	200
需求量/(千噸 年)	350	400	300	150	

工廠 A_3 或 A_4 開工後,每年的生產費用估計分別為 1,200 萬元和 1,500 萬元。現要決定應該建設工廠 A_3 還是 A_4,才能使今後每年的總費用(即全部物資運費和新工廠生產費用之和)最少。

解:這是一個物資運輸問題,其特點是事先不能確定應該建 A_3 和 A_4 中的哪一個,因而不知道新廠投產後的實際生產費用。為此,引入 0-1 變量 y,若建工廠 A_3,則 $y=1$;若建工廠 A_4,則 $y=0$。再設 x_{ij} 為由 A_i 運往 B_j 的物資數量($i,j=1,2,3,4$),單位是千噸,Z 表示是總費用,單位是萬元。

問題的數學模型為

$$\min z = \sum_{i=1}^{4}\sum_{j=1}^{4} c_{ij}x_{ij} + [1,200y + 1,500(1-y)]$$

$$\text{s. t.} \begin{cases} x_{11} + x_{21} + x_{31} + x_{41} = 350 & \text{①} \\ x_{12} + x_{22} + x_{32} + x_{42} = 400 & \text{②} \\ x_{13} + x_{23} + x_{33} + x_{43} = 300 & \text{③} \\ x_{14} + x_{24} + x_{34} + x_{44} = 150 & \text{④} \\ x_{11} + x_{12} + x_{13} + x_{14} = 400 & \text{⑤} \\ x_{21} + x_{22} + x_{23} + x_{24} = 600 & \text{⑥} \\ x_{31} + x_{32} + x_{33} + x_{34} = 200y & \text{⑦} \\ x_{41} + x_{42} + x_{43} + x_{44} = 200(1-y) & \text{⑧} \\ x_{ij} \geq 0 \; (i,j=1,2,3,4) \\ y = 0 \text{ 或 } 1 \end{cases}$$

上述數學模型中,目標函數由兩部分組成,和式部分為由各工廠運往各需求地的物資總運費,加號後的中括號部分為建工廠 A_3 或 A_4 後相應的生產費用。約束條件①~⑧為供需平衡條件。約束條件⑦和約束條件⑧中含 0-1 變量 y。若 $y=1$,表示建工廠 A_3。此時,約束條件⑦就是對工廠 A_4 的運出量約束,再由約束條件⑧,必有 $x_{41}=x_{42}=x_{43}=x_{44}=0$。反之,若 $y=0$,表示建工廠 A_4。

顯然,這是一個混合整數規劃問題。

【例 4-4】 某服務部門各時段(每 2h 為一時段)需要的服務員人數見表 4-3。按規定,服務員連續工作 8h(即四個時段)為一班。現要求安排服務員的工作時間,使服務部門服務員總數最少。

表 4-3　各時段需要服務人員數

時段	1	2	3	4	5	6	7	8
服務員最少數目	10	8	9	11	13	8	5	3

解:設在第 j 時段開始時上班的服務員人數為 x_j。由於第 j 時段開始時上班的服務員將在第 $j+3$ 時段結束時下班,故決策變量只需要考慮 x_1, x_2, x_3, x_4, x_5。

問題的數學模型為

$$\min Z = x_1 + x_2 + x_3 + x_4 + x_5$$

$$\text{s. t.} \begin{cases} x_1 \geq 10 \\ x_1 + x_2 \geq 8 \\ x_1 + x_2 + x_3 \geq 9 \\ x_1 + x_2 + x_3 + x_4 \geq 11 \\ x_2 + x_3 + x_4 + x_5 \geq 13 \\ x_3 + x_4 + x_5 \geq 8 \\ x_4 + x_5 \geq 5 \\ x_5 \geq 3 \\ x_1, x_2, x_3, x_4, x_5 \geq 0 \text{ 且均取整數值} \end{cases}$$

這是一個純整數規劃問題。

第二節　整數規劃問題的求解方法

一、分支定界法

分支定界法(branch and bound method)是一種隱枚舉法(implicit enumeration)或部分枚舉法。它不是一種有效算法,是在枚舉法基礎上的改進。分支定界法的關鍵是分支和定界。

若整數規劃的松弛問題的最優解不符合整數要求,假設變量 $x_i=B_i$ 不符合整數要求。設$[b_i]$是不超過 b_i 的最大整數,則構造兩個約束條件:$x_i \leqslant [b_i]$ 和 $x_i \geqslant [b_i]+1$。分別將其並入上述松弛問題中,從而形成兩個分支,即兩個後繼問題。兩個後繼問題的可行域中包含原整數規劃問題的所有可行解;而在原松弛問題可行域中,滿足$[b_i] < x_i < [b_i]+1$ 的一部分區域在以後的求解過程中被遺棄了,因為它不包含整數規劃的任何可行解。根據需要,各後繼問題可以類似地產生自己的分支,即自己的後繼問題。如此不斷繼續,直到獲得整數規劃的最優解。這就是所謂的「分支」。

所謂「定界」,是指在分支過程中,若某個後繼問題恰巧獲得整數規劃問題的一個可行解,那麼,它的目標函數值就是一個「界限」,可作為衡量處理其他分支的一個依據。整數規劃問題的可行解集是它的松弛問題可行解集的一個子集。前者最優解的目標函數值不會優於後者最優解的目標函數值。因此,對於那些相應松弛問題最優解的目標函數值劣於上述「界限」值的後繼問題,就可以剔除而不再考慮了。當然,如果在以後的分支過程中出現了更好的「界限」,則以它來取代原來的界限,這樣可以提高求解的效率。

「分支」為整數規劃最優解的出現縮減了搜索範圍,而「定界」則可以提高搜索的效率。經驗表明,在可能的情況下,根據對實際問題的瞭解,事先選擇一個合理的「界限」,可以提高分支定界法的搜索效率。分支定界法解整數規劃問題的一般步驟如下:

第一步:稱整數規劃為 A。首先不考慮整數約束條件,求相應的松弛問題 B 的最優解。若 B 沒有可行解,則 A 也沒有可行解,計算結束;若 B 有最優解,且符合 A 中整數約束條件,則 B 的最優解即為 A 的最優解,計算結束;若 B 有最優解,但不符合 A 的整數約束條件,則轉入第二步進行計算。

第二步:用觀察法找 A 中的一個整數可行解,一般取 $x_j=0(j=1,2,\cdots,n)$ 試探,求得目標函數值作為下界 $\underline{z}$,不考慮整數約束條件得到的松弛問題 B 的最優目標函數值作為上界 $\overline{z}$,使整數規劃 A 的最優目標函數值 z^* 符合以下條件:

$$\underline{z} \leqslant z^* \leqslant \overline{z}$$

第三步:① 分支。在 B 的最優解中任選一個不符合整數條件的變量 x_j,設 $x_j=b_j$,以$[b_j]$表示小於 b_j 的最大整數,構造兩個約束條件:

$$x_j \leqslant [b_j] \quad \text{①}$$
$$x_j \geqslant [b_j]+1 \quad \text{②}$$

分別加入問題 B,得到兩個後繼問題 B_1 和 B_2,不考慮整數約束條件,求解這兩個後續問題。

② 定界。以每個後繼問題為一分支標明求解結果,並與其他問題的解進行比較,找出分支中最優目標函數最大者作為新的上界 $\overline{z}$,從已符合整數條件的各分支中找出目標函數值最大者作為新的下界。若無整數解,則取 $\underline{z}=0$。

第四步:比較與剪枝。各分支的最優目標函數中若有小於 $\underline{z}$ 者或無可行解者,則剪掉這枝(用打「×」表示),即以後不再考慮了;若有大於 $\underline{z}$ 者,且不符合整數條件,則重複第三步,一直到最後得到 $z^*=\overline{z}$ 為止,得最優整數解 X^*。

分支定界法是求解整數規劃的較好方法。很多求解整數規劃的計算機軟件是根據分支定界法原理編寫的。同時,這種方法也適用於求解混合整數規劃問題,在實際中應用廣泛。

【例 4-5】 用分支定界法求解下列整數規劃：

$$\max z = x_1 + x_2$$

$$\text{s. t.} \begin{cases} x_1 + \dfrac{9}{14}x_2 \leqslant \dfrac{51}{14} \\ -2x_1 + x_2 \leqslant \dfrac{1}{3} \\ x_1, x_2 \geqslant 0 \\ x_1, x_2 \text{ 取整數} \end{cases}$$

解：在上述約束條件中添加鬆弛變量 x_3, x_4，化為標準形：

$$\max z = x_1 + x_2$$

$$\text{s. t.} \begin{cases} x_1 + \dfrac{9}{14}x_2 + x_3 = \dfrac{51}{14} \\ -2x_1 + x_2 + x_4 = \dfrac{1}{3} \\ x_1, x_2, x_3, x_4 \geqslant 0 \end{cases}$$

用單純形法求解，得表 4-4。

表 4-4 初始單純形表

C_j		1	1	0	0	
C_B	X_B	x_1	x_2	x_3	x_4	b
0	x_3	1	9/14	1	0	51/14
0	x_4	−2	1	0	1	1/3
$c_j - z_j$		1	1	0	0	
1	x_1	1	9/14	1	0	51/14
0	x_4	0	16/1	2	1	160/21
$c_j - z_j$		0	5/14	−1	0	
1	x_1	1	0	7/16	−9/32	3/2
1	x_2	0	1	7/8	7/16	10/3
$c_j - z_j$		0	0	−21/6	−5/32	

最優解為 $x_1 = 3/2, x_2 = 10/3$，即點 A，$\max z = 29/6$。

下面用分支定界法來解整數規劃問題。

令 $\bar{z} = \dfrac{29}{6}$，顯然 $x_1 = 0, x_2 = 0$ 為可行解，所以 $\underline{z} = 0$，故 $0 \leqslant Z^* \leqslant \dfrac{29}{6}$。

將原問題分解為下述兩個問題：

$$(B_1) \quad \max z_1 = x_1 + x_2 \qquad\qquad (B_2) \quad \max z_2 = x_1 + x_2$$

$$(B_1) \text{ s. t.} \begin{cases} x_1 + \dfrac{9}{14}x_2 \leqslant \dfrac{51}{14} \\ -2x_1 + x_2 \leqslant \dfrac{1}{3} \\ x_1 \leqslant 1 \\ x_1, x_2 \geqslant 0 \end{cases} \qquad (B_2) \text{ s. t.} \begin{cases} x_1 + \dfrac{9}{14}x_2 \leqslant \dfrac{51}{14} \\ -2x_1 + x_2 \leqslant \dfrac{1}{3} \\ x_1 \geqslant 2 \\ x_2 \geqslant 0 \end{cases}$$

對於 B_1 和 B_2 用圖解法求解，在圖 4-2 的基礎上增加 $x_1 = 1$ 和 $x_1 = 2$，得到區域 $OADEO$ 和 $FGCF$，分別為 B_1 和 B_2 的可行域，從該圖中可以看出：

B_1 在 D 點取得最大值。D 點坐標為 $(1, 5/3)$，$\max z_1 = 1 + 5/3 = 8/3$。

第四章 整數規劃

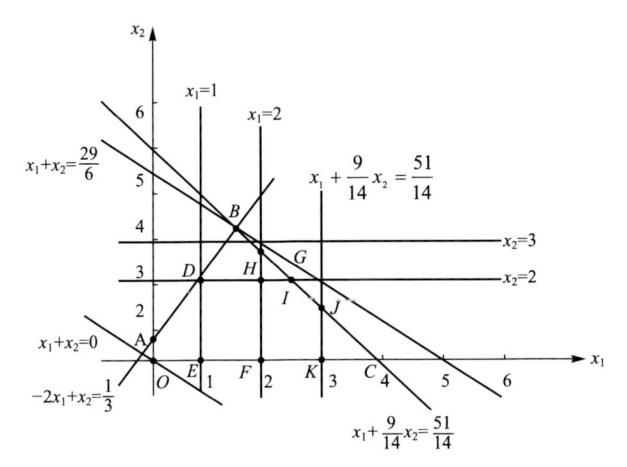

圖 4-2 圖解法

B_2 在 G 點取得最大值。G 點坐標為 $(2, 23/9)$，$\max z_2 = 2 + 23/9 = 41/9$。所以 $\overline{Z} = \frac{41}{9}$，$\underline{Z} = 0$，故 $0 \leq Z^* \leq \frac{41}{9}$。

將 B_2 分解為下述兩個問題：

$$\max z_3 = x_1 + x_2$$

$$(B_3) \quad \text{s. t.} \begin{cases} x_1 + \frac{9}{14}x_2 \leq \frac{51}{14} \\ -2x_1 + x_2 \leq \frac{1}{3} \\ x_1 \geq 2 \\ x_2 \leq 2 \\ x_2 \geq 0 \end{cases}$$

$$\max z_4 = x_1 + x_2$$

$$(B_4) \quad \text{s. t.} \begin{cases} x_1 + \frac{9}{14}x_2 \leq \frac{51}{14} \\ -2x_1 + x_2 \leq \frac{1}{3} \\ x_1 \geq 2 \\ x_2 \geq 3 \end{cases}$$

對於 B_3 和 B_4 用圖解法求解，在圖 4-2 的基礎上增加 $x_2 = 3$ 和 $x_2 = 2$，得到區域 $FHICF$ 為 B_3 的可行域，而 B_4 可行域為空集，故 B_4 無可行解。

從圖中可以看出：

B_3 在 I 點取得最大值。I 點坐標為 $(33/14, 2)$。$\max z_3 = 33/14 + 2 = 61/14$。所以 $\overline{Z} = \frac{61}{14}$，$\underline{Z} = 0$，故 $0 \leq Z^* \leq \frac{61}{14}$。

將 B_3 分解為下述兩個問題：

$$\max z_5 = x_1 + x_2$$

$$(B_5) \quad \text{s. t.} \begin{cases} x_1 + \frac{9}{14}x_2 \leq \frac{51}{14} \\ -2x_1 + x_2 \leq \frac{1}{3} \\ x_1 \geq 2 \\ x_1 \geq 3 \\ x_2 \leq 2 \\ x_2 \geq 0 \end{cases}$$

$$\max z_6 = x_1 + x_2$$

$$(B_6) \quad \text{s. t.} \begin{cases} x_1 + \frac{9}{14}x_2 \leq \frac{51}{14} \\ -2x_1 + x_2 \leq \frac{1}{3} \\ x_1 \geq 2 \\ x_1 \leq 2 \\ x_2 \leq 2 \\ x_1, x_2 \geq 0 \end{cases}$$

對於 B_5 和 B_6 用圖解法求解,在圖 4-2 的基礎上增加 $x_1=3$ 和 $x_1=2$,得到區域 $KJCK$ 為 B_6 的可行域,而線段 FH 為 B_5 可行域且為空集。

從圖中可以看出:

B_5 在 H 點取得最大值。H 點坐標為 $(2,2)$,$\max z_5 = 3+1 = 4$。

B_6 在 J 點取得最大值。J 點坐標為 $(3,1)$,$\max z_6 = 3+1 = 4$。

因此 $\underline{Z}=4$,$\max z_1 = 8\ \overline{3} < 4$。

對 B_1 進行分解已無意義,故舍去。即 $4 \leqslant Z^* \leqslant 61\ /14$。因為 Z^* 為整數,所以 $Z^* = 4$。$x_1 = 3$,$x_2 = 1$ 和 $\underline{z}=0, \overline{z}=\dfrac{29}{6}$ 均為該問題的最優解。

上述分支定界法求解的過程可用圖 4-3 來表示。

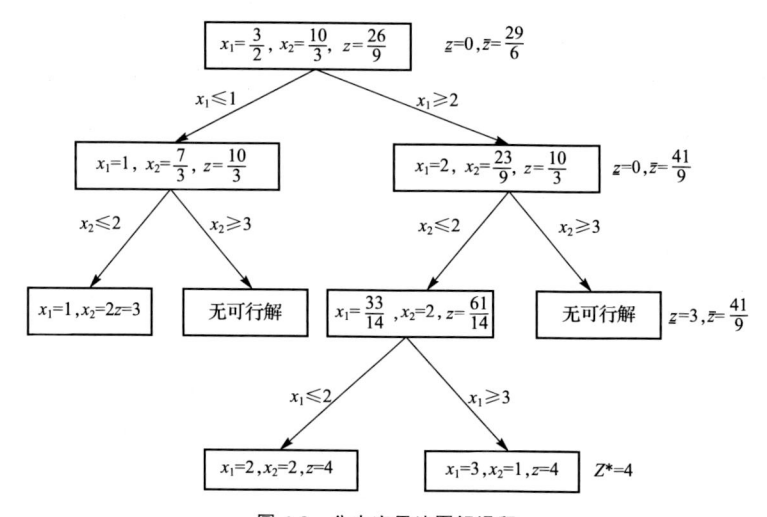

圖 4-3 分支定界法圖解過程

二、割平面法

割平面法的基礎仍然是用解線性規劃的方法去求解整數規劃問題。其基本思路是,先不考慮變量是整數的約束條件,但增加線性約束條件(其幾何術語稱為割平面),使得從原可行域中切割掉一部分。這部分只包含非整數解,但沒有切割掉任何整數可行解。割平面法就是指出怎樣找到適當的割平面(不一定一次就找到),使切割後最終得到的可行域中的一個整數坐標的極點恰好是問題的最優解。這個方法是 1958 年由 R. E. Gomory 提出來的,因此又稱為 Gomory 的割平面法。割平面法的關鍵在於如何選取割平面,才能使切割的部分只包含非整數解,而不切掉任何整數可行解。

下面介紹怎樣得到割平面。

假設 IP 問題對應的 LP 問題的最優單純形表如表 4-5 所示,為了討論方便,不妨設最優解為 $B = (P_1, P_2, \cdots, P_m)$,於是有

$$X_B = B^{-1}b - B^{-1}NX_N$$

令 $X_N = 0$,得 $X_B = B^{-1}b$。

表 4-5　最優單純形表

C_j		c_1	$\cdots$	c_r	$\cdots$	c_m	c_{m+1}	$\cdots$	c_k	$\cdots$	c_n	b
C_B	X_B	x_1	$\cdots$	x_r	$\cdots$	x_m	x_{m+1}	$\cdots$	x_k	$\cdots$	x_n	
c_1	x_1	1	$\cdots$	0	$\cdots$	0	$a'_{1,m+1}$	$\cdots$	a'_{1k}	$\cdots$	a'_{1n}	b'_1
$\vdots$	$\vdots$	$\vdots$	$\vdots$	$\vdots$	$\vdots$	$\vdots$	$\vdots$	$\vdots$	$\vdots$	$\vdots$	$\vdots$	$\vdots$
c_r	x_r	0	$\cdots$	1	$\cdots$	0	$a'_{r,m+1}$	$\cdots$	a'_{rk}	$\cdots$	a'_{rn}	b'_r
$\vdots$	$\vdots$	$\vdots$	$\vdots$	$\vdots$	$\vdots$	$\vdots$	$\vdots$	$\vdots$	$\vdots$	$\vdots$	$\vdots$	$\vdots$
c_m	x_m	0	$\cdots$	0	$\cdots$	1	$a'_{m,m+1}$	$\cdots$	a'_{mk}	$\cdots$	a'_{mn}	b'_m
$c_j - z_j$		0	$\cdots$	0	$\cdots$	0	σ_{m+1}		σ_k		σ_n	

如果 $B^{-1}b$ 的各分量全為整數，原問題 LP 的最優解為 $X_B = B^{-1}b, X_N = 0$。如果 $B^{-1}b$ 的分量不全為整數，不妨設其第 r 個分量 b'_r 不是整數，則對應於單純形表中第 r 行的方程為

$$x_r + \sum_{j=m+1}^{n} a'_{rj} x_j = b'_r \tag{4-1}$$

令
$$a'_{rj} = [a'_{rj}] + f_{rj}, \quad 0 \leq f_{rj} < 1 \tag{4-2}$$
$$b'_r = [b'_r] + f_r, \quad 0 < f_r < 1 \tag{4-3}$$

其中 $[a'_{rj}]$ 表示不超過 a'_{rj} 的最大整數；f_{rj} 是 a'_{rj} 的小數部分；$[b'_r]$ 表示不超過 b'_r 的最大整數；f_r 是 b'_r 的小數部分。

方程(4-1)可以寫成

$$x_r + \sum_{j=m+1}^{n} ([a'_{rj}] + f_{rj}) x_j = [b'_r] + f_r \tag{4-4}$$

整理得到

$$x_r + \sum_{j=m+1}^{n} [a'_{rj}] x_j - [b'_r] = f_r - \sum_{j=m+1}^{n} f_{rj} x_j \tag{4-5}$$

考察式(4-5)，為了滿足左端為整數，即要求右端也要為整數，於是

$$0 \leq f_{rj} < 1, \quad 0 < f_r < 1$$

因為 $x_j > 0$，因而有

$$\sum_{j=m+1}^{n} f_{rj} x_j \geq 0$$

於是有
$$f_r - \sum_{j=m+1}^{n} f_{rj} x_j \leq f_r < 1 \tag{4-6}$$

式(4-5)的右端為小於 1 的整數，由此得到整數要求的必要條件為 Gomory 割平面方程

$$f_r - \sum_{j=m+1}^{n} f_{rj} x_j \leq 0 \tag{4-7}$$

按照式(4-7)構造的割平面對可行域進行切割，可以割去原來的非整數最優解，但又不會割去整數規劃的可行解。這兩個特點恰好是割平面的兩條性質。求整數規劃的割平面法的步驟如下：

第一步：不考慮整數約束，求相應的松弛問題的最優解。若松弛問題沒有可行解，則整數規劃問題也無可行解，計算停止；若松弛問題的最優解恰為整數，則計算停止；若最優解不是整數，則轉入第二步。

第二步：尋找割平面方程。從松弛問題的最優解中，任選一個不為整數的分量 x_r，將最優單純形表中該行的係數 a'_{rj} 和 b'_r 分解為整數部分和非負的真分數之和，並以該行為源行，按式(4-7)作割平面方程

$$f_r - \sum_{j=m+1}^{n} f_{rj} x_j \leq 0$$

第三步：將所得的割平面方程作為一個新的約束條件置於最優單純形表中（同時增加一個單位列向量），得表 4-6。用對偶單純形法求解出新的最優解。若解為非負整數解，則停止計算，得到最優整數解；若得到的解不是非負整數解，則重複第二步過程，重新計算。

表 4-6 加入割平面方程的單純形表

C_B	X_B	c_1 x_1	...	c_r x_r	...	c_m x_m	c_{m+1} x_{m+1}	...	c_k x_k	...	c_n x_n	c_{n+1} x_{n+1}	b
c_1	x_1	1	...	0	...	0	$a'_{1,m+1}$	...	a'_{1k}	...	a'_{1n}	0	b'_1
⋮	⋮	⋮		⋮		⋮	⋮		⋮		⋮	⋮	⋮
c_r	x_r	0	...	1	...	0	$a'_{r,m+1}$	...	a'_{rk}	...	a'_{rn}	0	b'_r
⋮	⋮	⋮		⋮		⋮	⋮		⋮		⋮	⋮	⋮
c_m	x_m	0	...	0	...	1	$a'_{m,m+1}$	...	a'_{mk}	...	a'_{mn}	0	b'_m
c_{n+1}	x_{n+1}	0	...	0	...	0	$-f_{r,m+1}$	...	$-f_{r,m+k}$	...	$-f_{rn}$	1	$-f_r$
$c_j - z_j$		0	...	0	...	0	σ_{m+1}	...	σ_k	...	σ_n		

表 4-6 中的最下面一行（x_{n+1} 行）就是由新增加的割平面方程經過變換得到的，即通過引入松弛變量 $x_{n+1} \geq 0$，將割平面方程化為

$$-\sum_{j=m+1}^{n} f_{rj} x_j + x_{n+1} = -f_r \tag{4-8}$$

然後將有關數據填入表 4-6 中，進一步分析表 4-6 不難發現，新增加的一行數據可由原來的 x_r 行的數據直接得到。方法是將來源行 x_r 行中的每個數 a'_{rj} 及 b'_r 分解為整數部分和非負的真分數，再將小數部分 f_{rj} 和 f_r 反號填在對應變量的下邊即可。當然還須增加一個單位列向量。這是因為增加了一個基變量 x_{n+1}，所以在實際計算中，割平面方程也可以不必列出，直接在表上計算即可。實際解題時，若從最優單純形表中選擇具有最大小（分）數部分的非整分量所在行構造割平面約束，往往可以提高「切割」效果，減少「切割」次數。

【例 4-6】 用割平面法求解下列整數規劃問題：

$$\max z = 3x_1 - x_2$$

$$\text{s.t.} \begin{cases} 3x_1 - 2x_2 \leq 3 \\ 5x_1 + 4x_2 \geq 10 \\ 2x_1 + x_2 \leq 5 \\ x_1, x_2 \geq 0 \; x_1, x_2 \text{ 為整數} \end{cases}$$

解：引入松弛變量 x_3, x_4, x_5，將問題化為標準形式，用單純形法解其松弛問題，得最優單純形表，見表 4-7。

表 4-7 最優單純形表

C_B	X_B	3 x_1	-1 x_2	0 x_3	0 x_4	0 x_5	b
3	x_1	1	0	1/7	0	2/7	13/7
-1	x_2	0	1	-2/7	0	3/7	9/7
0	x_4	0	0	-3/7	1	22/7	31/7
$c_j - z_j$		0	0	-5/7	0	-3/7	

從最優單純形表中可以看出，其最優解為 $X^{(0)} = (13/7, 9/7)$。對應圖 4-4 可以發現，這顯然不是整數規劃問題的最優解。引進以 x_1 為源行的割平面方程

$$\frac{1}{7}x_3 - \frac{2}{7}x_5 \leqslant -\frac{6}{7}$$

即
$$-x_3 + 2x_5 \geqslant 6$$

而由第一、第三約束條件可得
$$\begin{cases} x_3 = 3 - 2x_1 + 2x_2 \\ x_5 = 5 - 2x_1 - x_2 \end{cases}$$

將其代入割平面方程中,得 $x_1 \leqslant 1$。從圖 4-4 可以看出,割平面 $x_1 \leqslant 1$ 割去了線性規劃問題的最優解 $X^{(1)}$,但未割去原問題的任一整數可行點。

引入松弛變量 $x_6 \geqslant 0$,將割平面方程化為
$$\frac{1}{7}x_3 - \frac{2}{7}x_5 + x_6 = -\frac{6}{7}$$

即
$$-x_3 - 2x_5 + x_6 = -6$$

將標準化的割平面方程的有關數據寫在線性規劃最優單純形表的下面一行,並增加一列 x_6,得到新的單純形表,再用對偶單純形法進行迭代,得最優解,見表 4-8。

表 4-8 加入割平面方程的單純形表

c_j		3	-1	0	0	0	0	
C_B	X_B	x_1	x_2	x_3	x_4	x_5	x_6	b
3	x_1	1	0	1/7	0	2/7	0	13/7
-1	x_2	0	1	$-2/7$	0	3/7	0	9/7
0	x_4	0	0	$-3/7$	1	22/7	0	31/7
0	x_6	0	0	-1	0	-2	0	-6
$c_j - z_j$		0	0	$-5/7$	0	$-3/7$	0	$-30/7$
3	x_1	1	0	0	0	0	1	1
-1	x_2	0	1	$-1/2$	0	0	3/2	0
0	x_4	0	0	-2	0	11		-5
0	x_5	0	0	1/2	0	1	$-7/2$	3
$c_j - z_j$		0	0	$-1/2$	0	0	$-3/2$	-3
3	x_1	1	0	0	0	0	1	1
-1	x_2	0	1	0	$-1/4$	0	$-5/4$	5/4
0	x_3	0	0	1	$-1/2$	0	$-11/2$	5/2
0	x_5	0	0	0	1/4	1	$-3/4$	7/4
$c_j - z_j$		0	0	0	$-1/4$	0	$-17/4$	$-7/4$

從表 4-8 可以看出,最優解為 $X^{(1)} = (1, 5/4)^T$,仍不是整數解。繼續作割平面,再以 x_5 行為源行,求得割平面方程為
$$-\frac{1}{4}x_1 - \frac{1}{4}x_6 \leqslant -\frac{3}{4}$$

即
$$x_1 + x_2 \geqslant 3$$

從圖 4-4 可以看出,割平面割去了最優解 $X^{(1)}$,但未割去原問題的任一整數可行解。引入松弛變量 $x_7 \geqslant 0$,將割平面方程寫成
$$-\frac{1}{4}x_1 - \frac{1}{4}x_6 + x_7 = -\frac{3}{4}$$

即
$$-x_1 - x_6 + 4x_7 = -3$$

將標準化的割平面方程的有關數據寫在最優單純形表(表 4-8)的下面一行,並增加一列 x_7,得

新的單純形表；再用對偶單純形法進行迭代，得最優解。見表 4-9。

表 4-9 加入割平面後的最優單純形表

c_j		3	−1	0	0	0	0	0	b
C_B	X_B	x_1	x_2	x_3	x_4	x_5	x_6	x_7	
3	x_1	1	0	0	0	0	1	0	1
−1	x_2	0	1	0	−1/4	0	−5/4	0	5/4
0	x_3	0	0	1	−1/2	0	−11/2	0	5/2
0	x_5	0	0	0	1/4	1	−3/4	0	7/4
0	x_7	0	0	0	−1/4	0	−1/4	1	−3/4
$c_j − z_j$		0	0	0	−1/4	0	−17/4	0	−7/4
3	x_1	1	0	0	0	0	1	0	1
−1	x_2	0	1	0	0	0	−1	−1	2
0	x_3	0	0	1	0	0	−5	−2	4
0	x_5	0	0	0	0	1	−1	1	1
0	x_4	0	0	0	1	0	1	−4	3
$c_j − z_j$		0	0	0	0	0	−4	−1	−1

由表 4-9 判斷，已求得整數最優解 $X^* = (1, 2)^T$；目標函數值為 $Z^* = 1$。

在用割平面法解整數規劃問題時，常會遇到收斂很慢的情形。因此，在實際使用時，有時往往和上一節中講述的分支定界法配合使用。

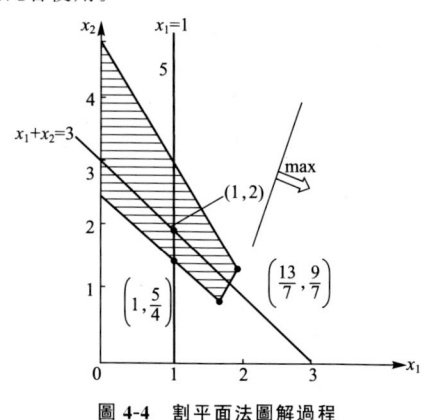

圖 4-4 割平面法圖解過程

第三節　0-1 型整數規劃問題求解

0-1 規劃是一種特殊的純整數規劃。求解 0-1 整數規劃的隱枚舉法不需要用單純形法求解線性規劃問題。它的基本思路是從所有變量等於零出發，依次指定一些變量為 1，直至得到一個可行解，並將它作為目前最好的可行解。此後，依次檢查變量等於 0 或 1 的某些組合，以便使目前最好的可行解不斷加以改進，最終獲得最優解。

0-1 整數規劃的求解方法有窮舉法、隱枚舉法和分支定界法。窮舉法是把變量中所有 0 或 1 的組合找出來，比較目標函數值以求得最優解。變量組合個數為 2^n 個。當 n 大於 10 時，這幾乎是不

可能做到的。隱枚舉法不同於窮舉法,它不需要將所有可行的變量組合一一列表,而是通過分析、判斷排除了許多變量組合作為最優解的可能性。

一、隱枚舉法求解

用隱枚舉法解 0-1 規劃問題,其基本思路是:從所有變量均取 0 值出發,依次令一些變量取 1,直至得到一個可行解。若這個可行解不是最優解,可以認為第一個可行解就是目前得到的最好的可行解,引入一個過濾性條件作為新的約束條件並加入原問題,以排除一批相對較劣的可行解;然後依次檢查變量取 0 或 1 的各種組合,能否改進可行解,直到獲得最優解為止。這種方法稱為過濾性隱枚舉法。下面用例題介紹用隱枚舉法解 0-1 規劃問題的具體算法。

【例 4-7】 求解 0-1 整數規劃

$$\max z = 3x_1 - 2x_2 + 5x_3$$

$$\text{s.t.} \begin{cases} x_1 + 2x_2 - x_3 \leqslant 2 \\ x_1 + 4x_2 + x_3 \leqslant 4 \\ x_1 + x_2 \leqslant 3 \\ 4x_2 + x_3 \leqslant 6 \\ x_1, x_2, x_3 = 0 \text{ 或 } 1 \end{cases}$$

解:(1)先用試探的方法找出一個初始可行解,如 $x_3 = x_2 = 0, x_1 = 1$。滿足約束條件,先視其作為初始可行解,此時目標函數值 $z_0 = 3$。

(2)附加過濾條件。以目標函數 $z \geqslant z_0$ 作為過濾約束,即

$$3x_1 - 2x_2 + 5x_3 \geqslant 3$$

則原模型變為

$$\max z = 3x_1 - 2x_2 + 5x_3$$

$$\text{s.t.} \begin{cases} x_1 + 2x_2 - x_3 \leqslant 2 & ① \\ x_1 + 4x_2 + x_3 \leqslant 4 & ② \\ x_1 + x_2 \leqslant 3 & ③ \\ 4x_2 + x_3 \leqslant 6 & ④ \\ 3x_1 - 2x_2 + 5x_3 \geqslant 3 & ⑤ \\ x_1, x_2, x_3 = 0 \text{ 或 } 1 \end{cases}$$

(3)求解。按照隱枚舉法的思路,依次檢查各種變量的組成,每找到一個可行解,求出它的目標函數值 z_1。若 $z_1 > z_0$,則將過濾條件換成 $z > z_1$。

一般來講,過濾條件是所有條件中最關鍵的一個。先檢查它是否滿足。若不滿足,其他約束條件就無須檢查了,這樣減少了計算的工作量。這也是隱枚舉法與窮舉法最大的區別,它不需要將所有可行的變量組合進行枚舉,只是通過分析、判斷,就可排除很多可行的變量組合為最優解的可能性,也就是說被隱含了。隱枚舉法因此而得名。

求解過程如表 4-10 所示。

表 4-10 隱枚舉法求解過程

點 (x_1, x_2, x_3)	過濾條件	約束條件 ⑤	①	②	③	④	z 值
	$3x_1 - 2x_2 + 5x_3 \geqslant 3$						
(0,0,0)		×					
(0,0,1)		√	√	√	√	√	5

續表

點 (x_1,x_2,x_3)	過濾條件	約束條件 ⑤	①	②	③	④	z 值
	$3x_1-2x_2+5x_3\geqslant 5$						
(0,1,0)		×					
(0,1,1)				×			
(1,0,0)		×					
(1,0,1)		√	√	√	√	√	8
	$3x_1-2x_2+5x_3\geqslant 8$						
(1,1,0)				×			
(1,1,1)				×			

由表 4-10 可得,最優解$(x_1,x_2,x_3)^T=(1,0,1)^T$,$\max z=8$。

為了進一步減少運算量,常按目標函數中各變量系數的大小順序重新排列各變量,以使最優解有可能較早出現。對於最大化問題,可按由小到大的順序排列;對於最小化問題,排列順序相反。為此,例 4-7 可寫成下列形式:

$$\max z = 5x_3 + 3x_1 - 2x_2$$

$$\text{s. t.}\begin{cases} -x_3 + x_1 + 2x_2 \leqslant 2 & ① \\ x_3 + x_1 + 4x_2 \leqslant 2 & ② \\ x_1 + x_2 \leqslant 3 & ③ \\ x_3 + 4x_2 \leqslant 6 & ④ \\ x_3, x_1, x_2 = 0 \text{ 或 } 1 \end{cases}$$

求解時,先令排在前面的變量取值為 1,如本例中可取$(x_3,x_1,x_2)=(1,0,0)$,若不滿足約束條件時,可調整取值為$(0,1,0)$;若仍不滿足約束條件,可退為取值$(0,0,1)$等,依次類推。據此,改寫後模型的求解過程見表 4-11。

表 4-11 改寫後模型的求解過程

(x_3,x_1,x_2)	z 值	約束條件 ①	②	③	④	過濾條件
(0,0,0)	0	√	√	√	√	$z\geqslant 0$
(1,0,0)	5	√	√	√	√	$z\geqslant 5$
(1,1,0)	8	√	√	√	√	$z\geqslant 8$

從目標函數看到,z 值已不可能再增大,$(x_3,x_1,x_2)=(1,1,0)$即為本例的最優解。

採取上述形式的隱枚舉法求解此例,可以很大程度減少運算次數。一般問題的規模越大,這樣做的好處就越明顯。

二、分支定界法求解 0-1 整數規劃

下面介紹將分支定界法和隱枚舉法結合起來求解 0-1 規劃的一種方法,稱為分支隱枚舉法。

【例 4-8】 設有 100 萬元資金,計劃在五個不同的地方 P_1,P_2,P_3,P_4,P_5 修建某類工廠。由於條件不同,所需投資分別為 $a_1=56$ 萬元,$a_2=20$ 萬元,$a_3=54$ 萬元,$a_4=42$ 萬元,$a_5=15$ 萬元;工廠建成後,每年能得到的利潤分別為 $c_1=7$ 萬元,$c_2=5$ 萬元,$c_3=9$ 萬元,$c_4=6$ 萬元,$c_5=3$ 萬元。問應如何確定投資地點,在投資總額不超過 100 萬元的條件下,使投資後每年所獲的總利潤最多?

第四章　整數規劃　109

解:設

$$x_j = \begin{cases} 1 & \text{在 } P_j \text{ 處投資建廠} \\ 0 & \text{不在 } P_j \text{ 處投資建廠} \end{cases} \quad j=1,2,3,4,5$$

則模型可表示為

$$\max z = 7x_1 + 5x_2 + 9x_3 + 6x_4 + 3x_5$$
$$\text{s. t.} \begin{cases} 56x_1 + 20x_2 + 54x_3 + 42x_4 + 15x_5 \leq 100 & ① \\ x_j = 0 \text{ 或 } 1, j=1,2,3,4,5 & ② \end{cases}$$

首先考慮投資 1 萬元於第 j 處所獲得的利潤,即 c_j/a_j 的比值,見表 4-12。

表 4-12　c_j/a_j 的比值表

地點	c_j/a_j
P_1	$c_1/a_1 = 7/56 = 1/8$
P_2	$c_2/a_2 = 5/20 = 1/4$
P_3	$c_3/a_3 = 9/54 = 1/6$
P_4	$c_4/a_4 = 6/42 = 1/7$
P_5	$c_5/a_5 = 3/15 = 1/5$

按單位資金獲利最大的變量盡量先取的原則,首先把上述比值中最大的所對應的變量取為 1,即 $x_2 = 1$;然後把比值中次大的所對應的變量取為 1,即 $x_5 = 1$,…,依此下去,使之滿足條件①,即 $x_3 = 1, x_4 = \frac{11}{42}, x_1 = 0$。得到一個解:

$$x^{(1)} = \left(0, 1, 1, \frac{11}{42}, 1\right)^T, z_1 = 18\frac{4}{7}$$

z_1 作為原問題目標函數的上界,$x^{(1)}$ 不是原問題的可行解,因為 11/42 不是整數。因為 x_1 只能取 0 或 1,所以分別令 $x_1 = 1$ 或 $x_1 = 0$,將原問題分支為兩個子問題。

$$\max z = 7x_1 + 5x_2 + 9x_3 + 3x_5 \qquad \max z = 7x_1 + 5x_2 + 9x_3 + 3x_5 + 6$$

(B_1) s. t. $\begin{cases} 56x_1 + 20x_2 + 54x_3 + 15x_5 \leq 100 \\ x_4 = 0 \\ x_j = 0 \text{ 或 } 1, j=1,2,3,4,5 \end{cases}$ (B_2) s. t. $\begin{cases} 56x_1 + 20x_2 + 54x_3 + 15x_5 \leq 58 \\ x_4 = 1 \\ x_j = 0 \text{ 或 } 1, j=1,2,3,4,5 \end{cases}$

用同樣的方法,可求得問題 B_1 的松弛問題的解為

$$x^{(2)} = \left(\frac{11}{56}, 1, 1, \frac{11}{42}, 1\right)^T, z_2 = 18\frac{3}{8}$$

B_2 的松弛問題的解為

$$x^{(3)} = \left(0, 1, \frac{23}{54}, 1, 1\right)^T, z_3 = 17\frac{5}{6}$$

由於 $x^{(2)}, x^{(3)}$ 都不是整數解,且 $z_3 < z_2$,因此先對 B_1 進行分支。分支的方法仍然使非整數值的變量 x_1 為 0 或 1。分別令 $x_1 = 1$ 或 $x_1 = 0$,把 B_1 分支為 B_{11} 和 B_{12}。

$$\max z = 5x_2 + 9x_3 + 3x_5 + 7 \qquad \max z = 5x_2 + 9x_3 + 3x_5$$

(B_{11}) s. t. $\begin{cases} 20x_2 + 54x_3 + 15x_5 \leq 44 \\ x_4 = 0 \\ x_1 = 1 \\ x_j = 0 \text{ 或 } 1, j=1,2,3,4,5 \end{cases}$ (B_{12}) s. t. $\begin{cases} 20x_2 + 54x_3 + 15x_5 \leq 100 \\ x_4 = 0 \\ x_1 = 0 \\ x_j = 0 \text{ 或 } 1, j=1,2,3,4,5 \end{cases}$

用同樣的方法,可求得問題 B_{11} 的松弛問題的解為

$$x^{(4)} = (0,1,1,0,1)^T, z_4 = 17$$

B_{12} 的松弛問題的解為

$$x^{(5)} = \left(1, 1, \frac{1}{6}, 0, 1\right)^T, z_5 = 16\frac{1}{2}$$

B_{12} 的目標函數值小於 B_{11} 的值，則 B_{12} 剪枝。

再考慮 B_2。由於 $z_3 > z_1$，故在 B_2 中對 x_3 變量進行分枝，令 $x_3 = 1$ 或 $x_3 = 0$，把 B_2 分枝為 B_{21} 和 B_{22}。

$$(B_{22}) \quad \text{s. t.} \begin{cases} \max z = 7x_1 + 5x_2 + 3x_5 + 6 \\ 56x_1 + 20x_2 + 15x_5 \leqslant 58 \\ x_1 = 1 \\ x_3 = 0 \\ x_j = 0 \text{ 或 } 1, j = 1, 2, 3, 4, 5 \end{cases} \qquad (B_{21}) \quad \text{s. t.} \begin{cases} \max z = 7x_1 + 5x_2 + 3x_5 + 15 \\ 56x_1 + 20x_2 + 15x_5 \leqslant 4 \\ x_4 = 1 \\ x_3 = 1 \\ x_j = 0 \text{ 或 } 1, j = 1, 2, 3, 4, 5 \end{cases}$$

B_{21} 的松弛問題的解為

$$x^{(6)} = \left(\frac{23}{56}, 1, 0, 1, 1\right)^T, z_6 = 16\frac{7}{8} < z_1 = 17$$

則 B_{21} 剪枝。B_{22} 的松弛問題的解為

$$x^{(7)} = \left(0, \frac{1}{5}, 1, 1, 0\right)^T, z_7 = 16 < z_1 = 17$$

則 B_{22} 剪枝。由此得最優解：

$$x^* = (0, 1, 1, 1, 1)^T, z^* = 17$$

總結以上過程，分支定界過程如圖 4-5 所示。

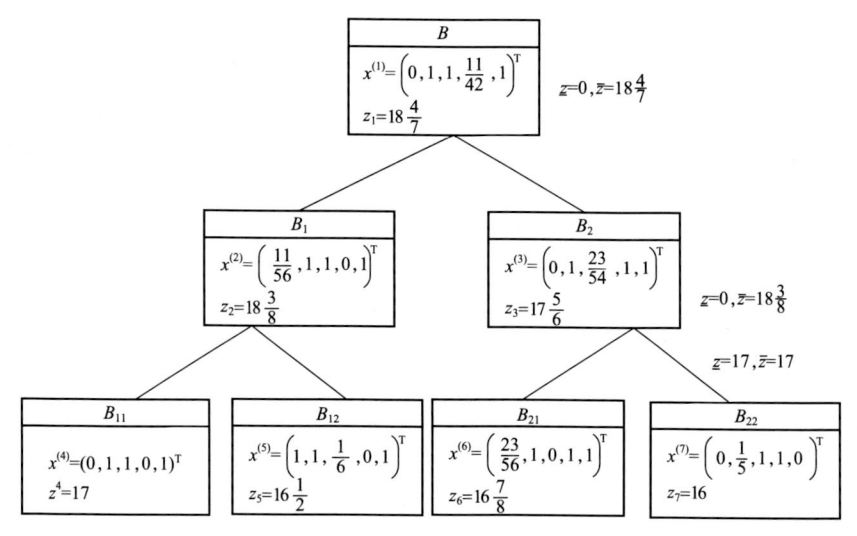

圖 4-5　0-1 規劃的分支定界求解過程

三、0-1 整數規劃的應用

若變量只能取 0 或 1，稱其為 0-1 變量。0-1 變量作為邏輯變量 (logical variable)，常被用來表示系統是否處於某個特定狀態，或者決策時是否取某個特定方案。例如，當決策取方案 P 時，$x = 0$；當決策不取方案 P 時，$x = 1$。

當問題含有多項要素，而每項要素皆有兩種選擇時，可用一組 0-1 變量來描述。一般地，設問題有限項要素 $E_1, E_2, \cdots, E_n$，其中每項 E_j 有兩種選擇 $\overline{A_j}$ 和 $A_j (j = 1, 2, \cdots, n)$，則可令 $x_j = 1, E_j$ 選擇

A_j；若 $x_j=0$，E_j 選擇 $\overline{A_j}$，$j=1,2,\cdots,n$。

在應用中，有時會遇到變量可以取多個整數值的問題。這時，利用 0-1 變量是二進制變量（binary variable）的性質，可以用一組 0-1 變量來取代該變量。

0-1 變量不僅廣泛應用於科學技術問題，在經濟管理問題中也有十分重要的應用。

1. 含有相互排斥的約束條件的問題

【例 4-9】 某產品有 A_1 和 A_2 兩種型號，需要經過 B_1、B_2、B_3 三道工序，單位工時、利潤、各工序每週工時限制如表 4-13 所示，問工廠如何安排生產，才能使總利潤最大（B_3 工序有兩種加工方式 B_{31} 和 B_{32}，產品為整數）？

解：設 A_1、A_2 產品的生產數量分別為 x_1，x_2 件，則目標函數為

$$\max z = 25x_1 + 40x_2$$

B_1 和 B_2 兩工序每週工時的約束條件為

$$\begin{cases} 0.3x_1 + 0.7x_2 \leqslant 250 \\ 0.2x_1 + 0.1x_2 \leqslant 100 \end{cases}$$

表 4-13　產品生產資源表

型號	工序 B_1	工序 B_2	B_3 之 B_{31}	B_3 之 B_{32}	利潤/（元 / 件）
A_1	0.3	0.2	0.3	0.2	25
A_2	0.7	0.1	0.5	0.4	40
每週工時（小時/月）	250	100	150	120	

B_3 工序有兩種加工方式 B_{31} 和 B_{32}，每週工時約束條件為

$$\begin{cases} 0.3x_1 + 0.5x_2 \leqslant 150 \\ 0.2x_1 + 0.4x_2 \leqslant 120 \end{cases}$$

如果工序 B_3 只能從兩種加工方式中選擇一種，那麼，這兩個約束就成為相互排斥的約束條件。為了使其統一在一個問題中，引入 0-1 變量：

$$\begin{cases} y_1 = 0 & \text{若工序 } B_3 \text{ 採用 } B_{31} \text{ 加工方式} \\ y_1 = 1 & \text{若工序 } B_3 \text{ 不採用 } B_{31} \text{ 工方式} \end{cases}$$

和

$$\begin{cases} y_2 = 0 & \text{若工序 } B_3 \text{ 採用 } B_{32} \text{ 加工方式} \\ y_2 = 1 & \text{若工序 } B_3 \text{ 不採用 } B_{32} \text{ 加工方式} \end{cases}$$

於是，相互排斥的約束條件可用下列三個約束條件統一起來：

$$\begin{cases} 0.3x_1 + 0.5x_2 \leqslant 150 + M_1 y_1 \\ 0.2x_1 + 0.4x_2 \leqslant 120 + M_2 y_2 \\ y_1 + y_2 = 1 \end{cases}$$

其中，M_1 和 M_2 是充分大的正數。由相互排斥的約束條件可知，y_1 和 y_2 中必定有一個是 1，另一個是 0。若 $y_1 = 1$，而 $y_2 = 0$，即採用 B_{32} 加工方式；反之，若 $y_1 = 0$，$y_2 = 1$，即採用 B_{31} 加工方式。則數學模型為

$$\max z = 25x_1 + 40x_2$$

$$\text{s.t.} \begin{cases} 0.3x_1 + 0.7x_2 \leq 250 \\ 0.2x_1 + 0.1x_2 \leq 100 \\ 0.3x_1 + 0.5x_2 \leq 150 + M_1 y_1 \\ 0.2x_1 + 0.4x_2 \leq 120 + M_2 y_2 \\ y_1 + y_2 = 1 \\ x_1, x_2 \geq 0, \text{且均為整數} \\ y_1, y_2 \text{ 為 } 0-1 \text{ 變量} \end{cases}$$

一般地,若需要從 p 個約束條件

$$\sum_{j=1}^{n} a_{ij} x_j \leq b_i \quad (i = 1, 2, \cdots, p)$$

中恰好選擇 $q(q<p)$ 個約束條件,則可以引入 p 個 0-1 變量:

$$y_i = \begin{cases} 0 & \text{若選擇第 } i \text{ 個約束條件} \\ 1 & \text{若不選擇第 } i \text{ 個約束條件} \end{cases}$$
$$(i = 1, 2, \cdots, p)$$

那麼,約束條件組

$$\begin{cases} \sum_{j=1}^{n} a_{ij} x_j \leq b_i + M y_i \\ \sum_{i=1}^{p} y_i = p - q \end{cases} \quad (i = 1, 2, \cdots, p)$$

就可以達到這個目的。因為上述約束條件組保證了在 p 個 0-1 變量中有 $p-q$ 個為 1,p 個為 0。凡取 0 值的 y_i 對應的約束條件即為原約束條件,而取 1 值的 y_i 對應的約束條件將自然滿足,因而是多餘的。

2. 固定費用問題

在生產經營中,費用常常按照是否與產量相關,分為固定費用和變動費用。在新產品的開發決策中,經常用到固定費用和變動費用的概念。如在產品開發中,設備的租金和購入設備的折舊,都屬於固定費用,而原材料和工時消耗則屬於變動費用。這裡經常遇到兩類決策變量:一類是是否使用某設備的 0-1 變量 y_i,$y_i=1$ 表示使用 i 設備,$y_i=0$ 表示不使用 i 設備;另一類是反應某種產品生產量的變量 x_i。這兩類變量間的關係是:若 $x_i>0$,則 $y_i=1$;若 $y_i=0$,則 x_i 必為零。

【例 4-10】 有三種資源被用於生產三種產品,資源量、產品單件可變費用及售價、資源單耗量及組織三種產品生產的固定費用見表 4-14。要求制訂一個生產計劃,使總收益最大。

表 4-14 資源及費用問題

資源單耗	產品 I	產品 II	產品 III	資源量
A	2	4	8	500
B	2	3	4	300
C	1	2	3	100
單件可變費用	4	5	6	
固定費用	100	150	200	
單件售價	8	10	12	

解: 總收益等於銷售收入減去生產上述產品的固定費用和可變費用之和。建模遇到的困難主要是事先不能確切知道某種產品是否生產,因而不能確定相應的固定費用是否發生。下面借助 0-1 變量解決這個困難。

設 x_j 是第 j 種產品的產量，$j=1,2,3$；再設

$$y_j = \begin{cases} 1 & \text{若生產第 } j \text{ 種產品(即 } x_j > 0) \\ 0 & \text{若不生產第 } j \text{ 種產品(即 } x_j = 0) \end{cases} \quad (j=1,2,3)$$

則問題的整數規劃模型是

$$\max z = (8-4)x_1 + (10-5)x_2 + (12-6)x_3 - 100y_1 - 150y_2 - 200y_3$$

$$\text{s.t.} \begin{cases} 2x_1 + 4x_2 + 8x_3 \leq 500 \\ 2x_1 + 3x_2 + 4x_3 \leq 300 \\ x_1 + 2x_2 + 3x_3 \leq 100 \\ x_1 \leq M_1 y_1 \\ x_2 \leq M_2 y_2 \\ x_3 \leq M_3 y_3 \\ x_j \geq 0 \text{ 且為整數}(j=1,2,3) \\ y_j = 0 \text{ 或 } 1(j=1,2,3) \end{cases}$$

其中，M_j 為 x_j 的某個上界。為了避免某種產品不投入固定成本就生產的不合理情況，因而加上 M_j 約束條件。

若生產第 j 種產品，則其產量 $x_j > 0$。此時，由約束條件 $x_j \leq M_j y_j$ 知 $y_j = 1$。因此，相應的固定費用在目標函數中將被考慮。若不生產第 j 種產品，則其產量 $x_j = 0$。

此時，由約束條件 $x_j \leq M_j y_j$ 可知，y_j 可以是 0，也可以是 1。但 $y_j = 1$ 不利於目標函數 z 的最大化，因而在問題的最優解中必然是 $y_j = 0$，從而相應的固定費用在目標函數中將不被考慮。

3. 投資問題

【例 4-11】 某公司有 5 個投資項目被列入投資計劃，各項目需要的投資額和期望的收益見表 4-15。已知該公司只有 600 萬元資金可用於投資，由於技術上的原因，投資受到以下約束：

(1) 項目 1、項目 2 和項目 3 至少應有一項被選中；
(2) 項目 3 和項目 4 只能選一項；
(3) 項目 5 選中的前提是項目 1 必須被選中。

如何選一個最好的投資方案才能使投資收益最大？

表 4-15 項目投資狀況

項目	投資額 萬元	期望收益 萬元
1	210	150
2	300	210
3	100	60
4	130	80
5	260	180

解： 設 0-1 變量 x_i 為決策變量，即 $x_i = 1$ 表示項目 i 被選中，$x_i = 0$ 表示項目 i 被淘汰，則 0-1 規劃模型可表示為

$$\max z = 150x_1 + 210x_2 + 60x_3 + 80x_4 + 180x_5$$

$$\text{s.t.} \begin{cases} 210x_1 + 300x_2 + 100x_3 + 130x_4 + 260x_5 \leq 600 \\ x_1 + x_2 + x_3 \geq 1 \\ x_3 + x_4 = 1 \\ x_5 \leq x_1 \\ x_i = 0 \text{ 或 } 1(i=1,2,3,4,5) \end{cases}$$

4. 背包問題

背包問題由來已久,該問題提出的原因是一個旅行者需要攜帶的物品常常很多,但他能負擔的重量是一定的,因此,為每一種物品規定一個重要性係數就十分有必要。這樣,旅行者的目標就變為在不超過一定重量的前提下,使所攜帶物品的重要性係數之和最大。下面是背包問題的實例。

【例 4-12】 一名登山隊員做登山準備,他需要攜帶的物品及每一件物品的重量和重要性係數見表 4-16。假定登山隊員允許攜帶的最大質量為 25 千克,試確定一最優方案。

表 4-16 攜帶物品狀況

物品	食品	氧氣	冰鎬	繩索	帳篷	照相器材	通信設備
質量 /千克	5	5	2	6	12	2	4
重要性係數	20	15	18	14	8	4	10

解:設 0-1 變量 $x_i=1$ 表示攜帶物品 i,$x_i=0$ 表示不攜帶物品 i,則模型可寫為

$$\max z = 20x_1 + 15x_2 + 18x_3 + 14x_4 + 8x_5 + 4x_6 + 10x_7$$

$$\text{s.t.} \begin{cases} 5x_1 + 5x_2 + 2x_3 + 6x_4 + 12x_5 + 2x_6 + 4x_7 \leqslant 25 \\ x_i = 0 \text{ 或 } 1 (i = 1, 2, \cdots, 7) \end{cases}$$

這一問題無疑可以用一般的線性規劃方法求解,但由於該問題的特殊結構,我們不難找到更簡單有效且有啟發性的算法。例如,可計算每一物品的重要性係數和質量的比值 c_i/a_i,比值大的先選取,直到質量超過限制為止。經計算,本題中各種物品的比值為 4,3,9,2.33,0.67,2,2.5。按從大到小選取,只有帳篷落選,即除 $x_5 = 0$ 外,其餘變量均取 1,這時攜帶的總質量為 24 千克。這就是最優解。只有一個約束的背包問題稱為一維背包問題。一維背包問題的解法富有啟發性,這種方法同樣可以用於投資方案的選擇問題。如對例 4-11,可計算出各方案的投資回報率,即 c_i/a_i 分別為 0.714,0.7,0.6,0.615,0.692。考慮到約束 2,可選 $x_1 = 1$;考慮到約束 3,可選 $x_4 = 1$;考慮到約束 4 和約束 1,可選 $x_5 = 1$,即 $x_1 = x_4 = x_5 = 1, x_2 = x_3 = 0$,這時總投資額為 $210 + 130 + 260 = 600$,總收益 $z = 410$。

5. 布點問題

布點問題又稱作集合覆蓋問題,是典型的整數規劃問題,其所解決的主要問題是一個給定集合的每一個元素必須被另一個集合所覆蓋。例如學校、醫院、商業區、消防隊等公共設施的布點問題。布點問題的共同目標是,既滿足公共要求,又使布的點最少,以節約投資費用。

【例 4-13】 某市共有 6 個區,每個區都可以設消防站。市政府希望設置最少的消防站以便節省費用,但必須保證在城區任何地方發生火警時,消防車能在 15 分鐘內趕到現場。根據實地測定,各區之間消防車行駛的時間見表 4-17。

表 4-17 各消防車行駛時間

地點	地區一	地區二	地區三	地區四	地區五	地區六
地區一	0					
地區二	10	0				
地區三	16	24	0			
地區四	28	32	12	0		
地區五	27	17	27	15	0	
地區六	20	10	21	25	14	0

解:設 0-1 為決策變量,$x_i = 1$ 表示 i 地區設站,$x_i = 0$ 表示 i 地區不設站。這樣根據消防車 15 分鐘趕到現場的限制,可得到如下模型:

$$\min z = x_1 + x_2 + x_3 + x_4 + x_5 + x_6$$

$$\text{s. t.} \begin{cases} x_1 + x_2 & \geqslant 1 \\ x_1 + x_2 & + x_6 \geqslant 1 \\ x_3 + x_4 & \geqslant 1 \\ x_3 + x_4 + x_5 & \geqslant 1 \\ x_1 + x_5 + x_6 \geqslant 1 \\ x_2 + & x_5 + x_6 \geqslant 1 \\ r_i = 0 \text{ 或 } 1 (i=1,\cdots,6) \end{cases}$$

本例的最優解為 $x_2 = x_4 = 1$，其餘變量為 $0, z = 2$。即只要在地區二(管地區一、地區二和地區六三個區)和地區四(管地區三、地區四和地區五)設站即可。

6. 工件排序問題

【例 4-14】 用 4 臺機床加工 3 件產品。各產品的機床加工順序，以及產品 i 在機床 j 上的加工工時 a_{ij} 見表 4-18。

表 4-18 工件排序問題

產品 1	a_{11} ──────── a_{13} ──────── a_{14}
	機床 1 機床 3 機床 4
產品 2	a_{21} ──────── a_{22} ──────── a_{24}
	機床 1 機床 2 機床 4
產品 3	a_{32} ──────── a_{33}
	機床 2 機床 3

由於某種原因，產品 2 的加工總時間不得超過 d_0，現要求確定各件產品在機床上的加工方案，使其在最短的時間內加工完全部產品。

解：設 x_{ij} 表示產品 i 在機床 j 上開始加工的時間 $(i=1,2,3; j=1,2,3,4)$。下面將逐步列出問題的整數規劃模型。

(1) 同一件產品在不同機床上的加工順序約束。對於同一件產品，在下一臺機床上加工的開始時間不得早於在上一臺機床上加工的結束時間，故應有

產品 $1: x_{11} + a_{11} \leqslant x_{13}$ 及 $x_{13} + a_{13} \leqslant x_{14}$

產品 $2: x_{21} + a_{21} \leqslant x_{22}$ 及 $x_{22} + a_{22} \leqslant x_{24}$

產品 $3: x_{32} + a_{32} \leqslant x_{33}$

(2) 每一臺機床對不同產品的加工順序約束。一臺機床在工作中，如已開始的加工還沒有結束，則不能開始另一件產品的加工。對於機床 1，有兩種加工順序：先加工產品 1，後加工產品 2，或反之。對其他 3 臺機床，情況也類似。為了容納兩種相互排斥的約束條件，對於每臺機床，分別引入 0-1 變量：

$$y_j = \begin{cases} 0 & \text{先加工某件產品} \\ 1 & \text{先加工另一件產品} \end{cases} \quad (j=1,2,3,4)$$

那麼，每臺機床上加工產品的順序可用下列四組約束條件來保證：

機床 $1: x_{11} + a_{11} \leqslant x_{21} + My_1$ 及 $x_{21} + a_{21} \leqslant x_{11} + M(1-y_1)$

機床 $2: x_{22} + a_{22} \leqslant x_{32} + My_2$ 及 $x_{32} + a_{32} \leqslant x_{22} + M(1-y_2)$

機床 $3: x_{13} + a_{13} \leqslant x_{33} + My_3$ 及 $x_{33} + a_{33} \leqslant x_{13} + M(1-y_3)$

機床 $4: x_{11} + a_{11} \leqslant x_{21} + My_1$ 及 $x_{21} + a_{21} \leqslant x_{11} + M(1-y_1)$

其中 M 是一個足夠大的數。

各 y_j 的意義是明顯的。如當 $y_1=0$ 時，表示機床 1 先加工產品 1，後加工產品 2；當 $y_1=1$ 時，表示機床 1 先加工產品 2，後加工產品 1。y_2,y_3,y_4 的意義類似。

（3）產品 2 的加工總時間約束。產品 2 的開始加工時間是 x_{21}，結束加工時間是 $x_{24}+a_{21}$，故應有 $x_{21}+a_{21}-x_{21} \leqslant d$。

（4）目標函數的建立。設全部產品加工完畢的結束時間為 w。

由於三件產品的加工結束時間分別為 $x_{14}+a_{14}$，$x_{24}+a_{21}$，$x_{33}+a_{33}$，故全部產品的實際加工結束時間為：$w=\max(x_{14}+a_{14},x_{24}+a_{21},x_{33}+a_{33})$。因此，目標函數 z 的線性表達式為

$$\min z = w$$
$$\text{s. t.} \begin{cases} w \geqslant x_{14}+a_{14} \\ w \geqslant x_{24}+a_{21} \\ w \geqslant x_{33}+a_{33} \end{cases}$$

綜上所述，整數規劃模型為

$$\min z = w$$

$$\begin{cases}
x_{11}+a_{11} \leqslant x_{13} & x_{13}+a_{13} \leqslant x_{33}+My_3 \\
x_{13}+a_{13} \leqslant x_{14} & x_{33}+a_{33} \leqslant x_{13}+M(1-y_3) \\
x_{21}+a_{21} \leqslant x_{22} & x_{11}+a_{11} \leqslant x_{21}+My_4 \\
x_{22}+a_{22} \leqslant x_{24} & x_{21}+a_{24} \leqslant x_{11}+M(1-y_4) \\
x_{32}+a_{32} \leqslant x_{33} & x_{21}+a_{21}-x_{21} \leqslant d \\
x_{11}+a_{11} \leqslant x_{21}+My_1 & w \geqslant x_{14}+a_{14} \\
x_{21}+a_{21} \leqslant x_{11}+M(1-y_1) & w \geqslant x_{24}+a_{21} \\
x_{22}+a_{22} \leqslant x_{32}+My_2 & w \geqslant x_{33}+a_{33} \\
x_{32}+a_{32} \leqslant x_{22}+M(1-y_2) & \\
x_{11},x_{13},x_{14},x_{21},x_{22},x_{24},x_{32},x_{33},w \geqslant 0 & \\
y_j = 0 \text{ 或 } 1,(j=1,2,3,4) &
\end{cases}$$

第四節　分配問題與匈牙利法

分配問題是一種特殊的整數規劃問題，在實際中經常會遇到這樣的問題。例如，某單位需要完成 n 個人可以承擔的任務，由於每個人的專長不同，同一件工作由不同的人去完成；由於每個人的知識、能力、經驗等不同，效率是不同的，於是就會出現應分配哪個人去完成哪項任務，使完成這幾項任務的總效率最高（時間最省、總費用最少等）的問題，這類問題稱為分配問題，又稱指派問題。

一、分配問題的數學模型

設有 n 個人被分配去做 n 件工作，規定每個人只能做一件工作，每件工作只由一個人去做。已知第 i 個人去做第 j 件工作的效率（時間或費用）為 $c_{ij}(i=1,2,\cdots,n;j=1,2,\cdots,n)$，並假設 $c_{ij} \geqslant 0$，問應如何分配才能使總效率（總時間或總費用最少）最高？

設決策變量

$$x_{ij}(i,j=1,2,\cdots,n) = \begin{cases} 1 & \text{（分配第 } i \text{ 個人去做第 } j \text{ 件工作）} \\ 0 & \text{（分配第 } i \text{ 個人不去做第 } j \text{ 件工作）} \end{cases}$$

於是分配問題的數學模型為

$$\min z = \sum_{i=1}^{n} \sum_{j=1}^{n} c_{ij} x_{ij}$$

$$\text{s.t.} \begin{cases} \sum_{j=1}^{n} x_{ij} = 1, & (i=1,2\cdots,n) \\ \sum_{i=1}^{n} x_{ij} = 1, & (j=1,2\cdots,n) \\ x_{ij} = 0 \text{ 或 } 1, & (i,j=1,2\cdots,n) \end{cases}$$

這是一個典型的 0-1 規劃問題,也是一類特殊的運輸問題,當然可以採用前面介紹的方法求解。然而,針對這類問題的特殊性,又能設計出一種更有效的算法,就是匈牙利法。

根據我們對運輸問題特點的分析可知,分配問題的約束條件系數矩陣 A 的秩為 $2n-1$,故它的基可行解中共有 $2n-1$ 個基變量。但實際上只需找出 n 個 1 即可(即分配 n 個人去做 n 件不同的工作),而其餘 $n-1$ 個基變量取值為 0,因此這是一個高度退化的線性規劃問題。

【例 4-15】 某商業公司計劃開辦 5 家新商店,決定由 5 家建築公司分別承建。建築公司 $A_i(i=1,2,\cdots,5)$ 對新商店 $B_j(j=1,2,\cdots,5)$ 的建造費用的報價(萬元)$C_{ij}(i,j=1,2,\cdots,5)$ 見表 4-19。為節省費用,商業公司應當對 5 家建築公司怎樣分配建造任務,才能使總的建造費用最少?

表 4-19　建築公司對各商店報價表

	B_1	B_2	B_3	B_4	B_5
A_1	4	8	7	15	12
A_2	7	9	17	14	10
A_3	6	9	12	8	7
A_4	6	7	14	6	10
A_5	6	9	12	10	6

這是一個標準的分配問題。

$$x_{ij} = \begin{cases} 1 & \text{當 } A_i \text{ 承建 } B_j \text{ 時} \\ 0 & \text{當 } A_i \text{ 不承建 } B_j \text{ 時} \end{cases} \quad (i,j=1,2,\cdots,5)$$

則問題的數學模型為:

$$\min z = 4x_{11} + 8x_{12} + \cdots + 10x_{51} + 6x_{55}$$

$$\text{s.t.} \begin{cases} \sum_{i=1}^{5} x_{ij} = 1 \ (j=1,2,\cdots,5) \\ \sum_{j=1}^{5} x_{ij} = 1 \ (i=1,2,\cdots,5) \\ x_{ij} = 0 \text{ 或 } 1 \ (i,j=1,2,\cdots,5) \end{cases}$$

二、匈牙利解法

從上述數學模型可知,標準的分配問題是一類特殊的整數規劃問題,又是特殊的 0-1 規劃問題和特殊的運輸問題,因此,它可以用多種相應的解法來求解。但是,這些解法都沒有充分利用分析問題的特殊性質,無法有效地減少其計算量。1955 年,庫恩(W. W. Kuhn)利用匈牙利數學家康尼格(D. Konig)的關於矩陣中獨立零元素的定理,提出瞭解指派問題的一種算法,習慣上稱之為匈牙利解法。匈牙利解法利用了分配問題最優解的以下性質:若從指派問題的系數矩陣 $C=(c_{ij})_{n \times n}$ 的某行(或某列)各元素分別減去一個常數 k,得到一個新的矩陣 $C'=(c'_{ij})_{n \times n}$,則以 C' 和 C 為系數矩陣的兩個指派問題有相同的最優解。這個性質是容易理解的。因為系數矩陣的這種變化並不影響數學模型的約束方程組,而只是使目標函數值減少了常數 k,所以,最優解並不改變。

考察分配問題的數學模型,將目標函數的系數 $C_{ij}(i,j=1,2,\cdots,n)$ 排成下列矩陣:

$$(C_{ij}) = \begin{bmatrix} c_{11} & c_{12} & \cdots & c_{1n} \\ c_{21} & c_{22} & \cdots & c_{2n} \\ \cdots & \cdots & \cdots & \cdots \\ c_{n1} & c_{n2} & \cdots & c_{nn} \end{bmatrix}$$

將其稱為分配問題的效益矩陣。它有下列兩個基本性質：

(1) 從效益矩陣 C_{ij} 的第 k 行(或第 k 列)的每個元素中減去一個常數 a，得到矩陣 C'_{ij}，其表示分配問題與原問題具有相同的最優解。

設從 C_{ij} 的第 k 行各元素減去常數 a，得到 C'_{ij}：

$$C'_{ij} = \begin{cases} c_{ij} & (i = k) \\ c_{ij} - a & (i \neq k) \end{cases}$$

因為對於任意可行解 (x_{ij}) 有 $\sum_{j=1}^{n} x_{ij} = 1$ $(i = 1, 2, \cdots, n)$

因此
$$Z' = \sum_{i=1}^{n} \sum_{j=1}^{n} c'_{ij} x_{ij} = \sum_{\substack{i=1 \\ i \neq k}}^{n} \sum_{j=1}^{n} c_{ij} x_{ij} + \sum_{j=1}^{n} (c_{kj} - a) x_{kj}$$

$$= \sum_{\substack{i=1 \\ i \neq k}}^{n} \sum_{j=1}^{n} c_{ij} x_{ij} + \sum_{j=1}^{n} c_{kj} x_{kj} - \sum_{j=1}^{n} a x_{kj}$$

$$= \sum_{i=1}^{n} \sum_{j=1}^{n} c_{ij} x_{ij} - a \sum_{j=1}^{n} x_{kj} = \sum_{i=1}^{n} \sum_{j=1}^{n} c_{ij} x_{ij} - a$$

$$Z' = Z - a$$

$$\min Z' = \sum_{i=1}^{n} \sum_{j=1}^{n} c'_{ij} x_{ij}$$

由
$$\text{s.t.} \begin{cases} \sum_{i=1}^{n} x_{ij} = 1 & (j = 1, 2 \cdots, n) \\ \sum_{j=1}^{n} x_{ij} = 1 & (i = 1, 2 \cdots, n) \\ x_{ij} = 1 & (i, j = 1, 2, \cdots, n) \end{cases}$$

構成一個分配問題，其效益矩陣 C'_{ij} 稱為縮減效益矩陣，由 $Z' = Z - a$ 可知，兩個分配問題的目標函數只相差一個常數。這樣，在同樣的約束條件下，兩個分配問題具有相同的最優解。

同樣可以得到，從 C_{ij} 的第 k 列中的每個元素減去一個常數 b，得到的效益矩陣 C''_{ij} 所表示的分配問題也與原問題具有相同的最優解。

根據這一性質，我們可以將求解效益矩陣 C_{ij} 的分配問題轉化成求解效益矩陣 C'_{ij} 的分配問題。這裡 C'_{ij} 是由 C_{ij} 的各行、各列中分別減去該行、該列的最小元素而得到的。不難看出，C_{ij} 中的每行、每列中至少有一個零元素。

若這些零元素分佈在效益矩陣的不同行和不同列上，則稱這些零元素為獨立的零元素。

若得到了獨立的零元素，且這些零元素的個數恰好等於效益矩陣的階數，則將獨立零元素所在位置對應的 x_{ij} 取 1，將其餘變量取為 0，這時，就找到了分配問題的最優解。

若沒有得到獨立的零元素，或者獨立零元素的個數小於效益矩陣的階數，則必須尋找某種方法繼續縮減效益矩陣，直至找到的獨立零元素的個數等於效益矩陣的階數為止，並稱此獨立零元素對應的效益矩陣為全分配矩陣。

所以說，分配問題求解的關鍵是如何調整效益矩陣，使之成為全分配矩陣。

(2) 若方陣中的一部分元素為零，一部分元素非零，則覆蓋方陣內所有零元素的最少直線數，等於矩陣中獨立零元素的最多個數。

根據以上兩個性質，將匈牙利解法的一般步驟歸納如下：
第一步：將原分配問題的收益矩陣 C_{ij} 進行變換，得矩陣 C'_{ij}，使各行各列中都出現零元素，其方法如下。
(1) 從效益矩陣 C_{ij} 的每行元素中減去該行的最小元素。
(2) 從所得效益矩陣的每列元素中減去該列的最小元素。
第二步：進行試分配，求初始分配方案，按以下步驟進行。
(1) 從零元素最少的行（或列）開始，給這個零元素加圈，記作 ⊖，然後劃去該零元素所在列（或行）的其他零元素，記作 φ。
(2) 給只有一個零元素的列（或行）中的零元素加圈 ⊖，然後劃去該零元素所在行（或列）的零元素，記作 φ。
(3) 反覆進行(1)、(2)兩步，直到所有零元素都被加圈或劃去為止。
(4) 若仍有沒有畫圈或劃去的零元素，且同行（或列）的零元素至少有兩個，這時可用不同的方案去試探，從剩有零元素最少的行（或列）開始，比較該行各元素所在列中零元素的數目，選擇零元素較少的那列的這個零元素加圈，然後劃去同列同行的其他零元素，如此反覆進行，直到所有的零元素都已圈出或劃去。
(5) 若 ⊖ 元素的數目 m 等於矩陣的階數 n，則這個分配問題的最優解已得到。令畫圈處的變量 $x_{ij}=1$，其餘變量 $x_{ij}=0$ 即為所求的最優解；若 $m<n$，則轉入下一步。
第三步：尋找覆蓋所有零元素的最少直線，以確定該矩陣中能找到的最多的獨立零元素的個數，為此按以下步驟進行。
(1) 對沒有 ⊖ 的行打「√」。
(2) 在已打「√」的行中所有含 φ 元素的列打「√」。
(3) 再對打「√」的列中含有 ⊖ 元素的行打「√」。
(4) 重複(2)和(3)，直到得不出新的打「√」的行、列為止。
(5) 對沒有打「√」的行畫一橫線，對打「√」的列畫一垂線，這樣就得到了覆蓋所有零元素的最少直線數。

令這些直線數為 l，若 $l<n$，說明必須再變換當前的矩陣，才能找到 n 個獨立零元素，則轉第四步；若 $l=n$，而 $m<n$，則返回第三步中的第(4)步進行試探。
第四步：調整 C'_{ij}，使之增加一些零元素，為此按如下步驟進行。
(1) 在沒有被直線覆蓋的元素中，找出最小元素 θ。
(2) 在沒有被直線覆蓋的元素中，減去這個最小元素 θ。
(3) 在被兩條直線覆蓋（橫線和縱線交叉處）的元素加上這個最小元素 θ。
(4) 被一條直線覆蓋（橫線和縱線）的元素不變。
得到新的縮減矩陣 C''_{ij}，再返回第二步。

【**例 4-16**】 下面根據匈牙利解法來解例 4-15。
已知例 4-15 指派問題的系數矩陣為：

$$(C_{ij}) = \begin{pmatrix} 4 & 8 & 7 & 15 & 12 \\ 7 & 9 & 17 & 14 & 10 \\ 6 & 9 & 12 & 8 & 7 \\ 6 & 7 & 14 & 6 & 10 \\ 6 & 9 & 12 & 10 & 6 \end{pmatrix}$$

先對各行元素分別減去本行的最小元素，然後對各列也如此，即

$$(C'_{ij}) \rightarrow \begin{pmatrix} 0 & 4 & 3 & 11 & 8 \\ 0 & 2 & 10 & 7 & 3 \\ 0 & 3 & 6 & 2 & 1 \\ 0 & 1 & 8 & 0 & 4 \\ 0 & 3 & 6 & 4 & 0 \end{pmatrix} \rightarrow \begin{pmatrix} 0 & 3 & 0 & 11 & 8 \\ 0 & 1 & 7 & 7 & 3 \\ 0 & 2 & 3 & 2 & 1 \\ 0 & 0 & 5 & 0 & 4 \\ 0 & 2 & 3 & 4 & 0 \end{pmatrix}$$

此時，C'_{ij} 中各行和各列都已出現零元素。

為了確定 C'_{ij} 中的獨立零元素，對 C'_{ij} 加圈，即

$$(C'_{ij}) = \begin{pmatrix} \varphi & 3 & \Theta & 11 & 8 \\ \Theta & 1 & 7 & 7 & 3 \\ \varphi & 2 & 3 & 2 & 1 \\ \varphi & \Theta & 5 & \varphi & 4 \\ \varphi & 2 & 3 & 4 & \Theta \end{pmatrix}$$

由於只有 4 個獨立零元素，少於係數矩陣階數 $n=5$，故需要確定能覆蓋所有零元素的最少直線數目的直線集合。採用步驟 2 中的方法，結果如下：

$$(C'_{ij}) = \begin{pmatrix} \varphi & 3 & \Theta & 11 & 8 \\ \Theta & 1 & 7 & 7 & 3 \\ \varphi & 2 & 3 & 2 & 1 \\ \varphi & \Theta & 5 & \varphi & 4 \\ \varphi & 2 & 3 & 4 & \Theta \end{pmatrix} \begin{matrix} \\ \\ \checkmark \\ \checkmark \\ \\ \end{matrix}$$

$\qquad\qquad\qquad\qquad\qquad\checkmark$

為了使 C'_{ij} 中未被直線覆蓋的元素中出現零元素，將第二行和第三行中各元素都減去未被直線覆蓋的元素中的最小元素 1。但這樣一來，第一列中出現了負元素。為了消除負元素，再對第一列各元素分別加上 1，即

$$(C'_{ij}) \to \begin{pmatrix} 0 & 3 & 0 & 11 & 8 \\ -1 & 0 & 6 & 6 & 2 \\ -1 & 1 & 2 & 1 & 0 \\ 0 & 0 & 5 & 0 & 4 \\ 0 & 2 & 3 & 4 & 0 \end{pmatrix} \to \begin{pmatrix} 1 & 3 & 0 & 11 & 8 \\ 0 & 0 & 6 & 6 & 2 \\ 0 & 1 & 2 & 1 & 0 \\ 1 & 0 & 5 & 0 & 4 \\ 1 & 2 & 3 & 4 & 0 \end{pmatrix} = (C''_{ij})$$

回到步驟 2，對 C''_{ij} 加圈：

$$(C''_{ij}) = \begin{pmatrix} 1 & 3 & \Theta & 11 & 8 \\ \varphi & \Theta & 6 & 6 & 2 \\ \Theta & 1 & 2 & 1 & \varphi \\ 1 & \varphi & 5 & \Theta & 4 \\ 1 & 2 & 3 & 4 & \Theta \end{pmatrix}$$

C''_{ij} 中已有 5 個獨立零元素，故可確定指派問題的最優指派方案。本例的最優解為

$$X^* = \begin{pmatrix} 0 & 0 & 1 & 0 & 0 \\ 0 & 1 & 0 & 0 & 0 \\ 1 & 0 & 0 & 0 & 0 \\ 0 & 0 & 0 & 1 & 0 \\ 0 & 0 & 0 & 0 & 1 \end{pmatrix}$$

也就是說，最優指派方案是：讓 A_1 承建 B_3，A_2 承建 B_2，A_3 承建 B_1，A_4 承建 B_4，A_5 承建 B_5。這樣安排能使總的建造費用最少，即 $7+9+6+6+6=34$（萬元）。

三、非標準形式的分配問題

在實際應用中，常會遇到各種非標準形式的分配問題。通常的處理方法是先將它們轉化為標準形式，然後再用匈牙利解法求解。

1. 人員數與任務數不等

在實際工作中，我們還會遇到人數少於工作或工作少於人數的分配問題，我們稱這類問題為不

平衡分配問題。對於不平衡分配問題，可依照運輸問題中的處理方法，先將問題化為平衡分配問題，再按匈牙利法求解。

若人少任務多，則添上一些虛擬的「人」，這些虛擬的「人」做各事的費用系數可取 0；若人多任務少，則添上一些虛擬的「事」，這些虛擬的「事」被各人做的費用也取 0；可理解為這些虛擬「人」做各事的費用和虛擬「事」被人做的費用實際不會發生。若某個人可做幾件事，則可將該人化作相同的幾個「人」來接受指派。同一件事的費用系數當然都一樣。

有 m 個人要完成 n 項工作，若 $m>n$，則增添 $m-n$ 列補足方陣；若 $n>m$，則增添 $n-m$ 行補足方陣。由於增添的行或列都是虛構的，因此虛費用 $c_{ij}=0$。補足後的方陣直接用匈牙利法求解，最優指派結果應去掉虛行(或列)。其數學模型如下：

(1) 當 $m>n$ 時，有

$$\min Z = \sum_{i=1}^{n}\sum_{j=1}^{n} c_{ij} x_{ij}$$

$$\text{s. t.} \begin{cases} \sum_{j=1}^{n} x_{ij} \leqslant 1 & (i=1,2\cdots,m) \\ \sum_{i=1}^{n} x_{ij} = 1 & (j=1,2\cdots,n) \\ x_{ij} = 1 \text{ 或 } x_{ij} = 0 \end{cases}$$

(2) 當 $n>m$ 時，有

$$\min Z = \sum_{i=1}^{n}\sum_{j=1}^{n} c_{ij} x_{ij}$$

$$\text{s. t.} \begin{cases} \sum_{j=1}^{n} x_{ij} = 1 & (i=1,2\cdots,m) \\ \sum_{i=1}^{n} x_{ij} \leqslant 1 & (j=1,2\cdots,n) \\ x_{ij} = 1 \text{ 或 } x_{ij} = 0 \end{cases}$$

【例 4-17】 對於例 4-15 的分配問題，為了保證工程質量，經研究決定，捨棄建築公司 A_4 和 A_5，而讓技術力量較強的建築公司 A_1，A_2 和 A_3 來承建。根據實際情況，可以允許每家建築公司承建一家或兩家商店。求使總費用最少的指派方案。

反應投標費用的系數矩陣為

$$\begin{array}{c c c c c c} & B_1 & B_2 & B_3 & B_4 & B_5 \end{array}$$
$$\begin{bmatrix} 4 & 8 & 7 & 15 & 12 \\ 7 & 9 & 17 & 14 & 10 \\ 6 & 9 & 12 & 8 & 7 \end{bmatrix} \begin{array}{l} A_1 \\ A_2 \\ A_3 \end{array}$$

由於每家建築公司最多可承建兩家商店，因此，把每家建築公司化作相同的兩家建築公司(A_i 和 A_i'，$i=1,2,3$)。這樣，系數矩陣變為

$$\begin{array}{c c c c c c} & B_1 & B_2 & B_3 & B_4 & B_5 \end{array}$$
$$\begin{bmatrix} 4 & 8 & 7 & 15 & 12 \\ 4 & 8 & 7 & 15 & 12 \\ 7 & 9 & 17 & 14 & 10 \\ 7 & 9 & 17 & 14 & 10 \\ 6 & 9 & 12 & 8 & 7 \\ 6 & 9 & 12 & 8 & 7 \end{bmatrix} \begin{array}{l} A_1 \\ A_1' \\ A_2 \\ A_2' \\ A_3 \\ A_3' \end{array}$$

上面的系數矩陣有 6 行 5 列，為了使「人」和「事」的數目相同，引入一件虛事 B_6，使之成為標準分配問題的系數矩陣：

$$C = \begin{bmatrix} 4 & 8 & 7 & 15 & 12 & 0 \\ 4 & 8 & 7 & 15 & 12 & 0 \\ 7 & 9 & 17 & 14 & 10 & 0 \\ 7 & 9 & 17 & 14 & 10 & 0 \\ 6 & 9 & 12 & 8 & 7 & 0 \\ 6 & 9 & 12 & 8 & 7 & 0 \end{bmatrix} \begin{array}{l} A_1 \\ A_1' \\ A_2 \\ A_2' \\ A_3 \\ A_3' \end{array}$$

用匈牙利解法解以 C 為系數矩陣的最小化分配問題，得最優分配方案為由 A_1 承建 B_1 和 B_3，A_2 承建 B_2，A_3 承建 B_4 和 B_5。這樣，總的建造費用最省，為 $4+7+9+8+7=35$（萬元）。

【例 4-18】 機器 A_1, A_2 和 A_3 加工零件 B_1, B_2, B_3, B_4 的費用矩陣為

$$\begin{bmatrix} 4 & 3 & 8 & 10 \\ 5 & 4 & 9 & 13 \\ 7 & 3 & 6 & 12 \end{bmatrix}$$

每臺機器至多可加工二個零件，試建立最優分配問題數學模型。

解：這是一個非標準形的指派模型，需要將其轉化為標準型。我們可以將每臺機器 A_i 拆成兩臺機器 A_i', A_i''，它們加工零件 B_j 的成本是一樣的，於是得矩陣

$$C_{ij} = \begin{bmatrix} 4 & 3 & 8 & 10 \\ 4 & 3 & 8 & 10 \\ 5 & 4 & 9 & 13 \\ 5 & 4 & 9 & 13 \\ 7 & 3 & 6 & 12 \\ 7 & 3 & 6 & 12 \end{bmatrix}$$

上述矩陣行數和列數不同，因此虛設兩個零件 B_5 和 B_6。考慮到機器 $A_i(i=1,2,3)$ 必須加工 B_1, B_2, B_3, B_4 中的一個，因此取 $c_{i5}=c_{i6}=0(i=1,3,5)$，取 $c_{k5}=c_{k6}=M(k=2,4,6)$，M 為一任意足夠大的正整數，從而得最優分配問題的費用矩陣 C 如下：

$$C = \begin{bmatrix} 4 & 3 & 8 & 10 & 0 & 0 \\ 4 & 3 & 8 & 10 & M & M \\ 5 & 4 & 9 & 13 & 0 & 0 \\ 5 & 4 & 9 & 13 & M & M \\ 7 & 3 & 6 & 12 & 0 & 0 \\ 7 & 3 & 6 & 12 & M & M \end{bmatrix}$$

最優分配問題數學模型如下：

$$\min z = \sum_{i=1}^{6} \sum_{j=1}^{6} c_{ij} \cdot x_{ij}$$

$$\text{s.t.} \begin{cases} \sum_{j=1}^{6} x_{ij} = 1 (i=1,2,3,4,5,6) \\ \sum_{i=1}^{6} x_{ij} = 1 (j=1,2,3,4,5,6) \\ x_{ij} = 0 \text{ 或 } 1 (i,j=1,2,3,4,5,6) \end{cases}$$

2. 最大化指派問題

以上的討論僅限於目標函數為極小化的分配問題，對於目標函數為極大化分配問題：

$$\max Z = \sum_{i=1}^{n} \sum_{j=1}^{n} c_{ij} x_{ij}$$

$$\text{s.t.} \begin{cases} \sum_{j=1}^{n} x_{ij} = 1 (i=1,2\cdots,n) \\ \sum_{i=1}^{n} x_{ij} = 1 (j=1,2\cdots,n) \\ x_{ij} = 0 \text{ 或 } 1 (i,j=1,2\cdots,n) \end{cases}$$

可以令 $c_{ij}'=M-c_{ij}(i,j=1,2,\cdots,n)$，其中，$M$ 是足夠大的正數（選 c_{ij} 中最大元素作為 M 即可），可以將最大化問題轉化為如下形式：

$$\min Z' = \sum_{i=1}^{n}\sum_{j=1}^{n} c'_{ij} x_{ij}$$

$$\text{s.t.} \begin{cases} \sum_{j=1}^{n} x_{ij} = 1 (i=1,2\cdots,n) \\ \sum_{i=1}^{n} x_{ij} = 1 (j=1,2\cdots,n) \\ x_{ij} = 0 \text{ 或 } 1 \quad (i,j=1,2\cdots,n) \end{cases}$$

此時，$c'_{ij} \geq 0$，可以用匈牙利法求解，此問題與極大目標函數的原問題具有相同的最優解，因為 $c'_{ij} = M - c_{ij}(i,j=1,2,\cdots,n)$，所以有

$$Z' = \sum_{i=1}^{n}\sum_{j=1}^{n} c'_{ij} x_{ij} = \sum_{i=1}^{n}\sum_{j=1}^{n} (M - c_{ij}) x_{ij}$$

$$= \sum_{i=1}^{n}\sum_{j=1}^{n} M x_{ij} - \sum_{i=1}^{n}\sum_{j=1}^{n} c_{ij} x_{ij} = nM - \sum_{i=1}^{n}\sum_{j=1}^{n} c_{ij} x_{ij}$$

式中，nM 為常數，因此當 $\sum_{i=1}^{n}\sum_{j=1}^{n} c'_{ij} x_{ij}$ 取最小時，$\sum_{i=1}^{n}\sum_{j=1}^{n} c_{ij} x_{ij}$ 為最大。

【例 4-19】 某地區從電網中分配得到電力共 6 萬千瓦，可用於工業，而該地區有機械、化工、輕紡、建材四大部類。各部類獲得電力以後，可以為該地區提供的利潤如表 4-20 所示，問應該如何分配電力可使該地區所獲得的利潤達到最大？

表 4-20　電力分配情況

電力	部類			
	機械	化工	輕紡	建材
1	3	5	4	5
2	6	7	6	8
3	8	9	8	10
4	10	10	9	11
5	12	11	10	12
6	13	12	11	13

解：這是一個電力分配問題，我們可以將 1 萬、2 萬、$\cdots$、6 萬千瓦的電力看作 6 種不同的資源，則問題就可以看成將 6 種資源用於 4 種生產活動的資源分配問題，可以採用匈牙利法求解。

顯然，此問題是一個非平衡的分配問題，虛設兩個工業源，而令虛設的部類為該地區提供的利潤為零，即可得到平衡分配問題的利潤矩陣 (c_{ij})：

$$(c_{ij}) = \begin{bmatrix} 3 & 5 & 4 & 5 & 0 & 0 \\ 6 & 7 & 6 & 8 & 0 & 0 \\ 8 & 9 & 8 & 10 & 0 & 0 \\ 10 & 10 & 9 & 11 & 0 & 0 \\ 12 & 11 & 10 & 12 & 0 & 0 \\ 13 & 12 & 11 & 13 & 0 & 0 \end{bmatrix}$$

目標函數為 $\max Z = \sum_{i=1}^{6}\sum_{j=1}^{6} c_{ij} x_{ij}$

將目標函數變換成極小化問題：

$$\min Z' = \max Z = \sum_{i=1}^{6}\sum_{j=1}^{6} (M - c_{ij}) x_{ij} = \sum_{i=1}^{6}\sum_{j=1}^{6} c'_{ij} x_{ij}$$

為了計算方便,可取 M 為 (c_{ij}) 中最大的元素,即 $M=13$,先將 c'_{ij} 變換為

$$(c'_{ij}) = \begin{bmatrix} 10 & 8 & 9 & 8 & 13 & 13 \\ 7 & 6 & 7 & 5 & 13 & 13 \\ 5 & 4 & 5 & 3 & 13 & 13 \\ 3 & 3 & 4 & 2 & 13 & 13 \\ 1 & 2 & 3 & 1 & 13 & 13 \\ 0 & 12 & 2 & 0 & 13 & 13 \end{bmatrix}$$

再進行試分配得

$$(c'_{ij}) = \begin{bmatrix} 2 & \varphi & \varphi & \varphi & \varphi & \Theta \\ 2 & 1 & 1 & \Theta & 3 & 3 \\ 2 & 1 & 1 & \varphi & 5 & 5 \\ 1 & 1 & 1 & \varphi & 6 & 6 \\ \Theta & 1 & 1 & \varphi & 7 & 7 \\ \varphi & 1 & 1 & \varphi & 8 & 8 \end{bmatrix} \begin{matrix} \\ \checkmark \\ \checkmark \\ \checkmark \\ \\ \checkmark \end{matrix}$$

再畫線,得最少直線數 $l=3<6$(矩陣階數),故需調整,先求出未被直線覆蓋的最小元素 $\theta=1$,調整得

$$(c'_{ij}) = \begin{bmatrix} 3 & \varphi & \varphi & \varphi & \varphi & \Theta \\ 2 & \varphi & \varphi & \Theta & 2 & 2 \\ 2 & \varphi & \Theta & \varphi & 4 & 4 \\ 1 & \Theta & \varphi & \varphi & 5 & 5 \\ \Theta & \varphi & \varphi & \varphi & 6 & 6 \\ \varphi & \varphi & \varphi & \varphi & 7 & 7 \end{bmatrix} \begin{matrix} \checkmark \\ \checkmark \\ \checkmark \\ \checkmark \\ \checkmark \\ \checkmark \end{matrix}$$

再畫線,得最少直線數 $l=5<6$(矩陣階數),故需調整,先求出未被直線覆蓋的最小元素 $\theta=2$,調整得

$$(c'_{ij}) = \begin{bmatrix} 5 & 2 & 2 & 3 & \varphi & \Theta \\ 2 & \varphi & \varphi & \varphi & \Theta & \varphi \\ 2 & \varphi & \varphi & \Theta & 2 & 2 \\ 1 & \varphi & \Theta & \varphi & 3 & 3 \\ \varphi & \Theta & \varphi & \varphi & 4 & 4 \\ \Theta & \varphi & \varphi & \varphi & 5 & 5 \end{bmatrix}$$

再分配,即得最優解:$x_{16}=x_{25}=x_{34}=x_{43}=x_{52}=x_{61}=1$。
其餘 $x_{ij}=0$,最優值為 $Z^*=10\times1+9\times1+11\times1+13\times1=43$(萬元)。

3. 某事一定不能由某人做的指派問題

若某事一定不能由某個人做,則可將相應的費用係數取作足夠大的數 M。

【例 4-20】 甲、乙、丙、丁 4 個人去完成 5 項任務:A,B,C,D,E,每人完成各項任務時間如表 4-21 所示,由於任務數多於人數,考慮:

(1) 任務 E 必須完成,其他 4 項任務可選 3 項完成,但甲不能做 A 工作;

(2) 其中有人完成兩項,其他人每人完成一項。

試分別確定花費時間最少的指派方案。

表 4-21　任務、人員情況表

人員	任務				
	A	B	C	D	E
甲	25	29	31	42	37
乙	39	38	28	20	33
丙	34	27	28	40	32
丁	24	42	36	23	45

解：這是人數與任務不等的指派問題，需作處理。

(1) 由於任務數大於人數，因此需要有一個虛擬的人，設為戊；因為工作 E 必須完成，故設戊完成 E 的時間為 M（任意大），即戊不能做工作 E，其他假想時間為 0，建立新的效率矩陣：

$$\begin{bmatrix} M & 29 & 31 & 42 & 37 \\ 39 & 38 & 26 & 20 & 33 \\ 34 & 27 & 28 & 40 & 32 \\ 24 & 42 & 36 & 23 & 45 \\ 0 & 0 & 0 & 0 & M \end{bmatrix}$$

進行變換得

$$\begin{bmatrix} M & 0 & 2 & 13 & 3 \\ 19 & 18 & 6 & 0 & 8 \\ 7 & 0 & 1 & 13 & 0 \\ 1 & 19 & 13 & 0 & 17 \\ 0 & 0 & 0 & 0 & M \end{bmatrix} \Rightarrow \begin{bmatrix} M & 0 & 2 & 13 & 8 \\ 19 & 18 & 6 & 0 & 13 \\ 7 & 0 & 1 & 13 & 5 \\ 1 & 19 & 13 & 0 & 22 \\ 0 & 0 & 0 & 0 & M \end{bmatrix}$$

進行調整，最終得最優解：

$$\begin{bmatrix} 0 & 1 & 0 & 0 & 0 \\ 0 & 0 & 0 & 1 & 0 \\ 0 & 0 & 0 & 0 & 1 \\ 1 & 0 & 0 & 0 & 0 \\ 0 & 0 & 1 & 0 & 0 \end{bmatrix}$$

即最優解為：$x_{12}=x_{24}=x_{35}=x_{41}=x_{53}=1$，其餘為 0。

也就是甲做 B，乙做 D，丙做 E，丁做 A 工作。最優值為 $29+20+32+24=105$。

(2) 其中有人完成兩項，其他人每人完成一項。設虛擬人戊，它集 5 人優勢為一身，即戊的費用最低，戊所做的工作即為此項工作的費用最低者的工作，得新的效率矩陣：

$$\begin{bmatrix} 25 & 29 & 31 & 42 & 37 \\ 39 & 38 & 26 & 20 & 33 \\ 34 & 27 & 28 & 40 & 32 \\ 24 & 42 & 36 & 23 & 45 \\ 24 & 27 & 26 & 20 & 32 \end{bmatrix}$$

進行變換得

$$\begin{bmatrix} 0 & 4 & 6 & 17 & 12 \\ 19 & 18 & 6 & 0 & 13 \\ 7 & 0 & 1 & 13 & 5 \\ 1 & 19 & 13 & 0 & 22 \\ 4 & 7 & 6 & 0 & 12 \end{bmatrix} \Rightarrow \begin{bmatrix} 0 & 4 & 5 & 17 & 7 \\ 19 & 18 & 5 & 0 & 8 \\ 7 & 0 & 0 & 13 & 0 \\ 1 & 19 & 12 & 0 & 12 \\ 4 & 7 & 5 & 0 & 7 \end{bmatrix}$$

進行調整，最終得最優解：

$$\begin{bmatrix} 0 & 1 & 0 & 0 & 0 \\ 0 & 0 & 1 & 0 & 0 \\ 0 & 0 & 0 & 0 & 1 \\ 1 & 0 & 0 & 0 & 0 \\ 0 & 0 & 0 & 1 & 0 \end{bmatrix}$$

即最優解為：$x_{12}=x_{23}=x_{35}=x_{41}=x_{54}=1$，其餘為 0，也就是甲做 B，乙做 C 和 D，丙做 E，丁做 A，最優值為 $29+26+32+24+20=131$。

【例 4-21】 A,B,C,D,E 5 個人，挑選其中 4 人去完成 4 項工作。已知每人完成各項工作的時間如表 4-22 所示，規定每項工作只能由一個人去完成，每人最多承擔一項工作，又假定 A 必須分配到一項工作，D 因某種原因決定不承擔 Ⅳ 項工作。問應如何分配，才能使完成 4 項工作總的花費時間最少？

表 4-22 任務、人員情況表

任務	人員				
	A	B	C	D	E
Ⅰ	10	2	3	15	9
Ⅱ	5	10	15	2	4
Ⅲ	15	5	14	7	15
Ⅳ	20	15	13	6	8

解：這是人數與任務不等的指派問題，需作處理由於任務數少於人數，故假想有一個工作 V，因為 A 必須分配工作，故設 A 完成 V 的時間為 M（任意大），即 A 不能做工作 V，其他假想時間為 0，建立新的效率矩陣：

$$\begin{bmatrix} 10 & 2 & 3 & 15 & 9 \\ 5 & 10 & 15 & 2 & 4 \\ 15 & 5 & 14 & 7 & 15 \\ 20 & 15 & 13 & M & 8 \\ M & 0 & 0 & 0 & 0 \end{bmatrix}$$

進行變換得

$$\begin{bmatrix} 8 & 0 & 1 & 13 & 7 \\ 3 & 8 & 13 & 0 & 2 \\ 10 & 0 & 9 & 2 & 10 \\ 12 & 7 & 5 & M & 0 \\ M & 0 & 0 & 0 & 0 \end{bmatrix} \Rightarrow \begin{bmatrix} 5 & 0 & 1 & 13 & 7 \\ 0 & 8 & 13 & 0 & 2 \\ 7 & 0 & 9 & 2 & 10 \\ 9 & 7 & 5 & M & 0 \\ M & 0 & 0 & 0 & 0 \end{bmatrix}$$

進行調整，最終得最優解：

$$\begin{bmatrix} 0 & 0 & 1 & 0 & 0 \\ 1 & 0 & 0 & 0 & 0 \\ 0 & 1 & 0 & 0 & 0 \\ 0 & 0 & 0 & 0 & 1 \\ 0 & 0 & 0 & 1 & 0 \end{bmatrix}$$

即最優解為 $x_{13}=x_{21}=x_{32}=x_{45}=x_{54}=1$，其餘為 0，也就是 A 做 Ⅱ，B 做 Ⅲ，C 做 Ⅰ，E 做 Ⅳ 工作，D 不分配。最優值為 $5+5+3+0+8=21$。

思考與練習

1. 用分支定界法解下列整數規劃。

(1) $\max z = 40x_1 + 90x_2$
s.t. $\begin{cases} 9x_1 + 7x_2 \leq 56 \\ 7x_1 + 20x_2 \geq 70 \\ 0 \leq x_1 \leq 4, x_2 \geq 0, \text{且為整數} \end{cases}$

(2) $\max z = 3x_1 + 13x_2$
s.t. $\begin{cases} 2x_1 + 9x_2 \leq 40 \\ 11x_1 - 8x_2 \leq 82 \\ x_1, x_2 \geq 0, \text{且為整數} \end{cases}$

2. 用割平面法解下列整數規劃。

(1) $\max Z = 2x_1 + x_2$
s.t. $\begin{cases} 4x_1 + 2x_2 \leq 14 \\ 2x_1 + x_2 \leq 10 \\ x_1, x_2 \geq 0 \text{ 且為整數} \end{cases}$

(2) $\min Z = 2x_1 + 3x_2$
s.t. $\begin{cases} x_1 + 2x_2 \geq 9 \\ 2x_1 + x_2 \geq 10 \\ x_1, x_2 \geq 0 \text{ 且為整數} \end{cases}$

3. 用隱枚舉法解下列 0-1 型整數規劃。

(1) $\max z = 3x_1 - 2x_2 + 5x_3$
s.t. $\begin{cases} x_1 + 2x_2 - x_3 \leq 2 \\ x_1 + 4x_2 + x_3 \leq 4 \\ x_1 + x_2 \leq 3 \\ 4x_2 + x_3 \leq 6 \\ x_1, x_2, x_3 = 0 \text{ 或 } 1 \end{cases}$

(2) $\max z = 4x_1 + 3x_2 + 2x_3$
s.t. $\begin{cases} 2x_1 - 5x_2 + 3x_3 \leq 4 \\ 4x_1 + x_2 + 3x_3 \geq 3 \\ x_1 + x_3 \geq 1 \\ x_1, x_2, x_3 = 0 \text{ 或 } 1 \end{cases}$

4. 某公司擬在市東、西、南三區建立門市部,擬議中有 7 個位置(點) $A_i (i=1,2\cdots,7)$ 可供選擇,並要求:

(1) 在東區,在 A_1, A_2, A_3 三個點中至多選兩個;
(2) 在西區,在 A_4, A_5 兩個點中至少選一個;
(3) 在南區,在 A_6, A_7 兩個點中只能選一個。

如選用 A_i 點,設備投資估計為 b_i 萬元,每年可獲得利潤估計為 c_i 萬元,但投資總額不能超過 B 萬元,問應選擇哪幾個點可使年利潤最大?試建立此問題的 0-1 規劃模型。

5. 女子體操團體賽規定:

(1) 每個代表隊由 5 名運動員組成,比賽項目是高低杠、平衡木、跳馬及自由體操。
(2) 每個運動員最多只能參加 3 個項目並且每個項目只能參賽一次;
(3) 每個項目至少要有人參賽一次,並且總的參賽人次數等於 10;
(4) 每個項目採用 10 分制記分,將 10 次比賽的得分求和,按其得分高低排名,分數越高成績越好。

已知代表隊 5 名運動員各單項的預賽成績如表 4-23 所示。問怎樣安排運動員的參賽項目使團體總分最高,試建立該問題的數學模型。

表 4-23 預賽成績表

人員	項目			
	高低杠	平衡木	跳馬	自由體操
甲	8.6	9.7	8.9	9.4
乙	9.2	8.3	8.5	8.1
丙	8.8	8.7	9.3	9.6
丁	8.5	7.8	9.5	7.9
戊	8.0	9.4	8.2	7.7

6. 籃球隊需要選擇 5 名隊員組成出場陣容比賽。8 名隊員的身高及擅長位置見表 4-24。

表 4-24　隊員身高及擅長位置表

隊員	1	2	3	4	5	6	7	8
身高 米	1.92	1.90	1.88	1.86	1.85	1.83	1.80	1.78
擅長位置	中鋒	中鋒	前鋒	前鋒	前鋒	後衛	後衛	後衛

出場陣容應滿足以下條件：
(1) 必須且只有一名中鋒上場。
(2) 至少有一名後衛。
(3) 若 1 或 4 號上場，則 6 號不出場；反之若 6 號上場，則 1 號和 4 號均不出場。
(4) 2 號和 8 號至少有一個不出場。
問應當選擇哪 5 名隊員上場，才能使出場隊員平均身高最高，試建立數學模型。

7. 解下列系數矩陣的最小化指派問題：

$$(1)\begin{pmatrix} 3 & 8 & 2 & 10 & 3 \\ 8 & 7 & 2 & 9 & 7 \\ 6 & 4 & 2 & 7 & 5 \\ 8 & 4 & 2 & 3 & 5 \\ 9 & 10 & 6 & 9 & 10 \end{pmatrix} \qquad (2)\begin{pmatrix} 3 & 6 & 2 & 6 \\ 7 & 1 & 4 & 4 \\ 3 & 8 & 5 & 8 \\ 6 & 4 & 3 & 7 \\ 5 & 2 & 4 & 3 \\ 5 & 7 & 6 & 2 \end{pmatrix}$$

8. 需要分派 5 人去做 5 項工作，每人做各項工作的能力評分見表 4-25。應如何分派，才能使總得分最高？試分別用匈牙利法和表上作業法求解。

表 4-25　工作、人員情況表

人員\工作	B_1	B_2	B_3	B_4	B_5
A_1	1.3	0.8	0	0	1.0
A_2	0	1.2	1.3	1.3	0
A_3	1.0	0	0	1.2	0
A_4	0	1.05	0	0.2	1.4
A_5	1.0	0.9	0.6	0	1.0

9. 一輛貨車的有效載重量是 20 噸，載貨有效空間為 8 m×2 m×1.5 m。現有六件貨物可供選擇運輸，每件貨物的重量、體積及收入如表 4-26 所示。另外，在貨物 4 和 5 中優先運貨物 5，貨物 1 和 2 不能混裝，貨物 3 和貨物 6 要麼都不裝要麼同時裝。怎樣安排貨物運輸使收入最大？請建立數學模型。

表 4-26　貨車載重情況表

貨物號	1	2	3	4	5	6
重量 噸	6	5	3	4	7	2
體積 立方米	3	7	4	5	6	2
收入 百元	3	7	4	5	8	3

10. 卡車進貨問題(覆蓋問題)。龍運公司目前必須向 5 家用戶送貨，需在用戶 A 處卸下 1 個單位質量的貨物，在用戶 B 處卸下 2 個單位質量的貨物，在用戶 C 處卸下 3 個單位質量的貨物，在用戶

D 處卸下 4 個單位質量的貨物,在用戶 E 處卸下 8 個單位質量的貨物。公司有各種卡車四輛;1 號車載重能力為 2 個單位,2 號車載重能力為 6 個單位,3 號車載重能力為 8 個單位,4 號車載重能力為 11 個單位。每輛車只運貨一次,卡車 j 的一次運費為 c_j。假定一輛卡車不能同時給用戶 A 和 C 二者送貨。同樣,也不能同時用戶 B 和 D 送貨。

(1) 列出整數規劃模型表達式,以確定裝運全部貨物應如何配置卡車,使其運費最小。

(2) 如果卡車 j 只要給用戶 i 運貨時需收附加費 K_{ij}(同卸貨量無關),試述應如何修改這一表達式。

第五章

目標規劃

目標規劃是在線性規劃的基礎上,為滿足經濟管理中多目標決策的需要而逐步發展起來的一個運籌學分支,是實現目標管理這種現代化技術的一個有效工具。

線性規劃問題是討論一個給定的線性目標函數在一組線性約束條件下的最大值或最小值問題。對於一個實際問題,管理科學者根據管理層決策目標的要求,首先確定一個目標函數,以衡量不同決策的優劣,且根據實際問題中的資源、資金和環境等因素對決策的限制提出相應的約束條件,以建立線性規劃模型,然後求出最優方案並作靈敏度分析,以供管理層決策之用。而在一些問題中,決策目標往往不止一個,且模型中有可能存在一些相互矛盾的約束條件,用已有的線性規劃理論和方法無法解決這些問題。

第一節 目標規劃的數學模型

目標規劃的有關概念和模型最早在 1961 年由美國學者 A. 查恩斯和 W. 庫伯在他們合著的《管理模型和線性規劃的工業應用》一書中提出,以後這種模型又先後經尤吉艾里斯等人不斷完善改進。1976 年,伊格尼齊奧發表了《目標規劃及其擴展》一書,系統歸納總結了目標規劃的理論和方法,以解決經濟管理中的多目標決策問題。下面通過例子來說明什麼是目標規劃。

一、目標規劃問題的提出

【例 5-1】 某工廠生產兩種化工產品,受到原材料供應和設備工時的限制。在單件利潤等有關數據已知的條件下,要求制訂一個利潤最大的生產計劃。具體數據見表 5-1。

表 5-1 產品情況表

產品	I	II	限量
原料 /千克	5	10	60
設備工時(小時/件)	4	4	40
利潤(元/件)	6	8	

解:設產品 I 和 II 的產量分別為 x_1 和 x_2。當用線性規劃來描述和解決這個問題時,其數學模型為:

$$\max z = 6x_1 + 8x_2$$
$$\text{s.t.} \begin{cases} 5x_1 + 10x_2 \leqslant 60 \\ 4x_1 + 4x_2 \leqslant 40 \\ x_1, x_2 \geqslant 0 \end{cases}$$

用圖解法或單純形法求解，解得最優生產計劃為 $x_1 = 8, x_2 = 2, z^* = 64$。

從線性規劃的角度來看，問題已經得到了圓滿的解決。但如果站的角度不同，決策的目標也可能不同。

在例 5-1 的基礎上，要求考慮如下意見：

（1）由於產品Ⅱ銷售疲軟，故希望產品Ⅱ的產量不超過產品Ⅰ的一半。
（2）原材料嚴重短缺，生產中應避免過量消耗。
（3）最好能節約 4 小時設備工時。
（4）計劃利潤不少於 48 元。

面對這些意見，管理人員會同有關各方作進一步的協調，最後達成了一致意見：原材料使用限額不得突破；產品Ⅱ產量要求必須優先考慮；設備工時問題其次考慮；最後考慮計劃利潤的要求。對於這樣的多目標問題，線性規劃很難找到一個最優方案，使四個目標同時達到最優。另外，對於多目標問題，還有多個目標存在不同重要程度的因素，而這也是線性規劃無法解決的問題。

線性規劃雖然在實踐中應用廣泛，但存在兩方面不足：一是不能處理多目標優化問題；二是其約束條件過於剛性化，不允許約束資源有絲毫超差。在線性規劃的基礎上，建立了一種新的數學規劃方法——目標規劃法，用於彌補線性規劃的局限性。總的來說，目標規劃和線性規劃的不同之處可以從以下幾點反應出來：

（1）線性規劃只能處理一個目標函數，立足於求滿足所有約束條件的最優解，而在實際問題中，可能存在相互矛盾的約束條件。目標規劃可以在相互矛盾的約束條件下找到滿意解。統籌兼顧地處理多種目標的關係，求得更切合實際要求的解。

（2）線性規劃的約束條件是不分主次地同等對待，而目標規劃可根據實際需要給予輕重緩急的考慮。

（3）目標規劃的最優解指的是盡可能地達到或接近一個或若干個已給定的指標值。

線性規劃的最優解可以說是絕對意義下的最優。為了求得這個最優解，往往要花去大量的人力、物力和財力，而在實際問題中，卻並不一定需要去尋找這種絕對最優解。目標規劃所求的滿意解是指盡可能地達到或接近一個或幾個已給定的指標值，這種滿意解更能滿足實際的需要。因此，可以認為，目標規劃更能確切地描述和解決經濟管理中的許多實際問題。目標規劃的理論和方法已經在經濟計劃、生產管理、經營管理、市場分析、財務管理等方面得到廣泛的應用。

二、目標規劃的基本概念

1. 偏差變量

目標規劃通過引入目標值和正、負偏差變量，可以將目標函數轉化為目標約束。所謂的目標值是指預先給定的某個目標的一個期望值。實現值或決策值是指決策變量 $x_j (j = 1, 2, \cdots, n)$ 選定以後，目標函數的對應值。顯然，實現值和目標值之間會有一定的差異，這種差異稱為偏差變量（事先無法確定和未知量）。

正偏差變量表示決策值超過目標值的部分，記為 d^+，在目標規劃裡規定 $d^+ \geqslant 0$；負偏差變量表示決策值未達到的目標值部分，記為 d^-，在目標規劃裡規定 $d^- \geqslant 0$；因為在一次決策中，決策值不可能既超過目標值，同時又未達到目標值，所以有 $d^+ \times d^- = 0$，並規定 $d^+ \geqslant 0, d^- \geqslant 0$。

在實際計劃工作中，當目標值往往是由上級主管部門或工廠計劃部門預先規定並要求實現的數值，所做的決策可能會出現以下三種情況之一：

(1) 決策值超過了目標值(完成或超額完成規定的計劃利潤指標),則表示 $d^+ \geqslant 0, d^- = 0$。
(2) 決策值沒有達到目標值(未完成規定的計劃利潤指標),則表示 $d^+ = 0, d^- \geqslant 0$。
(3) 決策值恰好等於目標值(恰好完成計劃利潤指標),則表示 $d^+ = 0, d^- = 0$。
以上三種情況只能出現其中的一種,無論哪種情況發生,均有 $d^+ \times d^- = 0$。

2. 絕對約束和目標約束

絕對約束又稱系統約束,是指必須嚴格滿足的等式和不等約束。例如,線性規劃中的所有約束條件都是絕對約束,不滿足這些約束條件的解稱為非可行解,因此它們是硬約束,對它的滿足與否,決定瞭解的可行性。

目標約束是目標規劃特有的概念,是一種軟約束。目標約束中決策值和目標值之間的差異用偏差變量表示。在引入了目標值和正、負偏差變量之後,可以將原目標函數加上負偏差變量 d^-,減去正偏差變量 d^+,並令其等於目標值。這樣形成一個新的函數方程,把它作為一個新的約束條件,加到原問題中去,稱這種新的約束條件為目標約束。在例 5-1 中,第四個目標要求計劃利潤不少於 48 元,正負偏差為 d_i^+, d_i^-,則目標函數可轉化為目標約束:

$$6x_1 + 8x_2 + d_1^- - d_1^+ = 48$$

3. 優先因子(優先等級)和權係數

一個規劃問題往往有多個目標。決策者在實現這些目標時,存在主次與輕重緩急的不同。對於有 K 級目標的問題,按照優先次序分別賦予不同大小的大 P 係數: $P_1, P_2, \cdots, P_K$。$P_1, P_2, \cdots, P_K$ 為無窮大的正數,並且 $P_1 \gg P_2 \gg \cdots \gg P_K$,這樣,只有當某一級目標實現以後(即目標值為 0),才能忽略大 P 的影響,否則目標偏離量會因為大 P 的原因而無窮放大。並且由於 $P_K \gg P_{K+1}$,所以只有先考慮忽略 P_K 的影響(實現第 k 級目標)後,才能考慮第 $k+1$ 級目標。實際上這裡的大 P 是對偏離目標值的懲罰係數。優先級別越高,懲罰係數越大。

權係數 ω_i 用來區別具有相同優先級別的若干目標。在同一優先級別中,可能包含兩個或多個目標。它們的正負偏差變量的重要程度有差別。此時,可以給正負偏差變量賦予不同的權係數 ω_i^+ 和 ω_i^-。

各級目標的優先次序及權係數的確定由決策者按具體情況給出。

4. 目標規劃的目標函數

對於滿足絕對約束與目標約束的所有解,從決策者的角度來看,判斷其優劣的依據是決策值與目標值的偏差越小越好。因此,目標規劃的目標函數是與正、負偏差變量密切相關的函數,表示為 $\min z = f(d_i^+, d_i^-)$,是由決策者根據自己的要求構造的一個使總偏差最小的目標函數,這種函數稱為達成函數。也就是說,達成函數是正、負偏差變量的函數。目標規劃的目標函數由各目標約束的偏差變量及相應的優先因子和權係數構成。由於目標規劃追求的是盡可能接近各既定目標值,也就是使各有關偏差變量盡可能小,因此,其目標函數只能是極小化,即 $\min z = f(d^+, d^-)$。一般來說,可能提出的要求只能是以下三種情況之一。對應每種要求,有三種基本表達式:

(1) 要求恰好達到目標值。即正、負偏差變量都要盡可能地小。此時目標函數為
$$\min z = \{f(d^+, d^-)\}$$

(2) 要求不超過目標值,但允許不足目標值。即允許達不到目標值,正偏差變量盡可能地小,此時目標函數為
$$\min z = \{f(d^+)\}$$

(3) 要求不低於目標值,但允許超過目標值。即超過目標值不限,負偏差變量盡可能地小,此時目標函數為
$$\min z = \{f(d^-)\}$$

對於每個具體目標規劃問題,可根據決策者的要求和各目標的優先因子來構造目標函數。

三、目標規劃的數學模型

綜上所述,目標規劃模型由目標函數、目標約束、絕對約束及變量非負約束等幾部分構成。目標規劃的一般數學模型為

(1) 目標函數 $\min Z = \sum_{k=1}^{K} P_k \sum_{l=1}^{L} (\omega_{kl}^- d_l^- + \omega_{kl}^+ d_l^+)$

(2) 目標約束 $\sum_{j=1}^{n} c_{ij} x_j + d_l^- - d_l^+ = g_l \quad (l=1,2,\cdots,L)$

(3) 絕對約束 $\sum_{j=1}^{n} a_{ij} x_j = (\geqslant, \leqslant) b_i \quad (i=1,2,\cdots,m)$

(4) 非負約束 $\begin{cases} x_j \geqslant 0 \quad (j=1,2,\cdots,n) \\ d_k^-, d_k^+ \geqslant 0 \quad (k=1,2,\cdots,K) \end{cases}$

【例 5-2】 假設在例 5-1 的基礎上,工廠提出的管理目標按優先級排列如下。

P_1 級目標:希望產品 II 的產量不超過產品 I 的一半。

P_2 級目標:最好能節約 4 小時設備工時。

P_3 級目標:計劃利潤不少於 48 元。

由於原材料嚴重短缺,故原材料約束作為絕對約束,試建立目標規劃模型。

解:引入偏差變量 $d_l^-, d_l^+ \geqslant 0 \quad (l=1,2,3)$

三個目標約束:

$$x_1 - 2x_2 + d_1^- - d_1^+ = 0$$
$$4x_1 + 4x_2 + d_2^- - d_2^+ = 36$$
$$6x_1 + 8x_2 + d_3^- - d_3^+ = 48$$

按優先級確定目標函數。P_1 級目標要求 $\min d_1^+$;P_2 級目標要求 $\min d_2^+$;P_3 級目標要求 $\min d_3^-$,則該問題的數學模型為:

$$\min z = P_1 d_1^+ + P_2 d_2^+ + P_3 d_3^-$$

$$\begin{cases} 5x_1 + 10x_2 \leqslant 60 & \text{①} \\ x_1 - 2x_2 + d_1^- - d_1^+ = 0 & \text{②} \\ 4x_1 + 4x_2 + d_2^- - d_2^+ = 36 & \text{③} \\ 6x_1 + 8x_2 + d_3^- - d_3^+ = 48 & \text{④} \\ x_1, x_2, d_l^-, d_l^+ \geqslant 0 (i=1,2,3) \end{cases}$$

其中,①為絕對約束;②、③、④為目標約束。

該問題也可以這樣處理,把絕對約束①化為目標約束 $5x_1 + 10x_2 + d_0^- - d_0^+ = 60$,則該問題的數學模型為:

$$\min z = P_1 d_0^+ + P_2 d_1^- + P_3 d_3^+ + P_1 d_3^-$$

$$\begin{cases} 5x_1 + 10x_2 + d_0^- - d_0^+ = 60 \\ x_1 - 2x_2 + d_1^- - d_1^+ = 0 \\ 4x_1 + 4x_2 + d_2^- - d_2^+ = 36 \\ 6x_1 + 8x_2 + d_3^- - d_3^+ = 48 \\ x_1, x_2, d_l^-, d_l^+ \geqslant 0 (i=1,2,3) \end{cases}$$

目標規劃的一般數學模型為:

$$\min z = \sum_{k=1}^{K} P_k \sum_{l=1}^{L} (\omega_{kl}^- d_l^- + \omega_{kl}^+ d_l^+)$$

$$\begin{cases} \sum_{j=1}^{n} c_{lj}x_j + d_l^- - d_l^+ = g_l (l=1,2\cdots L) \\ \sum_{j=1}^{n} a_{ij}x_j \leqslant (=,\geqslant) b_i (i=1,2\cdots m) \\ x_j \geqslant 0 (j=1,2\cdots n) \\ d_l^+, d_l^- \geqslant 0 (l=1,\cdots L) \end{cases}$$

式中，P_k 為第 k 級優先因子($k=1,2,\cdots,K$)；$\omega_{kl}^-,\omega_{kl}^+$ 為分別賦予第 l 個目標約束的正負偏差變量的權系數；g_l 為第 l 個目標的預期目標值($l=1,2,\cdots,L$)。

用目標規劃處理問題的難點在於構造模型時需要實現擬定目標值、優先級和權系數。而這些信息來自人的主觀判斷，往往帶有模糊性，很難定出一個絕對的數值。

【例 5-3】 某紡織廠生產 A、B 兩種布料，平均生產能力均為 1 千米 小時，工廠正常生產能力是 80 小時 週。又銷售 A 布料每千米獲利 2,500 元，B 布料每千米獲利 1,500 元。已知 A、B 兩種布料每週的市場需求量分別是 70 千米和 45 千米。現該廠確定一週內的目標如下。

第一優先級：避免生產開工不足；
第二優先級：加班時間不超過 10 小時；
第三優先級：根據市場需求達到最大銷售量；
第四優先級：盡可能減少加班時間。

試求該問題的最優方案。

解：設 x_1,x_2 分別為生產甲、乙布料的小時數。對於第三優先級目標，根據 A、B 布料利潤的比值 $2,500:1,500=5:3$，取二者達到最大銷量的權系數 5 和 3。該問題的目標規劃模型為：

$$\min z = P_1 d_1^- + P_2 d_2^+ + P_3(5d_3^- + 3d_4^-) + P_4 d_2^+$$

$$\text{s.t.} \begin{cases} x_1 + x_2 + d_1^- - d_1^+ = 80 \\ x_1 + x_2 + d_2^- - d_2^+ = 90 \\ x_1 + d_3^- - d_3^+ = 70 \\ x_2 + d_4^- - d_4^+ = 45 \\ x_1, x_2, d_i^-, d_i^+ \geqslant 0 (i=1,2,3,4) \end{cases}$$

綜上所述，目標規劃建立模型的步驟為：

(1) 根據問題所提出的各目標與條件，確定目標值，列出目標約束與絕對約束；

(2) 根據決策者的需要將某些或全部絕對約束轉換為目標約束，方法是絕對約束的左式加上負偏差變量和減去正偏差變量；

(3) 給各級目標賦予相應的懲罰系數 $P_k(k=1,2,\cdots,K)$，P_k 為無窮大的正數，且 $P_1 \gg P_2 \gg \cdots \gg P_k$；

(4) 對同一優先級的各目標，再按其重要程度不同，賦予相應的權系數 ω_{kl}；

(5) 根據決策者的要求，各目標按三種情況取值：①恰好達到目標值，取 $d_l^+ + d_l^-$；②允許超過目標值，取 d_l^-；③不允許超過目標值，取 d_l^+，然後構造一個由懲罰系數、權系數和偏差變量組成的要求實現極小化的目標函數。

第二節　目標規劃的求解及靈敏度分析

一、目標規劃的圖解法

只有兩個決策變量的目標規劃數學模型，可以使用簡單直觀的圖解法求解。其方法與線性規劃

圖解法類似，先在平面直角坐標系第一象限內作出各約束等式或不等式的圖像，然後由絕對約束確定可行域，由目標約束和目標函數確定最優解或滿意解。

對於絕對約束，與線性規劃中的約束條件畫法完全相同。對於目標約束方程，除作出直線外，還要在直線上標出正負偏差變量的方向，其可行域方向取決於目標函數的對應目標。另外，目標規劃是在前一級目標滿足的情況下再來考慮下一級目標，很有可能滿足目標的解不是可行解（即非可行解），而是權衡以後得出的最優解——滿意解。因而在目標規劃裡稱求得的解為滿意解。（注意在求解的時候，把絕對約束作為最高級別考慮）

【例 5-4】 用圖解法求解目標規劃問題

$$\min z = P_1(d_1^- + d_1^+) + P_2 d_2^- + P_3 d_3^-$$

$$\text{s.t.} \begin{cases} x_1 + x_2 \leqslant 7 \\ x_1 - x_2 + d_1^- - d_1^+ = 0 \\ 3x_1 + 5x_2 + d_2^- - d_2^+ = 15 \\ 4x_1 + 3x_2 + d_3^- - d_3^+ = 24 \\ x_1, x_2, d_i^-, d_i^+ \geqslant 0 (i=1,2,3) \end{cases}$$

解：在平面直角坐標系第一象限內作出各約束條件的圖像。目標約束要在直線旁標上 d_i^- 和 d_i^+，如圖 5-1 所示。

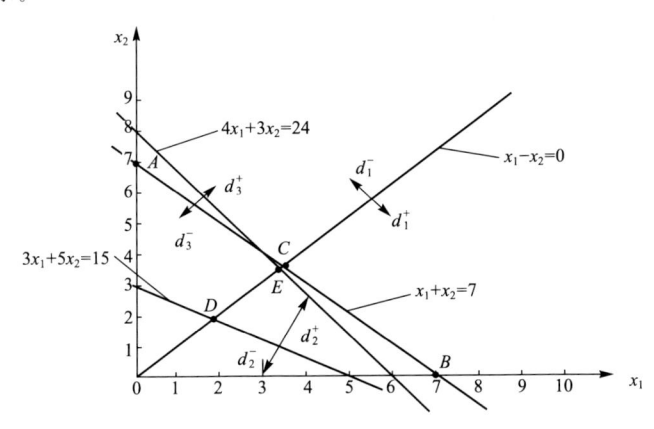

圖 5-1 圖解法求解圖

首先，絕對約束 $x_1 + x_2 \leqslant 7$ 確定了可行解範圍在三角形 OAB 內；

根據第一級目標，要求實現 $\min(d_1^- + d_1^+)$（恰好），因而可行解範圍縮小到線段 OC 上；

根據第二級目標，要求實現 $\min d_2^-$（不少於）。在線段 OC 上，取 $d_2^- = 0$ 的點 D，此時可行解範圍縮小到線段 DC 上；

根據第三級目標，要求實現 $\min d_3^-$。在線段 DC 上，取 $d_3^- = 0$ $d_3^+ = 0$ 的點 E，此時解的範圍縮小到線段 DE 上。

因此，線段 DE 上的所有點為滿意解。可求得 $D(15/8, 15/8)$，$E(24/7, 24/7)$。

【例 5-5】 用圖解法求解例 5-3 的目標規劃模型。

解：在平面直角坐標系第一象限內作出各約束條件對應的圖像，並在目標約束直線旁標上 d_i^- 和 d_i^+。

根據第一級目標，目標函數要求實現 $\min d_1^-$，解的範圍是線段 AC 的右上方區域（見圖 5-2）。

图 5-2 图解法求解图

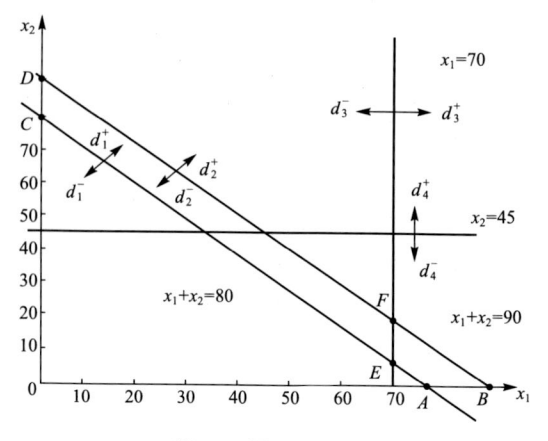

根据第二级目标,目标函数要求实现 $\min d_2^+$,解的范围缩小到四边形 $ABDC$ 内的区域。

根据第三级目标,目标函数要求实现 $\min(5d_3^- + 3d_1^-)$。先考虑 $\min 5d_3^-$,解的范围缩小为四边形 $ABFE$ 内的区域,再考虑 $\min 3d_1^-$,四边形 $ABFE$ 内的所有点均无法满足 $d_1^- = 0$。此时,在可行域 $ABFE$ 内考虑使 d_1^- 达到最小的满意点 F,F 点不满足 $d_1^- = 0$,但它是使第三级目标最满意的满意解。

根据第四级目标,目标函数要求实现 $\min d_1^+$。由于解的范围已经缩小到点 F,因此唯一的点 F 也是使第四级目标最满意的满意解。

综上所述,该问题的满意解为点 F,可求得 $F(70,20)$。

图解法的求解步骤如下:

(1) 在直角坐标系的第一象限作出绝对约束和目标约束的图像。通过绝对约束确定出可行解的区域,在目标约束直线上用箭头标出正负偏差变量值增大的方向(正、负偏差变量增大的方向相反)。

(2) 在可行解的区域内,求满足最高优先等级目标的解。

(3) 转到下一个优先等级的目标,在满足上一优先等级目标的前提下,求出满足该等级目标的解。

(4) 重复步骤(3),直到所有优先等级目标都审查完毕。

(5) 确定最优解或满意解。

注意:在用图解法解目标规划时,可能会遇到下面两种情况:

(1) 最后一级目标的解空间非空。这时得到的解能满足所有目标的要求。当解不唯一时,决策者在作实际决策时究竟选择哪一个解,完全取决于决策者自身的考虑。

(2) 另一种情况是得到的解不能满足所有目标。这时,我们要做的是寻找满意解,使它尽可能满足高级别的目标,同时又使它对那些不能满足的较低级别目标的偏离程度尽可能地小。

二、目标规划的单纯形法

本章讨论的线性目标规划与线性规划模型具有相似的结构。虽然目标函数含有优先等级的优先因子及正负偏差变量,但如果把优先因子看作具有不同数量等级的若干个很大的正数,而把正负偏差变量看作线性规划模型中的松弛变量,便可考虑用线性规划的单纯形法来求解。不过,由于在目标规划模型的目标函数中,带有表示不同优先等级的优先因子及权系数,并且要求首先寻求高优先等级的实现,然后才能转到下一级。同时,较低等级目标的实现以不破坏高等级目标实现为前提。

因此，求解目標規劃的單純形表的形式與線性規劃略有不同，具體如表 5-2 所示。

表 5-2　目標規劃單純形表

C_j		c_1	c_2	$\cdots$	c_{n+2m}	
C_B	X_B	x_1	x_2	$\cdots$	x_{n+2m}	
c_{J1}	x_{J1}	e_{11}	e_{12}	$\cdots$	e_{1n+2m}	b_{01}
c_{J2}	x_{J2}	e_{21}	e_{22}	$\cdots$	e_{2n+2m}	b_{02}
$\vdots$	$\vdots$	$\vdots$	$\vdots$	$\cdots$	$\vdots$	$\vdots$
c_{Jm}	x_{Jm}	e_{m1}	e_{m2}	$\cdots$	e_{mn+2m}	b_{0m}
	P_1	σ_{11}	σ_{12}	$\cdots$	σ_{1n+2m}	$-a_1$
σ_{kj}	P_2	σ_{21}	σ_{22}	$\cdots$	σ_{2n+2m}	$-a_2$
	$\vdots$	$\vdots$	$\vdots$	$\vdots$	$\vdots$	$\vdots$
	P_k	σ_{k1}	σ_{k2}	$\cdots$	σ_{kn+2m}	$-a_k$

在上述表格中，為了使表達具有通用性，所有變量（決策變量和偏差變量）均用 $x_j(j=1,2,\cdots,n+2m)$ 表示，它們在目標函數中的優先等級和權系數一律用 c_j 表示；$J_1, J_2, \cdots, J_m$ 代表基變量的下標，$b_{01}, b_{02}, \cdots, b_{0m}$ 為基變量的值；表內的元素以 e_{ij} 表示。這樣，表 5-2 的上半部與一般線性規劃的單純形表則完全相同。

表 5-2 的下半部與一般單純形表不同，線性規劃單純形表只有一個檢驗數行，而這裡有 k 行檢驗數，這是由於目標規劃模型有 k 個目標優先等級，不同等級的優先因子是不可比較的，且目標的實現遵循由高等級往低等級的次序，即在表 5-2 中表現為按目標優先等級 $P_1, P_2, \cdots, P_k$ 的次序，從上往下排列 k 行檢驗數。因此，檢驗數是一個 $k \times (n+2m)$ 矩陣，其中 σ_{kj} 表示 P_k 優先等級目標位於第 j 個變量下面的檢驗數($k=1,2,\cdots,K; j=1,2,\cdots,n+2m$)。與線性規劃檢驗數的定義相同，此時檢驗數的計算公式為：

$$\sigma_{kj} = c_j - \sum_{i=1}^{m} c_{ji} e_{ij} \quad (k=1,2,\cdots,K)$$

在上述計算結果中，按目標優先等級次序排列的優先因子的系數，即為第 j 個變量在各優先等級行中的檢驗數。在檢驗數中含有不同等級的優先因子，由於 $P_1 \gg P_2 \gg \cdots \gg P_k$，因此從每個檢驗數的整體來看，其正負首先取決於 P_1 系數的正負。若 P_1 的系數為零，則取決於 P_2 系數的正負，依次類推。

表 5-2 下半部分的 $a_k(k=1,2,\cdots,K)$ 表示了第 k 個優先等級目標的達到情況，即目標的偏離值。它的數值為該表上部 C_B 列中 P_k 的系數與 P_k 所在行之 b 列中基變量值乘積的和，即

$$a_k = \sum_{i=1}^{r} c_{ji} b_{0i} \quad (k=1,2,\cdots,K)$$

其中，k 為第 k 個優先等級中包含的目標個數。

目標規劃的單純形法與一般線性規劃單純形法的求解過程大體相同。只不過由於是多個目標，且多個目標須按優先等級的次序實現，計算步驟略有區別。

求解目標規劃的單純形法的計算步驟如下：

(1) 建立目標規劃模型的初始單純形表。為了簡便，一般假定初始解在原點，即以約束條件中的所有負偏差變量或松弛變量為初始基變量。按目標優先等級從左到右分別計算出各列的檢驗數，填入表的下半部。

(2) 檢驗是否為滿意解，目標規劃的判別準則與過程如下。

①首先從上往下檢查 b 列下部元素 $a_k(k=1,2,\cdots,K)$ 是否全部為零。如果全部為零，則表示全部目標均已達到，得滿意解，停止計算，轉到步驟(6)；否則，轉入②。

② 如果某一個 $a_k>0$，則說明第 k 個優先等級 P_k 的目標尚未達到，必須檢查 P_k 這一行的檢驗數 $\sigma_{kj}(j=1,2,\cdots,n+2m)$。若 P_k 這一行的某些負檢驗數的同列上面（較高優先等級）沒有正檢驗數，說明尚未得到滿意解，還可繼續改進，轉到步驟(3)；若 P_k 這一行的全部負檢驗數的同列上面都有正檢驗數，說明雖然這個目標未達到，但已不能再改進，故得滿意解，轉到步驟(6)。

(3) 確定進基變量。在 P_k 行，從那些上面沒有正檢驗數的負檢驗數中，選絕對值最大者，記這一列為 s 列，則 x_s 就是進基變量。若 P_k 這一行中有幾個相同的絕對值最大負檢驗數，則依次比較它們各列下部的檢驗數，取其絕對值最大的負檢驗所在列為 s 列。假如仍無法確定，則選最左邊的變量（即變量下標最小者）為進基變量。

(4) 確定出基變量。確定出基變量的方法與線性規劃相同，即依據最小比法則

$$\theta=\min\left\{\frac{b_i}{e_{is}}\mid e_{is}>0\right\}=\frac{b_r}{e_{rs}}$$

故確定 x_r 為出基變量，e_{rs} 為主元素。

若有 n 個相同的行可供選擇，則選其中最上面那一行所對應的變量為出基變量 x_r。

(5) 旋轉變換，以 e_{rs} 為主元素進行旋轉變換，得新單純形表，即得到一組新解，返回第(2)步。

(6) 對求得的解進行分析，若計算結果滿意，停止運算；若不滿意，則需修改模型，即調整目標優先等級和權系數，或者改變目標值，重新進行步驟(1)。

在上述計算過程中，從步驟(2)到步驟(5)是一個單純形算法的迭代循環。增加步驟(6)的目的是加強分析，以求得切實可行的滿意解。

下面通過例子來進一步說明用單純形法求解目標規劃的步驟。

【例 5-6】 用單純形法求解下列目標規劃：

$$\min z = P_1 d_1^- + P_2(d_2^+ + d_2^-)$$

$$\text{s.t.} \begin{cases} x_1 + x_2 \leqslant 100 \\ x_1 - x_2 + d_1^- - d_1^+ = 45 \\ 2x_1 + 3x_2 + d_2^- - d_2^+ = 60 \\ x_1, x_2 \geqslant 0, d_i^-, d_i^+ \geqslant 0 \quad (i=1,2) \end{cases}$$

解：化成標準型：

$$\min z = P_1 d_1^- + P_2(d_2^+ + d_2^-)$$

$$\text{s.t.} \begin{cases} x_1 + x_2 + x_3 = 100 \\ x_1 - x_2 + d_1^- - d_1^+ = 45 \\ 2x_1 + 3x_2 + d_2^- - d_2^+ = 60 \\ x_1, x_2 \geqslant 0, d_i^-, d_i^+ \geqslant 0 \quad (i=1,2) \end{cases}$$

取 x_3, d_1^-, d_2^- 為初始基變量，列初始單純形表並計算檢驗數。

由於有 P_1, P_2 兩個優先因子，因而檢驗數分成兩行，即 P_1 行和 P_2 行，檢驗數計算仍採用單純形法中的公式：$\sigma_j = c_j - C_B B^{-1} p_j$。

如 x_1 的檢驗數，則

$$\sigma_1 = c_1 - C_B B^{-1} p_j = 0 - (0, p_1, p_2)\begin{bmatrix}1\\1\\2\end{bmatrix} = -p_1 - 2p_2$$

其餘的計算同上，見表 5-3。

表 5-3 初始單純形表

c_j		0	0	0	p_1	0	p_2	p_2	
C_B	X_B	x_1	x_2	x_3	d_1^-	d_1^+	d_2^-	d_2^+	
0	x_3	1	1	1	0	0	0	0	100
p_1	d_1^-	1	-1	0	1	-1	0	0	45
p_2	d_2^-	[2]	3	0	0	0	1	-1	60
σ_j	p_1	-1	1	0	0	1	0	0	
	p_2	-2	-3	0	0	0	0	2	

最優性檢驗分優先級按次序進行，首行從 p_1 開始，p_1 級對應的檢驗數有負值，x_1 對應的 p_1 級的檢驗數 -1，則以對應的 x_1 作為換入變量，再計算 θ 值：

$$\theta = \left\{ \frac{100}{1}, \frac{45}{1}, \frac{60}{2} \right\} = 30$$

即以對應的 d_2^- 作為換出變量，進行迭代計算，如表 5-4 所示。

表 5-4 第一次迭代單純形表

c_j		0	0	0	p_1	0	p_2	p_2	
C_B	X_B	x_1	x_2	x_3	d_1^-	d_1^+	d_2^-	d_2^+	
0	x_3	0	-1/2	1	0	0	-1/2	1/2	70
p_1	d_1^-	0	-5/2	0	1	-1	-1/2	[1/2]	15
0	x_1	1	3/2	0	0	0	1/2	-1/2	30
σ_j	p_1	0	5/2	0	0	1	1/2	-1/2	
	p_2	0	0	0	0	0	1	1	

檢驗數行 p_1 行對應的檢驗數有負值，選 d_2^+ 作為換入變量：

$$\theta = \min\left\{ \frac{70}{1/2}, \frac{15}{1/2}, - \right\} = 30$$

以 d_1^- 作為換出變量，進行迭代，見表 5-5。

表 5-5 第二次迭代單純形表

c_j		0	0	0	p_1	0	p_2	p_2	
C_B	X_B	x_1	x_2	x_3	d_1^-	d_1^+	d_2^-	d_2^+	b
0	x_3	0	2	1	-1	1	0	0	55
p_2	d_2^+	0	-5	0	2	-2	-1	1	30
0	x_1	1	-1	0	1	-1	0	0	45
σ_j	p_1	0	0	0	0	1	0	0	
	p_2	0	5	0	-2	-2	0	0	

儘管 p_2 行檢驗數有負值，但對應的 p_1 行檢驗數不等於 0，因此該模型已達到最優，其滿意解為 $x_1 = 45, x_3 = 55$。

【例 5-7】 用單純形法求解下列目標規劃：

$$\min z = P_1(d_1^+ + d_2^+) + P_2 d_3^- + P_3 d_1^+ + P_4(d_1^- + 1.5 d_2^-)$$

$$\text{s.t.} \begin{cases} x_1 + d_1^- - d_1^+ = 30 \\ x_2 + d_2^- - d_2^+ = 15 \\ 8x_1 + 12x_2 + d_3^- - d_3^+ = 1,000 \\ x_1 + 2x_2 + d_4^- - d_4^+ \\ x_1, x_2 \geq 0, d_i^-, d_i^+ \geq 0 (i=1,2,3,4) \end{cases}$$

解：(1)建立初始單純形表，並計算檢驗數。以 $d_1^-, d_2^-, d_3^-, d_4^-$ 作為基，計算檢驗數公式為：$\sigma_j = c_j - C_B B^{-1} p_j$，結果如表 5-6 所示。

表 5-6　初始單純形表

C_B	X_B	c_j	0	0	p_4	$1.5p_4$	p_2	0	p_1	p_1	0	p_3	b
			x_1	x_2	d_1^-	d_2^-	d_3^-	d_4^-	d_1^+	d_2^+	d_3^+	d_4^+	
p_4	d_1^-		1	0	1	0	0	0	−1	0	0	0	30
$1.5p_4$	d_2^-		0	[1]	0	1	0	0	0	−1	0	0	15
p_2	d_3^-		8	12	0	0	1	0	0	0	−1	0	1,000
0	d_4^-		1	2	0	0	0	1	0	0	0	−1	40
σ_j	p_1		0	0	0	0	0	0	1	1	0	0	
	p_2		−8	−12	0	0	0	0	0	0	1	0	
	p_3		0	0	0	0	0	0	0	0	0	1	
	p_4		−1	−1.5	0	0	0	0	1	1.5	0	0	

(2)檢查檢驗數行。從 p_1 開始，p_1 行各系數均大於或等於 0，p_1 級目標已達到最優；再看 p_2 行，檢驗數有負數，且對應的 p_1 行的檢驗數為 0，則選取與 $\min\{-8, -12\} = -12$ 對應的變量 x_2 為換入變量。

$$\theta = \min\left\{\frac{15}{1}, \frac{1,000}{12}, \frac{40}{2}\right\} = 15$$

(3)按最小比值規則確定換出變量。

故取 d_2^- 為換出變量，以 a_{22} 為主元素進行迭代計算。

(4)繼續進行 p_k 級的目標檢驗，返回步驟(2)。最終單純形表見表 5-7。

表 5-7　最終單純形表

C_B	X_B	c_j	0	0	p_4	$1.5p_4$	p_2	0	p_1	p_1	0	p_3	b
			x_1	x_2	d_1^-	d_2^-	d_3^-	d_4^-	d_1^+	d_2^+	d_3^+	d_4^+	
p_4	d_1^-		1	0	1	0	0	0	−1	0	0	0	30
0	x_2		0	1	0	1	0	0	0	−1	0	0	15
p_2	d_3^-		8	0	0	−12	1	0	0	12	−1	0	820
0	d_4^-		[1]	0	0	−2	0	1	0	2	0	−1	10
σ_j	p_1		0	0	0	0	0	0	1	1	0	0	
	p_2		−8	0	0	12	0	0	0	−12	1	0	
	p_3		0	0	0	0	0	0	0	0	0	1	
	p_4		−1	0	0	1.5	0	0	1	0	0	0	
p_4	d_1^-		0	0	1	2	0	−1	−1	−2	0	[1]	20
0	x_2		0	1	0	1	0	0	0	−1	0	0	15
p_2	d_3^-		0	0	0	4	1	−8	0	−4	−1	8	740
0	x_1		1	0	0	−2	0	1	0	2	0	−1	10
σ_j	p_1		0	0	0	0	0	0	1	1	0	0	
	p_2		0	0	0	−4	0	8	0	4	1	−8	
	p_3		0	0	0	0	0	0	0	0	0	1	
	p_4		0	0	0	−0.5	0	1	0	2	0	−1	

續表

c_j		0	0	p_4	$1.5p_1$	p_2	0	p_1	p_1	0	p_3	
C_B	X_B	x_1	x_2	d_1^-	d_2^-	d_3^-	d_4^-	d_1^+	d_2^+	d_3^+	d_4^+	b
p_3	d_4^+	0	0	0	2	0	-1	-1	-2	0	1	20
0	x_2	0	1	1	1	0	0	0	-1	0	0	15
p_2	d_3^-	0	0	0	-12	1	0	8	12	-1	0	580
0	x_1	1	0	0	0	0	0	-1	0	0	0	30
σ_j	p_1	0	0	0	0	0	0	1	1	0	0	
	p_2	0	0	0	12	0	0	-8	-12	1	0	
	p_3	0	0	0	-2	0	1	1	2	0	0	
	p_4	0	0	0	1.5	0	0	0	0	0	0	

在此已經達到最優,其滿意解為 $x_1=30, x_2=15, d_3^-=580, d_4^+=20$,其餘變量均為 0。

三、目標規劃的靈敏度分析

目標規劃模型求解之後,可能會發生一些變化。例如,出現了新的目標,需要增加新的產品,可用資源增加或減少,有關的費用上升或下降,當然也會發現原來建立的模型有錯誤等。雖然對上述情況可以重新建模並求解,但是這要增加許多工作量。因此,目標規劃同線性規劃一樣,也存在利用原有問題的最終單純形表,在優化後進行分析,即所謂的靈敏度分析。

1. 目標函數中係數 c_j 變化

目標規劃中 c_j 變化的分析要較線性規劃模型中 c_j 變化的分析複雜。這一方面是由於在線性規劃模型中,目標函數只有一個,而在目標規劃模型中,c_j 的變化則可能同時包括優先等級或權係數的變化;另一方面,在目標規劃模型中,c_j 的變化可能導致整個目標優先等級結構的變化,即改變了目標的優先次序或改變了目標的優先等級,且由於兩個不同性質的目標又是不能比較的,故變化之後不能被配於同一優先等級。

(1)優先等級次序的變化。在單純形表中,優先等級次序的變化涉及左端和頂端的數值。由此

$$\sigma_{kj} = c_j - \sum_{i=1}^{m} c_{Ji} e_{ij} \quad (k=1,2,\cdots,K)$$

$$a_k = \sum_{i=1}^{r} c_{Ji} b_{0i} \quad (k=1,2,\cdots,K)$$

會影響到檢驗數和目標偏離值的取值,即導致解可能仍為滿意解,也可能不是。若優先等級次序變化所涉及的變量均為非基變量,則不會改變現有的滿意解;若優先等級次序變化所涉及的變量含有基變量,則可能引起滿意解的變化。

【例 5-8】 某工廠生產 A,B 兩種產品,平均每小時生產一件,工廠正常生產能力為每週開工 80 小時。又 A,B 產品的單位利潤分別為 25 元與 15 元。下周的最大銷量是 A 產品 70 件、B 產品 45 件。現該廠確定一週內的目標為:
P_1:避免生產開工不足; P_2:加班時間不得超過 10 小時;
P_3:根據市場需求達到最大銷售量;P_4:盡可能減少加班時間。
試用目標規劃方法求解。

解:若設 A,B 產品每週的生產時間分別為 x_1 小時和 x_2 小時,則可建立如下目標規劃模型:

$$\min z = P_1 d_1^- + P_2 d_1^+ + P_3 (5d_2^- + 3d_3^-) + P_3 (3d_2^+ + 5d_3^+) + P_1 d_1^+$$

$$\text{s.t.} \begin{cases} x_1 + x_2 + d_1^- - d_1^+ = 80 \\ x_1 + d_2^- - d_2^+ = 70 \\ x_2 + d_3^- - d_3^+ = 45 \\ d_1^+ + d_4^- - d_4^+ = 10 \\ x_1, x_2, d_i^-, d_i^+ \quad (i=1,2,3,4) \end{cases}$$

其中，d_1^- 為生產時間不足 80 小時的負偏差變量(開工不足)；d_1^+ 為生產時間超過 80 小時的正偏差變量(加班時間)；d_2^-、d_3^- 分別為 A,B 產品的生產量不足最大銷售量的負偏差變量；d_2^+、d_3^+ 分別為 A,B 產品的生產量超過最大銷售量的正偏差變量；d_4^- 為加班時間不足 10 小時的負偏差變量，d_4^+ 為加班時間超過 10 小時的正偏差變量。因為考慮到 A,B 兩種產品的單位利潤之比為 25 /15＝5 /3，即就獲得利潤而言，銷售 3 件 A 產品等於銷售 5 件 B 產品，所以在銷售目標中，當不足最大銷售量時，確定 A,B 產品的權系數分別為 5 和 3；而在超過最大銷售量時，確定 A,B 產品的權系數分別為 3 和 5。

①若將目標 1 和目標 2 的優先等級對換一下，即新的目標函數為：

$$\min z = P_2 d_1^- + P_1 d_1^+ + P_3 (5d_2^- + 3d_3^-) + P_3 (3d_2^+ + 5d_3^+) + P_1 d_1^+$$

②若改變原有的目標 3 和目標 4，使新的目標函數為：

$$\min z = P_1 d_1^- + P_2 d_1^+ + P_4 (5d_2^- + 3d_3^-) + P_3 (3d_2^+ + 5d_3^+) + P_3 d_1^+$$

由於①中 d_1^- 和 d_1^+ 均為非基變量，根據

$$\sigma_{kj} = c_j - \sum_{i=1}^{m} c_{Ji} e_{ij} \quad (k=1,2,\cdots,K)$$

$$a_k = \sum_{i=1}^{r} c_{Ji} b_{0i} \quad (k=1,2,\cdots,K)$$

改變它們對應的優先等級，雖 d_1^- 和 d_1^+ 兩列檢驗數有變化，但其符號並未改變，所有現有解仍為滿意解。

由於②的這種變化涉及基變量 d_3^-，d_4^+，根據檢驗數公式，必然會影響到檢驗和偏差值的變化，將目標函數優先等級的變化直接反應到表 5-8 的最終單純形表中，並重新求其檢驗數。若不符合判準則要求，則需繼續迭代，以獲得新的滿意解，具體見表 5-9。

表 5-8 最終單純形表

	c_j	0	0	p_1	p_4	$5p_3$	$3p_3$	$3p_3$	$5p_3$	0	p_2	
C_B	X_B	x_1	x_2	d_1^-	d_1^+	d_2^-	d_3^-	d_2^+	d_3^+	d_4^-	d_4^+	b
p_1	d_1^-	1	1	1	−1	0	0	0	0	0	0	80
$5p_3$	d_2^-	[1]	0	0	0	1	−1	0	0	0	0	70
$3p_3$	d_3^-	0	1	0	0	0	0	1	−1	0	0	45
0	d_4^-	0	0	0	1	0	0	0	0	1	−1	10
	p_1	−1	−1	0	0	0	0	0	0	0	0	−80
σ_{kj}	p_2	0	0	0	0	0	0	0	0	0	1	0
	p_3	−5	−3	0	0	0	8	0	8	0	0	−485
	p_4	0	0	0	1	0	0	0	0	0	0	0
p_1	d_1^-	0	[1]	1	−1	−1	1	0	0	0	0	10
0	x_1	1	0	0	0	1	−1	0	0	0	0	70
$3p_3$	d_3^-	0	1	0	0	0	0	1	−1	0	0	45
0	d_4^-	0	0	0	1	0	0	0	0	1	−1	10

續表

c_j		0	0	p_1	p_4	$5p_3$	$3p_3$	$3p_3$	$5p_3$	0	p_2	
C_B	X_B	x_1	x_2	d_1^-	d_1^+	d_2^-	d_2^+	d_3^-	d_3^+	d_4^-	d_4^+	b
σ_{kj}	p_1	0	-1	0	1	1	-1	0	0	0	0	-10
	p_2	0	0	0	0	0	0	0	0	0	1	0
	p_3	0	-3	0	0	5	3	0	8	0	0	-135
	p_4	0	0	0	1	0	0	0	0	0	0	0
0	x_2	0	1	1	-1	-1	1	0	0	0	0	10
0	x_1	1	0	0	0	0	-1	0	0	0	0	70
$3p_3$	d_3^-	0	0	-1	1	1	-1	1	-1	0	0	35
0	d_4^-	0	0	0	[1]	0	0	0	0	1	-1	10
σ_{kj}	p_1	0	0	0	0	0	0	0	0	0	0	0
	p_2	0	0	0	0	0	0	0	0	0	1	0
	p_3	0	0	3	-3	2	6	0	8	0	0	-105
	p_4	0	0	0	0	0	0	0	0	0	0	0
0	x_2	0	1	1	0	-1	1	0	0	1	-1	20
0	x_1	1	0	0	0	1	-1	0	0	0	0	70
$3p_3$	d_3^-	0	0	-1	0	1	-1	1	-1	-1	1	25
p_4	d_1^+	0	0	0	1	0	0	0	0	1	-1	10
σ_{kj}	p_1	0	0	1	0	0	0	0	0	0	0	0
	p_2	0	0	0	0	0	0	0	0	0	1	0
	p_3	0	0	3	0	2	6	0	8	3	-3	-75
	p_4	0	0	0	0	0	0	0	0	-1	1	-10

由表 5-8 可以看出,最優解為 $x_1=70, x_2=20, d_1^+=10, d_3^-=25$。即工廠每週生產 A、B 產品時間分別為 70 小時和 20 小時,由 $a_1=a_2=0$,故第一、第二個目標均已經達到;而 $a_3=75$,說明第三個目標沒有達到,$d_3^-=25$,即 B 產品的生產量與最大銷量還差 25 件;又 $a_4=10$,說明第四個目標也沒達到,$d_1^+=10$,表明必須加班 10 小時。

表 5-9 最後的單純形表

c_j		0	0	p_1	p_3	$5p_4$	$3p_4$	$3p_4$	$5p_4$	0	p_2	
C_B	X_B	x_1	x_2	d_1^-	d_1^+	d_2^-	d_2^+	d_3^-	d_3^+	d_4^-	d_4^+	b
0	x_2	0	1	1	0	-1	1	0	0	1	-1	20
0	x_1	0	0	0	1	-1	0	0	0	0	0	70
$3p_4$	d_3^-	0	0	-1	0	-1	1	-1	-1	1	1	25
p_3	d_1^+	0	0	0	1	0	0	0	0	[1]	-1	10
σ_{kj}	p_1	0	0	1	0	0	0	0	0	0	0	0
	p_2	0	0	0	0	0	0	0	0	0	1	0
	p_3	0	0	0	0	0	0	0	0	-1	1	-10
	p_4	0	0	3	0	2	6	0	8	3	-3	-75

續表

c_j		0	0	p_1	p_3	$5p_4$	$3p_4$	$3p_4$	$5p_4$	0	p_2	
C_B	X_B	x_1	x_2	d_1^-	d_1^+	d_2^-	d_2^+	d_3^-	d_3^+	d_4^-	d_4^+	b
0	x_2	0	1	1	−1	−1	1	0	0	0	0	10
0	x_1	1	0	0	0	1	−1	0	0	0	0	70
$3p_3$	d_3^-	0	0	−1	1	1	−1	1	−1	0	0	35
0	d_4^-	0	0	0	0	1	0	0	0	1	−1	10
σ_{kj}	p_1	0	0	1	0	0	0	0	0	0	0	0
	p_2	0	0	0	0	0	0	0	0	0	1	0
	p_3	0	0	0	1	0	0	0	0	0	0	0
	p_4	0	0	3	3	2	6	0	8	0	0	−105

由表 5-9 知，新的最優解為 $x_1=70, x_2=10, d_1^-=10, d_3^-=35$。

目標 1、2、3 均已達到，而目標 4 沒有達到。

(2) 權系數變化。偏差變量權系數的變化也會引起最終單純形表中檢驗數行諸元素的變化，如果僅是非基變量(為偏差變量)的權系數發生變化，那麼只有檢驗數的變化，這種變化當然就可能影響到滿意解。而若是基變量(為偏差變量)的權系數發生變化，則既會影響到檢驗數，又會影響到目標偏差值。於是，需按判別準則重新進行判別。

【例 5-9】 假如 A、B 產品的單位利潤發生如下變化，試進行靈敏度分析。

(1) A 的利潤從 25 元增加到 35 元；

(2) B 的利潤從 15 元增加到 30 元。

解：(1) A 的利潤從 25 元增加到 35 元，將使 A、B 兩種產品的單位利潤之比變為 7：3，反應到模型中則為：第三優先等級的 d_2^- 的權系數由 5 變為 7，d_3^+ 的權系數也由 5 變為 7。

按變化後的權系數求 d_2^-, d_3^+ 的檢驗數，分別為：

$$7P_3 - [0 \times (-1) + 0 \times 1 + 3P_3 + P_4 \times 0] = 4P_3$$

$$7P_3 - [0 \times 0 + 0 \times 0 + 3P_3 \times (-1) + P_4 \times 0] = 10P_3$$

表 5-8 中 p_3 行與 d_2^- 列相交叉的檢驗數由 2 變成 4，p_3 行與 d_3^+ 列相交叉的檢驗數由 8 變為 10，滿足判別準則，原解仍為滿意解。

(2) B 的利潤從 15 元增加到 30 元。將使 A、B 兩種產品的單位利潤之比為 5：6，反應到模型中則為：第三優先級的 d_3^- 的權系數由 3 變為 6，d_2^+ 的權系數也由 3 變為 6。由於 d_3^- 是基變量，要重新計算檢驗數，得新計算偏差值，具體結果如表 5-10 所示。

表 5-10 計算後的單純形表

c_j		0	0	p_1	p_4	$5p_3$	$6p_3$	$3p_3$	$5p_3$	0	p_2	
C_B	X_B	x_1	x_2	d_1^-	d_1^+	d_2^-	d_2^+	d_3^-	d_3^+	d_4^-	d_4^+	a_k
σ_{kj}	p_1	0	0	1	0	0	0	0	0	0	0	0
	p_2	0	0	0	0	0	0	0	0	0	1	0
	p_3	0	0	6	0	−1	12	0	11	6	−6	−150
	p_4	0	0	0	0	0	0	0	0	−1	1	−10

在表 5-10 中，第三目標偏差值由 75 變成 105，同時在第三目標行的檢驗數中出現了負數且其同列上面沒有正檢驗數。顯然，表 5-8 的最終表已不是滿意解，因此，確定 d_2^- 為進基變量，從表 5-8 最終表中可以看出 d_3^- 應從基中離去，繼續迭代，就會得到新的滿意解。

2. 右端常數項 b_i 變化

右端常數項 b_i 的變化不僅會影響最優表中基變量的取值，還會影響到目標的偏離值，這樣就可能會使基變量由正值變為負值，使解變得不滿足非負條件了。因此，同線性規右端常數項變化時的靈敏度分析一樣，此處的關鍵是求出基變量的新值：

$$\overline{X}_B = X_B + B^{-1}\Delta b$$

故針對 b_i 變化，主要分析解的可行性。若新解的基變量的值非負，則這個解就是滿意解，而若新解的值出現負數，則必須對解進行調整，直到出現可行解時為止。

【例 5-10】 對常數項的下列變化進行靈敏度分析。

(1) 第一個約束條件常數項的右端常數項由 80 變為 90；
(2) 第一個約束條件常數項由 80 變為 55。

解：(1) 根據題意可知 $\Delta b=10$，從表 5-8 最終表可知

$$B^{-1} = \begin{bmatrix} 1 & -1 & 0 & 1 \\ 0 & 1 & 0 & 0 \\ -1 & 1 & 1 & -1 \\ 0 & 0 & 0 & 1 \end{bmatrix}$$

有

$$\overline{X}_B = \begin{bmatrix} \overline{x}_2 \\ \overline{x}_1 \\ \overline{d}_3^- \\ \overline{d}_1^+ \end{bmatrix} = \begin{bmatrix} 20 \\ 70 \\ 25 \\ 10 \end{bmatrix} + \begin{bmatrix} 1 & -1 & 0 & 1 \\ 0 & 1 & 0 & 0 \\ -1 & 1 & 1 & -1 \\ 0 & 0 & 0 & 1 \end{bmatrix} \begin{bmatrix} 10 \\ 0 \\ 0 \\ 0 \end{bmatrix} = \begin{bmatrix} 30 \\ 70 \\ 15 \\ 10 \end{bmatrix}$$

即新解為 $x_1=70, x_2=30, d_1^+=10, d_3^-=50$。

顯然，基變量的值均為非負，故此解仍為滿意解。

此解說明，增加了正常生產能力（開工時間由 80 小時增加到 90 小時），x_1 的值不變，x_2 的值由 20 增加到 30，即提高了 B 的產量，第三和第四兩個目標仍未達到，只不過銷售量的負偏差由 25 件下降到 15 件。

(2) 根據題意根據題意可知 $\Delta b=-25$，從表 5-8 最終表可知

有

$$\overline{X}_B = \begin{bmatrix} \overline{x}_2 \\ \overline{x}_1 \\ \overline{d}_3^- \\ \overline{d}_1^+ \end{bmatrix} = \begin{bmatrix} 20 \\ 70 \\ 25 \\ 10 \end{bmatrix} + \begin{bmatrix} 1 & -1 & 0 & 1 \\ 0 & 1 & 0 & 0 \\ -1 & 1 & 1 & -1 \\ 0 & 0 & 0 & 1 \end{bmatrix} \begin{bmatrix} -25 \\ 0 \\ 0 \\ 0 \end{bmatrix} = \begin{bmatrix} -5 \\ 70 \\ 50 \\ 10 \end{bmatrix}$$

顯然這個解已經不可行，該解說明在正常生產時間減少 25 小時的情況下，A 產品的生產時間若為 70 小時，B 產品的生產時間就為負值，這也就意味著 A 產品需要 70 小時的生產時間已經不可能了。

當因 b_i 變化出現非可行解時，既可視情況採取某些辦法進行調整運算，使此值變成非負，也可以運用目標規劃的對偶單純形法繼續求解。目標規劃的對偶單純形法求解思想與線性規劃對偶單純形法基本相同。

3. 增加新的約束條件（或目標）

增加新的約束條件（目標），一般會改變解的最優性和目標達到程度，這是因為增加一個新的約束條件（或目標），在單純形表中要增加一行和一列，還要按新的要求構造新的目標函數，從而需分別計算檢驗數和偏差值。

將新行和新列引入原有的最終單純形表，並經過變換使其滿足單純形表的要求，即得到一個新解。如果新解是可行的，則只需要檢查其最優性，而若新解不可行，則需用對偶單純形法求解或進行必要調整，直到成為可行解為止。

【例 5-11】 若增加一個新的約束條件
$$x_2 + d_5^- - d_5^+ = 30$$
且假定目標函數也隨之改變為
$$\min z = P_1 d_1^- + P_2 d_5^- + P_3 d_1^+ + P_4(5d_2^- + 3d_3^-) + P_4(3d_2^+ + 5d_3^+) + P_5 d_1^+$$
試分析對原有解的影響。

解：將新的約束條件引入表 5-8 的最終表，並以 d_5^- 為基變量。由於在表 5-8 的最終表中，x_2，x_1，d_3^-，d_1^+ 為基變量，即使新約束條件中 x_2 的系數為零，故這些變量也必須從新約束條件中消去。為此由表 5-8 的最終表知，方程為：
$$x_2 + d_1^- - d_2^- + d_2^+ + d_1^- - d_1^+ = 20$$
用新約束方程減去此方程，有
$$-d_1^- + d_2^- - d_2^+ - d_1^- + d_1^+ + d_5^- - d_5^+ = 10$$
將上述方程列入 5-8 最終表，並計算檢驗數諸行數字，見表 5-11。

表 5-11 變換後的單純形表

C_B	X_B	c_j		0	0	p_1	p_5	$5p_4$	$3p_4$	$3p_4$	$5p_4$	0	p_3	p_2	0	b
				x_1	x_2	d_1^-	d_1^+	d_2^-	d_2^+	d_3^-	d_3^+	d_4^-	d_4^+	d_5^-	d_5^+	
0	x_2			0	1	1	0	−1	1	0	0	1	−1	0	0	20
0	x_1			1	0	0	0	1	−1	0	0	0	0	0	0	70
$3p_4$	d_3^-			0	0	−1	0	1	−1	1	−1	−1	1	0	0	25
p_5	d_1^+			0	0	0	1	0	0	0	0	1	−1	0	0	10
p_2	d_5^-			0	0	−1	0	[1]	−1	0	0	−1	1	1	−1	10
	p_1			0	0	1	0	0	0	0	0	0	0	0	0	0
	p_2			0	0	1	0	−1	1	0	0	1	−1	0	1	−10
σ_{kj}	p_3			0	0	0	0	0	0	0	1	0	0	0	0	0
	p_4			0	0	3	0	2	6	0	8	3	−3	0	0	−75
	p_5			0	0	0	0	0	0	0	0	1	1	0	0	−10

表 5-11 所示解雖然為可行解，但不滿足最優判別條件，故繼續進行迭代得表 5-12。

表 5-12 最優單純形表

C_B	X_B	c_j		0	0	p_1	p_5	$5p_4$	$3p_4$	$3p_4$	$5p_4$	0	p_3	p_2	0	b
				x_1	x_2	d_1^-	d_1^+	d_2^-	d_2^+	d_3^-	d_3^+	d_4^-	d_4^+	d_5^-	d_5^+	
0	x_2			0	1	0	0	0	0	0	0	0	0	1	−1	30
0	x_1			1	0	0	0	0	0	0	0	1	−1	−1	1	60
$3p_4$	d_3^-			0	0	0	0	0	0	1	−1	0	0	−1	1	15
p_5	d_1^+			0	0	0	1	0	0	0	0	1	−1	0	0	10
$5p_4$	d_2^-			0	0	−1	0	1	−1	0	0	−1	1	1	−1	10
	p_1			0	0	1	0	0	0	0	0	0	0	0	0	0
	p_2			0	0	0	0	0	0	0	0	0	0	1	0	0
σ_{kj}	p_3			0	0	0	0	0	0	0	1	0	0	1	0	0
	p_4			0	0	5	0	0	8	0	2	5	−5	−2	2	−95
	p_5			0	0	0	0	0	0	0	0	−1	1	0	0	−10

至此,得新的滿意解為
$$x_1=60, x_2=30, d_1^+=10, d_3^-=15, d_2^-=15$$
上述結果表明,加入新約束條件後,生產方案改為 A 產品 60 件, B 產品 30 件;第一、第二、第三目標均已實現,而達到最大銷售量和盡可能減少加班時間之後三個目標沒有實現。

4. 增加新決策變量

增加新的決策變量是否影響到解的最優性,這要考慮這個新變量將是基變量還是非基變量。若這個新決策變量能減少現有的偏差量,它就會成為基變量,從而改變現有的滿意解;而如果這個變量是非基變量,原有的解就仍為滿意解。

增加新決策變量將在單純形表中增添新的列。根據這個新決策變量的技術系數 P_l,如同線性規劃增加新變量的靈敏度分析那樣,求出在最終表中的新列 $P_l'=B^{-1}P_l$。假如這個新決策變量不改變原有目標函數,則只需求出這個新決策變量的檢驗數,並進行最優性判別。若滿足判別準則,原解就仍為滿意解;否則,這個新決策變量將成為進基變量,繼續迭代,就會得到新的滿意解。若這個新決策變量的增加,改變了原有的目標函數,則需綜合考些影響因素,修改原最終單純形表,並進一步進行判別或求解。

四、目標規劃的應用

目標規劃比線性規劃更靈活,已被廣泛地應用於生產計劃、人力資源分配等各個方面。

【例 5-12】 某單位領導在考慮本單位職工的升級調資方案時,要求相關部門遵守以下的規定:

(1) 年工資總額不超過 60,000 元;
(2) 每級的人數不超過定編規定的人數;
(3) Ⅱ、Ⅲ級的升級面盡可能達到現有人數的 20%;
(4) Ⅲ級不足編製的人數可錄用新職工,且Ⅰ級的職工中有 10% 的人要退休。

相關資料匯總於表 5-13 中,試為單位領導擬訂一個滿足要求的調資方案。

表 5-13 資料情況表

等級	工資額(元/年)	現有人數	編製人數
Ⅰ	2,000	10	12
Ⅱ	1,500	12	15
Ⅲ	1,000	15	15
合計		37	42

解: 顯然這是一個多目標規劃的決策問題,適於用目標規劃模型求解,故需要確定該問題與之對應的決策變量、目標值、優先等級及權系數等。設 x_1, x_2, x_3 分別表示提升到Ⅰ、Ⅱ級和錄用到Ⅲ級的新職工人數,由題設要求可確定各目標的優先因子為:

P_1——年工資總額不超過 60,000 元;
P_2——每級的人數不超過定編規定的人數;
P_3——Ⅱ、Ⅲ級的升級面盡可能達到現有人數的 20%。

下面再確定目標約束,因要求年工資總額不超過 60,000 元,所以有
$$20,000\times(10-10\times10\%+x_1)+1,500\times(12-x_1+x_2)+1,000\times(15-x_2+x_3)+d_1^- -d_1^+=60,000$$
且正偏差變量 d_1^+ 要盡可能小,又第二目標要求每級的人數不超過定編規定的人數,所以:

對Ⅰ級有:$10\times(1-0.1)+x_1+d_2^- -d_2^+=12$,且正偏差變量 d_2^+ 要盡可能小;
對Ⅱ級有:$12-x_1+x_2+d_3^- -d_3^+=15$,且正偏差變量 d_3^+ 要盡可能小;

對Ⅲ級有：$15-x_2+x_3+d_4^--d_4^+=15$，且正偏差變量 d_4^+ 要盡可能小。

對第三目標——Ⅱ、Ⅲ級的升級面盡可能達到現有人數的 20%，有：

$x_1+d_5^--d_5^+=12\times 0.2$，且負偏差變量 d_5^- 要盡可能小；

$x_2+d_6^--d_6^+=15\times 0.2$，且負偏差變量 d_6^- 要盡可能小。

由此，我們可得到該問題的目標規劃模型為

$$\min z=P_1 d_1^+ +P_2(d_2^+ + d_3^+ + d_4^+)+P_3(d_5^- + d_6^-)$$

滿足約束條件

$$\begin{cases} 2,000(9+x_1)+1,500(12-x_1+x_2)+1,000(15-x_2+x_3)+d_1^- -d_1^+=60,000 \\ x_1+d_2^- -d_2^+=3 \\ -x_1+x_2+d_3^- -d_3^+=3 \\ -x_2+x_3+d_4^- -d_4^+=0 \\ x_1+d_5^- -d_5^+=2.4 \\ x_2+d_6^- -d_6^+=3 \\ x_i,d_j^-,d_j^+ \geqslant 0 \quad (i=1,2,3;j=1,2,3,4,5,6) \end{cases}$$

求解後可得到該問題的一個多重解，並將這些解匯總於表 5-14 中，以供領導根據具體情況進行決策。

表 5-14 滿意解表

變量	含義	解 1	解 2	解 3	解 4
x_1	晉升到Ⅰ級的人數	2.4	2.4	3	3
x_2	晉升到Ⅱ級的人數	3	3	3	5
x_3	晉升到Ⅲ級的人數	0	3	3	5
d_1^-	工資總額的節餘數	6,300	3,300	3,000	0
d_2^-	Ⅰ級缺編人數	0.6	0.6	0	0
d_3^-	Ⅱ級缺編人數	2.4	2.4	3	1
d_4^-	Ⅲ級缺編人數	3	0	0.6	0
d_5^+	Ⅱ級超編人數	0	0	0	0.6
d_6^+	Ⅲ級超編人數	0	0	0	2

【**例 5-13**】 友誼農場有 2,000 公頃農田，欲種植玉米、大豆和小麥三種農作物。各種作物每公頃需分別施化肥 1.8、3、2.25 噸。預計秋後玉米每公頃可收穫 7,500 千克，售價為 0.24 元／千克，大豆每公頃可收穫 3,000 千克，售價為 1.20 元／千克，小麥每公頃可收穫 4,500 千克，售價為 0.70 元／千克。農場年初規劃時考慮如下幾方面。

P_1：年終收益不低於 350 萬元；P_2：總產量不低於 1.25 萬噸；

P_3：小麥產量以 0.5 萬噸為宜；P_4：大豆產量不少於 0.2 萬噸；

P_5：玉米產量不超過 0.6 萬噸；

P_6：農場現能提供 5,000 噸化肥，若不夠，可在市場高價購買，但希望高價採購量越少越好。

試就該農場生產計劃建立數學模型。

解：設種植玉米 x_1 公頃，大豆 x_2 公頃，小麥 x_3 公頃，則該問題的數學模型為

$$\min z = P_1 d_1^- + P_2 d_2^- + P_3 (d_3^- + d_3^+) + P_4 d_4^+ + P_5 d_5^+ + P_6 d_6^+$$

$$\text{s.t.} \begin{cases} x_1 + x_2 + x_3 \leq 2,000 \\ 1,800 x_1 + 3,600 x_2 + 3,150 x_3 + d_1^- - d_1^+ = 350 \times 10^1 \\ 7,500 x_1 + 3,600 x_2 + 4,500 x_3 + d_2^- - d_2^+ = 1,250 \times 10^1 \\ 4,500 x_3 + d_3^- - d_3^+ = 500 \times 10^1 \\ 3,600 x_2 + d_4^- - d_4^+ = 200 \times 10^1 \\ 7,500 x_1 + d_5^- - d_5^+ = 600 \times 10^1 \\ 1.8 x_1 + 3 x_2 + 2.25 x_3 + d_6^- - d_6^+ = 5,000 \\ x_1, x_2, x_3 \geq 0, d_i^-, d_i^+ \geq 0 (i = 1 \cdots 6) \end{cases}$$

【例 5-14】 某化工產品是用 3 種材料經化學反應合成的。若這三種材料每天供應量和單位成本如表 5-15 所示。

表 5-15 材料情況表

材料	日供應量 千克	成本（元／千克）
Ⅰ	1,500	6
Ⅱ	2,000	4.5
Ⅲ	1,000	3

設該種化工產品有三種規格（甲、乙、丙），各種規格的產品對原料的混合比及其售價見表 5-16。

表 5-16 滿意解表

規格	混合要求	售價 元
甲	Ⅲ少於 10%	5.5
	Ⅰ多餘 50%	
乙	Ⅲ少於 70%	5
	Ⅰ多餘 20%	
丙	Ⅲ少於 50%	4.8
	Ⅰ多餘 100%	

決策者規定：首先必須嚴格按規定比例合成各規格的產品；其次，獲利最大；再次，甲規格的產品每天至少生產 2,000 千克。試建立該問題的數學模型。

解：設 $x_{i1}, x_{i2}, x_{i3} (i=1,2,3)$ 分別表示生產甲、乙、丙三種規格的產品所用材料Ⅰ、Ⅱ、Ⅲ的數量，則該問題的數學模型為

$$\max z = P_1 (d_1^- + d_2^+ + d_3^- + d_4^+ + d_5^- + d_6^+) + P_2 d_8^+ + P_3 d_7^+$$

$$\begin{cases} x_{31} - 0.1(x_{11} + x_{21} + x_{31}) + d_1^- - d_1^+ = 0 \\ x_{11} - 0.5(x_{11} + x_{21} + x_{31}) + d_2^- - d_2^+ = 0 \\ x_{32} - 0.7(x_{12} + x_{22} + x_{32}) + d_3^- - d_3^+ = 0 \\ x_{12} - 0.2(x_{12} + x_{22} + x_{32}) + d_4^- - d_4^+ = 0 \\ x_{33} - 0.5(x_{13} + x_{23} + x_{33}) + d_5^- - d_5^+ = 0 \\ x_{13} - 0.1(x_{13} + x_{23} + x_{33}) + d_6^- - d_6^+ = 0 \\ x_{11} + x_{21} + x_{31} + d_7^- - d_7^+ = 2,000 \end{cases}$$

其中：

$$z = 5.5(x_{11}+x_{21}+x_{31}) + 5.0(x_{12}+x_{22}+x_{32}) + 4.8(x_{13}+x_{23}+x_{33}) - 6(x_{11}+x_{12}+x_{13})$$
$$- 4.5(x_{21}+x_{22}+x_{23}) - 3(x_{31}+x_{32}+x_{33}) + d_8^- - d_8^+$$

最大利潤的數學模型為：

$$\max z = 5.5(x_{11}+x_{21}+x_{31}) + 5.0(x_{12}+x_{22}+x_{32}) + 4.8(x_{13}+x_{23}+x_{33}) - 6(x_{11}+x_{12}+x_{13})$$
$$- 4.5(x_{21}+x_{22}+x_{23}) - 3(x_{31}+x_{32}+x_{33}) + d_8^- - d_8^+$$

$$\text{s.t.} \begin{cases} x_{31} - 0.1(x_{11}+x_{21}+x_{31}) + d_1^- - d_1^+ < 0 \\ x_{11} - 0.5(x_{11}+x_{21}+x_{31}) + d_2^- - d_2^+ > 0 \\ x_{32} - 0.7(x_{12}+x_{22}+x_{32}) + d_3^- - d_3^+ < 0 \\ x_{12} - 0.2(x_{12}+x_{22}+x_{32}) + d_4^- - d_4^+ > 0 \\ x_{33} - 0.5(x_{13}+x_{23}+x_{33}) + d_5^- - d_5^+ < 0 \\ x_{13} - 0.1(x_{13}+x_{23}+x_{33}) + d_6^- - d_6^+ > 0 \\ x_{11} + x_{21} + x_{31} + d_7^- - d_7^+ \geq 2,000 \\ x_{ij} \geq 0 \, (i=1,2,3, j=1,2,3) \end{cases}$$

【例 5-15】 已知三個工廠生產的同一種產品須供應四個客戶，各廠產量、客戶需求量，以及廠戶間單位運費(元／噸)如表 5-17 所示：

表 5-17　基本情況表

倉庫	客戶				供應量 噸
	B_1	B_2	B_3	B_4	
A_1	5	2	6	7	300
A_2	3	5	4	6	200
A_3	4	5	2	3	400
需求量 噸	200	100	450	250	

用表上作業法試行求解後發現，所得方案僅考慮總運費最少，尚不符合許多實際情況。為此，管理部門決定重新尋求調運方案以滿足下述目標：

(1) B_1 為重要部門，所需產品必須全部滿足；
(2) A_3 至少得向 B_1 供給 100 噸該產品；
(3) 為統顧全局，每個客戶滿足率不低於 80%；
(4) 總運費不超過原方案的 10%；
(5) 因道路擁擠，A_2 至 B_1 間應盡量避免分配運量；
(6) 客戶 B_1 與 B_3 的所得量應力求符合需量比例；
(7) 力求使總運費達到最少。

試建立其數學模型。

解：設 x_{ij} 為 i 工廠調配給 j 用戶的數量，根據題意建立如下數學模型：

$$\min z = P_1 d_4^- + P_2 d_5^- + P_3 (d_6^- + d_7^- + d_8^- + d_9^-) + P_4 d_{10}^+ +$$
$$P_5 d_{11}^+ + P_6 (d_{12}^- + d_{12}^+) + P_7 d_{13}^-$$

$$\text{s.t.} \begin{cases} x_{11} + x_{12} + x_{13} + x_{14} \leqslant 300 \\ x_{21} + x_{22} + x_{23} + x_{24} \leqslant 200 \\ x_{31} + x_{32} + x_{33} + x_{34} \leqslant 400 \\ x_{11} + x_{21} + x_{31} + d_1^- = 200 \\ x_{12} + x_{22} + x_{32} + d_2^- = 100 \\ x_{13} + x_{23} + x_{33} + d_3^- = 450 \\ x_{14} + x_{24} + x_{34} + d_4^- = 250 \\ x_{31} + d_5^- - d_5^+ = 100 \\ x_{11} + x_{21} + x_{31} + d_6^- - d_6^+ = 160 \\ x_{12} + x_{22} + x_{32} + d_7^- - d_7^+ = 80 \\ x_{13} + x_{23} + x_{33} + d_8^- - d_8^+ = 360 \\ x_{14} + x_{24} + x_{34} + d_9^- - d_9^+ = 200 \\ \sum_{i=1}^{3}\sum_{j=1}^{4} c_{ij} x_{ij} + d_{10}^- - d_{10}^+ = 3,245 \\ x_{21} - d_{11}^+ = 0 \\ (x_{11} + x_{21} + x_{31}) - \dfrac{200}{450}(x_{13} + x_{23} + x_{33}) + d_{12}^- - d_{12}^+ = 0 \\ \sum_{i=1}^{3}\sum_{j=1}^{4} c_{ij} x_{ij} + d_{13}^+ = 2,950 \end{cases}$$

第三節　多目標決策

　　在實際工作中所遇到的決策分析問題，卻常常要考慮多個目標。這些目標有的相互聯繫、相互制約、相互衝突，因而形成一種異常複雜的結構體系，使得決策問題變得非常複雜。

　　多目標優化問題最早是在 19 世紀末由義大利經濟學家帕累托(V. Pareto)從政治經濟學的角度提出來的。他把許多本質上不可比較的目標，設法變換成一個單一的最優目標來進行求解。20 世紀 40 年代，馮諾曼等人從對策論的角度提出在彼此有矛盾的多個決策人之間如何進行多目標決策問題。20 世紀 50 年代初，考普曼(T. C. Koopmans)從生產和分配的活動分析中提出多目標最優化問題，並引入了帕累托最優的概念。20 世紀 60 年代初，萊恩思(F. Charnes)和考柏(J. Cooper)提出了目標規劃方法來解決多目標決策問題。目標規劃是線性規劃的修正和發展。這一方法不只是對一些目標求得最優，而是盡量使求得的最優解與原定的目標值之間的偏差最小。20 世紀 70 年代中期，甘尼(R. L. Keeney)和拉發用比較完整的描述多屬性效用理論來求解多目標決策問題。20 世紀 70 年代末，薩蒂(A. L. Saaty)提出了影響廣泛的 AHP(the Analytical Hierarchy Process)法，並在 20 世紀 80 年代初編纂了有關 AHP 法的專著。自 20 世紀 70 年代以來，有關研究和討論多目標決策的方法也隨之出現。

　　總之，多目標決策問題正越來越多地受到人們的重視，尤其是在經濟、管理、系統工程、控製論和運籌學等領域中得到了更多的研究和關注。

一、基本概念

多目標決策和單目標決策的根本區別在於目標的數量。單目標決策,只要比較各待選方案的期望效用值哪個最大即可,而多目標問題就複雜了許多。

【例 5-16】 某大學生要去畢業旅行,在已經確定旅遊成本的前提下,擬訂了三個旅遊方案,現要求根據以下 5 個目標綜合選出最佳的旅遊方案:
① 費用低(每天的費用不低於 300 元,但不高於 500 元);
② 居住條件(賓館不低於 3 星級,不高於 5 級);
③ 旅途條件(交通越快越好);
④ 飲食條件(符合自己的飲食習慣、當地小吃有特色等);
⑤ 景色美觀(評價越高越好)。

這三個方案的具體評價表如表 5-18 所示。

表 5-18　三種旅遊方案的目標值

具體目標	方案 1(A_1)	方案 2(A_2)	方案 3(A_3)
費用低(元/天)	300	500	400
居住條件(星級)	5	5	4
旅途條件(定性)	優	良	中
飲食條件(定性)	中	優	良
景色美觀(定性)	良	優	中

由表 5-18 可見,可供選擇的三個方案各有優缺點。某一個方案對其中一個目標來說是最優者,從另一個目標角度來看就不見得是最優,可能是次優。比如從費用低這個具體目標出發,則方案 1 較好;如從景色美觀的目標出發,方案 2 就不錯;但如果從居住條件看,顯然方案 3 最好等。

1. 多目標決策問題的基本特點

例 5-15 就是一個多目標決策問題。多目標決策問題除了目標不止一個這一明顯的特點外,最顯著的還有以下兩點:目標間的不可公度性和目標間的矛盾性。目標間的不可公度性是指各個目標沒有統一的度量標準,因而難以直接進行比較。例如,旅遊問題中,費用的單位是元/天,居住條件單位是星級,而旅途條件、飲食條件、景觀等則為定性指標。目標間的矛盾性是指如果選擇一種方案以改進某一目標的值,可能會使另一目標的值變壞。如居住條件的提高可能會使費用提高。

2. 多目標問題的基本要素

一個多目標決策問題一般包括決策單元、目標、屬性、決策情況和決策規劃五個基本因素。

(1) 決策單元和決策人。決策人是指制訂決策的人。他們是一個人或者一群人,能直接地或者間接地提供最終的價值判斷。根據這種判斷去排列可行的方案,從而能辨識最好的方案,因此方案的「好」或「壞」是按決策人的意見去判斷的。

一個決策單元包含決策人,還有其他人(分析人)和機器。它們結合起來作為一個信息處理器,可以起到以下的作用:接受輸入信息;在它的內部產生信息;把信息變換為知識;做出決定。

最小的決策單元是決策人本人。一個更大的決策單元可能包含有決策人、分析人、計算機和繪圖儀器。

(2) 目標。目標是關於被研究問題的某種決策人所希望達到的狀態的陳述。在一個多目標決策問題中,有若干個陳述去表達決策人希望達到的狀態,這就成為多目標問題。既然目標是一種「要求」或「願望」,就不一定能達到,但是決策人總是力圖達到它,從而它能作為衡量一個給定方案的質量標準,並據此做出評價。多目標通常可表示為一個遞階結構,如圖 5-3 所示。這個結構的最高層

是總體目標,是促使人們去研究這個決策問題的原動力,但是這個目標常常表達得比較含糊,不便於運算。在遞階結構中,下層的目標比上層的目標更加明確、具體和便於運算。它們可作為達到上層目標的某種手段。

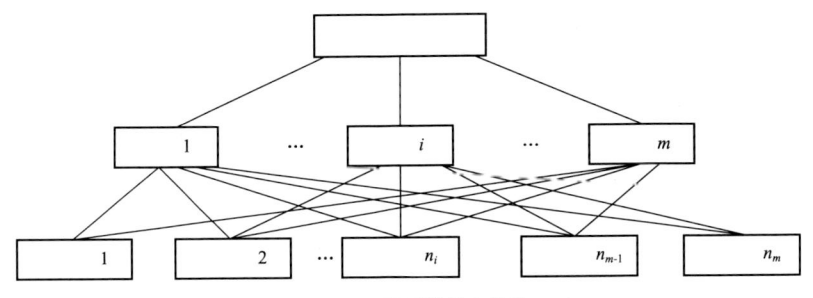

圖 5-3　目標遞階層次結構

（3）屬性。如果有一種實際的方法去估計這個目標被達到的程度,那麼目標是可以被運算的。為此,對最下層的每個目標設定屬性。屬性是可測量的量。它反應了特定的目標達到目的程度,主要包括性能、特徵、質量、數量、參數。每個目標的屬性必須滿足兩個性質:可理解性和可測性。可理解性是指屬性的值達到相應目標的程度,可測性是指在給定的方案下能按照某種標度對某一個屬性賦值。

（4）決策情況。決策情況是指多目標決策問題的結構和決策環境。它需要標明決策問題的輸入數量和類型、決策變量、屬性、測量決策變量和屬性所採用的標度、決策變量和屬性之間的因果關係、決策環境和狀態等。

（5）決策規則。在做出決策時,人們試圖去選擇一個「最好的」可行方案。它意味著需要把所有可行的方案按照優劣排列先後次序。而方案的優劣是根據所有目標的屬性值去衡量的,用於排列方案的優劣次序的規則稱為決策規劃。決策規劃與目標間有密切的關係,不同的多目標決策理論與方法的根本差別是決策規則的不同。

決策規則包含兩大類:一是最優規則,二是滿意規則。若一類決策規劃能把所有可行方案,相對於某個準則,排列出次序,從而找出最優方案,則這類所使用的規則稱為最優規則。如果一類決策規則可以把可行的方案劃分為幾個有序的子集,如可接受的和不可接受的兩個子集,不同的子集中任意兩個方案的優劣都是可以比較的,但不能分辨同一子集中兩個方案的優劣,這一決策過程所使用的規則稱為滿意規則。

3. 幾個基本概念

（1）劣解和非劣解。

① 劣解。若某方案的各目標均劣於其他目標,則該方案可以直接捨去。這種通過比較可直接捨棄的方案稱為劣解。

② 非劣解。既不能立即捨去,又不能立即確定為最優的方案稱為非劣解。非劣解在多目標決策中起著非常重要的作用。

單目標決策問題中的任意兩個方案都可比較優劣,但在多目標時任何兩個解不一定都可以比較出其優劣。如圖 5-4 所示,希望 f_1 和 f_2 兩個目標越大越好,則方案 A 和 B、方案 D 和 E 相比就無法簡單定出其優劣。但是,方案 E 和方案 I 比較,顯

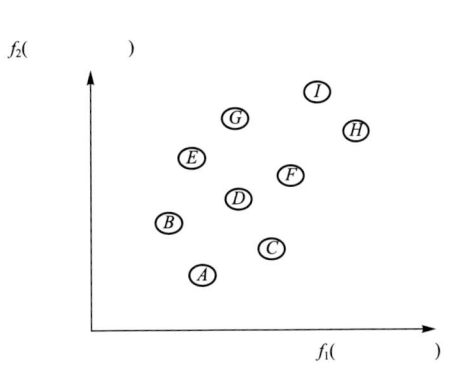

圖 5-4　劣解與非劣解

然 E 比 I 劣。而對方案 I 和 H 來說,沒有其他方案比它們更好。而其他的解,有的兩對之間無法比較,但總能找到令一個解比它們優。I 和 H 一類解就稱為非劣解,而 A,B,C,D,E,F,G 稱為劣解。

若能夠判別某一解是劣解,則可淘汰之。如果是非劣解,因為沒有別的解比它優,就無法簡單淘汰。倘若非劣解只有一個,當然就選它。問題是在一般情況下非劣解遠不止一個,這就有待於決策者選擇,選出來的解稱為選好解。

對於 m 個目標,一般用 m 個目標函數 $f_1(x),f_2(x),\cdots,f_m(x)$ 刻畫,其中 x 表示方案,而 x 的約束就是備選方案範圍。

設最優解為 x^*,它滿足

$$f_i(x^*) \geqslant f_i(x) \quad (i=1,2,\cdots,n)$$

(2) 選好解。在處理多目標決策時,先找最優解,若無最優解,就盡力在各待選方案中找出非劣解,然後權衡非劣解,從中找出一個比較滿意的方案。這個比較滿意的方案就稱為選好解。

單目標決策主要通過對各方案兩兩比較,即通過辨優的方法求得最優方案;而多目標決策除了需要辨優以確定哪些方案是劣解或非劣解外,還需要通過權衡的方法來求得決策者認為比較滿意的解。權衡的過程實際上就反應了決策者的主觀價值和意圖。

二、決策方法

解決多目標決策問題的方法目前已有不少。本節主要介紹以下三種:化多目標為單目標的方法、重排次序法、分層序列法、TOPSIS 法。決策的一般步驟為:判斷各個方案的非劣性,從所有方案中找出全部非劣方案,即滿意方案;在全部非劣方案中尋找最優解或選好解。

1. 化多目標為單目標的方法

由於直接求多目標決策問題比較困難,而單目標決策問題又較易求解,因此就出現了先把多目標問題轉換成單目標問題然後再進行求解的許多方法。下面介紹幾種較為常見的方法。

(1) 主要目標優化兼顧其他目標的方法。設有 m 個目標 $f_1(x),f_2(x),\cdots,f_m(x),x\in R$ 均要求為最優,但在這 m 個目標中有一個是主要目標,如 $f_1(x)$,並要求其為最大。在這種情況下,只要使其他目標值處於一定的數值範圍內,即

$$f_i' \leqslant f_i(x) \leqslant f_i'' \quad (i=2,3,\cdots,m)$$

就可把多目標決策問題轉化為下列單目標決策問題:

$$\max_{x\in R'} f_1(x)$$

$$R' = \{x \mid f_i' \leqslant f_i(x) \leqslant f_i'', i=2,3,\cdots,m; x\in R\}$$

【例 5-17】 設某廠生產 A,B 兩種產品以供應市場的需要。生產兩種產品所需的設備臺時、原料等消耗定額及其質量和單位產品利潤等如表 5-19 所示。在制訂生產計劃時工廠決策者考慮了如下三個目標:第一,計劃期內生產產品所獲得的利潤最大;第二,為滿足市場對不同產品的需要,產品 A 的產量必須為產品 B 的產量的 1.5 倍;第三,為充分利用設備臺時,設備臺時的使用時間不得少於 11 個單位。

表 5-19　產品消耗、利潤表

資源	產品 A	產品 B	限制量
設備臺時	2	4	12
原料 噸	3	3	12
單位利潤 /千元	4	3.2	

顯然,上述決策問題是一個多目標決策問題。若將利潤最大作為主要目標,則後面兩個目標只要符合要求即可。這樣,上述問題就可變換成單目標決策問題,並可用線性規劃進行求解。

解:設 x_1 為產品 A 的產量,x_2 為產品 B 的產量,則上述利潤最大作為主要目標,其他兩個目標可作為約束條件,其數學模型如下:

$$\max z = 4x_1 + 3.2x_2$$

$$s.t. \begin{cases} 2x_1 + 4x_2 \leqslant 12 (設備臺時約束) \\ 3x_1 + 3x_2 \leqslant 12 (原料約束) \\ x_1 - 1.5x_2 = 0 (目標約束) \\ 2x_1 + 4x_2 \geqslant 11 (目標約束) \\ x_1, x_2 \geqslant 0 \end{cases}$$

(2) 線性加權和法。設有一多目標決策問題,共有 $f_1(x), f_2(x), \cdots, f_m(x)$ 等 m 個目標,則可以對目標 $f_i(x)$ 分別給以權重系數 $\lambda_i (i=1,2,\cdots,m)$,然後構成一個新的目標函數:

$$\max F(x) = \sum_{i=1}^{m} \lambda_i f_i(x)$$

計算所有方案的 $F(x)$ 值,從中找出最大值的方案,即為最優方案。

在多目標決策問題中,或由於各個目標的量綱不同,或有些目標值要求最大而有些要求最小,則可首先將目標值變換成效用值或無量綱值,然後用線性加權和法計算新的目標函數值並進行比較,以決定方案取捨。

(3) 平方和加權法。設有 m 個目標的決策問題,現要求各方案的目標值 $f_1(x), f_2(x), \cdots, f_m(x)$ 與規定的 m 個滿意值 $f_1^*, f_2^*, \cdots, f_m^*$ 的差距盡可能小,這時可以重新設計一個總的目標函數:

$$F(x) = \sum_{i=1}^{m} \lambda_i (f_i(x) - f_i^*)^2$$

並要求 $\min F(x)$,其中 λ_i 是第 $i(i=1,2,\cdots)$ 個目標的權重系數。

(4) 乘除法。當有 m 個目標 $f_1(x), f_2(x), \cdots, f_m(x)$ 時,其中目標 $f_1(x), f_2(x), \cdots, f_k(x)$ 的值要求越小越好,目標 $f_k(x), f_{k+1}(x), \cdots, f_m(x)$ 的值要求越大越好,並假定 $f_k(x), f_{k+1}(x), \cdots, f_m(x)$ 都大於 0。於是可以採用如下目標函數:

$$F(x) = \frac{f_1(x) \cdot f_2(x) \cdots f_k(x)}{f_k(x) \cdot f_{k+1}(x) \cdots f_m(x)}$$

並要求 $\min F(x)$。

(5) 功效系數法。設有 m 個目標 $f_1(x), f_2(x), \cdots, f_m(x)$,其中 k_1 個目標要求最大,k_2 個目標要求最小。賦予這些目標 $f_1(x), f_2(x), \cdots, f_m(x)$ 以一定的功效系數 $d_i (i=1,2,\cdots,m)$,且 $0 \leqslant d_i \leqslant 1$。當第 i 個目標達到最滿意時 $d_i=1$,最不滿意時 $d_i=0$,其他情形 d_i 則為 0 和 1 之間的某個值。描述 d_i 與 $f_i(x)$ 關係的函數叫作功效函數,用 $d_i=F(f_i)$ 表示。

不同性質或不同要求的目標可以選擇不同類型的功效函數,如線性功效函數、指數型功效函數等。圖 5-5 所示為線性功效函數的兩種類型。圖 5-5(a) 所示為要求目標值越大越好的一種類型,即 f_i 值越大,d_i 也越大。圖 5-5(b) 為要求目標值越小越好的一種類型,即 f_i 越小,d_i 越大。

記 $\max f_i(x) = f_{i\max}$,$\min f_i(x) = f_{i\min}$。若要求 $f_i(x)$ 越大越好,則可設 $d_i(f_{i\min})=0$,$d_i(f_{i\max})=1$,第 i 個目標的功效系數 d_i 的值為

$$d_i(f_i(x)) = \frac{f_i(x) - f_{i\min}}{f_{i\max} - f_{i\min}}$$

若要求 $f_i(x)$ 越小越好,則可設 $d_i(f_{i\min})=1$,$d_i(f_{i\max})=0$,第 i 個目標的功效系數 d_i 的值為

$$d_i(f_i(x)) = 1 - \frac{f_i(x) - f_{i\min}}{f_{i\max} - f_{i\min}}$$

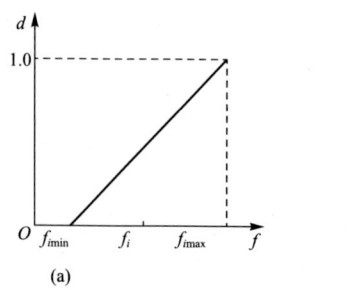

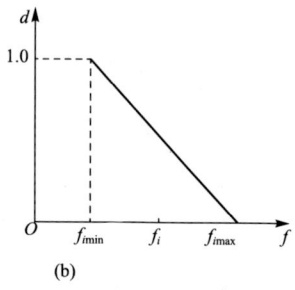

圖 5-5　線性功效函數

同理,對於指數型功效函數的兩種類型,亦可類似地確定 d_i 的取值。

當求出 n 個目標的功效係數後,即可設計一個總的功效係數,設以

$$D = \sqrt[m]{d_1 d_2 \cdots d_m}$$

為總的目標函數,並求 $\max D$。

從上述計算 D 的公式可知,D 的數值介於 0 與 1 之間。當 $D=1$ 時,方案為最滿意的;當 $D=0$ 時,方案為最差的。另外,當某方案第 i 目標的功效係數 $d_i=0$ 時,就會導致 $D=0$,這樣也就不會選擇該方案了。

2. 重排次序法

重排次序法是直接對多目標決策問題的待選方案的解重排次序,然後決定解的取捨,直到最後找到「選好解」。下面舉例說明重排次序法的求解過程。

【例 5-18】 設某新建廠選擇廠址共有 n 個方案 m 個目標。由於對 m 個目標重視程度不同,事先可按一定方法確定每個目標的權重係數。若 f_{ij} 表示第 i 方案第 j 目標的目標值,則可列表,如表 5-20 所示。

表 5-20　n 個方案的 m 個目標值

方案 i	目標 (j)						
	f_1	f_2	⋯	f_j	⋯	f_{m-1}	f_m
	λ_1	λ_2	⋯	λ_j	⋯	λ_{m-1}	λ_m
1	f_{11}	f_{12}	⋯	f_{1j}	⋯	$f_{1,m-1}$	$f_{1,m}$
2	f_{21}	f_{22}	⋯	f_{2j}	⋯	$f_{2,m-1}$	$f_{2,m}$
⋯	⋯	⋯	⋯	⋯	⋯	⋯	⋯
i	f_{i1}	f_{i2}	⋯	f_{ij}	⋯	$f_{i,m-1}$	$f_{i,m}$
⋯	⋯	⋯	⋯	⋯	⋯	⋯	⋯
n	f_{n1}	f_{n2}	⋯	f_{nj}	⋯	$f_{n,m-1}$	$f_{n,m}$

(1) 無量綱化。為了便於重排次序,可先將不同量綱的目標值 f_{ij} 變成無量綱的數值 y_{ij}。變換的方法是:對目標 f_j,若要求越大越好,則先從 n 個待選方案中找出第 j 個目標的最大值確定為最好值,而其最小值為最差值。即

$$\max_{1 \leqslant i \leqslant n} f_{ij} = f_{i,j}, \quad \min_{1 \leqslant i \leqslant n} f_{ij} = f_{i,j}$$

並相應地規定:

$$f_{i,j} \rightarrow y_{i,j} = 100$$
$$f_{i,j} \rightarrow y_{i,j} = 1$$

而其他方案的無量綱值可根據相應的 f 的取值用線性插值的方法求得。

對於目標 f_i，如要求越小越好，則可先從 n 個方案中的第 j 個目標中找最小值為最好值，而其最大值為最差值。可規定 $f_{i,j} \to y_{i,j} = 1, f_{i,j} \to y_{i,j} = 100$。其他方案的無量綱值可類似求得。這樣就能把所有的 f_{ij} 變換成無量綱的 y_{ij}。

(2) 通過對 n 個方案的兩兩比較，即可從中找出一組「非劣解」，記作{B}，然後對該組非劣解作進一步比較。

(3) 通過對非劣解{B}的分析比較，從中找出一「選好解」，最簡單的方法是設一新的目標函數

$$F_i = \sum_{j=1}^{m} \lambda_j y_{ij}, i \in \{B\}$$

若 F_i 值為最大，則方案 i 為最優方案。

3. 分層序列法

分層序列法是把目標按照重要程度重新排序，將重要的目標排在前面，如已知排成 $f_1(x), f_2(x), \cdots, f_m(x)$。然後對第 1 個目標求最優，找出所有最優解集合，用 R_1 表示；接著在集合 R_1 的範圍內求第 2 個目標的最優解，並將這時的最優解集合用 R_2 表示。依此類推，直到求出第 m 個目標的最優解為止。將上述過程用數學語言描述，即

$$f_1(x^{(1)}) = \max_{x \in R_0} f_1(x)$$
$$f_2(x^{(2)}) = \max_{x \in R_1} f_2(x)$$
$$\cdots$$
$$f_m(x^{(m)}) = \max_{x \in R_{m-1}} f_m(x)$$
$$R_i = \{x \mid \min f_i(x), x \in R_{i-1}\}, i = 1, 2, \cdots, m-1, R_0 = R$$

這種方法有解的前提是 $R_1, R_2, \cdots, R_{m-1}$ 等集合非空，並且不止一個元素。但這在解決實際問題中很難做到。於是又提出了一種允許寬容的方法。所謂「寬容」，是指要求解後一目標最優時，不必要求前一目標也達到嚴格最優，而是在一個對最優解有寬容的集合中尋找。這樣就變成了求一系列帶寬容的條件極值問題，也就是

$$f_1(x^{(1)}) = \min_{x \in R'_0} f_1(x)$$
$$f_2(x^{(2)}) = \min_{x \in R'_1} f_2(x)$$
$$\cdots$$
$$f_m(x^{(m)}) = \max_{x \in R'_{m-1}} f_m(x)$$
$$R'_i = \{x \mid f_i(x) < a_i \max f_i(x), x \in R'_{i-1}\} \quad (i = 1, 2, \cdots, m-1; R_0 = R)$$

而 $a_i > 0$ 是一個寬容限度，可以事前給定。

4. 逼近於理想解的排序法

逼近於理想解的排序法簡稱為 TOPSIS 法。這種方法是通過計算各方案與理想解的相對貼近度來判斷方案的優劣的。

設有 m 個方案構成的方案集為 $X, X = (x_1, x_2, \cdots, x_m)$，設 f_j 表示第 j 個指標，指標集為 $G, G = (f_1, f_2, \cdots, f_n)$，$x_{ij}$ 表示方案 x_i 在 f_j 指標下的指標值，$x_{ij} > 0$，指標的權向量為：

$$w = (w_1, w_2, \cdots, w_n)$$
$$\sum_{j=1}^{n} w_j = 1$$

理想解排序法的步驟如下。

(1) 構造標準化決策矩陣 $Y = (y_{ij})_{n \times m}$。且

$$y_{ij} = \frac{x_{ij}}{\sqrt{\sum_{i=1}^{m} x_{ij}^2}}$$

(2) 構造加權的標準化決策矩陣 $z=(z_{ij})_{n\times m}$。有
$$z_{ij}=w_{ij}y_{ij}, \quad i=1,2,\cdots,m, \quad j=1,2,\cdots,n$$
(3) 確定理想解 x^* 和負理想解 x^-,構造理想方案和負理想方案。有
$$x^*=(x_1^*,x_2^*,\cdots,x_n^*)$$
$$x^-=(x_1^-,x_2^-,\cdots,x_n^-)$$
效益型:$x_j^*=\max_i z_{ij} \qquad \min_i z_{ij}$

成本型:$x_j^*=\min_i z_{ij} \qquad \max_i z_{ij}$

(4) 計算各方案與理想解及負理想解的歐氏距離 s_i^*,s_i^-:
$$s_i^*=\|z_i-x^*\|=\sqrt{\sum_{j=1}^n (z_{ij}-x_j^*)^2}$$
$$s_i^-=\|z_i-x^-\|=\sqrt{\sum_{j=1}^n (z_{ij}-x_j^-)^2}$$
(5) 計算各方案與理想解的相對貼近度:
$$c_i=\frac{s_i^-}{s_i^*+s_i^-}$$

【例 5-19】 現要對 4 個電力生產單位進行綜合考查,在關評價指標 $G=(f_1,f_2,f_3,f_4,f_5,f_6)$,分別為全員勞動生產率、資金利稅率、成本利稅率、產值率、線路損失率、供電煤耗率,各評價指標的權重為 0.20、0.25、0.20、0.09、0.13、0.13,試分析各單位綜合經濟效益的優劣,有關資料如表 5-21 所示。

表 5-21 指標情況表

方案	f_1 / (元/人)	f_2 /%	f_3 /%	f_4 /%	f_5 /%	f_6 / (克/度)
x_1	18,263	22.5	17.6	18.9	9.92	432
x_2	18,105	20.8	16.8	72.0	9.68	436
x_3	19,158	17.8	9.6	69.5	9.54	434
x_4	18,532	19.2	12.3	71.1	9.48	433

解:首先將已知指標數據標準化,得

$$Y=\begin{bmatrix} 0.493,1 & 0.558,3 & 0.608,9 & 0.489,4 & 0.513,6 & 0.498,0 \\ 0.488,8 & 0.516,1 & 0.581,2 & 0.511,5 & 0.501,2 & 0.502,6 \\ 0.517,3 & 0.441,6 & 0.332,1 & 0.493,7 & 0.494,1 & 0.500,3 \\ 0.500,4 & 0.476,4 & 0.425,5 & 0.505,1 & 0.490,9 & 0.499,1 \end{bmatrix}$$

構造加權標準化決策矩陣:

$$Z=\begin{bmatrix} 0.098,6 & 0.139,6 & 0.121,8 & 0.043,6 & 0.066,8 & 0.064,7 \\ 0.097,8 & 0.129,0 & 0.116,2 & 0.046,0 & 0.065,2 & 0.065,3 \\ 0.103,5 & 0.110,4 & 0.066,4 & 0.044,4 & 0.064,2 & 0.065,0 \\ 0.100,1 & 0.119,1 & 0.095,1 & 0.045,5 & 0.063,8 & 0.064,9 \end{bmatrix}$$

該問題的 6 個指標中,f_5、f_6 屬於成本型指標,其他指標為效益型指標,則理想解與負理想解分別為

$$x^*=(0.103,5,0.139,6,0.121,8,0.046,0,0.063,8,0.064,7)$$
$$x^-=(0.097,8,0.110,4,0.066,4,0.043,6,0.066,8,0.065,3)$$

計算各方案與理想解、負理想解的歐氏距離：
$$s^+ = \sqrt{(0.098,6-0.103,5)^2+(0.139,6-0.139,6)^2+\cdots+(0.064,7-0.064,7)^2} = 0.006,2$$
$$s^- = \sqrt{(0.098,6-0.0.097,8)^2+(0.139,6-0.110,4)^2+\cdots+(0.064,7-0.065,3)^2} = 0.062,6$$

則 $c_i = \dfrac{s_i^-}{(s_i^+ + s_i^-)}$。

同理，可計算 c_1, c_2, c_3，計算結果見表 5-22。

表 5-22 逼近於理想解

名稱	方案			
	x_1	x_2	x_3	x_4
s^+	0.006,2	0.013,4	0.062,6	0.042,2
s^-	0.062,6	0.053,2	0.006,3	0.021,1
c_i	0.909,5	0.798,8	0.091,4	0.333,3

則 $x_1 > x_2 > x_4 > x_3$，由此可知企業 1 的綜合經濟效益最好。

三、指標的分類及其標準化方法

在決策矩陣中如果使用原來目標的值，往往不便於比較各目標。這是因為各目標採用的單位不同，數值可能有很大的差異。因此，最好把矩陣中元素規範化，即把各目標值都統一變換到[0,1]範圍內。指標按其值是否為數值，可分為定量指標和定性指標。按其具體含義不同，指標可分為效益型、成本型、固定型和區間型等。效益型指標是指其值越大越好的指標；成本型指標是指其值越小越好的指標；固定型指標是指其值既不能太大，又不能太小，而以穩定在某個固定值為最佳的指標，或者說，其值越接近某個值越好的指標；區間型指標是指其值以落在某個固定區間為最佳的指標，或者說，其值越接近某個固定區間越好的指標。規範化的方法很多，常用的有以下幾種：

1. **向量規範化**

令
$$b_{ij} = \dfrac{a_{ij}}{\sqrt{\sum_{i=1}^{m} a_{ij}}}$$

這種變換把所有目標值都化為無量綱的量，且都處於(0,1)範圍內。但這種變換是非線性的，變換後各屬性的最大值和最小值並不是統一的，即最小值不一定為 0，最大值不一定為 1，有時仍不便比較。

2. **極差變換**

令 x_{ij} 為第 i 個方案第 j 個指標的值，各類轉換的公式如下。
(1) 效益型指標：對於效益型指標，其極差變換公式為：
$$b_{ij} = \dfrac{x_{ij} - \min_i x_{ij}}{\max_i x_{ij} - \min_i x_{ij}}$$

線性變換公式為：
$$b_{ij} = \dfrac{x_{ij}}{\max_i x_{ij}}$$

(2) 成本型指標：對於成本型指標，其極差變換公式為：
$$b_{ij} = \dfrac{\max_i x_{ij} - x_{ij}}{\max_i x_{ij} - \min_i x_{ij}}$$

線性變換公式為

$$b_{ij} = \frac{\min\limits_i x_{ij}}{x_{ij}} \text{ 或 } b_{ij} = 1 - \frac{x_{ij}}{\max\limits_i x_{ij}}$$

(3) 固定型指標：設 a_j 為第 j 個指標的最佳穩定值，則固定型指標的變換公式為

$$b_{ij} \begin{cases} \frac{\min\limits_i |x_{ij} - a_j|}{|x_{ij} - a_j|} & x_{ij} \neq a_j 1 \end{cases}$$

(4) 區間型指標：設 $[q_1^j, q_2^j]$ 為最佳穩定區間，則其變換公式為

$$b_{ij} = \begin{cases} 1 - \frac{q_1^j - x_{ij}}{\max(q_1^j - \min\limits_i x_{ij}, \max\limits_i - q_2^j)} & (x_{ij} < q_1^j) \\ 1 & (x_{ij} \in [q_1^j, q_2^j]) \\ 1 - \frac{x_{ij} - q_2^j}{\max(q_1^j - \min\limits_i x_{ij}, \max\limits_i - q_2^j)} & (x_{ij} > q_2^j) \end{cases}$$

【例 5-20】 有三種同類產品，從產品成本、性能、質量、外觀四方面進行比較，這四個方面的權重分別為 0.35、0.25、0.30、0.10。有關數據如表 5-23 所示，試從中選擇一種最滿意的產品。

表 5-23　產品狀況表

目標	方案		
	A_1	A_2	A_3
費用	80	100	110
性能	88	90	92
質量	85	83	90
外觀	80	75	85

解：由於各目標間量綱不同，且有的屬於效益型指標，有的屬於成本型指標，故首先對各指標利用公式進行標準化處理。

首先，費用屬於成本型，利用成本型指標公式進行變換得

$$b_{11} = \frac{110 - 80}{110 - 80} = 1 \qquad b_{21} = \frac{110 - 100}{110 - 80} = 0.33 \qquad b_{31} = \frac{110 - 110}{110 - 80} = 0$$

其次，性能、質量、外觀屬於效益型指標，用效益型指標進行變換，如性能指標計算結果如下：

$$b_{12} = \frac{88 - 88}{92 - 88} = 0 \qquad b_{22} = \frac{90 - 88}{92 - 88} = 0.5 \qquad b_{31} = \frac{92 - 88}{92 - 88} = 1$$

其他計算同上，標準化後的數據如表 5-24 所示。

表 5-24　標準化數據表

目標	方案		
	A_1	A_2	A_3
費用	1	0.33	0
性能	0	0.5	1
質量	0.29	0	1
外觀	0.5	0	1

$u_1 = 0.35 \times 1 + 0.25 \times 0 + 0.30 \times 0.29 + 0.10 \times 0.5 = 0.487$；
$u_2 = 0.35 \times 0.33 + 0.25 \times 0.5 + 0.30 \times 0 + 0.10 \times 0 = 0.240,5$；
$u_3 = 0.35 \times 0 + 0.25 \times 1 + 0.30 \times 1 + 0.10 \times 1 = 0.65$。
$u_3 > u_1 > u_2$，因此這三種產品中，產品 A_3 的綜合性能最好，其次是 A_1。

四、確定權的方法

在多目標決策問題中，決策者所考慮的多個目標對決策的重要程度並不是相同的，相對來說，總有一定的差別。目前，大部分的多目標決策方法都通過賦予各目標一定的權重進行決策，以權重表示各目標的重要程度。權重越大，其對應目標越重要。確定權重的方法很多，現介紹幾種常用的方法。

1. 經驗法

這是一種憑藉經驗評估並結合統計處理來確定權重的方法。

首先，選聘一批對所研究的問題有充分見解的 L 個有豐富經驗的實際工作者。請他們各自獨立地對 n 個目標 $G_i(i=1,2,\cdots,n)$ 給出相應的權重。設第 j 位經驗者所提供的權重方案為：

$$w_{1j}, w_{2j}, \cdots, w_{nj}, j = 1(2, \cdots, L)$$

它們滿足 $w_{ij} \geq 0, i=1,2,\cdots,n, \sum_{i=1}^{n} w_{ij} = 1$。則匯集這些方案可列出如表 5-25 所示的權重方案表。

表 5-25　經驗法所得到的權重方案表

經驗者	目錄					偏差
	G_1		G_i		G_n	
1	w_{11}	...	w_{i1}	...	w_{n1}	D_1
...		...		...		...
j	w_{1j}	...	w_{ij}	...	w_{nj}	D_j
...		...		...		...
L	w_{1L}	...	w_{iL}	...	w_{nL}	D_L
均　值	w_1	...	w_i	...	w_n	D_1

其中

$$w_i = \frac{1}{L} \sum_{j=1}^{L} w_{ij} \quad (i = 1, 2, \cdots, n)$$

表中的最後一行是 L 個權重方案的均值或權重的數學期望估值：

$$D_j = \frac{1}{n-1} \sum_{i=1}^{n} [w_{ij} - w_i]^2 \quad (j = 1, 2, \cdots, L)$$

設給定允許 $\varepsilon > 0$，檢驗由上式確定的各方差估值。如果上述各方差估值的最大者不超過規定的 ε，即若

$$\max_{1 \leq j \leq L} D_j \leq \varepsilon$$

則說明各經驗者所提供的方案沒有顯著的差別，因而是可接受的。此時，就以 $w_1, w_2, \cdots, w_n$ 作為對應各目標 $G_1, G_2, \cdots, G_n$ 的權重。如果上式不滿足，則需要和那些對應於方差估值大的經驗者進行協商，充分交換意見，消除誤解（但不對各經驗者所提出的權重方案進行交流）；然後，讓他們重新調整權重，並將其再列入權重方案表。重複上述過程，最後得到一組滿意的權重均值作為目標的權重。

這種方法比較實用,但一般要求經驗者的人數不能太少。

2. 環比法

這種方法先隨意把各目標排成一定順序,接著按順序比較兩個目標的重要性,得出兩目標重要性的相對比率——環比比率,然後再通過連乘把此環比比率換算為都以最後一個目標為基數的定基比率,再歸一化為權重。設某決策有五個目標,下面按順序來求其權重,見表 5-26。

表 5-26　用環比法求權重

目標	按環比計算的 重要性比率	換算為以 E 為基 數的重要性比率	權重
A	2.0	4.5	0.327
B	0.5	2.25	0.164
C	3.0	4.50	0.327
D	1.5	1.50	0.109
E	—	1.00	0.073
合計		13.75	1.000

表 5-26 第二列是各目標重要性的環比比率,是按順序兩兩對比求得的,可以通過向決策者或專家諮詢而得到。例如,該列第一個數值為 2,它表示目標 A 對決策的重要性相當於目標 B 的 2 倍;第 2 個數字為 0.5,它表明目標 B 對決策的重要性值相當於目標 C 的一半,其餘類推。第三列的數據是通過第二列計算得到的,即以目標 E(排在最後的目標)對決策的重要性為基數,令其重要性為 1。由於目標 D 的重要性相當於 E 目標的 1.5 倍,換算為定基比率仍是 1.5,即 $1 \times 1.5 = 1.5$,由於目標 C 的重要性相當於目標 D 的 3 倍,所以目標 C 的重要性相當於目標 E 第 4.5 倍,即目標的定基比率為 4.5,其餘類推。把各目標的重要性比率換算為以 E 目標為基數的定基比率後,求得這些比率的總和為 13.75,即第三列的合計數,然後把第三列中各行的數據分別除以這個合計數 13.75 就得到了歸一化的權重值,列於表 5-26 的最後一列。

值得注意的是,上述方法的前提是決策者對各目標間相對重要性的認識是完全一致的,沒有矛盾,可實際上決策者對各目標相對重要性的認識有時不完全一致。此時,這種方法便不適用,一般可改用權的最小平方法或下面的其他方法。

3. 權的最小平方法

這種方法也是把各目標的重要性做成對比較,如把第 i 個目標對第 j 個目標的相對重要性的估計值記作 $a_{ij}(i,j=1,2,\cdots,n)$,並近似認為就是這兩個目標的權重 w_i 和 w_j 的比 w_i/w_j。若決策人對 $a_{ij}(i,j=1,2,\cdots,n)$ 的估計一致,則 $a_{ij} = w_i/w_j$,否則只有 $a_{ij} \approx w_i/w_j$,即 $a_{ij}w_j - w_i \neq 0$。可以選擇一組權 $\{w_1, w_2, \cdots, w_n\}$,使

$$Z = \sum_{i=1}^{n} \sum_{j=1}^{n} (a_{ij}w_j - w_i)^2$$

最小,其中 $w_i(i=1,2,\cdots,n)$ 滿足 $\sum_{i=1}^{n} w_i = 1$,且 $w_i > 0$。

若用拉格朗日乘子法解此有約束的優化問題,則拉格朗日函數為

$$L = \sum_{i=1}^{n} \sum_{j=1}^{n} (a_{ij}w_j - w_i)^2 + 2\lambda (\sum_{i=1}^{n} w_i - 1)$$

將上式對 w_k 微分,得到:

$$\frac{\partial L}{\partial w_k} = \sum_{i=1}^{n} (a_{ik}w_k - w_i)a_{ik} - \sum_{j=1}^{n} (a_{kj}w_j - w_k) + \lambda = 0 \quad (k=1,2,\cdots,n)$$

上式和 $\sum_{i=1}^{n} w_i = 1$ 構成了 $n+1$ 個非齊次線性方程組，有 $n+1$ 個未知數，可求得一組唯一的解。上式也可寫成矩陣形式：

$$Bw = m$$

式中

$$w = (w_1, w_2, \cdots, w_n)^T, m = (-\lambda, -\lambda, \cdots, -\lambda)^T$$

$$B = \begin{bmatrix} \sum_{i=1}^{n} a_{i1}^2 - n - 2a_{11} & -(a_{12} + a_{21}) & \cdots & -(a_{1n} + a_{n1}) \\ -(a_{21} + a_{12}) & \sum_{i=1}^{n} a_{i2}^2 - n - 2a_{22} & \cdots & -(a_{2n} + a_{n2}) \\ \cdots & \cdots & \cdots & \cdots \\ -(a_{n1} + a_{1n}) & (-a_{n2} + a_{2n}) & \cdots & \sum_{i=1}^{n} a_{in}^2 - n - 2a_{nn} \end{bmatrix}$$

4. 強制決定法

強制決定法要求把各個目標兩兩進行對比。兩個目標比較，重要者記 1 分，次要者記 0 分。現舉例說明之。考慮一個機械設備設計方案決策，設其目標有靈敏度、可靠性、耐衝擊性、體積、外觀和成本共 6 項。首先畫一個棋盤表格（見表 5-27）。其中打分所用列數為 15，如目標數為 n，則打分所用列數為 $n(n-1)/2$。在每個列內只打兩個分，即在重要的那個目標行內打 1 分，次要的那個目標行內打 0 分。該列的其餘各行任其空著。

表中總分列為各目標所得分數之和，修正總分列是為了避免權系數為 0 而設計的，其數值由總分列各數分別加上 1 得到，權重為各行修正總分歸一化的結果。

表 5-27　高度計設計方案選優決策中權重的計算

目標	重要性得分															總分	修正總分	權重
靈敏度	0	0	1	1	1											3	4	0.129
可靠性	1					1	1	1	1							5	6	0.286
耐衝擊性		1				0				1	1	1				4	5	0.048
體積			0				0			0			1	1		1	2	0.143
外觀				0				0			0		0		1	0	1	0.095
成本					0				0			0		1	1	2	3	0.238
合計																15	21	1.000

第四節　層次分析法

AHP（Analytic Hierarchy Process）方法，是 20 世紀 70 年代由美國著名運籌學家托馬斯·塞蒂（T. L. Satty）提出的。它是指將決策問題的有關元素分解成目標、準則、方案等層次，在此基礎上進行定性分析和定量分析的一種決策方法。這一方法的特點，是在對複雜決策問題的本質、影響因素及其內在關係等進行深入分析之後，構建一個層次結構模型，然後利用較少的定量信息，把決策的思維過程數學化，從而為求解多準則或無結構特性的複雜決策問題提供了一種簡便的決策方法。

AHP 十分適用於具有定性的或定性定量兼有的決策分析。這是一種十分有效的系統分析和科學決策方法，現在已廣泛地應用在企業信用評級、經濟管理規劃、能源開發利用與資源分析、城市產業規劃、企業管理、人才預測、科研管理、交通運輸、水資源分析利用等方面。

一、層次分析法的基本原理

層次分析法是一類很實用的多目標決策方法。這種方法的基本思想是：首先根據多目標決策問題和總的目標，對所要解決的問題有明確認識，弄清問題的邊界、包含的因素及因素之間的隸屬關係，最終達到目的。然後，根據這些已知條件，將決策問題層次化，構成一個由下而上的遞階層次結構。最高層為解決問題的總目標，稱為目標層；若幹中間層為實現總目標所涉及的中間措施、準則，稱為準則層；最底層為解決問題所用的各種方案，稱為方案層。相鄰上下層元素之間存在著特定的邏輯關係，將上層次的每一個元素與同這有著邏輯關係的下層元素用直線連接起來，就構成了遞階層次結構模型。如圖 5-6 所示。

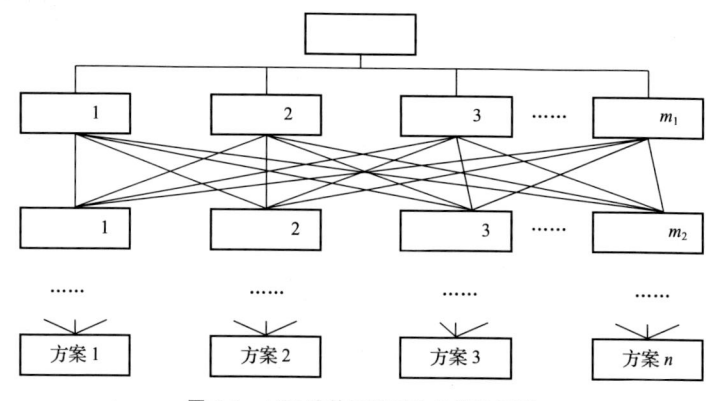

圖 5-6　AHP 法的系統層次結構示意圖

關於一個決策問題，在將其分成有序的層次結構以後，對每一個上層元素，考慮與其有邏輯關係的下層元素，並在它們之間進行兩兩比較判斷，判斷的結果以定量數字給出，並表示在一個矩陣中，這樣的矩陣稱為「判斷矩陣」。從判斷矩陣的最大特徵根及特徵向量，確定第一層次中各元素的相對重要性排序的權重，通過綜合各層次進而給出對目標層而言方案的總的排序權重。

二、層次分析法的基本步驟

層次分析法大體包括五個基本步驟，現逐一說明如下：

1. 建立層次結構模型

在深入分析所考慮的問題之後，用層次分析法分析的系統，將問題包含的諸因素劃分成三層，即目標層、準則層和方案層。目標層為解決問題的目的，想要達到的目標。準則層為針對目標評價各方案時所考慮的各個子目標(因素或準則)，可以逐層細分。

層次結構往往用結構圖形式表示，圖上標明上一層次與下一層次元素之間的聯繫。如果上一層的每一要素與下一層次所有要素均有聯繫，稱為完全相關結構(見圖 5-7)。如上一層每一要素都有各自獨立的、完全不相同的下層要素，稱為完全獨立性結構。也有由上述兩種結構結合的混合結構。

【例 5-21】　某城市鬧市區域的某一商場附近，由於顧客過多，常常造成車輛阻塞以及各種交通事故。市政府決定改善鬧市區的交通環境。經約請各方面專家研究，制訂出三種可供選擇的方案：

A_1：在商場附近修建天橋一座，供行人過馬路；

A_2：同樣目的，在商場附近修建一條地下行人通道；

A_3：搬遷商場。

試用決策分析方法對三種備選方案進行選擇。

這是一個多目標決策問題。在改變鬧市區交通環境這一總目標下，根據當地的具體情況和條件，制訂了以下5個分目標作為對備選方案的評價和選擇標準：

C_1：通車能力；C_2：方便過往行人及當地居民；C_3：新建或改建費用不能過高；

C_4：具有安全性；C_5：保持市容美觀。

其層次結構如圖5-8所示。

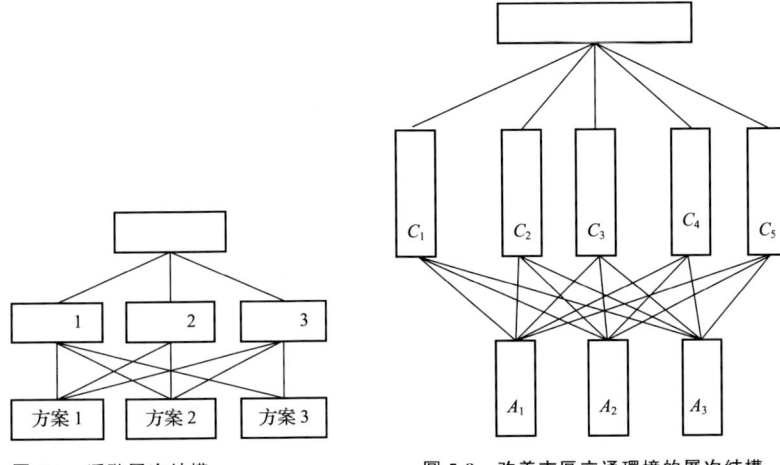

圖 5-7　遞階層次結構　　　　圖 5-8　改善市區交通環境的層次結構

所建立的遞階層次結構合適與否，對問題的求解起著關鍵的作用。但這在很大程度上取決於決策者的主觀判斷。這就要求決策者對問題的本質、問題所包含的要素及相互之間的邏輯關係要有比較透澈的理解。

2. 構造判斷矩陣

判斷矩陣是層次分析法的基本信息，也是計算各要素權重的重要依據。在判斷矩陣表示的層次結構模型中，針對上一層次某元素來說，本層次有關元素之間相對重要性不一定相同。

設對於準則 A，其下一層有 n 個要素 $B_1, B_2, \cdots, B_n$。以上一層的要素 A 作為判斷準則，對下一層的 n 個要素進行兩兩比較來確定矩陣的元素值，其形式如表5-28所示。

表 5-28　矩陣元素值表

B_K	B_1	B_2	$\cdots$	B_j	$\cdots$	B_n
B_1	a_{11}	a_{12}	$\cdots$	a_{1j}	$\cdots$	a_{1n}
B_2	a_{21}	a_{22}	$\cdots$	a_{2j}	$\cdots$	a_{2n}
$\cdots$	$\cdots$	$\cdots$	$\cdots$	$\cdots$	$\cdots$	$\cdots$
B_i	a_{i1}	a_{i2}	$\cdots$	a_{ij}	$\cdots$	a_{in}
$\cdots$	$\cdots$	$\cdots$	$\cdots$	$\cdots$	$\cdots$	$\cdots$
B_n	a_{n1}	a_{n2}	$\cdots$	a_{nj}	$\cdots$	a_{nn}

a_{ij} 表示以判斷準則 B 的角度考慮要素 A_i 對 A_j 的相對重要程度。若假設在準則 A 下要素 A_1, $A_2, \cdots, A_n$ 的權重分別為 $w_1, w_2, \cdots, w_n$,即 $W = (w_1, w_2, \cdots, w_n)^T$,則 $a_{ij} = w_i / w_j$。矩陣

$$A = \begin{bmatrix} a_{11} & a_{12} & \cdots & a_{1n} \\ a_{21} & a_{22} & \cdots & a_{2n} \\ \cdots & \cdots & \cdots & \cdots \\ a_{n1} & a_{n2} & \cdots & a_{nn} \end{bmatrix}$$

稱為判斷矩陣。

判斷矩陣中的元素 a_{ij} 是表示兩個要素的相對重要性的數量尺度,稱為判斷尺度,其取值如表 5-29 所示。

表 5-29　判斷尺度的取值

標度	含義
1	兩個因素相比,具有同樣的重要性
3	兩個因素相比,一因素較另一因素稍微重要
5	兩個因素相比,一個因素較另一因素明顯重要
7	兩個因素相比,一個因素較另一因素強烈重要
9	兩個因素相比,一因素較另一因素極端重要
2,4,6,8	上述相鄰兩判斷的中值
倒數	表示元素 i 與 j 比較,得 a_{ij},則元素 j 與 i 比較的判斷為 $a_{ji} = 1/a_{ij}$

判斷矩陣具有以下特徵:
(1) 判斷矩陣是方陣;
(2) 判斷矩陣主對角線上元素為 1;
(3) 若判斷矩陣元素為 a_{ij},$a_{ij} > 0$,則有 $a_{ji} = 1/a_{ij} (i, j = 1, 2, \cdots, n)$。
即以主對角線為軸,其他對應元素互為倒數。

3. 層次單排序

層次單排序是指根據判斷矩陣計算對上一層某元素而言,本層次與之有聯繫的元素相對重要性次序的權值。層次單排序要計算判斷矩陣 A 的特徵根和特徵向量,即滿足 $AW = \lambda_{max} W$ 的特徵的向量 W(取正規化特徵向量),其分量 W_i 為相應元素排序的權值

$$A = (a_{ij})_{n \times n} = [w_i / w_j]_{n \times n} = \begin{bmatrix} w_1/w_1 & w_1/w_2 & \cdots & w_1/w_n \\ w_2/w_1 & w_2/w_2 & \cdots & w_2/w_n \\ \cdots & \cdots & \cdots & \cdots \\ w_n/w_1 & w_n/w_2 & \cdots & w_n/w_n \end{bmatrix}$$

求 $W = (w_1, w_2, \cdots, w_n)^T$。

由

$$\begin{bmatrix} w_1/w_1 & w_1/w_2 & \cdots & w_1/w_n \\ w_2/w_1 & w_2/w_2 & \cdots & w_2/w_n \\ \cdots & \cdots & \cdots & \cdots \\ w_n/w_1 & w_n/w_2 & \cdots & w_n/w_n \end{bmatrix} \begin{bmatrix} w_1 \\ w_2 \\ \vdots \\ w_n \end{bmatrix} = n \begin{bmatrix} w_1 \\ w_2 \\ \vdots \\ w_n \end{bmatrix}$$

知,W 是矩陣 A 的特徵值為 n 的特徵向量。

由於判斷矩陣 A 的最大特徵值所對應的特徵向量為 W,為此,可以先求出判斷矩陣的最大特徵值所對應的特徵向量,再經過歸一化處理,即可求出 A_i 關於 H 的相對重要度。

(1) 方根法。
①將判斷矩陣按行相乘：
$$M_i = \prod_{j=1}^{n} a_{ij}$$

②計算 $\overline{W}_i$：
$$\overline{W}_i = (\prod_{j=1}^{n} a_{ij})^{\frac{1}{n}} (i=1,2,\cdots,n)$$

③計算判斷矩陣的特徵向量：
$$W_i = \frac{\overline{W}_i}{\sum_{j=1}^{n} \overline{W}_j}$$

特徵向量 $W = (W_1, W_2, \cdots, W_n)^\top$

④計算最大特徵根：
$$\lambda_{\max} = \sum_{i=1}^{n} \frac{(AW)_i}{nW_i}$$

⑤其結果就是 A_i 關於 B 的相對重要度。最大特徵值 $\lambda_{\max}$ 為
$$\lambda_{\max} = \sum_{i=1}^{n} \frac{(AW)_i}{nw_i}$$

其中，$(AW)_i$ 為向量 AW 的第 i 個元素。最後，進行一致性檢驗。

(2) 和積法。
①將判斷矩陣每一列歸一化：
$$\overline{b}_{ij} = \frac{b_{ij}}{\sum_{k=1}^{n} b_{kj}} (i,j=1,2,\cdots,n)$$

②列歸一化後的判斷矩陣按行相加得
$$\overline{W} = (\overline{w}_1, \overline{w}_2, \cdots, \overline{w}_n)^\top = \sum_{j=1}^{n} \overline{b}_{ij} (i=1,2,\cdots,n)$$

並對 $\overline{W} = (\overline{w}_1, \overline{w}_2, \cdots, \overline{w}_n)^\top$ 正規化：
$$W_i = \frac{\overline{W}_i}{\sum_{j=1}^{n} \overline{W}_j}$$

③再對其正規化處理即可。$\lambda_{\max}$ 的求法同方根法，有
$$\lambda_{\max} = \sum_{i=1}^{n} \frac{(AW)_i}{nW_i}$$

為檢驗判斷矩陣的一致性，需要計算它的一致性指標 CI：
$$CI = \frac{\lambda_{\max} - n}{n - 1}$$

式中，CI 為一致性指標；n 為矩陣階數。

CI 越小，說明判斷矩陣的一致性越大。考慮到一致性偏離有隨機原因，因而檢驗判斷矩陣是否具有滿意的一致性，還須將 CI 值與平均隨機一致性指標 RI 相比較。RI 值如表 5-30 所示。

表 5-30　RI 值表

n	1	2	3	4	5	6	7	8	9	10	11
RI	0	0	0.58	0.90	1.12	1.24	1.32	1.41	1.45	1.49	1.51

將矩陣的一致性指標 CI 與同階的隨機一致性指標 RI 的比作為一致性比率：$CR=CI/RI$。

當矩陣的一致性比率 $CR<0.1$ 時，則矩陣通過了一致性檢驗，且矩陣的特徵向量可以作為權向量。否則，需要調整判斷矩陣，使之具有滿意的一致性。

4. 層次總排序

利用同一層次中所有層次單排序的結果，就可以計算針對上一層次而言，本層次所有元素相對重要性的權值，即層次總排序。層次總排序從上到下逐層按順序進行。

如果上一層所有元素 $A_1, A_2, \cdots, A_m$ 的總排序已經完成，得到的權值分別為 $w_1, w_2, \cdots, w_m$，且與 A_i 相應的本層次元素 $B_1, B_2, \cdots, B_n$ 的單排序結果為 $b'_1, b'_2, \cdots, b'_n$。若 B_j 與 A_i 無聯繫，$b^i_j=0$，則層次總排序可按表 5-31 進行。

表 5-31　層次總排序表

層次 B	層次 A				B 層次總排序
	A_1	A_2	$\cdots$	A_m	
	w_1	w_2		w_m	
B_1	b^1_1	b^2_1	$\cdots$	b^m_1	$\sum_{i=1}^{m} w_i b^i_1$
B_2	b^1_2	b^2_2	$\cdots$	b^m_2	$\sum_{i=1}^{m} w_i b^i_2$
$\vdots$	$\vdots$	$\vdots$	$\vdots$	$\vdots$	$\vdots$
B_n	b^1_n	b^2_n	$\cdots$	b^m_n	$\sum_{i=1}^{m} w_i b^i_n$

5. 層次總排序一致性檢驗

為評價總排序計算結果的一致性，也需計算與層次單排序相類似的檢驗量，即 CI 為層次總排序一致性指標；RI 為層次總排序隨機一致性指標。

其計算公式為：

$CI = \sum_{i=1}^{m} w_i CI_i$；$CI_i$ 與 A_i 相對應的 B 層次中判斷矩陣的一致性指標。

$RI = \sum_{i=1}^{m} w_i RI_i$；$RI_i$ 與 A_i 相對應的 B 層次中成對比較矩陣 A 一致性的標準指標。

並取 $CR=CI/RI$。

當 $CR \leqslant 0.1$ 時，認為層次總排序的結果具有滿意的一致性。

三、判斷矩陣特徵根及特徵向量的計算

判斷矩陣特徵根的近似計算方法有冪法、和積法、方根法。冪法常用於計算機計算，而和積法和方根法則用計算器計算。下面主要介紹和積法與方根法。

【例 5-22】　試用方根法計算判斷矩陣的特徵要並檢驗其一致性。

$$B = \begin{bmatrix} 1 & 3 & 5 & 1 \\ 1/3 & 1 & 2 & 1/3 \\ 1/5 & 1/2 & 1 & 1/5 \\ 1 & 3 & 5 & 5 \end{bmatrix}$$

第五章 目標規劃

解:(1) 將判斷矩陣按行相乘,並計算特徵向量(見表 5-32)。

表 5-32　特徵向量

	B_1	B_2	B_3	B_4
B_1	1	3	5	1
B_2	1/3	1	2	1/3
B_3	1/5	1/2	1	1/5
B_4	1	3	5	1

$$\overline{W}_1 = \sqrt[4]{1\times3\times5\times1} = 1.968 \quad \overline{W}_2 = \sqrt[4]{\frac{1}{3}\times1\times2\times\frac{1}{3}} = 0.687$$

$$\overline{W}_3 = \sqrt[4]{\frac{1}{5}\times\frac{1}{2}\times1\times\frac{1}{5}} = 0.376 \quad \overline{W}_4 = \sqrt[4]{1\times3\times5\times1} = 1.968$$

經歸一化處理,求得歸一化估計權重為

$$W_1 = \frac{1.968}{1.968+0.687+0.376+1.968} = 0.394 \quad W_2 = \frac{0.687}{1.968+0.687+0.376+1.968} = 0.137$$

$$W_3 = \frac{0.376}{1.968+0.687+0.376+1.968} = 0.075 \quad W_4 = \frac{1.968}{1.968+0.687+0.376+1.968} = 0.394$$

特徵向量為:$W = (0.394, 0.137, 0.075, 0.394)$

(2) 計算特徵根。

$$BW = \begin{bmatrix} 1 & 3 & 5 & 1 \\ 1/3 & 1 & 2 & 1/3 \\ 1/5 & 1/2 & 1 & 1/5 \\ 1 & 3 & 5 & 1 \end{bmatrix} \begin{bmatrix} 0.394 \\ 0.137 \\ 0.075 \\ 0.394 \end{bmatrix} = \begin{bmatrix} 1.574 \\ 0.550 \\ 0.301 \\ 1.574 \end{bmatrix}$$

$$\lambda_{max} = \sum_{i=1}^{4} \frac{(BW)_i}{nW_i} = \frac{1.574}{4\times0.394} + \frac{0.550}{4\times0.137} + \frac{0.301}{4\times0.075} + \frac{1.574}{4\times0.394} = 3.550$$

(3) 檢驗。

$$CI = \frac{\lambda_{max}-n}{n-1} = \frac{3.550-4}{4-1} = -0.150$$

查表 5-30 知,當 $n=4$ 時,$RI=0.9$。
根據公式得:

$$CR = \frac{CI}{RI} = \frac{-0.150}{0.9} = -0.167 < 0.1$$

即通過一致性檢驗。

【例 5-23】　試用和積法計算判斷矩陣的特徵並檢驗其一致性(見表 5-33)。

$$B = \begin{bmatrix} 1 & 7 & 4 \\ 1/7 & 1 & 1/3 \\ 1/4 & 3 & 1 \end{bmatrix}$$

表 5-33　矩陣特徵向量

	B_1	B_2	B_3
B_1	1	7	4
B_2	1/7	1	1/3
B_3	1/4	3	1
Σ	39/28	11	16/3

解：(1)將每一列正規化：

則 $\bar{b}_{11} = \dfrac{b_{11}}{\sum\limits_{k=1}^{3} b_{k1}} = \dfrac{1}{39/28} = 0.717,9$ $\quad \bar{b}_{21} = \dfrac{b_{21}}{\sum\limits_{k=1}^{3} b_{k1}} = \dfrac{1/7}{39/28} = 0.102,6$

$$\bar{b}_{31} = \dfrac{b_{31}}{\sum\limits_{k=1}^{3} b_{k1}} = \dfrac{1/4}{39/28} = 0.179,5$$

同理可得其他各元素的歸一化值。

正規化後的判斷矩陣為：

$$\begin{bmatrix} 0.717,9 & 0.636,4 & 0.750,0 \\ 0.102,6 & 0.090,9 & 0.062,5 \\ 0.179,5 & 0.272,7 & 0.187,5 \end{bmatrix}$$

(2) 正規化後將判斷矩陣按行相加，並求出特徵向量。

$$\overline{W}_1 = \sum_{j=1}^{3} \bar{b}_{1j} = 0.717,9 + 0.636,4 + 0.75 = 2.104,3 \quad \overline{W}_2 = \sum_{j=1}^{3} \bar{b}_{2j} = 2.560$$

$$\overline{W}_3 = \sum_{j=1}^{3} \bar{b}_{3j} = 0.639,7$$

特徵向量為

$$W_1 = \dfrac{\overline{W}_1}{\sum\limits_{i=1}^{3} \overline{W}_i} = \dfrac{2.104,3}{3} = 0.701,4 \quad W_2 = \dfrac{\overline{W}_2}{\sum\limits_{i=1}^{3} \overline{W}_i} = \dfrac{0.256,0}{3} = 0.085,3$$

$$W_3 = \dfrac{\overline{W}_3}{\sum\limits_{i=1}^{3} \overline{W}_i} = \dfrac{0.639,7}{3} = 0.213,2$$

(3) 計算最大特徵根

$$BW = \begin{bmatrix} 1 & 7 & 4 \\ 1/7 & 1 & 1/3 \\ 1/4 & 3 & 1 \end{bmatrix} \begin{bmatrix} 0.701,4 \\ 0.085,3 \\ 0.213,2 \end{bmatrix} = \begin{bmatrix} 2.151,3 \\ 0.256,6 \\ 0.644,5 \end{bmatrix}$$

$$\lambda_{\max} = \sum_{i=1}^{3} \dfrac{(BW)_i}{nW_i} = \dfrac{2.151,3}{3 \times 0.701,4} + \dfrac{0.256,6}{3 \times 0.085,3} + \dfrac{0.644,5}{3 \times 0.213,2} = 3.032,8$$

(4) 一致性檢驗：

$$CI = \dfrac{\lambda_{\max} - n}{n - 1} = \dfrac{3.032,8 - 3}{3 - 1} = 0.016,4$$

查表 5-30 有，當 $n=3$ 時，$RI=0.58$。

根據公式得，$CR = \dfrac{CI}{RI} = \dfrac{0.016,4}{0.58} = 0.028,3 < 0.1$，通過一致性檢驗。

四、層次分析法的應用

【**例 5-24**】假設某高校正在進行教師的評優工作，需考慮的指標有學識水平、科研能力和教學工作。學識水平主要通過發表論文的級別和數量來評價。科研能力通過在研項目和已完成項目的情況進行評判。教學工作分兩種情況：任課教師根據教學工作量和學生反應情況打分，非任課老師從日常工作量和質量方面評估。

現應用層次分析法對待評教師的綜合素質進行評價。整個層次結構分為三層，最高層即問題分析的總目標，要評選出優秀教師；第二層是準則層，包括上述的三種指標；第三層是方案層，即參加評優的教師。假設對五位候選教師進行評優工作，其中 P_2、P_3 和 P_4 為任課教師，需要從學識水平、科研能力和教學工作三方面評估其綜合素質，教師 P_5 是科研人員，學校對其沒有教學任務，故只需從

前兩個方面衡量，教師 P_1 是行政人員，沒有科研任務，只需從學識水平和教學工作兩方面衡量。各位教師在三個指標上表現不同。建立這種層次結構後，問題分析歸結為各位教師相對於總目標的優先次序。

(1) 建立遞階層次結構，如圖 5-9 所示。

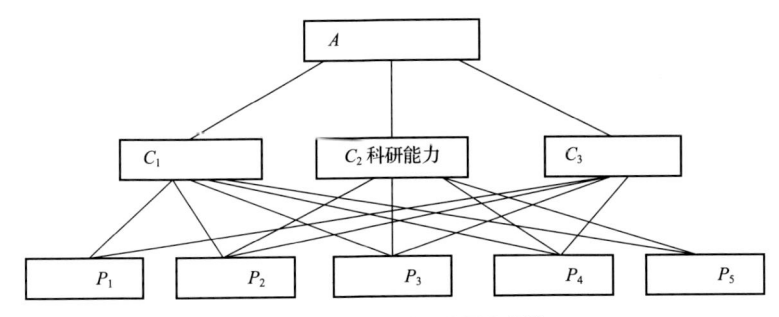

圖 5-9　教師評優的遞階層次結構

(2) 建立判斷矩陣。就層次結構中各種因素兩兩進行判斷比較，建立判斷矩陣。

①判斷矩陣 A-C（相對於總目標各指標間的重要性比較）。

A	C_1	C_2	C_3
C_1	1	1/5	1/3
C_2	5	1	3
C_3	3	1/3	1

②判斷矩陣 C_1-P（各教師的學識水平比較）。

C_1	P_1	P_2	P_3	P_4	P_5
P_1	1	3	5	4	7
P_2	1/3	1	3	2	5
P_3	1/5	1/3	1	1/2	2
P_4	1/4	1/2	2	1	3
P_5	1/7	1/5	1/2	1/3	1

③判斷矩陣 C_2-P（各教師的科研能力比較）。

C_2	P_2	P_3	P_4	P_5
P_2	1	1/7	1/3	1/5
P_3	7	1	5	2
P_4	3	1/5	1	1/3
P_5	5	1/2	3	1

④判斷矩陣 C_3-P（各教師的教學工作比較）。

C_3	P_1	P_2	P_3	P_4
P_1	1	1	3	3
P_2	1	1	3	3
P_3	1/3	1/3	1	1
P_4	1/3	1/3	1	1

(3) 相對重要度及判斷矩陣的最大特徵值的計算。

①$A-C$(各指標相對於總目標的相對權重)：$\omega = \begin{bmatrix} 0.105 \\ 0.637 \\ 0.258 \end{bmatrix}, \lambda_{max} = 3.038$

②C_1-P(各教師相對於學識水平的相對權重)：$\omega = \begin{bmatrix} 0.495 \\ 0.232 \\ 0.085 \\ 0.137 \\ 0.051 \end{bmatrix}, \lambda_{max} = 5.079$

③C_2-P(各教師相對於科研能力的相對權重)：$\omega = \begin{bmatrix} 0.057 \\ 0.523 \\ 0.122 \\ 0.298 \end{bmatrix}, \lambda_{max} = 4.069$

④C_3-P(各教師相對於教學工作的相對權重)：$\omega = \begin{bmatrix} 0.375 \\ 0.375 \\ 0.125 \\ 0.125 \end{bmatrix}, \lambda_{max} = 4$

(4) 相容性判斷。
①$A-C$：$CI=0.019, RI=0.58, CR=0.033$；
②C_1-P：$CI=0.020, RI=1.12, CR=0.018$；
③C_2-P：$CI=0.023, RI=0.9, CR=0.025$；
④C_3-P：$CI=0.000, CR=0.025$。

(5) 綜合重要度的計算。見表5-34。

表 5-34　算例中綜合重要度的計算

P	C			層次 P 總排序
	C_1	C_2	C_3	
	0.105	0.637	0.258	
P_1	0.495	0	0.375	0.149
P_2	0.232	0.057	0.375	0.157
P_3	0.085	0.523	0.125	0.374
P_4	0.137	0.122	0.125	0.124
P_5	0.051	0.298	0	0.192

層次總排序一致性檢驗：

$$CI = \sum_{i=1}^{3} C_i CI = 0.105 \times 0.020 + 0.637 \times 0.023 + 0.258 \times 0 = 0.017$$

$$RI = \sum_{i=1}^{3} C_i RI = 0.105 \times 1.12 + 0.637 \times 0.90 + 0.258 \times 0.90 = 0.923$$

$$CR = \frac{CI}{RI} = \frac{0.017}{0.923} = 0.018$$

通過上述五步的分析和計算，可以得出每一位教師的不同優勢，但最終結果是教師 P_3 排在第一位，然後依次是 P_5, P_2, P_1 和 P_4。

【例 5-25】　某地區需對5個部門進行綜合經濟效益評價，主要從經濟效益、風險程度、行業效

益、技術進步這四個方面進行分析。建立層次分析遞階結構模型如圖 5-10 所示，有關數據如表 5-35 所示。

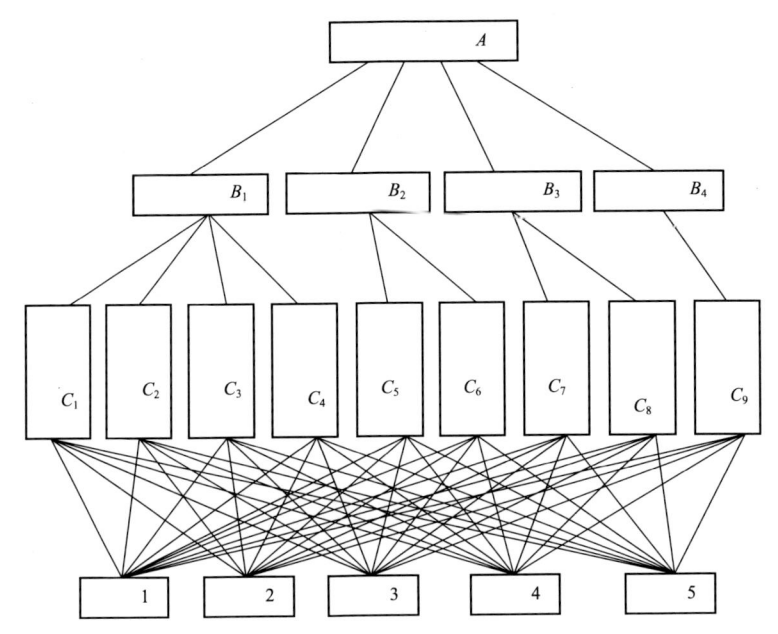

圖 5-10 綜合經濟效益遞階結構模型

表 5-35 層次模型數據表

指標	部門				
	部門 1	部門 2	部門 3	部門 4	部門 5
C_1（千元／人）	42.34	16.10	21.55	21.17	53.42
C_2（％）	9.14	7.07	4.52	3.69	7.59
C_3（％）	7.33	7.97	6.49	6.49	5.62
C_4（％）	8.22	8.88	7.38	7.24	6.12
C_5（％）	3.45	5.36	12.61	16.67	8.51
C_6（％）	6.04	1.40	5.11	11.06	0.83
C_7（千元／人）	2.82	2.27	2.39	2.84	3.60
C_8（％）	14.48	37.11	5.49	19.12	7.92
C_9（％）	10.51	8.49	11.04	12.98	12.38

解：根據遞階結構模型，邀請有經驗的專家進行分析，確定判斷矩陣，如表 5-36 所示。

表 5-36 判斷矩陣表

A	B_1	B_2	B_3	B_4
B_1	1	3	6	8
B_2	1/3	1	4	6
B_3	1/6	1/4	1	3
B_4	1/8	1/6	1/3	1

(1) 計算特徵向量。用方根法計算的特徵向量如下：

$$\overline{W}_1 = \sqrt[4]{1 \times 3 \times 6 \times 8} = 3.464 \quad \overline{W}_2 = \sqrt[4]{\frac{1}{3} \times 1 \times 4 \times 6} = 1.682$$

$$\overline{W}_3 = \sqrt[4]{\frac{1}{6} \times \frac{1}{4} \times 1 \times 3} = 0.595 \quad \overline{W}_4 = \sqrt[4]{\frac{1}{8} \times \frac{1}{6} \times \frac{1}{3} \times 1} = 0.288$$

經歸一化處理，求得歸一化估計權重為

$$W_1 = \frac{3.464}{3.464+1.682+0.595+0.288} = 0.574 \quad W_2 = \frac{1.682}{3.464+1.682+0.595+0.288} = 0.279$$

$$W_3 = \frac{0.595}{3.464+1.682+0.595+0.288} = 0.099 \quad W_4 = \frac{0.288}{3.464+1.682+0.595+0.288} = 0.048$$

特徵向量為：$W = (0.574, 0.279, 0.099, 0.048)$

(2) 計算特徵根：

$$BW = \begin{bmatrix} 1 & 3 & 6 & 8 \\ 1/3 & 1 & 4 & 6 \\ 1/6 & 1/4 & 1 & 3 \\ 1/8 & 1/6 & 1/3 & 1 \end{bmatrix} \begin{bmatrix} 0.574 \\ 0.279 \\ 0.099 \\ 0.048 \end{bmatrix} = \begin{bmatrix} 2.389 \\ 1.154 \\ 0.408 \\ 0.199 \end{bmatrix}$$

$$\lambda_{max} = \sum_{i=1}^{4} \frac{(BW)_i}{nW_i} = \frac{2.389}{4 \times 0.574} + \frac{1.154}{4 \times 0.279} + \frac{0.408}{4 \times 0.099} + \frac{0.199}{4 \times 0.048} = 4.141$$

(3) 檢驗：

$$CI = \frac{\lambda_{max} - n}{n-1} = \frac{4.141 - 4}{4-1} = 0.047$$

查表 5-30 有，當 $n=4$ 時，$RI=0.9$。

根據公式得，$CR = \frac{CI}{RI} = \frac{0.047}{0.9} = 0.05 < 0.1$，通過一致性檢驗。

其他判斷矩陣的計算同上，結果見表 5-37。

表 5-37 判斷矩陣表

矩陣名稱	判斷矩陣					M	$\overline{W}_i$	W_i	一致性檢驗結果
B_1-C	B_1	C_1	C_2	C_3	C_4				$\lambda_{max}=4.031$
	C_1	1	1	3	4	12	2.213	0.467	$CI=0.01$
	C_2	1	1	2	3	3	1.316	0.278	$RI=0.9$
	C_3	1/3	1/2	1	2	0.333	0.760	0.160	$CR=0.011<0.1$
	C_4	1/4	1/3	1/2	1	0.042	0.453	0.095	
B_2-C	B_2	C_5	C_6						$\lambda_{max}=2$
	C_5	1	2			2.0	1.414	0.667	$CI=0, RI=0$
	C_6	1/2	1			0.5	0.707	0.333	$CR=0<0.1$
B_3-C	B_3	C_7	C_8						$\lambda_{max}=2$
	C_7	1	5			5.0	2.236	0.833	$CI=0, RI=0$
	C_8	1/5	1			0.2	0.447	0.167	$CR=0<0.1$
B_4-C	B_4	C_9							$\lambda_{max}=1$
	C_9	1				1	1	1	$CI=0, RI=0$
									$CR=0<0.1$

以上已得出各個層次諸指標對上一層次中有關指標的相對重要性權值,即單層排序,現在由上而下進行總排序,如表 5-38 所示。

表 5-38　總排序表

	B_1	B_2	B_3	B_4	C 層總排序權值
	$W_1=0.574$	$W_2=0.279$	$W_3=0.099$	$W_4=0.048$	
C_1	0.467				0.268
C_2	0.278				0.159
C_3	0.160				0.092
C_4	0.095				0.055
C_5		0.667			0.186
C_6		0.333			0.093
C_7			0.833		0.082
C_8			0.167		0.017
C_9				1	0.048

總排序一致性檢驗與單排序一致性檢驗一樣。當隨機一致性比率 $CR<0.1$ 時,可以認為具有滿意的一致性要求。

$$CR = \sum_{k=1}^{l} b_k CI_k \Big/ \sum_{k=1}^{l} b_k RI_k$$

式中,b_k 為 B 層 K 準則的總排序權值;CI_k 為層次 C 指標對 B 層 K 準則的單排序一致性指標;RI_k 為層次 C 指標對 B 層 K 準則的平均隨機一致性指標。

因此,$CR=0.011<0.1$,C 層總排序權值即為數學模型中的權向量矩陣:

$$A = (0.268, 0.159, 0.092, 0.055, 0.186, 0.093, 0.082, 0.017, 0.048)$$

模型中各指標間的量綱不同,由表 5-33 數據,進行極差變換得:

$$\begin{vmatrix} 0.703,1 & 0 & 0.146,0 & 0.135,0 & 1 \\ 1 & 0.620,2 & 0.152,3 & 0 & 0.715,6 \\ 0.727,7 & 1 & 0.370,2 & 0.370,2 & 0 \\ 0.760,9 & 1 & 0.456,5 & 0.450,8 & 0 \\ 1 & 0.855,5 & 0.307,1 & 0 & 0.617,2 \\ 0.490,7 & 0.944,3 & 0.581,6 & 0 & 1 \\ 0.413,5 & 0 & 0.090,2 & 0.428,6 & 1 \\ 0.284,3 & 1 & 0 & 0.431,1 & 0.076,9 \\ 0.449,9 & 0 & 0.567,9 & 1 & 0.866,4 \end{vmatrix}$$

$$Y = WX = (0.748,2, 0.509,6, 0.268,5, 0.183,3, 0.714,5)$$

由此可知,部門 1 得分最高,綜合經濟效益最高,其次為部門 5,綜合經濟效益最差的為部門 4。

思考與練習 >>>>

1. 用圖解法求解下列目標規劃。

(1) $\min z = P_1(d_3^+ + d_4^+) + P_2 d_1^+ + P_3 d_2^- + P_4(d_3^- + 1.5 d_4^-)$

s.t. $\begin{cases} x_1 + x_2 + d_1^- - d_1^+ = 40 \\ x_1 + x_2 + d_2^- - d_2^+ = 100 \\ x_1 + d_3^- - d_3^+ = 30 \\ x_2 + d_4^- - d_4^+ = 15 \\ x_1, x_2, d_i^-, d_i^+ \geq 0 (i=1,2,3,4) \end{cases}$

(2) $\min z = P_1 d_1^- + P_2(d_2^- + d_2^+) + P_3(d_3^- + d_3^+) + P_4 d_4^+$

s.t. $\begin{cases} 3x_1 \leq 12 \\ 4x_2 \leq 16 \\ 20x_1 + 40x_2 + d_1^- - d_1^+ = 80 \\ x - x_2 + d_2^- - d_2^+ = 0 \\ 2x_1 + 2x_2 + d_3^- - d_3^+ = 12 \\ 5x_1 + 3x_2 + d_4^- - d_4^+ = 15 \\ x_1, x_2, d_i^-, d_i^+ \geq 0 (i=1,2,3,4) \end{cases}$

2. 用單純形法求解下列目標規劃。

(1) $\min z = P_1(d_1^- + d_2^+) + P_2 d_3^-$

s.t. $\begin{cases} x_1 + 2x_2 + d_1^- - d_1^+ = 50 \\ 2x_1 + x_2 + d_2^- - d_2^+ = 40 \\ 2x_1 + 2x_2 + d_3^- - d_3^+ = 80 \\ x_1, x_2, d_i^-, d_i^+ \geq 0 (i=1,2,3) \end{cases}$

(2) $\min z = P_1 d_2^+ + P_1 d_2^- + P_2 d_1^-$

s.t. $\begin{cases} x_1 + 2x_2 + d_1^- - d_1^+ = 10 \\ 10x_1 + 12x_2 + d_2^- - d_2^+ = 62.4 \\ 2x_1 + x_2 \leq 8 \\ x_1, x_2, d_i^-, d_i^+ \geq 0 (i=1,2) \end{cases}$

3. 當 d_2^+ 的優先因子由 P_1 改為 0 時,其解發生怎樣的變化?

$\min z = P_1 d_1^- + P_2(d_2^- + d_2^+) + P_3(d_3^- + d_3^+) + P_4 d_1^+$

s.t. $\begin{cases} x_1 + d_1^- - d_1^+ = 20 \\ x_2 + d_2^- - d_2^+ = 35 \\ -5x_1 + 3x_2 + d_3^- - d_3^+ = 220 \\ x_1 - x_2 + d_4^- - d_4^+ = 60 \\ x_1, x_2, d_i^-, d_i^+ \geq 0 (i=1,2,3,4) \end{cases}$

4. 考慮下述目標規劃問題

$\min z = P_1(d_1^- + d_2^+) + 2P_2 d_4^+ + P_2 d_3^- + P_3 d_1^+$

s.t. $\begin{cases} x_1 + d_1^- - d_1^+ = 20 \\ x_2 + d_2^- - d_2^+ = 35 \\ -5x_1 + 3x_2 + d_3^- - d_3^+ = 220 \\ x_1 - x_2 + d_4^- - d_4^+ = 60 \\ x_1, x_2, d_i^-, d_i^+ \geq 0 (i=1,2,3,4) \end{cases}$

(1) 求滿意解;

(2) 當第二個約束右端項由 35 改為 75 時,求解的變化;

(3) 若增加一個新的目標約束 $-4x_1 + x_2 + d_5^- - d_5^+ = 8$,該目標要求盡量達到目標值,並列為第

一優先級考慮,求解的變化;

(4) 若增加一個新變量 x_3,其系數列向量為 $(0,1,1,-1)^T$,則滿意解如何變化?

5. 考慮下列目標規劃問題:

$$\min z = P_1 d_1^- + P_2 d_1^+ + P_3(5d_2^- + 3d_2^+ + 3d_3^- + 5d_3^+)$$

$$\text{s.t.} \begin{cases} x_1 + x_2 + d_1^- - d_1^+ = 8 \\ x_1 + d_2^- - d_2^+ = 5 \\ x_2 + d_3^- - d_3^+ = 4.5 \\ x_1 + x_2 - d_1^- - d_1^- + d_1^+ = 4.5 \\ x_1, x_2, d_i^-, d_i^+ \geq 0 (i=1,2,3,4) \end{cases}$$

(1) 用單純形法求解此問題;

(2) 目標函數變為: $\min z = P_1 d_1^- + P_3 d_1^+ + P_2(5d_2^- + 3d_2^+ + 3d_3^- + 5d_3^+)$ 並求解,與(1)的結果有什麼不同?

(3) 若第一個目標約束右端項改為12,求解後滿意解有什麼變化?

6. 建築市場上週轉材料的租金比較高,許多施工企業的利潤都被週轉材料租賃公司給侵蝕了,因此施工企業在有一定剩餘資金的情況下,一般都用來採購週轉材料,擴大企業規模。在資金有限的條件下,如何選擇各種週轉材料的購買數量,這就是一個目標規劃問題。

現週轉材料租賃市場的租賃價格如下。鋼管:240元/月·噸;扣件:360元/月·千只。此時市場採購價格如下。鋼管:4,800元/噸;扣件:3,600元/噸。每噸扣件大約1,000只。某施工企業現有資金55萬元用於購買鋼管、扣件等生產經營活動。單位採購資金每月產生的效益為:鋼管 $240 \div 4,800 = 5\%$;扣件 $360 \div 3,600 = 10\%$。很明顯,購買扣件最劃算。企業提出五級管理目標並按優先順序列舉如下:

P_1:企業可以使用的資金有限,採購金額不突破計劃(55萬元)。

P_2:這次採購至少應為企業節約3萬元/月的租賃資金(不考慮損耗和折舊)。

P_3:根據企業現場管理人員多年的經驗,每噸鋼管需配套800~900只扣件使用。

P_4:根據企業經驗,企業鋼管、扣件缺口較大,每年付給租賃公司的租賃費用較大,因此決定,這次採購計劃中,鋼管需至少採購60噸,扣件至少採購50,000只。

P_5:最好能節約10萬元以上的資金,企業留作招投標、合同簽意外事件等的備用金。

另外,假設按照以上要求採購的材料設備均是工程急需物資,不會出現庫存。試對該企業採購進行決策。

7. 某工廠有一百多個崗位,這些崗位複雜程度各不相同,工作的環境各不一樣。一個合理的崗位工資分配製度對提高員工滿意度、體現人力資源的公平性具有非常重要的作用,而該工廠所處的行業比較特殊,沒有可以借鑑的經驗,必須由該工廠對自己的崗位工資水平進行合理地定義。現已知社會的平均工資水平,該公司決定以比社會平均工資水平高10%作為公司總的基數,工廠面臨的問題是如何對工廠內部各個崗位的工資基數進行分配。

以一線員工的崗位工資為例,在對公司各層次的調查中,大家一致同意將勞動強度、崗位技術含量、生產出的產品對質量的影響及該崗位員工的獲得性作為一個評判標準。

(1) 勞動強度:越高則工資應該越高;

(2) 技術含量:越高則工資應該越高;

(3) 對質量影響:影響越大則工資應該越高;

(4) 工人獲得性:越難獲得的崗位,工資應該越高。

以 A,B,C,D 四個崗位為例,利用層次分析法進行分析求出這四個崗位的薪酬水平應該怎樣分配才是合理的。在這裡 A,B,C,D 是我們要分析的決策變量(目標層為 A;準則層為 B;方案層為 C)。各判斷矩陣如下:

① 判断矩阵 A——B

A	B_1	B_2	B_3	B_4
B_1	1	1/7	1/3	1/3
B_2	7	1	3	3
B_3	3	1/3	1	3
B_4	3	1/3	1/3	1

② 判断矩阵 B_1——C_1 C_2 C_3 C_4

B_1	C_1	C_2	C_3	C_4
C_1	1	1/3	1/5	1/5
C_2	3	1	1/3	1/3
C_3	5	3	1	1
C_4	5	3	1	1

③ 判断矩阵 B_2——C_1 C_2 C_3 C_4

B_2	C_1	C_2	C_3	C_4
C_1	1	5	3	7
C_2	1/5	1	1/3	1/3
C_3	1/3	3	1	3
C_4	1/7	3	1/3	1

④ 判断矩阵 B_3——C_1 C_2 C_3 C_4

B_3	C_1	C_2	C_3	C_4
C_1	1	3	1/3	5
C_2	1/3	1	1/5	3
C_3	3	5	1	9
C_4	1/5	1/3	1/9	1

⑤ 判断矩阵 B_4——C_1 C_2 C_3 C_4

B_4	C_1	C_2	C_3	C_4
C_1	1	5	9	3
C_2	1/5	1	5	1/3
C_3	1/9	1/5	1	1/5
C_4	1/3	3	5	1

第六章

動 態 規 劃

　　動態規劃是1951年由美國數學家貝爾曼(R. Bellman)等人在解決多階段決策過程最優化問題時提出的一種方法。他們針對多階段決策問題的特點，提出瞭解決這類問題的最優化原理，並成功地解決了生產管理、工程技術等方面的許多實際問題，從而建立了運籌學的一個新分支。該方法在進行多階段決策時，先將問題變換成一系列相互聯繫的單階段問題。當解決了這一系列單階段問題之後，在「最優性原理」的基礎上，就可以解決整個多階段決策問題。

　　經過60多年的應用和發展，動態規劃模型也變得更加多樣化。動態規劃模型一般是根據其狀態的性質或多少來分類，而其狀態有離散和連續、確定和隨機、一維和多維之分。因此，動態規劃有離散確定型、離散隨機型、連續確定型、連續隨機型、一維動態規劃模型和多維動態規劃模型之分。但是，動態規劃只是解決某種問題的一種方法，是考察問題的一種途徑，而不是一種特殊的算法。它不像線性規劃那樣有統一的數學模型和算法，而必須對具體問題進行具體分析，針對不同的問題，運用動態規劃的原理和方法，建立起相應的模型，然後用動態規劃方法去求解。因此，在學習時，除了要正確理解動態規劃的基本原理和方法外，還應以豐富的想像力去建立模型，用靈活的技巧去求解。

　　本章將介紹動態規劃的基本原理和基本方法，然後列舉大量實例說明動態規劃的應用。

第一節　動態規劃的基本概念和基本原理

　　動態規劃是解決一類多階段決策問題的優化方法，也是考察問題的一種途徑，而不是一種算法(如LP單純形法)。因此，它不像LP那樣有一個標準的數學表達式和明確定義的一組規則，而必須對具體問題進行具體分析。

　　動態規劃方法是現代企業管理的一種重要決策方法。如果可將一個問題的過程劃分為若幹個相互聯繫的階段問題，且它的每一階段都需進行決策，那麼這類問題均可用動態規劃方法進行求解。

一、多階段決策過程

　　在生產決策中，某些活動過程可分為若幹相互聯繫的階段，而各階段中，人們都需要做出決策，從而使整個過程達到最好的活動效果。並且當一個階段的決策確定之後，常常會影響到下一個階段的決策，從而影響整個過程的活動。這樣，各個階段所確定的決策就構成了一個決策序列，常稱之為策略。由於各個階段可供選擇的決策往往不止一個，因而就可能有許多策略可供選擇。這些可供選

擇的策略構成一個集合，稱為允許策略集合。每個策略都相應地確定一種活動的效果。假定這個效果可以用數量指標來衡量，由於不同的策略常常導致不同的效果，因此，如何在允許策略集合中選擇一個策略，使其在預定的標準下達到最好的效果，常常是人們所關心的問題，並稱這樣的策略為最優策略。這樣把一個問題看作一個前後關聯具有鏈狀結構的多階段過程，就稱為多階段決策過程，這種問題就稱為多階段決策問題。

多階段決策過程，本意是指這樣一類特殊的活動過程，它們可以按時間順序分解成若干相互聯繫的階段，稱為「時段」；在每個時段都要做出決策，全部過程的決策形成一個決策序列。因此，多階段決策問題屬序貫決策問題。

多階段決策過程最優化的目標是要達到整個活動過程的總體效果最優。由於各段決策間有機地聯繫著，本段決策的執行將影響到下一段的決策，以至於影響總體效果，因此決策者在每段決策時不僅應考慮本階段最優，還應考慮對最終目標的影響，從而做出對全局最優的決策。動態規劃就是符合這種要求的一種決策方法。

由上述分析可知，動態規劃方法與時間的關係很密切。隨著時間過程的發展而決定各時段的決策，產生一個決策序列，這就是「動態」的意思。因此，把處理這類問題的方法稱為動態規劃方法。然而，它也可以處理與時間無關的靜態問題，如對於某些線性規劃或非線性規劃問題，只要在問題中人為地引入「時段」因素，將問題看成多階段的決策過程，即可用動態規劃方法去處理。

多階段決策過程問題很多，現舉出以下幾個例子。

【例 6-1】 最短路線問題。

如圖 6-1 所示，給定一個線路網路圖，要從 A 地向 E 地鋪設一條輸油管道，各點間連線上的數字表示距離，問應選擇什麼路線，可使總距離最短？這是一個多階段的決策問題。

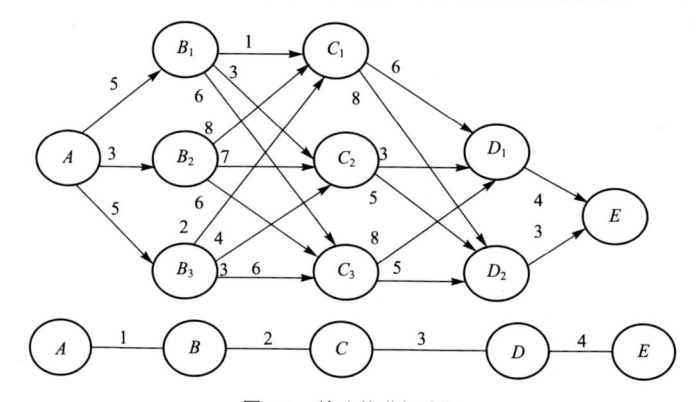

圖 6-1 輸油管道網路圖

【例 6-2】

(投資決策問題) 某公司有資金 10 萬元，若投資於項目 $i(i=1,2,3)$ 的投資額為 x_i 時，其收益分別為 $g_1(x_1)=4x_1, g_2(x_2)=9x_2, g_3(x_3)=2x_3^2$，問應如何分配投資數額才能使總收益最大？

這是一個與時間無明顯關係的靜態最優化問題，可列出其靜態模型：

$$\max z = 4x_1 + 9x_2 + 2x_3^2$$

$$\text{s.t.} \begin{cases} x_1 + x_2 + x_3 = 10 \\ x_i \geq 0 \quad (i=1,2,3) \end{cases}$$

為了應用動態規劃方法求解，我們可以人為地賦予它「時段」的概念，將本例轉化成一個三階段的決策問題。

【例 6-3】

(設備更新問題) 企業在使用設備時都要考慮設備的更新問題，因為越陳舊的設備所帶來的維修

費用越多,但購買新設備則要一次性支出較大的費用。現某企業要制訂一臺設備未來八年的更新計劃,已預測了第 j 年購買設備的價格為 K_j,設 G_j 為設備經過 j 年後的殘值,C_j 為設備連續使用 $j-1$ 年後在第 j 年的維修費($j=1,2,\cdots,8$),問應在哪些年更新設備可使總費用最小。

這是一個八階段決策問題。每年年初要做出決策。是繼續使用舊設備,還是購買新設備。

上述三個問題均可以劃分成若幹相互聯繫的階段,每個階段又需要做出決策。當各階段決策確定之後,問題的整個過程就已確定,因而這是典型的多階段決策問題。

二、動態規劃的基本概念

使用動態規劃方法解決多階段決策問題,首先要將實際問題寫成動態規劃模型,此時要用到階段、狀態、決策和策略、指標函數等概念。下面通過一個引例來理解動態規劃的基本概念。

【例 6-4】 下面結合例 6-1 最短路線問題(見圖 6-1)來說明這些概念。圖 6-1 是一個線路網路,兩點之間連線上的數字表示兩點間的距離(或費用),試求一條由 A 到 E 的鋪管線路,使總距離最短(或總費用最小)。

將該問題劃分為四個階段的決策問題,即第一階段為從 A 到 $B_j(j=1,2,3)$,有三種決策方案可供選擇;第二階段為從 B_j 到 $C_j(j=1,2,3)$,也有三種方案可供選擇;第三階段為從 C_j 到 $D_j(j=1,2)$,有兩種方案可供選擇;第四階段為從 D_j 到 E,只有一種方案選擇。如果用完全枚舉法,則可供選擇的路線有 $3\times3\times2\times1=18$(條),將其一一比較才可找出最短路線:
$$A\to B_1\to C_2\to D_3\to E;\text{其長度為 }15。$$

顯然,這種方法是不經濟的,特別是當階段數很多,各階段可供的選擇也很多時,這種解法甚至在計算機上完成也是不現實的。

由於我們考慮的是從全局上解決求 A 到 E 的最短路問題,而不是就某一階段解決最短路線,因此可考慮從最後一階段開始計算,由後向前逐步推至 A 點:

第四階段,由 D_i 到 E 只有一條路線,其長度 $f_4(D_1)=4$,同理 $f_4(D_2)=3$。

第三階段,由 C_i 到 D_i 分別均有兩種選擇,即

$$f_3(C_1)=\min\begin{bmatrix}C_1D_1+f_4(D_1)\\C_1D_2+f_4(D_2)\end{bmatrix}=\min\begin{bmatrix}6+4^*\\8+3\end{bmatrix}=10,\text{決策點為 }D_1;$$

$$f_3(C_2)=\min\begin{bmatrix}C_2D_1+f_4(D_1);\\C_2D_2+f_4(D_2)\end{bmatrix}=\min\begin{bmatrix}3+4^*\\5+3\end{bmatrix}=7,\text{決策點為 }D_1;$$

$$f_3(C_3)=\min\begin{bmatrix}C_3D_1+f_4(D_1)\\C_3D_2+f_4(D_2)\end{bmatrix}=\min\begin{bmatrix}8+4\\5+3^*\end{bmatrix}=8,\text{決策點為 }D_2$$

第二階段,由 B_j 到 C_j 分別均有三種選擇,即

$$f_2(B_1)=\min\begin{bmatrix}B_1C_1+f_3(C_1)\\B_1C_2+f_3(C_2)\\B_1C_3+f_3(C_3)\end{bmatrix}=\min\begin{bmatrix}1+10\\3+7^*\\6+8\end{bmatrix}=10,\text{決策點為 }C_2;$$

$$f_2(B_2)=\min\begin{bmatrix}B_2C_2+f_3(C_1)\\B_2C_2+f_3(C_2)\\B_2C_3+f_3(C_3)\end{bmatrix}=\min\begin{bmatrix}8+10\\7+7^*\\6+8^*\end{bmatrix}=14,\text{決策點為 }C_2\text{ 或 }C_3;$$

$$f_2(B_3)=\min\begin{bmatrix}B_3C_1+f_3(C_1)\\B_3C_2+f_3(C_2)\\B_3C_3+f_3(C_3)\end{bmatrix}=\min\begin{bmatrix}2+10\\4+7^*\\6+8\end{bmatrix}=11,\text{決策點為 }C_2$$

第一階段,由 A 到 B,有三種選擇,即

$$f_1(A)=\min\begin{bmatrix}AB_1+f_2(B_1)\\AB_2+f_2(B_2)\\AB_3+f_2(B_3)\end{bmatrix}=\min\begin{bmatrix}5+10^*\\3+14\\5+11\end{bmatrix}=15,\text{決策點為 }B_1$$

$f_1(A)=15$ 說明從 A 到 E 的最短鋪管線長為 15，最短路線的確定可按計算順序反推而得，即 $A \rightarrow B_1 \rightarrow C_2 \rightarrow D_1 \rightarrow E$。上述最短路線問題的計算過程，也可借助於圖形直觀地表示出來：

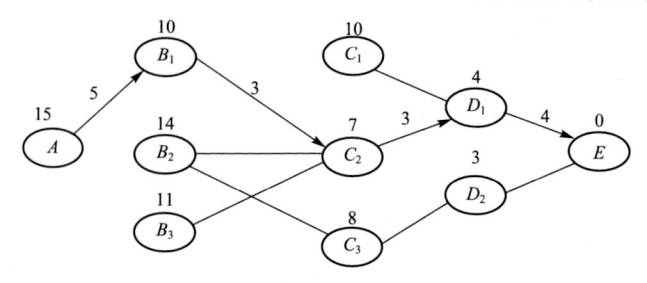

圖 6-2 輸油管道最短路

圖中各點上方的數，表示該點到 E 的最短距離。圖中雙箭線表示從 A 到 E 的最短路線。

從引例的求解過程可以得到以下啟示：

(1) 對一個問題是否用上述方法求解，其關鍵在於能否將問題轉化為相互聯繫的多個階段的決策問題。

所謂多階段決策問題是：把一個問題看作一個前後關聯且具有鏈狀結構的多階段過程，也稱為序貫決策過程。如圖 6-3 所示。

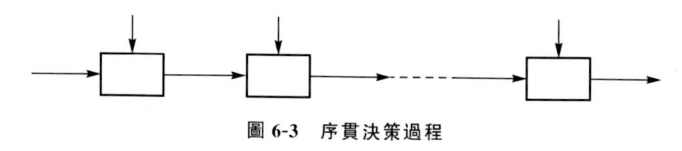

圖 6-3 序貫決策過程

(2) 在處理各階段決策的選取上，不僅只依賴於當前面臨的狀態，而且要注意對以後的發展，即從全局考慮局部(階段)問題。

(3) 各階段選取的決策，一般與「時序」有關。決策依賴於當前的狀態，又隨即引起狀態的轉移，整個決策序列就是在變化的狀態中產生出來的，故有「動態」的含義。因此，把這種方法稱為動態規劃方法。

(4) 決策過程是與階段發展過程逆向而行的。

與其他優化方法一樣，動態規劃方法也有特有的概念和符號。為了更好地理解動態規劃的基本原理和方法，對基本概念的學習是基礎。在建立動態規劃模型時，常用到一些名詞和術語，現分別介紹如下：

1. 階段

階段一般根據時序和空間的自然特徵來劃分，但要便於把問題的過程轉化為階段決策的過程。描述階段的變量稱為階段變量，常用自然數 k 表示。如引例可劃分為四個階段求解，$k=1,2,3,4$。

2. 狀態

狀態就是階段的起始位置。它既是該階段某支路的起點，又是前一階段某支路的終點。狀態表示每個階段開始時所面臨的自然狀況或客觀條件。它描述了過程的過去、現在和將來的狀況，又稱不可控因素。

(1) 狀態變量和狀態集合。狀態由過程本身確定。它反應著過程的具體特徵，而且能描述過程的演變。描述過程狀態的變量稱為狀態變量。它可用一個數、一組數或一向量(多維情形)來描述，常用 s_k 表示第 k 階段的狀態變量。通常一個階段有若干個狀態，第 k 階段的狀態就是該階段所有始點的集合。如引例中：

$$s_1=\{A\}, s_2=\{B_1, B_2, B_3\}, s_3=\{C_1, C_2, C_3\}, s_1=\{D_1, D_2\}$$

(2) 狀態應具有無後效性。無後效性即馬爾科夫性,即若給定某一階段的狀態,則這一階段以後過程的發展,不受這階段以前各階段狀態的影響,而只與當前的狀態有關,與過程過去的歷史無關。

在構造決策過程的動態規劃模型時,不能僅由描述過程的具體特徵這點去規定狀態變量,而要充分注意是否滿足無後效性要求。

3. 決策與決策變量

在多階段決策過程中,當每個階段的狀態給定後,往往可以做出不同的決定,使過程依不同的方式轉移到下一個階段的某一狀態,這種決定稱為決策。描述決策的變量稱為決策變量。常用 $u_k(s_k)$ 表示第 k 階段處於狀態 s_k 時的決策變量,是狀態變量的函數。決策變量允許取值的全體稱為允許決策集合,第 k 階段的允許決策集合記為 $D_k(s_k)$,顯然有 $u_k(s_k) \in D_k(s_k)$。

如在引例的第一階段中,若從 B_1 出發,$D_1(B_1)=\{C_1, C_2, C_3\}$,若決定選取 C_2,則 $u_2(B_1)=C_2$。

4. 策略與子策略

若多階段決策過程的階數為 n,則由第一階段到第 n 階段全過程的決策所構成的任一可行的決策序列,稱為一個策略。當 $k=1$ 時,$p_{1,n}(s_1)=\{u_1(s_1), u_2(s_2), \cdots u_n(s_n)\}$ 就稱為全過程的一個策略,簡稱策略,簡記為 $p_{1n}(s_1)$。

由第 k 階段開始到第 n 階段的過程 $p_{k,n}(s_k)=\{u_k(s_k), u_{k+1}(s_{k+1}), \cdots u_n(s_n)\}$ 為全過程的後部子過程,其相應的決策序列稱為子策略,簡記為 $p_{k,n}(s_k)$。

在實際問題中,每個階段都有若干個狀態。針對每個狀態,又有不同的決策,從而組成了不同的決策函數序列,即存在許多策略可供選擇。這種可供選擇的策略範圍稱為允許策略集合,記為 P。從允許策略集合中找出使問題達到最優效果的策略稱為最優策略,記為 P_{1n}^*,即:$P_{1n}^* = p_{1n}^*(s_1) = \{u_1^*(s_1), u_2^*(s_2), \cdots, u_n^*(s_n)\}$,並稱由第 k 階段到第 n 階段的最優策略為最優子策略,記作 P_{kn}^*,即 $P_{kn}^* = \{u_k^*(s_k), u_{k+1}^*(s_{k+1}), \cdots, u_n^*(s_n)\}$。

5. 狀態轉移方程

多階段決策過程是一個序貫決策過程,即如果給定第 k 階段的狀態變量 s_k,那麼在該階段的決策變量 x_k 確定時,第 $k+1$ 階段 s_{k+1} 也就隨之確定,這樣,可以把 s_{k+1} 看成是 (s_k, u_k) 的函數,並用 $s_{k+1}=T_k(s_k, u_k)$ 表示。這一關係式指明了由第 k 階段到第 $k+1$ 階段的狀態轉移規律,稱為狀態方程或狀態轉移函數。若狀態轉移方程是確定性的,則該過程稱為確定性多階段決策過程。若這種轉移關係是以某種概率實現的,則稱這種過程為隨機性多階段決策過程。

6. 階段指標、指標函數和最優指標函數

由於動態規劃是用來解決多階段決策過程最優化問題的,因而要有一個用來衡量所實現過程優劣的一種數量指標,以便對某給定的策略進行評價,這就是指標函數。

(1) 衡量某階段決策效益優劣的數量指標,稱為階段指標。用 $v_k(s_k, u_k)$ 表示第 k 階段處於 s_k 狀態下,經過決策 u_k 後所產生的效果。

(2) 用於衡量所選定策略優劣的數量指標,稱為指標函數。它是定義在全過程和所有後部子過程中確定的數量函數,記為 $V_{k,n}(s_k, p_{k,n})$。

$$V_{k,n}(s_k, p_{k,n}) = V_{k,n}(s_k, u_k, s_{k+1}, \cdots, s_{n+1}), k=1, 2, \cdots, n$$

構成動態規劃模型的指標函數,應具有可分離性,並滿足遞推關係。

常見的指標函數的形式有:

① $V_{k,n}(s_k, u_k, s_{k+1}, \cdots, s_{n+1}) = \sum_{j=k}^{n} v_j(s_j, u_j) = v_k(s_{ku}, u_k) + V_{k+1,k}(s_{k+1}, P_{k,n})$

② $V_{k,n}(s_k, u_k, s_{k+1}, \cdots, s_{n+1}) = \prod_{j=k}^{n} u_i(s_j, u_j) = v_k(s_{kn}, d_k) \cdot V_{k+1}(s_{k+1}, d_{k+1} \cdots s_{n+1})$

(3) 最優指標函數 $f_k(s_k)$ 表示從第 k 階段的狀態 s_k 開始採用最優子策略 $P_{k,n}^*$，到第 n 階段終止時所得到的指標函數值，即

$$f_k(s_k) = \underset{(u_k, \cdots, u_n)}{\text{opt}} V_{k,n}(s_k, u_k, s_{k+1} \cdots, s_{n+1})$$

其中「opt」是最優化（optimization）的縮寫，可根據題意取 max 或 min。

在引例中，指標函數 $V_{k,n}$ 表示在第 k 階段由點 s_k 至終點 E 的距離。$f_k(s_k)$ 表示第 k 階段點 s_k 到終點 E 的最短距離。$f_2(B_1) = 10$ 表示從第 2 階段中的點 B_1 到點 E 的最短距離。

7. 基本方程（遞推關係式）

從引例求 A 到 E 的最短路的計算過程中可以看出，在求解的各個階段，我們利用了 k 階段與 $k+1$ 階段之間的遞推關係：

一般地，若 $V_{k,n} = \sum\limits_{j=k}^{n} V_j(s_j, u_j)$ 則有：

$$\begin{cases} f_k(s_k) = \text{opt}\{V_k(s_k, u_k) \cdot f_{k-1}(s_{k-1})\} \\ d_k(s_k) \in D_k(s_k), (k=n, n-1, \cdots, 1) \\ f_0(s_0) = 1 （邊界條件） \\ s_{k-1} = T_k(s_k, u_k) \end{cases}$$

若 $V_{k,n} = \prod\limits_{j=k}^{n} V_j(s_j, u_j)$ 則有：

$$\begin{cases} f_k(s_k) = \text{opt}\{V_k(s_k, u_k) + f_{k+1}(s_{k+1})\} \\ d_k(s_k) \in D_k(s_k), (k=n, n-1, \cdots, 1) \\ f_0(s_0) = 0 （邊界條件） \\ s_{k-1} = T_k(s_k, u_k) \end{cases}$$

以上遞推關係式稱為動態規劃的基本方程。

其求解過程是運用上述公式和邊界條件，從 $k=1$ 開始，由前向後遞推，逐步求出各階段的最優決策和相應的最優值，最後求出 $f_n(s_n)$。這就是全過程的最優值。再將 s_n 的值代入計算即得，然後反推出最優策略。

當初始狀態給定時，用逆序的方式比較好；當終止狀態給定時，用順序的方式比較好。通常初始狀態給定的情況居多，因此用逆序的方式也較多。

三、動態規劃方法的基本思想與最優化原理

下面結合例 6-5 最短路線問題介紹動態規劃的基本思想。

【例 6-5】 如圖 6-4 所示，給定一個線路網路圖，要從 A 地向 F 地鋪設一條輸油管道，各點間連線上的數字表示距離，問應選擇什麼路線可使總距離最短？

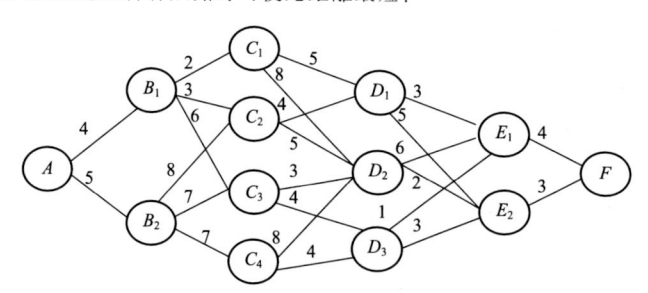

圖 6-4　線路網路圖

這是一個多階段的決策問題。為了求出最短路線，一種簡單的方法是求出所有從 A 至 F 的可能鋪設的路長並加以比較。從 A 至 F 共有 24 條不同路徑，要求出最短路線需要做 66 次加法、23 次比較運算，這種方法稱窮舉法。不難知道，當問題的段數很多、各段的狀態也很多時，窮舉法的計算量會大大增加，甚至使得求解成為不可能的事。下面介紹動態規劃方法。注意本方法是從過程的最後一段開始，用逆序遞推方法求解，逐步求出各段各點到終點 F 的最短路線，最後求得 A 點到 F 點的最短路線。

第 1 步，從 $k=5$ 開始，狀態變量 s_5 可取 E_1、E_2 兩種狀態，它們到 F 點的路長分別為 4、3。即 $f_5(E_1) = 4, f_5(E_2) = 3$。

第六章 動態規劃　185

第 2 步，$k=4$，狀態變量 s_1 可取 D_1, D_2, D_3 三個值。這是經過一個中途點到達終點 F 的兩級決策問題，從 D_1 到 F 只有兩條路線，需加以比較，取其中最短的，即

$$f_4(D_1) = \min \begin{Bmatrix} d(D_1, E_1) + f_5(E_1) \\ d(D_1, E_2) + f_5(E_2) \end{Bmatrix} = \min \begin{Bmatrix} 3+4 \\ 5+3 \end{Bmatrix} = 7$$

這說明由 D_1 到終點 F 的最短距離為 7，其路徑為 $D_1 - E_1 - F$。相應決策為 $u_4(D_1) = E_1$。

$$f_4(D_2) = \min \begin{Bmatrix} d(D_2, E_1) + f_5(E_1) \\ d(D_2, E_2) + f_5(E_2) \end{Bmatrix} = \min \begin{Bmatrix} 6+4 \\ 2+3 \end{Bmatrix} = 5$$

即 D_2 到終點的最短距離為 5，其路徑為 $D_2 - E_2 - F$。相應決策為 $u_4(D_2) = E_2$。

$$f_4(D_3) = \min \begin{Bmatrix} d(D_3, E_1) + f_5(E_1) \\ d(D_3, E_2) + f_5(E_2) \end{Bmatrix} = \min \begin{Bmatrix} 1+4 \\ 3+3 \end{Bmatrix} = 5$$

即 D_3 到終點最短距離為 5，其路徑為 $D_3 - E_1 - F$。相應決策為 $u_4(D_3) = E_1$。

類似地，可得

$k=3$ 時，有 $\begin{cases} f_3(C_1) = 12; u_3^*(C_1) = D_1 \\ f_3(C_2) = 10; u_3^*(C_2) = D_2 \\ f_3(C_3) = 8; u_3^*(C_3) = D_2 \\ f_3(C_4) = 9; u_3^*(C_4) = D_3 \end{cases}$

$k=2$ 時，有 $\begin{cases} f_2(B_1) = 13; u_2^*(B_1) = C_2 \\ f_2(B_2) = 15; u_2^*(B_2) = C_3 \end{cases}$

$k=1$ 時，只有一個狀態點 A，因有：

$$f_1(A) = \min \begin{Bmatrix} d(A, B_1) + f_2(B_1) \\ d(A, B_2) + f_2(B_2) \end{Bmatrix} = \min \begin{Bmatrix} 4+13 \\ 5+15 \end{Bmatrix} = 17$$

即從 A 到 F 的最短距離為 17。本段決策為 $u_1^*(A) = B_1$。

再按計算順序反推可得最優決策序列 $\{u_k^*\}$，即 $u_1^*(A) = B_1, u_2^*(B_1) = C_2, u_3^*(C_2) = D_2, u_4^*(D_2) = E_2, u_5^*(E_2) = F$。因此最優路線為 $A \to B_1 \to C_2 \to D_2 \to E_2 \to F$。

從例 6-5 的計算過程中可以看出，在求解的各階段，都利用了第 k 段和第 $k+1$ 段的如下關係：

$$\begin{cases} f_k(s_k) = \min_{u_k} \{d_k(s_k, u_k) + f_{k+1}(s_{k+1})\} \quad k=5,4,3,2,1 & (6-1) \\ f_6(s_6) = 0 & (6-2) \end{cases}$$

這種遞推關係稱為動態規劃的基本方程，式(6-2)稱為邊界條件。

上述最短路線的計算過程也可用圖直觀表示出來，如圖 6-5 所示。每個結點上方的括號內的數表示該點到終點 F 的最短距離。連接各點到 F 點的線表示最短路徑。這種在圖上直接計算的方法稱為標號法。動態規劃法較窮舉法的優點有：第一，容易算出。這種方法只進行了 22 次加法運算、12 次比較運算，比窮舉法計算量小。而且隨著問題段數的增加和複雜程度的提高，相對的計算量將更少。第二，動態規劃的計算結果不僅得到了從 A 到 F 的最短路線，而且得到了中間段任意一點到 F 的最短路線。這對許多實際問題來講，是很有意義的。

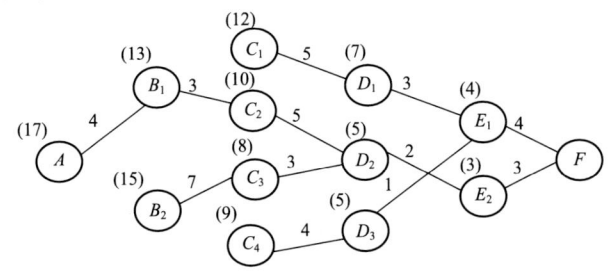

圖 6-5　最短路計算過程

現將動態規劃方法的基本思想總結如下：

(1) 動態規劃方法的關鍵在於正確地寫出基本方程，因此首先必須將問題的過程劃分為多個相互聯繫的多階段決策過程，恰當地選取狀態變量和決策變量，定義最優指標函數，從而把問題化成一族同類型的子問題。

(2) 求解時從邊界條件開始，按逆（或順）過程行進方向，逐段遞推尋優。在求解每個子問題時，都要使用它前面已求出的子問題的最優結果，最後一個子問題的最優解就是整個問題的最優解。

(3) 動態規劃方法是既把當前一段與未來各段分開，又把當前效益和未來效益結合起來考慮的一種最優化方法。因此，每段的最優決策是從全局考慮的，與該段的最優選擇一般是不同的。

(4) 在求整個問題的最優策略時，由於初始狀態是已知的，而每階段的決策都是該階段的狀態函數，故最優策略所經過的各階段狀態便可逐次變換得到，從而確定了最優路線。

動態規劃的基本方程是遞推逐段求解的根據。一般的動態規劃基本方程可以表示為

$$\begin{cases} f_k(s_k) = \underset{u_k \in D_k(s_k)}{\mathrm{opt}} [v_k(s_k, u_k) + f_{k+1}(s_{k+1})] & k = n, n-1, \cdots, 1 \quad (6\text{-}3) \\ f_{n+1}(s_{n+1}) = 0 & (6\text{-}4) \end{cases}$$

式中，opt 可根據題意取 min 或 max，$v_k(s_k, u_k)$ 為在狀態 s_k、決策 u_k 時對應的第 k 階段的指標函數值。

動態規劃方法的基本思想體現了多階段性、無後效性、遞歸性和總體優化性。

動態規劃方法的基礎是貝爾曼（R·Bellman）等人提出的最優化原理：「作為整個過程的最優策略具有這樣的性質，即無論過去的狀態和決策如何，對於先前的決策所形成的狀態而言，餘下的諸決策必須構成最優策略。」簡言之，一個最優策略的子策略總是最優的。

但是，最優化原理僅是策略最優性的必要條件，而基本方程是策略最優性的充要條件。由此可見，基本方程是動態規劃理論與方法的前提。

例 6-5 正是根據這一原理求解的。從圖 6-4 可以看出，無論從哪一段的某狀態出發到終點 F 的最短路線，只與此狀態有關，而與這點以前的狀態、路線無關，即不受從 A 點是如何到達該點的決策影響。

利用上述最優化原理，可以把多階段決策問題求解過程表示成一個連續的遞推過程，由後向前逐步計算。在求解時，前面的各狀態與決策，對後面的子過程來說，只相當於初始條件，並不影響後面子過程的最優決策。

第二節　動態規劃模型的建立與求解

一、動態規劃模型的建立

建立動態規劃模型，就是分析問題並建立問題的動態規劃基本方程。成功地應用動態規劃方法的關鍵，在於識別問題的多階段特徵，將問題分解成可用遞推關係式聯繫起來的若干子問題，而正確建立基本遞推關係方程的關鍵又在於正確選擇狀態變量，保證各階段的狀態變量具有遞推的狀態轉移關係 $s_{k+1} = T_k(s_k, u_k)$。

下面以資源分配問題為例介紹動態規劃的建模條件及解法。資源分配問題是動態規劃的典型應用之一。資源可以是資金、原材料、設備、勞力等。資源分配就是將一定數量的一種或幾種資源恰當地分配給若干使用者，以獲取最大效益。

【例 6-6】 例 6-2 中已列出了一個非線性規劃模型，為了應用動態規劃方法求解，可以人為地賦予它「時段」的概念。將投資項目排序，依次對項目 1、2、3 投資，即把問題劃分為三個階段，每個階段只決定對一個項目應投資的金額，從而轉化為一個三段決策過程。下面的關鍵是如何正確選擇狀態變量，使各後部子過程之間具有遞推關係。

解:通常可以把決策變量 u_k 定為原靜態問題中的變量 x_k,即設 $u_k = x_k (k=1,2,3)$。

狀態變量和決策變量有密切關係,狀態變量一般為累計量或隨遞推過程變化的量。這裡可以把每階段可供使用的資金定為狀態變量 s_k,初始狀態 $s_1 = 10$。u_1 為可分配用於第一種項目的最大資金,則當第一階段($k=1$)時,有

$$\begin{cases} s_1 = 10 \\ u_1 = x_1 \end{cases}$$

第二階段($k=2$)時,狀態變量 s_2 為餘下可投資於其餘兩個項目的資金,即

$$\begin{cases} s_2 = s_1 - u_1 \\ u_2 = x_2 \end{cases}$$

一般地,在第 k 段時,有

$$\begin{cases} s_k = s_{k-1} - u_{k-1} \\ u_k = x_k \end{cases}$$

於是有

階段 k:本例中取 1、2、3。
狀態變量 s_k:第 k 段可以投資於第 k 項到第 3 個項目的資金。
決策變量 x_k:決定給第 k 個項目投資的資金。
狀態轉移方程:$s_{k+1} = s_k - x_k$。
指標函數:$V_{k,3} = \sum_{i=k}^{3} g_i(x_i)$。
最優指標函數 $f_k(s_k)$:當可投資金額為 s_k 時,投資第 k-3 項所得的最大收益。
基本方程為:

$$\begin{cases} f_k(s_k) = \max_{0 \le x_k \le s_k} \{g_k(x_k) + f_{k+1}(s_{k+1})\} \quad k=3,2,1 \\ f_4(s_4) = 0 \end{cases}$$

用動態規劃方法逐段求解,便可得到各項目最佳投資金額,$f_1(10)$ 就是所求的最大收益。

一般地,建立動態規劃模型的要點如下:

(1) 分析題意,識別問題的多階段特性,按時間或空間的先後順序適當地劃分為滿足遞推關係的若幹階段,對非時序的靜態問題要人為地賦予「時段」概念。

(2) 正確地選擇狀態變量,使其具備兩個必要特徵:

①可知性:即過程演變的各階段狀態變量的取值,能直接或間接地確定。

②能夠確切地描述過程的演變且滿足無後效性。由第 k 階段的狀態 s_k 出發的後部子過程,可以看作一個以 s_k 為初始狀態的獨立過程。這一點並不是每個問題都很容易滿足的。例如,本章後面講述的著名的「貨郎擔問題」,有 N 個城鎮,要求一個售貨員從某城鎮出發,到各城鎮去售貨,每個城鎮去且僅去一次,最後回到原來的出發城鎮,求最短路線。這個問題不能像前面處理最短路問題一樣,把城鎮位置作為狀態變量,而需把含該城鎮在內及以前經過的全部城鎮的集合定義為狀態,才能實現無後效性。

(3) 根據狀態變量與決策變量的含義,正確寫出狀態轉移方程 $s_{k+1} = T_k(s_k, u_k)$ 或轉移規則。

(4) 根據題意明確指標函數 $V_{k,n}$,最優指標函數 $f_k(s_k)$ 及 k 階段指標 $v_k(s_k, u_k)$ 的含義,並正確列出最優指標函數的遞推關係及邊界條件(即基本方程)。

上面是建立動態規劃模型的一般步驟,但建模需要經驗與技巧,並靈活地運用最優化原理。

二、逆序解法與順序解法

動態規劃的求解有兩種基本方法:逆序解法(後向動態規劃方法)和順序解法(前向動態規劃方法)。

例 6-5 所使用的解法，由於尋優的方向與多階段決策過程的實際行進方向相反，從最後一段開始計算逐段前推，求得全過程的最優策略，稱為逆序解法。與之相反，順序解法的尋優方向與過程的行進方向相同，計算時從第一段開始逐段向後遞推，計算後一階段要用到前一階段的求優結果，最後一段計算的結果就是全過程的最優結果。

我們再次用例 6-5 來說明順序解法。由於此問題的始點 A 與終點 F 都是固定的，計算由 A 點到 F 點的最短路線與由 F 點到 A 點的最短路線沒有什麼不同。若設 $f_k(s_{k+1})$ 表示從起點 A 到第 k 階段狀態 s_{k+1} 的最短距離，我們就可以由前向後逐步求出起點 A 到各階段起點的最短距離，最後求出 A 點到 F 點的最短距離及路徑。計算步驟如下：

$k=0$ 時，$f_0(s_1)=f_0(A)=0$，這是邊界條件。

$k=1$ 時，按 $f_1(s_2)$ 的定義有：

$$\begin{cases} f_1(B_1)=4 \\ u_1(B_1)=A \end{cases} \begin{cases} f_1(B_2)=5 \\ u_1(B_2)=A \end{cases}$$

$k=2$ 時，$\begin{cases} f_2(C_1)=d(B_1,C_1)+f_1(B_1)=2+4=6 \\ u_2(C_1)=B_1 \end{cases}$

$\begin{cases} f_2(C_2)=\min\begin{cases} d(B_1,C_2)+f_1(B_1) \\ d(B_2,C_2)+f_1(B_2) \end{cases}=\min\begin{cases} 3+4 \\ 8+5 \end{cases}=7 \\ u_2(C_2)=B_1 \end{cases}$ ；

$\begin{cases} f_2(C_3)=\min\begin{cases} d(B_1,C_3)+f_1(B_1) \\ d(B_2,C_3)+f_1(B_2) \end{cases}=\min\begin{cases} 6+4 \\ 7+5 \end{cases}=10 \\ u_2(C_3)=B_1 \end{cases}$

$\begin{cases} f_2(C_4)=d(B_2,C_4)+f_1(B_2)=7+5=12 \\ u_2(C_4)=B_2 \end{cases}$

類似地，可算得

$f_3(D_1)=11, u_3(D_1)=C_1$ 或 C_2 ; $f_3(D_2)=12, u_3(D_2)=C_2$
$f_3(D_3)=14, u_3(D_3)=C_3$; $f_4(E_1)=14, u_4(E_1)=D_1$
$f_4(E_2)=14, u_4(E_2)=D_2$; $f_5(F)=17, u_5(F)=E_2$

按定義知，$f_5(F)=17$ 為所求最短路長，而路徑為 $A \to B_1 \to C_2 \to D_2 \to E_2 \to F$，與前節逆序解法的結論相同。全部計算情況如圖 6-6 所示。圖中每個節點上方括號內的數表示該點到 A 點的最短距離，粗黑線表示該點到 A 點的路徑。

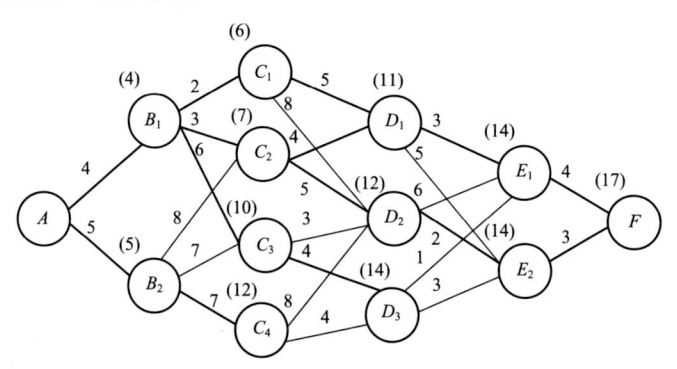

圖 6-6　順序法求解過程

類似於逆序解法，可以把上述解法寫成遞推方程：

$$\begin{cases} f_k(s_{k+1}) = \min_{u_k}\{v_k(s_{k+1},u_k)+f_{k-1}(s_k)\} \quad k=1,2,3,4,5 & (6\text{-}5) \\ f_0(s_1)=0 & (6\text{-}6) \end{cases}$$

這裡狀態轉移方程為 $s_k = T_k(s_{k+1}, u_k)$。

順序解法與逆序解法的本質上並無區別。一般來說，當初始狀態給定時可用逆序解法，當終止狀態給定時可用順序解法。若問題給定了一個初始狀態與一個終止狀態，則兩種方法均可使用，如例 6-5。但在初始狀態已給定，終點狀態有多個，需比較到達不同終點狀態的各個路徑及最優指標函數值，以選取總效益最佳的終點狀態時，使用順序解法比較方便。總之，針對問題的不同特點，靈活地選用這兩種方法之一，可以使求解過程簡化。

使用上述兩種方法求解時，除了求解的行進方向不同外，在建模時要注意以下區別：

1. 狀態轉移方式不同

如圖 6-7、圖 6-8 所示，逆序解法中第 k 段的輸入狀態為 s_k，決策為 u_k，由此確定輸出為 s_{k+1}，即第 $k+1$ 段的狀態，所以狀態轉移方程為

$$s_{k+1} = T_k(s_k, u_k) \tag{6-7}$$

式(6-7)稱為狀態 s_k 到 s_{k+1} 的順序轉移方程。

而順序解法中第 k 段的輸入狀態為 s_{k+1}，決策 u_k，輸出為 s_k，如圖 6-8 所示，所以狀態轉移方程為

$$s_k = T_k(s_{k+1}, u_k) \tag{6-8}$$

式(6-8)稱為狀態 s_{k+1} 到 s_k 的逆序轉移方程。

同理，逆序解法中的階段指標 $v_k(s_k, u_k)$ 在順序解法中應表示為 $v_k(s_{k+1}, u_k)$。

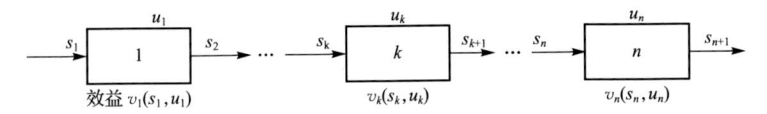

圖 6-7 順序解法

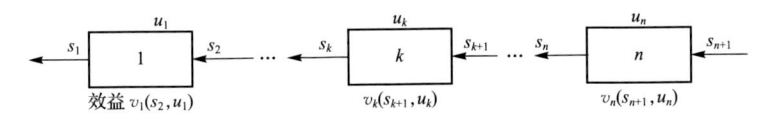

圖 6-8 逆序解法

2. 指標函數的定義不同

逆序解法中，我們定義最優指標函數 $f_k(s_k)$ 表示第 k 段從狀態 s_k 出發，到終點後部子過程最優效益值。$f_1(s_1)$ 是整體最優函數值。

順序解法中，應定義最優指標函數 $f_k(s_{k+1})$ 表示第 k 段時從起點到狀態 s_{k+1} 的前部子過程最優效益值。$f_n(s_{n+1})$ 是整體最優函數值。

3. 基本方程形式不同

(1) 當指標函數為階段指標和形式，在逆序解法中，有

$$V_{k,n} = \sum_{j=k}^{n} v_j(s_j, u_j)$$

則基本方程為

$$\begin{cases} f_k(s_k) = \underset{u_k \in D_k}{\text{opt}}\{v_k(s_k, u_k)+f_{k+1}(s_{k+1})\} \quad (k=n,n-1,\cdots,2,1) & (6\text{-}9) \\ f_{n+1}(s_{n+1})=0 & (6\text{-}10) \end{cases}$$

順序解法中，$V_{1,k} = \sum_{j=1}^{k} v_j(s_{j+1}, u_j)$，基本方程為

$$\begin{cases} f_k(s_{k+1}) = \underset{u_k \in D_k}{\text{opt}} \{v_k(s_{k+1}, u_k) + f_{k-1}(s_k)\} & (k=1,2,\cdots,n) \\ f_0(s_1) = 0 \end{cases} \qquad \begin{array}{r}(6\text{-}11)\\(6\text{-}12)\end{array}$$

(2) 當指標函數為階段指標積形式，在逆序解法中，有

$$V_{k,n} = \prod_{j=k}^{n} v_j(s_j, u_j)$$

則基本方程為

$$\begin{cases} f_k(s_k) = \underset{u_k \in D_k}{\text{opt}} \{v_k(s_k, u_k) f_{k+1}(s_{k+1})\} & (k=n,n-1,\cdots,2,1) \\ f_{n+1}(s_{n+1}) = 1 \end{cases} \qquad \begin{array}{r}(6\text{-}13)\\(6\text{-}14)\end{array}$$

在順序解法中，$V_{1,k} = \prod_{j=1}^{k} v_j(s_{j+1}, u_j)$，則基本方程為

$$\begin{cases} f_k(s_{k+1}) = \underset{u_k \in D_k}{\text{opt}} \{v_k(s_{k+1}, u_k) f_{k-1}(s_k)\} & (k=1,2,\cdots,n) \\ f_0(s_1) = 1 \end{cases} \qquad \begin{array}{r}(6\text{-}15)\\(6\text{-}16)\end{array}$$

應該指出的是，這裡有關順序解法的表達式是在原狀態變量符號不變條件下得出的。若將狀態變量記法改為 $s_0, s_1, \cdots, s_n$，則最優指標函數也可表示為 $f_k(s_k)$，即符號同於逆序解法，但含義不同。

三、基本方程分段求解時的幾種常用算法

動態規劃模型建立後，對基本方程分段求解，不像線性規劃或非線性規劃那樣有固定的解法，必須根據具體問題的特點，結合數學技巧靈活求解，大體有以下幾種方法。

1. 離散變量的分段窮舉算法

動態規劃模型中的狀態變量與決策變量若被限定只能取離散值，則可採用分段窮舉法。如例 6-5 的求解方法就是分段窮舉算法。由於每段的狀態變量和決策變量離散取值個數較少，因此動態規劃的窮舉要比一般的窮舉法有效。用分段窮舉法求最優指標函數值時，最重要的是正確確定每段狀態變量取值範圍和允許決策集合的範圍。

2. 連續變量的解法

當動態規劃模型中的狀態變量與決策變量為連續變量，就要根據方程的具體情況靈活選取求解方法，如經典解析方法、線性規劃方法、非線性規劃法或其他數值計算方法等。如在例 6-2 中，狀態變量與決策變量均可取連續值而不是離散值，因此每階段求優時不能用窮舉方法處理。下面分別用逆序解法和順序解法來求解例 6-2。

(1) 用逆序解法。由前面分析得知，例 6-2 為三段決策問題，狀態變量 s_k 為第 k 段初擁有的可以分配給第 k 列到第 3 個項目的資金；決策變量 x_k 為決定投給第 k 個項目的資金；狀態轉移方程為 $s_{k+1} = s_k - x_k$；最優指標函數 $f_k(s_k)$ 表示第 k 階段，初始狀態為 s_k 時，從第 k 個到第 3 個項目所獲的最大收益，$f_1(s_1)$ 即為所求的總收益。遞推方程為

$$\begin{cases} f_k(s_k) = \underset{0 \leqslant x_k \leqslant s_k}{\max} \{g_k(x_k) + f_{k+1}(s_{k+1})\} & (k=3,2,1) \\ f_4(s_4) = 0 \end{cases}$$

當 $k=3$ 時，$f_3(s_3) = \underset{0 \leqslant x_3 \leqslant s_3}{\max} \{2x_3^2\}$

這是一個簡單的函數求極值問題。易知當 $x_3^* = s_3$ 時，取得極大值 $2s_3^2$，即

$$f_3(s_3) = \underset{0 \leqslant x_3 \leqslant s_3}{\max} \{2x_3^2\} = 2s_3^2$$

當 $k=2$ 時，$f_2(s_2) = \max_{0 \leq x_2 \leq s_2} \{9x_2 + f_3(s_3)\} = \max_{0 \leq x_2 \leq s_2} \{9x_2 + 2(s_2 - x_2)^2\}$。

令 $h_2(s_2, x_2) = 9x_2 + 2(s_2 - x_2)^2$，

由 $\dfrac{\mathrm{d}h_2}{\mathrm{d}x_2} = 9 + 4(s_2 - x_2)(-1) = 0$，解得 $x_2 = s_2 - \dfrac{9}{4}$，而 $\dfrac{\mathrm{d}^2 h_2}{\mathrm{d}x_2^2} = 4 > 0$，因此當 $x_2 = s_2 - \dfrac{9}{4}$ 時，取得極小值。極大值只可能在 $[0, s_2]$ 端點取得，$f_2(0) = 2s_2^2$，$f_2(s_2) = 9s_2$。

當 $f_2(0) = f_2(s_2)$ 時，解得 $s_2 = \dfrac{9}{2}$。

當 $s_2 > \dfrac{9}{2}$ 時，$f_2(0) > f_2(s_2)$，此時 $x_2^* = 0$；當 $s_2 < \dfrac{9}{2}$ 時，$f_2(0) < f_2(s_2)$，此時 $x_2^* = s_2$。

當 $k=1$ 時，$f_1(s_1) = \max_{0 \leq x_1 \leq s_1} \{4x_1 + f_2(s_2)\}$。

當 $f_2(s_2) = 9s_2$ 時，$f_1(10) = \max_{0 \leq x_1 \leq 10} \{4x_1 + 9s_1 - 9x_1\} = \max_{0 \leq x_1 \leq 10} \{9s_1 - 5x_1\} = 9s_1$（因為 $x_1^* = 0$）。

但此時 $s_2 = s_1 - x_1 = 10 - 0 = 10 > \dfrac{9}{2}$，與 $s_2 < \dfrac{9}{2}$ 矛盾，所以捨去。

當 $f_2(s_2) = 2s_2^2$ 時，$f_1(10) = \max_{0 \leq x_1 \leq 10} \{4x_1 + 2(s_1 - x_1)^2\}$。

令 $h_1(s_1, x_1) = 4x_1 + 2(s_1 - x_1)^2$，由 $\dfrac{\mathrm{d}h_1}{\mathrm{d}x_1} = 4 + 4(s_1 - x_1)(-1) = 0$，解得 $x_1 = s_1 - 1$，而 $\dfrac{\mathrm{d}^2 h_1}{\mathrm{d}x_1^2} = 1 > 0$，因此 $x_1 = s_1 - 1$ 是極小點。

比較 $[0, 10]$ 的兩個端點。當 $x_1 = 0$ 時，$f_1(10) = 200$；當 $x_1 = 10$ 時，$f_1(10) = 40$。所以 $x_1^* = 0$。

再由狀態轉移方程順推：$s_2 = s_1 - x_1^* = 10 - 0 = 10$。

因為 $s_2 > \dfrac{9}{2}$，所以 $x_2^* = 0$，$s_3 = s_2 - x_2^* = 10 - 0 = 10$，由此 $x_3^* = s_3 = 10$。

最優投資方案為全部資金投於第 3 個項目，可得最大收益 200 萬元。

（2）用順序解法。階段劃分和決策變量的設置與逆序解法相同。令狀態變量 s_{k+1} 表示可用於第 1 到第 k 個項目投資的金額，則有

$$s_1 = 10, s_3 = s_1 - x_3, s_2 = s_3 - x_2, s_1 = s_2 - x_1$$

即狀態轉移方程為 $s_k = s_{k+1} - x_k$。

令最優指標函數 $f_k(s_{k+1})$ 表示第 k 段投資額為 s_{k+1} 時第 1 到第 k 項目所獲的最大收益，此時順序解法的基本方程為

$$\begin{cases} f_k(s_{k+1}) = \max_{0 \leq x_k \leq s_k} [g_k(x_k) + f_{k-1}(s_k)] & k = 1, 2, 3 \\ f_0(s_1) = 0 \end{cases}$$

當 $k=1$ 時，有 $f_1(s_2) = \max_{0 \leq x_1 \leq s_1} [g_1(x_1) + f_0(s_1)] = \max_{0 \leq x_1 \leq s_1} [4x_1] = 4s_2$；$x_1^* = s_2$；

當 $k=2$ 時，有 $f_2(s_3) = \max_{0 \leq x_2 \leq s_3} [9x_2 + f_1(s_2)] = \max_{0 \leq x_2 \leq s_3} [9x_2 + 4(s_3 - x_2)] = \max_{0 \leq x_2 \leq s_3} [5x_2 + 4s_3] = 9s_3$；$x_2^* = s_3$；

當 $k=3$ 時，有 $f_3(s_1) = \max_{0 \leq x_3 \leq s_1} [2x_3^2 + f_2(s_3)] = \max_{0 \leq x_3 \leq s_1} [2x_3^2 + 9(s_1 - x_3)]$。

令 $h(s_1, x_3) = 2x_3^2 + 9(s_1 - x_3)$，由 $\dfrac{\mathrm{d}h}{\mathrm{d}x_3} = 4x_3 - 9 = 0$，解得 $x_3 = \dfrac{9}{4}$。因為 $\dfrac{\mathrm{d}^2 h}{\mathrm{d}x_3^2} = 4 > 0$，所以此點為極小點。

極大值應在 $[0, s_1] = [0, 10]$ 的端點取得，此時有 $\begin{cases} s_3 = 10 - x_3^* = 0, x_2^* = 0 \\ s_2 = s_3 - x_2^* = 0 \end{cases}$

當 $x_3 = 0$ 時，$f_3(10) = 90$；當 $x_3 = 10$ 時，$f_3(10) = 200$，因此 $x_3^* = 10$。

再由狀態轉移方程逆推，即 $x_1^* = 0$。

因此最優投資方案與逆序解法結果相同，只投資於項目 3，最大收益為 200 萬元。比較兩種解法的過程，可以發現，對本題而言，順序解法比逆序解法簡單。

關於連續變量的其他求解方法將在以後各節中結合例題介紹。

3. 連續變量的離散化解法

先介紹連續變量離散化的概念。如投資分配問題的一般靜態模型為

$$s_3 = 10 - x_3^* = 0, x_2^* = 0$$

$$s_2 = s_3 - x_2^* = 0, \max z = \sum_{i=1}^{n} g_i(x_i)$$

$$\text{s.t.} \begin{cases} \sum_{i=1}^{n} x_i \leq a \\ x_i \geq 0 \quad (i=1,2,\cdots,n) \end{cases}$$

建立它的動態規劃模型，其基本方程為

$$\begin{cases} f_k(s_k) = \max_{0 \leq x_k \leq s_k} [g_k(x_k) + f_{k+1}(s_{k+1})] & k = n, n-1, \cdots, 2, 1 \\ f_{n+1}(s_{n+1}) = 0 \end{cases}$$

其狀態轉移方程為 $s_{k+1} = s_k - x_k$。

由於 s_k 與 x_k 都是連續變量，當各階段指標 $g_k(x_k)$ 沒有特殊性質而較為複雜時，要求出 $f_k(s_k)$ 會比較困難，因而求全過程的最優策略也就相當不容易。這時常常採用把連續變量離散化的辦法求數值解。具體做法如下：

(1) 令 $s_k = 0, \Delta, 2\Delta, \cdots, m\Delta = a$，把區間 $[0, a]$ 進行分割，Δ 的大小可依據問題所要求的精度及計算機的容量來確定。

(2) 規定狀態變量 s_k 及決策變量 x_k 只在離散點 $0, \Delta, 2\Delta, \cdots, m\Delta$ 上取值，相應的指標函數 $f_k(s_k)$ 就被定義在這些離散值上。於是，遞推方程就變為

$$\begin{cases} f_k(s_k) = \max_{p=0,1,\cdots,q} [g_k(p\Delta) + f_{k+1}(s_k - p\Delta)] \\ f_{n+1}(s_{n+1}) = 0 \end{cases}$$

其中 $q\Delta = s_k, x_k = p\Delta$。

(3) 按逆序方法，逐步遞推求出 $f_n(s_n), \cdots, f_1(s_1)$，最後求出最優資金分配方案。

作為離散化例子，仍使用例 6-2，即用連續變量的離散化求解：

$$\max z = 4x_1 + 9x_2 + 2x_3^2$$

$$\text{s.t.} \begin{cases} x_1 + x_2 + x_3 = 10 \\ x_i \geq 0 \quad (i=1,2,3) \end{cases}$$

解：規定狀態變量和決策變量只在給出的離散點上取值。令 $\Delta = 2$，將區間 $[0, 10]$ 分割成 $(0,0)$，$(0,2)$，$(0,4)$，$(0,6)$，$(0,8)$，$(0,10)$ 六個點，即狀態變量 s_k 集合為 $\{0,2,4,6,8,10\}$。

允許決策集合為 $0 \leq x_k \leq s_k, x_k$ 與 s_k 均在分割點上取值。

動態規劃基本方程為

$$\{f_k(s_k) = \max_{0 \leq x_k \leq s_k} \{g_k(x_k) + f_{k+1}(s_k - x_k)\}\} \quad (k=3,2,1)$$

且 $f_1(s_1) = 0$。

當 $k=3$ 時，$f_3(s_3) = \max_{0 \leq x_3 \leq s_3} \{2x_3^2\}$。

式中，x_3 與 s_3 的集合均為 $\{0,2,4,6,8,10\}$。

計算結果見表 6-1。得

$$f_2(s_2) = \max_{0 \leq x_2 \leq s_2} \{9x_2 + f_3(s_2 - x_2)\}$$

當 $k=2$ 時，計算結果見表 6-2。

表 6-1　$k=3$ 時的計算結果

s_3	0	2	4	6	8	10
$f_3(s_3)$	0	8	32	72	128	200
x_3^*	0	2	4	6	8	10

表 6-2　$k=2$ 時的計算結果

s_2	0	2	4	6	8	10										
x_2	0	0	2	0	2	4	0	2	4	0	2	4	6	8	10
g_2+f_3	0	8	18	32	26	36	72	50	44	54	128	90	68	62	72	200	108	146	86	80	90
f_2	0	18	36	72	128	200
x_2^*	0	2	4	0	0	0

當 $k=1$ 時, $f_1(s_1)=\max\limits_{0\leqslant x_1\leqslant 10}\{4x_1+f_2(s_1-x_1)\}$。

計算結果見表 6-3。

表 6-3　$k=1$ 時的計算結果

s_1	10						
x_1	0	2	4	6	8	10
g_1+f_2	200	136	88	60	50	40
f_1	200
x_1^*	0

計算結果表明,最優決策為 $x_1^*=0, x_2^*=0, x_3^*=10$,最大收益為 $f_1(10)=200$,與上述用逆序和順序算法得到的結論完全相同。

應該指出的是,這種方法有可能丟失最優解,一般只能得到原問題的近似解。

第三節　動態規劃在經濟管理中的應用

除了前面講到的最優路徑、資源分配問題外,動態規劃在經濟管理中還有許多應用。本節通過其中一些典型例子來說明這方面的應用。

一、背包問題

背包問題又稱裝載問題。一般提法是:一位旅行者攜帶背包去登山,已知他所能承受的背包重量限度為 a 千克,現有 n 種物品可供他選擇並裝入背包,第 i 種物品的單件重量為 a_i 千克,價值(可以是表明本物品對登山的重要性的數量指標)是攜帶數量 x_i 的函數 $c_i(x_i)(i=1,2,\cdots,n)$,問旅行者應如何選擇攜帶各種物品的件數,以使其總價值最大?

背包問題等同於車、船、人造衛星等工具的最優裝載,有廣泛的實用意義。

設 x_i 為第 i 種物品裝入的件數,則背包問題可歸結為如下形式的整數規劃模型:

$$\max z=\sum_{i=1}^{n}c_i(x_i)$$

$$\text{s. t.}\begin{cases}\sum_{i=1}^{n}a_ix_i\leqslant a\\ x_i\geqslant 0 \text{ 且為整數}(i=1,2,\cdots,n)\end{cases}$$

下面用動態規劃順序解法建模求解。

階段 k：將可裝入物品按 $1,2,\cdots,n$ 排序，每段裝一種物品，共劃分為 n 個階段，即 $k=1,2,\cdots,n$。

狀態變量 s_{k+1}：在第 k 段開始時，背包中允許裝入前 k 種物品的總重量。

決策變量 x_k：裝入第 k 種物品的件數。

狀態轉移方程：$s_k=s_{k+1}-a_kx_k$。

允許決策集合為：$D_k(s_{k+1})=\{x_k|0\leqslant x_k\leqslant [s_{k+1}/a_k], x_k\text{ 為整數}\}$

其中，$[s_{k+1}/a_k]$ 表示不超過 s_{k+1}/a_k 的最大整數。

最優指標函數 $f_k(s_{k+1})$ 表示在背包中允許裝入物品的總重量不超過 s_{k+1} 千克，採用最優策略只裝前 k 種物品時的最大使用價值。則可得到動態規劃的順序遞推方程為

$$\begin{cases} f_k(s_{k+1})=\max\limits_{x_k=0,1,\cdots,[s_{k+1}/a_k]}\{c_k(x_k)+f_{k-1}(s_{k+1}-a_kx_k)\} & (k=1,2,\cdots,n) \\ f_0(s_1)=0 \end{cases}$$

用順序解法逐步計算出 $f_1(s_2), f_2(s_3),\cdots, f_n(s_{n+1})$ 及相應的決策函數 $x_1(s_2), x_2(s_3),\cdots, x_n(s_{n+1})$，最後得到的 $f_n(a)$ 即為所求的最大價值，相應的最優策略則由反推計算得出。

當 x_i 僅表示裝入（取 1）和不裝（取 0）第 i 種物品，則模型就成了 0-1 背包問題。

【例 6-7】 有一輛最大貨運量為 10 噸的卡車，用以裝載 3 種貨物，每種貨物的單位重量及相應單位價值如表 6-4 所示。應如何裝載可使總價值最大？

表 6-4　貨物的單位重量及相應單價表

貨物編號(i)	1	2	3
單位重量 噸	3	4	5
單位價值(c_i)	4	5	6

設第 i 種貨物裝載的件數為 $x_i (i=1,2,3)$，則問題可表示為

$$\max z=4x_1+5x_2+6x_3$$
$$\text{s.t.}\begin{cases}3x_1+4x_2+5x_3\leqslant 10 \\ x_i\geqslant 0 \text{ 且為整數}(i=1,2,3)\end{cases}$$

可按前述方式建立動態規劃模型，由於決策變量取離散值，因此可以用列表法求解。

當 $k=1$ 時，$f_1(s_2)=\max\limits_{0\leqslant 3x_1\leqslant s_2}\{4x_1, x_1\text{ 為整數}\}$ 或 $f_1(s_2)=\max\limits_{0\leqslant x_1\leqslant s_2/3}\{4x_1, x_1\text{ 為整數}\}=4[\frac{s_2}{3}]$

計算結果見表 6-5。

表 6-5　$k=1$ 計算結果

s_2	0	1	2	3	4	5	6	7	8	9	10
$f_1(s_2)$	0	0	0	4	4	4	8	8	8	12	12
x_1^*	0	0	0	1	1	1	2	2	2	3	3

當 $k=2$ 時，$f_2(s_3)=\max\limits_{0\leqslant x_2\leqslant s_3/4}\{5x_2+f_1(s_3-4x_2), x_2\text{ 為整數}\}$

計算結果見表 6-6。

表 6-6　$k=2$ 計算結果

s_2	0	1	2	3	4	5	6	7	8	9	10
x_2	0	0	0	0	0 1	0 1	0 1	0 1	0 1 2	0 1 2	0 1 2
c_2+f_2	0	0	0	4	4 5	4 5	8 5	8 9	8 9 10	12 9 10	12 13 10
$f_1(s_2)$	0	0	0	4	5	5	8	9	10	12	13
x_1^*	0	0	0	0	1	1	0	1	2	0	1

此時 $x_3^*=0$,逆推可得全部策略為 $x_1^*=2, x_2^*=1, x_3^*=0$,最大價值為 13。

當約束條件不止一個時,就是多維背包問題,其解法與變量是多維的。

二、生產經營問題

【例 6-8】

(生產與存儲問題)某工廠生產並銷售某種產品,已知今後四個月市場需求預測如表 6-7 所示,又每月生產 j 單位產品費用為

$$C(j) = \begin{cases} 0 & (j=0) \\ 3+j & (j=1,2,\cdots,6) \end{cases}$$

每月庫存 j 單位產品的費用為 $E(j)=0.5j$(千元),該廠最大庫存容量為 3 單位,每月最大生產能力為 6 單位,計劃開始時和計劃期末庫存量都是零。試製訂四個月的生產計劃,在滿足用戶需求條件下使其總費用最小。假設第 $i+1$ 個月的庫存量是第 i 個月可銷售量與該月用戶需求量之差,而第 i 個月的可銷售量是本月月初庫存量與產量之和。

表 6-7　市場需求預測表

i(月)	1	2	3	4
g_i(需求)	2	3	2	4

用動態規劃法求解時,對有關概念做如下分析:

(1) 階段:每個月為一個階段,且 $k=1,2,3,4$。
(2) 狀態變量:s_k 為第 k 個月初的庫存量。
(3) 決策變量:u_k 為第 k 個月的生產量。
(4) 狀態轉移方程:$s_{k+1}=s_k+u_k-g_k$。
(5) 最優指標函數:$f_k(s_k)$ 表示第 k 月狀態為 s_k 時,採取最佳策略生產,從本月到計劃結束(第 4 月末)的生產與存儲最低費用。

考慮 $k=4$,因為要求四月底庫存為零,本月需求為 4,所以本月產量應為 $u_4=4-s_4$。由於庫存量最大為 3,因此 s_4 取值只能是 $0,1,2,3$。

$f_4(s_4)=\min\{C(u_4)+E(s_4)\}$,可以列出 $f_4(s_4)$ 與 $u_4(s_4)$,見表 6-8。

表 6-8　$k=4$ 計算結果

s_4	0	1	2	3
$f_4(s_4)$	7	6.5	6	5.5
$u_4(s_4)$	4	3	2	1

當 $k=3$ 時,先分析狀態變量 s_3 的取值範圍。它與庫存能力、生產能力、需求量均有關,在此由最大庫存量決定,即 $s_3=0,1,2,3$。再分析決策變量 u_3 的允許決策集合,為滿足本月需求,產量 u_3 至少為 $g_3-s_3=2-s_3$。若庫存量 $s_3\geq 2$,則 u_3 應取 0。為保證期末庫存為零,u_3 不能超過 $g_3+g_4-s_3=6-s_3$。另外,u_3 還受最大庫存量 3 的限制,即不能超過 $g_3+3-s_3=5-s_3$,同時還受最大生產能力 6 的限制,總之有

$$\max(0, 2-s_3) \leq u_3 \leq \min(6, 5-s_3, 6-s_3), u_3 \in \mathbf{Z}$$

$$f_3(s_3) = \min[C(u_3)+E(s_3)+f_4(s_3+u_3-g_3)]$$

對 $s_3=0,1,2,3$ 分別求出 $f_3(s_3)$ 的值,當 $s_3=0$ 時,有

$$f_3(0) = \min_{2 \leq u_3 \leq 5 \text{ 的整數}} [(3+u_3)+0.5\times 0+f_4(u_3-2)]$$

$$= \min \begin{cases} u_3=2; 5+7 \\ u_3=3; 6+6.5 \\ u_3=4; 7+6 \\ u_3=5; 8+5.5 \end{cases} = 12$$

$$u_3^*(0)=2$$

這就是說,若第三個月初庫存為零,則三月、四月最低費用為 12(千元),第三個月最優產量為 2 個單位。依此類推,可得表 6-9。

表 6-9 $k=3$ 時的計算結果

s_3	0				1				2				3		
$u_3(s_3)$	2	3	4	5	1	2	3	4	0	1	2	3	0	1	2
$C+E+f_4$	12	12.5	13	13.5	11.5	12	12.5	13	8	11.5	12	12.5	8	11.5	12
$f_3(s_3)$	12				11.5				8				8		
$u_3^*(s_3)$	2				1				0				0		

當 $k=2$ 時,有 $f_2(s_2)=\min[C(u_2)+E(s_2)+f_3(s_2+u_2-g_2)]$。

其中,狀態變量 $s_2=\{0,1,2,3\}$;決策變量 u_2 為

$\max(0, g_2-s_2) \leqslant u_2 \leqslant \min(6, g_2+3-s_2, g_2+g_3+g_1-s_2)$ 的整數,即

$\max(0, 3-s_2) \leqslant u_2 \leqslant \min(6, 6-s_2, 9-s_2)$ 的整數。

本段計算結果見表 6-10。

當 $k=1$ 時,有

$$f_1(s_1)=\min[C(u_1)+E(s_1)+f_2(s_1+u_1-g_1)]$$

由於狀態 $s_1=0$,本月產量 u_1 同樣要受本月需求量、最大庫存容量、最大生產能力等約束限制,應為 $2 \leqslant u_1 \leqslant 5$ 的整數,因此

表 6-10 $k=2$ 時的計算結果

s_2	0				1				2				3			
$u_2(s_2)$	3	4	5	6	2	3	4	5	1	2	3	4	0	1	2	3
$C+E+f_3$	18	18.5	16	17	17.5	18	15.5	16.5	17	17.5	15	16	13.5	17	14.5	15.5
$f_2(s_2)$	16				15.5				15				13.5			
$u_2^*(s_2)$	5				4				3				0			

$$f_1(0)=\min_{2 \leqslant u_1 \leqslant 5 \text{的整數}}[c(u_1)+f_2(u_1-2)]$$

計算結果見表 6-11。

表 6-11 $k=1$ 時的計算結果

s_1	0			
$u_1(s_1)$	2	3	4	5
$C+f_2$	21	21.5	22	21.5
$f_1(s_1)$	21			
$u_1^*(s_1)$	2			

由表 6-11 可知,最低總費用為 $f_1(0)=21$(千元),第一個月最佳產量為 2 單位,而需求 $g_1=2$,所以第二個月初庫存量為零。再由表 6-10 中查 $s_2=0$ 列可得,第二個月最佳產量為 5 單位,同理通過

查表 6-9、表 6-8 可得三月、四月的最佳產量。

即最佳生產計劃為：第一個月生產 2 單位，第二個月生產 5 單位，第四個月生產 4 單位。

總結上述解題過程，可得此類生產存儲問題的基本方程為

$$\begin{cases} f_k(s_k) = \min_{u_k} [C(u_k) + E(s_k) + f_{k+1}(s_k + u_k - g_k)] & (6-17) \\ f_{n+1}(s_{n+1}) = 0 (k = n, n-1, \cdots, 1) & (6-18) \end{cases}$$

若最大庫存量為 q，每月最大生產能力為 p，則狀態集合為

$$0 \leqslant s_k \leqslant \min[q, \sum_{j=k}^{n} g_j, \sum_{j=1}^{k-1}(p - g_j)]$$

允許決策集合為

$$\max(0, g_k - s_k) \leqslant u_k \leqslant \min(p, \sum_{j=k}^{n} g_j - s_k, g_k + q - s_k)$$

【例 6-9】

（採購與銷售問題）某商店在未來的 4 個月裡，準備利用它的一個倉庫來專門經銷某種商品。倉庫最大容量能儲存 1,000 單位此種商品。假定該商店每月只能出賣倉庫現有的貨。當商店在某月購貨時，下月初才能到貨。預測該商品未來四個月的買賣價格如表 6-12 所示，假定商店在 1 月開始經銷時，倉庫存有該商品 500 單位。試問若不計庫存費用，該商店應如何制訂 1 月至 4 月的訂購與銷售計劃，使預期獲利最大。

表 6-12 商品單價售價表

月份(k)	購買單價(c_k)	銷售單價(p_k)
1	10	12
2	9	8
3	11	13
4	15	17

解：按月份劃分為 4 個階段，有 $k = 1, 2, 3, 4$。

狀態變量 s_k：k 月初時倉庫中的存貨量（含上月訂貨）。

決策變量 x_k：k 月賣出的貨物數量。

y_k：k 月訂購的貨物數量。

狀態轉移方程：$s_{k+1} = s_k + y_k - x_k$。

最優指標函數 $f_k(s_k)$：當 k 月初存貨量為 s_k 時，從 k 月到 4 月末所獲最大利潤則有逆序遞推關係式為

$$\begin{cases} f_k(s_k) = \max_{0 \leqslant x_k \leqslant s_k} [p_k x_k - c_k y_k + f_{k+1}(s_{k+1})], 0 \leqslant y_k \leqslant 1,000 - (s_k - x_k) \\ f_5(s_5) = 0 (k = 4, 3, 2, 1) \end{cases}$$

當 $k = 4$ 時，

$$f_4(s_4) = \max_{0 \leqslant x_4 \leqslant s_4} [17 x_4 - 15 y_4] \quad 0 \leqslant y_4 \leqslant 1,000 - (s_4 - x_4)$$

顯然，決策應取 $x_4^* = s_4, y_4^* = 0$，才有最大值 $f_4(s_4) = 17 s_4$。

當 $k = 3$ 時，

$$f_3(s_3) = \max_{0 \leqslant x_3 \leqslant s_3} [13 x_3 - 11 y_3 + 17 (s_3 + y_3 - x_3)] = \max_{0 \leqslant x_3 \leqslant s_3} [-4 x_3 + 6 y_3 + 17 s_3]$$

其中，$0 \leqslant y_3 \leqslant 1,000 - (s_3 - x_3)$。

顯然，決策應取 $x_3^* = s_3, y_3^* = 0$ 才有最大值 $f_3(s_3) = 17 s_3$。

這個階段需求解一個線性規劃問題：

$$\max z = -4x_3 + 6y_3 + 17s_3$$
$$\text{s.t.} \begin{cases} x_3 \leq s_3 \\ y_3 - x_3 \leq 1,000 - s_3 \\ x_3, y_3 \geq 0 \end{cases}$$

當 $x_3^* = s_3, y_3^* = 1,000$ 時,有最大值 $f_3(s_3) = 6,000 + 13s_3$。

當 $k=2$ 時,
$$f_2(s_2) = \max_{0 \leq x_2 \leq s_2} [8x_2 - 9y_2 + 6,000 + 13(s_2 + y_2 - x_2)] = \max_{0 \leq x_2 \leq s_2} [6,000 + 13s_2 - 5x_2 + 4y_2]$$

其中,$0 \leq y_2 \leq 1,000 - (s_2 - x_2)$。

求解線性規劃問題:
$$\max z = 6,000 + 13s_2 - 5x_2 + 4y_2$$
$$\text{s.t.} \begin{cases} x_2 \leq s_2 \\ y_2 - x_2 \leq 1,000 - s_2 \\ x_2, y_2 \geq 0 \end{cases}$$

得
$$x_2^* = 0, y_2^* = 1,000 - s_2$$
$$f_2(s_2) = 6,000 + 13s_2 + 4,000 - 4s_2 = 10,000 + 9s_2$$

當 $k=1$ 時,
$$f_1(500) = \max_{0 \leq x_1 \leq 500} [12x_1 - 10y_1 + 10,000 + 9(s_1 + y_1 - x_1)] = \max_{0 \leq x_1 \leq 500} [3x_1 - y_1 + 14,500]$$

其中,$0 \leq y_1 \leq 500 + x_1$。

解線性規劃問題:
$$\max z = 14,500 + 3x_1 - y_1$$
$$\text{s.t.} \begin{cases} x_1 \leq 500 \\ y_1 - x_1 \leq 500 \\ x_1, y_1 \geq 0 \end{cases}$$

得決策:$x_1^* = 500, y_1^* = 0, f_1(500) = 14,500 + 3 \times 500 = 16,000$。

最優策略見表 6-13,最大利潤為 16,000。

表 6-13　最優策略表

月份	前期存貨(s_k)	售出量(x_k)	購進量(y_k)
1	500	500	0
2	0	0	1,000
3	1,000	1,000	1,000
4	1,000	1,000	0

三、設備更新問題

企業中經常會遇到一臺設備應該使用多少年更新最合算的問題。一般來說,一臺設備在比較新時,年運轉量大,經濟收入高,故障少,維修費用少,但隨著使用年限的增加,年運轉量減少因而收入減少,故障變多維修費用增加。如果更新可提高年淨收入,但是當年要支出一筆數額較大的購買費。設備更新問題的一般提法:在已知一臺設備的效益函數 $r(t)$,維修費用函數 $u(t)$ 及更新費用函數 $c(t)$ 條件下,要求在 n 年內的每年年初做出決策,即是繼續使用舊設備還是更換一臺新的,使 n 年總效益最大。

設 $r_k(t)$:在第 k 年設備已使用過 t 年(或稱役齡為 t 年),再使用 1 年時的效益。

$u_k(t)$:在第 k 年設備役齡為 t 年,再使用一年的維修費用。

$c_k(t)$：在第 k 年賣掉一臺役齡為 t 年的設備，買進一臺新設備的更新淨費用。

α 為折扣因子（$0 \leqslant \alpha \leqslant 1$），表示一年以後的單位收入價值相當於現年的 α 單位。

下面建立動態規劃模型。

階段 $k(k=1,2,\cdots,n)$ 表示計劃使用該設備的年限數。

狀態變量 s_k：第 k 年年初，設備已使用過的年數，即役齡。

決策變量 x_k：第 k 年年初更新（replacement），還是保留使用（keep）舊設備，分別用 R 與 K 表示。

狀態轉移方程為

$$s_{k+1} = \begin{cases} s_k+1, & \text{當 } x_k = K \\ 1, & \text{當 } x_k = R \end{cases}$$

階段指標為

$$v_j(s_k, x_k) = \begin{cases} r_k(s_k) - u_k(s_k), & \text{當 } x_k = K \\ r_k(0) - u_k(0) - c_k(s_k), & \text{當 } x_k = R \end{cases}$$

指標函數為

$$V_{k,n} = \sum_{j=k}^{n} v_j(s_k, x_k) \quad (k = 1, 2, \cdots, n)$$

最優指標函數 $f_k(s_k)$ 表示第 k 年年初，擁有一臺役齡為 s_k 年的設備，採用最優更新策略時到第 n 年年末的最大收益，則可得如下的逆序動態規劃方程：

$$\begin{cases} f_k(s_k) = \max_{x_k = K \text{ 或 } R} [v_j(s_k, x_k) + \alpha f_{k+1}(s_{k+1})] \quad (k = n, n-1, \cdots, 1) \\ f_{n+1}(s_{n+1}) = 0 \end{cases}$$

實際上，

$$f_k(s_k) = \max \begin{cases} r_k(s_k) - u_k(s_k) + \alpha f_{k+1}(s_k+1), & \text{當 } x_k = K \\ r_k(0) - u_k(0) - c_k(s_k) + \alpha f_{k+1}(1), & \text{當 } x_k = R \end{cases}$$

【例 6-10】 設某臺新設備的年效益及年均維修費、更新淨費用如表 6-14 所示。試確定今後 5 年內的更新策略，使總收益最大（設 $\alpha=1$）。

表 6-14 設備費用情況表　　　　　　　　　　單位：萬元

項目	役齡					
	0	1	2	3	4	5
效益 $r_k(t)$	5	4.5	4	3.75	3	2.5
維修費 $u_k(t)$	0.5	1	1.5	2	2.5	3
更新費 $c_k(t)$	—	1.5	2.2	2.5	3	3.5

解：如前述建立動態規劃模型，$n=5$。

當 $k=5$ 時，

$$f_5(s_5) = \max \begin{cases} r_5(s_5) - u_5(s_5) & \text{當 } x_5 = K \\ r_5(0) - u_5(0) - c_5(s_5) & \text{當 } x_5 = R \end{cases}$$

這時，狀態變量 s_5 可取 1, 2, 3, 4。

$$f_5(1) = \max \begin{cases} r_5(1) - u_5(1), & \text{當 } x_5 = K \\ r_5(0) - u_5(0) - c_5(1), & \text{當 } x_5 = R \end{cases}$$

$$= \max \begin{cases} 4.5 - 1 \\ 5 - 0.5 - 1.5 \end{cases} = 3.5, x_5(1) = K$$

$$f_5(2) = \max \begin{cases} 4 - 1.5 \\ 5 - 0.5 - 2.2 \end{cases} = 2.5, x_5(2) = K;\ f_5(3) = \max \begin{cases} 3.75 - 2 \\ 5 - 0.5 - 2.5 \end{cases} = 2, x_5(3) = R$$

$$f_5(4) = \max\begin{Bmatrix} 3-2.5 \\ 5-0.5-3 \end{Bmatrix} = 1.5, x_5(4) = R$$

當 $k=4$ 時,

$$f_1(s_1) = \max\begin{cases} r_1(s_1) - u_1(s_1) + f_5(s_1+1), & 當\ x_1 = K \\ r_1(0) - u_1(0) - c_1(s_1) + f_5(1), & 當\ x_1 = R \end{cases}$$

這時 s_1 可取 1,2,3。

$$f_1(1) = \max\begin{Bmatrix} 4.5-1+2.5 \\ 5-0.5-1.5+3.5 \end{Bmatrix} = 6.5, x_1(1) = R$$

$$f_1(2) = \max\begin{Bmatrix} 4-1.5+2 \\ 5-0.5-2.2+3.5 \end{Bmatrix} = 5.8, x_1(2) = R$$

$$f_1(3) = \max\begin{Bmatrix} 3.75-2+1.5 \\ 5-0.5-2.5+3.5 \end{Bmatrix} = 5.5, x_1(3) = R$$

當 $k=3$ 時,

$$f_3(s_3) = \max\begin{cases} r_3(s_3) - u_3(s_3) + f_1(s_3+1), & 當\ x_3 = K \\ r_3(0) - u_3(0) - c_3(s_3) + f_1(1), & 當\ x_3 = R \end{cases}$$

這時 s_3 可取 1,2。

$$f_3(1) = \max\begin{Bmatrix} 4.5-1+5.8 \\ 5-0.5-1.5+6.5 \end{Bmatrix} = 9.5, x_3(1) = R; f_3(2) = \max\begin{Bmatrix} 4-1.5+5.5 \\ 5-0.5-2.2+6.5 \end{Bmatrix} = 8.8, x_3(2) = R$$

當 $k=2$ 時,

$$f_2(s_2) = \max\begin{cases} r_2(s_2) - u_2(s_2) + f_3(s_2+1), & 當\ x_2 = K \\ r_2(0) - u_2(0) - c_2(s_2) + f_3(1), & 當\ x_2 = R \end{cases}$$

這時 s_2 只能取 1,因此

$$f_2(1) = \max\begin{Bmatrix} 4.5-1+8.8 \\ 5-0.5-1.5+9.5 \end{Bmatrix} = 12.5, x_2(1) = R$$

當 $k=1$ 時,

$$f_1(s_1) = \max\begin{cases} r_1(s_1) - u_1(s_1) + f_2(s_1+1), & 當\ x_1 = K \\ r_1(0) - u_1(0) - c_1(s_1) + f_2(1), & 當\ x_1 = R \end{cases}$$

這時 s_1 只能取 0,因此

$$f_1(0) = \max\begin{Bmatrix} 5-0.5+12.5 \\ 5-0.5-0.5+12.5 \end{Bmatrix} = 17, x_1(0) = K$$

上述計算遞推回去,當 $x_1^*(0) = K$ 時,由狀態轉移方程

$$s_2 = \begin{cases} s_1+1 & x_1 = K \\ 1 & x_1 = R \end{cases}$$

知 $s_2=1$,查 $f_2(1)$ 得 $x_2^* = R$。

則

$$s_3 = \begin{cases} s_2+1 & x_2 = K \\ 1 & x_2 = R \end{cases}$$

推出 $s_3=1$,則查 $f_3(1)$ 得 $x_3^* = R$。
推出 $s_1=1$,則查 $f_1(1): x_1^* = R$。
推出 $s_5=1$,則查 $f_5(1): x_5^* = K$。

可得本例最優策略為 (k,R,R,R,k),即第一年年初購買的設備到第二、三、四年年初各更新一次,用到第 5 年年末,其總效益為 17 萬元。

四、貨郎擔問題

貨郎擔問題一般提法為:一個貨郎從某城鎮出發,經過若干個城鎮一次,且僅一次,最後仍回到

原出發的城鎮,問應如何選擇行走路線可使總行程最短。這是運籌學的一個著名問題,實際中有很多問題可以歸結為這類問題。

設 $v_1, v_2, \cdots, v_n$ 是已知的 n 個城鎮,城鎮 v_i 到城鎮 v_j 的距離為 d_{ij}。現求從 v_1 出發,經各城鎮一次且僅一次返回 v_1 的最短路程。若對 n 個城鎮進行排列,有 $(n-1)!/2$ 種方案,因此窮舉法是不現實的。

貨郎擔問題也是求最短路徑問題,但與例 6-4 的最短路徑問題有很大不同。建立動態規劃模型時,雖然也可按城鎮數目 n 將問題分為 n 個階段,但是狀態變量不好選擇,不容易滿足無後效性。為保持狀態間相互獨立,可按以下方法建模:

設 S 表示從 v_1 到 v_i 中間所有可能經過的城市集合,S 實際上是包含除 v_1 與 v_i 兩個點之外其餘點的集合,但 S 中點的個數要隨階段數改變。

狀態變量 (i,S) 表示從 v_1 點出發,經過 S 集合中所有點一次最後到達 v_i。

最優指標函數 $f_k(i,S)$ 為從 v_1 出發經由 k 個城鎮的 S 集合到 v_i 的最短距離。

決策變量 $P_k(i,S)$ 表示從 v_1 經 k 個中間城鎮的 S 集合到 v_i 城鎮的最短路線上鄰接 v_i 的前一個城鎮,則動態規劃的順序遞推關係為

$$\begin{cases} f_k(i,S) = \min_{j \in S} \{f_{k-1}(j, S\setminus\{i\}) + d_{ji}\} \\ f_0(i, \varphi) = d_{1i}, \varphi \text{ 為空集} (k = 1, 2, \cdots, n-1, i = 2, 3, \cdots, n) \end{cases}$$

當城市數目增加時,用動態規劃方法求解貨郎擔問題,無論是計算量還是存儲量都大大增加,因此本方法只適合於 n 較小的情況。

五、資源分配問題

所謂資源分配問題,就是將一定數量的一種或若干種資源(如原材料、機器設備、資金、勞動力等)恰當地分配給若干個使用者,以使資源得到最有效的利用。設有 m 種資源,總量分別為 $b_i (i = 1, 2, \cdots, m)$,用於生產 n 種產品。若用 x_{ij} 代表用於生產第 j 種產品的第 i 種資源的數量 $(j = 1, 2, \cdots, n)$,則生產第 j 種產品的收益是其所獲得的各種資源數量的函數,即 $g_j = f(x_{1j}, x_{2j}, \cdots, x_{mj})$。由於總收益是 n 種產品收益的和,此問題可用如下靜態模型加以描述:

$$\max z = \sum_{j=1}^{n} g_j$$

$$\begin{cases} \sum_{j=1}^{n} x_{ij} = b_i \quad (i = 1, 2, \cdots, m) \\ x_{ij} \geqslant 0 \quad (i = 1, 2, \cdots, m; j = 1, 2, \cdots, n) \end{cases}$$

若 x_{ij} 是連續變量,當 $g_j = f(x_{1j}, x_{2j}, \cdots, x_{mj})$ 且為線性函數時,該模型是線性規劃模型;當 $g_j = f(x_{1j}, x_{2j}, \cdots, x_{mj})$ 且為非線性函數時,該模型是非線性規劃模型。若 x_{ij} 是離散變量或(和)$g_j = f(x_{1j}, x_{2j}, \cdots, x_{mj})$ 是離散函數,此模型用線性規劃或非線性規劃來求解都將是非常麻煩的。然而在此情況下,由於這類問題的特殊結構,因此可以將它看成一個多階段決策問題,並利用動態規劃的遞推關係來求解。

本書只考慮一維資源的分配問題,設狀態變量 S_k 表示分配於從第 k 個階段至過程最終(第 n 個階段)的資源數量,即第 k 個階段初資源的擁有量;決策變量 x_k 表示第 k 個階段資源的分配量。於是有狀態轉移律:

$$S_{k+1} = S_k - x_k$$

允許決策集合:

$$D_k(S_k) = \{x_k | 0 \leqslant x_k \leqslant S_k\}$$

最優指標函數(動態規劃的逆序遞推關係式):

$$\begin{cases} f_k(S_k) = \max_{0 \leqslant x_k \leqslant S_k} \{g_k(x_k) + f_{k+1}(S_{k+1})\} (k = N, N-1, N-2, \cdots, 1) \\ f_{n+1}(S_{n+1}) = 0 \end{cases}$$

利用這一遞推關係式,最後求得的 $f_1(S_1)$ 即為所求問題的最大總收益,下面來看一個具體的例子。

【例 6-11】 機器負荷分配問題。某種機器可在高低兩種不同的負荷下進行生產。設機器在高負荷下生產的產量(件)函數為 $g_1=8x$,其中 x 為投入高負荷生產的機器數量,年度完好率 $\alpha=0.7$ (年底的完好設備數等於年初完好設備數的 70%);在低負荷下生產的產量(件)函數為 $g_2=5y$,其中 y 為投入低負荷生產的機器數量,年度完好率 $\beta=0.9$。假定開始生產時完好的機器數量為 1,000 臺,試問每年應如何安排機器在高、低負荷下的生產,才能使 5 年生產的產品總量最多?

解:設階段 k 表示年度($k=1,2,3,4,5$);狀態變量 S_k 為第 k 年度初擁有的完好機器數量(同時也是第 $k-1$ 年度末時的完好機器數量)。決策變量 x_k 為第 k 年度分配高負荷下生產的機器數量,於是 $S_k - x_k$ 為該年度分配在低負荷下生產的機器數量。這裡的 S_k 和 x_k 均為連續變量。它們的非整數值可以這樣理解:$S_k=0.6$ 就表示一臺機器在第 k 年度中正常工作時間只占全部時間的 60%;$x_k=0.3$ 就表示一臺機器在第 k 年度中只有 30% 的工作時間在高負荷下運轉。

狀態轉移方程為:
$$S_{k+1} = \alpha x_k + \beta(S_k - x_k) = 0.7x_k + 0.9(S_k - x_k) = 0.9S_k - 0.2x_k$$

允許決策集合:
$$D_k(S_k) = \{x_k \mid 0 \leqslant x_k \leqslant S_k\}$$

設階段指標 $Q_k(S_k, x_k)$ 為第 k 年度的產量,則:
$$Q_k(S_k, x_k) = 8x_k + 5(S_k - x_k) = 5S_k + 3x_k$$

過程指標是階段指標的和,即
$$Q_{k\sim 5} = \sum_{j=k}^{5} Q_j$$

令最優值函數 $f_k(S_k)$ 表示從資源量 S_k 出發,採取最優子策略所生產的產品總量,因而有逆推關係式:
$$f_k(S_k) = \max_{x_k \in D_k(S_k)} \{5S_k + 3x_k + f_{k+1}(0.9S_k - 0.2x_k)\}$$

邊界條件為:$f_6(S_6)=0$。

當 $k=5$ 時,有
$$f_5(S_5) = \max_{0 \leqslant x_5 \leqslant S_5} \{5S_5 + 3x_5 + f_6(S_6)\}$$
$$= \max_{0 \leqslant x_5 \leqslant S_5} \{5S_5 + 3x_5\}$$

因 $f_5(S_5)$ 是關於 x_5 的單調遞增函數,故取 $x_5^* = S_5$,相應有 $f_5(S_5) = 8S_5$。

當 $k=4$ 時,有
$$f_4(S_4) = \max_{0 \leqslant x_4 \leqslant S_4} \{5S_4 + 3x_4 + f_5(0.9S_4 - 0.2x_4)\} = \max_{0 \leqslant x_4 \leqslant S_4} \{5S_4 + 3x_4 + 8(0.9S_4 - 0.2x_4)\}$$
$$= \max_{0 \leqslant x_4 \leqslant S_4} \{12.2S_4 + 1.4x_4\}$$

因 $f_4(S_4)$ 是關於 x_4 的單調遞增函數,故取 $x_4^* = S_4$,相應有 $f_4(S_4) = 13.6S_4$。依次類推,可求得:
當 $k=3$ 時,$x_3^* = S_3, f_3(S_3) = 17.5S_3$;當 $k=2$ 時,$x_2^* = 0, f_2(S_2) = 20.8S_2$;
當 $k=1$ 時,$x_1^* = 0, f_1(S_1 = 1,000) = 23.7S_1 = 23,700$。

計算結果表明最優策略為:$x_1^* = 0, x_2^* = 0, x_3^* = S_3, x_4^* = S_4, x_5^* = S_5$,即前兩年將全部設備都投入低負荷生產,後三年將全部設備都投入高負荷生產,這樣可以使 5 年的總產量最大,最大產量是 23,700 件。

有了上述最優策略,各階段的狀態也就隨之確定,即按階段順序計算出各年年初的完好設備數量:
$S_1 = 1,000$;
$S_2 = 0.9S_1 - 0.2x_1 = 0.9 \times 1,000 - 0.2 \times 0 = 900$;
$S_3 = 0.9S_2 - 0.2x_2 = 0.9 \times 900 - 0.2 \times 0 = 810$;

$S_4 = 0.9S_3 - 0.2x_3 = 0.9 \times 810 - 0.2 \times 810 = 567$；
$S_5 = 0.9S_4 - 0.2x_4 = 0.9 \times 567 - 0.2 \times 567 = 397$；
$S_6 = 0.9S_5 - 0.2x_5 = 0.9 \times 397 - 0.2 \times 397 = 278$。

上面所討論的過程始端狀態 S_1 是固定的，而終端狀態 S_6 是自由的，實現的目標函數是 5 年的總產量最高。如果在終端也附加上一定的約束條件，如規定在第 5 年結束時，完好的機器數量不低於 350 臺(上面的例子只有 278 臺)，問應如何安排生產，才能在滿足這一終端要求的情況下使產量最高？

解：階段 k 表示年度 ($k=1,2,3,4,5$)；狀態變量 S_k 為第 k 年度初擁有的完好機器數量；決策變量 x_k 為第 k 年度分配高負荷下生產的機器數量；狀態轉移方程為

$$S_{k+1} = \alpha x_k + \beta(S_k - x_k) = 0.7x_k + 0.9(S_k - x_k) = 0.9S_k - 0.2x_k$$

終端約束：
$$S_6 \geqslant 350；0.9S_5 - 0.2x_5 \geqslant 350；x_5 \leqslant 4.5S_5 - 1,750$$

允許決策集合：$D_k(S_k) = \{x_k \mid 0 \leqslant x_k \leqslant S_k\}$

同時要考慮第 k 階段的終端遞推條件。

對於 $k=5$，考慮終端遞推條件有
$$D_5(S_5) = \{x_5 \mid 0 \leqslant x_5 \leqslant 4.5S_5 - 1,750 \leqslant S_5\}$$

其中：
$$500 \geqslant S_5 \geqslant 389$$

同理，其他各階段的允許決策集合可在過程指標函數的遞推中產生。

設階段指標：
$$Q_k(S_k, x_k) = 8x_k + 5(S_k - x_k) = 5S_k + 3x_k$$

過程指標：
$$Q_{k \sim 5} = \sum_{j=k}^{5} Q_j$$

最優值函數：
$$f_k(S_k) = \max_{x_k \in D_k(S_k)} \{5S_k + 3x_k + f_{k+1}(0.9S_k - 0.2x_k)\}$$

邊界條件 $f_6(S_6) = 0$。

當 $k=5$ 時，有
$$f_5(S_5) = \max_{x_5 \in D_5(S_5)} \{5S_5 + 3x_5 + f_6(S_6)\} = \max_{x_5 \in D_5(S_5)} \{5S_5 + 3x_5\}$$

因 $f_5(S_5)$ 是關於 x_5 的單調遞增函數，故取 $x_5^* = 4.5S_5 - 1,750$，相應有
$$0 \leqslant 4.5S_5 - 1,750 \leqslant S_5$$

即
$$389 \leqslant S_5 \leqslant 500$$
$$x_5^* = 4.5S_5 - 1,750, f_5(S_5) = 18.5S_5 - 5,250$$

當 $k=4$ 時，有
$$f_4(S_4) = \max_{x_4 \in D_4(S_4)} \{5S_4 + 3x_4 + f_5(0.9S_4 - 0.2x_4)\} = \max_{x_4 \in D_4(S_4)} \{21.65S_4 - 0.7x_4 - 5,250\}$$

由 $S_5 = 0.9S_4 - 0.2x_4 \leqslant 500$ 可得 $x_4 \geqslant 4.5S_4 - 2,500$，又因 $f_4(S_4)$ 是關於 x_4 的單調遞減函數，故取 $x_4^* = 4.5S_4 - 2,500$，相應有：
$$0 \leqslant 4.5S_4 - 2,500 \leqslant S_4；556 \leqslant S_4 \leqslant 714；x_4^* = 4.5S_4 - 2,500, f_4(S_4) = 18.5S_4 - 3,500$$

當 $k=3$ 時，有
$$f_3(S_3) = \max_{x_3 \in D_3(S_3)} \{5S_3 + 3x_3 + f_4(0.9S_3 - 0.2x_3)\} = \max_{x_3 \in D_3(S_3)} \{21.65S_3 - 0.7x_3 - 3,500\}$$

由 $S_4 = 0.9S_3 - 0.2x_3 \leqslant 714$ 可得，$x_3 \geqslant 4.5S_3 - 3,570$。又因 $f_3(S_3)$ 是關於 x_3 的單調遞減函數，故取 $x_3^* = 4.5S_3 - 3,570$，相應有
$$0 \leqslant 4.5S_3 - 3,570 \leqslant S_3；793 \leqslant S_3 \leqslant 1,020$$

由於 $S_1 = 1,000$，因此 $S_3 \leqslant 1020$ 是恒成立的，即 $S_3 \geqslant 793$。

$$x_3^* = 4.5S_3 - 3570, f_3(S_3) = 18.5S_3 - 1,001$$

當 $k=2$ 時，有

$$f_2(S_2) = \max_{x_2 \in D_2(S_2)} \{5S_2 + 3x_2 + f_3(0.9S_2 - 0.2x_2)\} = \max_{x_2 \in D_2(S_2)} \{21.65S_2 - 0.7x_2 - 1001\}$$

因 $f_2(S_2)$ 是關於 x_2 的單調遞減函數，而 S_3 的取值並不對 x_2 有下界的約束，故取 $x_2^* = 0$，相應有：

$$x_2^* = 0, f_2(S_2) = 21.65S_2 - 1,001$$

當 $k=1$ 時，有

$$f_1(S_1) = \max_{x_1 \in D_1(S_1)} \{5S_1 + 3x_1 + f_2(0.9S_1 - 0.2x_1)\} = \max_{x_1 \in D_1(S_1)} \{24.485S_1 - 1.33x_1 - 1001\}$$

因 $f_1(S_1)$ 是關於 x_1 的單調遞減函數，故取 $x_1^* = 0$，相應有

$$x_1^* = 0, f_1(S_1 = 1,000) = 24.485S_1 - 1001 = 23,484$$

計算結果表明最優策略為：

(1) 第 1 年將全部設備都投入低負荷生產。有

$$S_1 = 1,000, x_1 = 0, S_2 = 0.9S_1 - 0.2x_1 = 0.9 \times 1,000 - 0.2 \times 0 = 900$$
$$Q_1(S_1, x_1) = 5S_1 + 3x_1 = 5 \times 1,000 + 3 \times 0 = 5,000$$

(2) 第 2 年將全部設備都投入低負荷生產。有

$$S_2 = 900, x_2 = 0, S_3 = 0.9S_2 - 0.2x_2 = 0.9 \times 900 - 0.2 \times 0 = 810$$
$$Q_2(S_2, x_2) = 5S_2 + 3x_2 = 5 \times 900 + 3 \times 0 = 4,500$$

(3) 第 3 年將 $x_3^* = 4.5S_3 - 3,570 = 4.5 \times 810 - 3,570 = 75$ 臺完好設備投入高負荷生產，將剩餘的 $S_3 - x_3^* = 810 - 75 = 735$ 臺完好設備投入低負荷生產。有

$$Q_3(S_3, x_3) = 5S_3 + 3x_3 = 5 \times 810 + 3 \times 75 = 4,275; S_4 = 0.9S_3 - 0.2x_3 = 0.9 \times 810 - 0.2 \times 75 = 714$$

(4) 第 4 年將 $x_4^* = 4.5S_4 - 2,500 = 4.5 \times 714 - 2,500 = 713$ 臺完好設備均投入高負荷生產，將剩餘的 1 臺完好設備均投入低負荷生產。有

$$Q_4(S_4, x_4) = 5S_4 + 3x_4 = 5 \times 714 + 3 \times 713 = 5,709; S_5 = 0.9S_4 - 0.2x_4 = 0.9 \times 714 - 0.2 \times 713 = 500$$

(5) 第 5 年將 $x_5^* = 4.5S_5 - 1,750 = 4.5 \times 500 - 1,750 = 500$，即將 $S_5 = 500$ 臺完好設備均投入高負荷生產。有

$$Q_5(S_5, x_5) = 5S_5 + 3x_5 = 5 \times 500 + 3 \times 500 = 4,000; S_6 = 0.9S_5 - 0.2x_5 = 0.9 \times 500 - 0.2 \times 500 = 350$$

$$f_1(S_1 = 1,000) = \sum_{j=1}^{5} Q_j(S_j, x_j) = 23,484$$

六、存儲控製問題

由於供給與需求在時間上存在差異，需要在供給與需求之間構建存儲環節以平衡這種差異。存儲物資需要付出資本占用費和保管費等，過多的物資儲備意味著浪費，而過少的儲備又會影響需求造成缺貨損失。存儲控製問題就是要在平衡雙方的矛盾中，尋找最佳的採購批量和存儲量，以期達到最佳的經濟效果。

【例 6-12】某鞋店銷售一種雪地防潮鞋，以往的銷售經歷表明，此種鞋的銷售季節是從 10 月 1 日至次年 3 月 31 日。下個銷售季節各月的需求預測值如表 6-15 所示。

表 6-15 防潮鞋需求情況　　　　　　　　　　　　單位：雙

月份	10	11	12	1	2	3
需求	40	20	30	40	30	20

該鞋店的此種鞋完全從外部生產商進貨，進貨價為每雙 4 美元。進貨批量的基本單位是箱，每箱 10 雙。由於存儲空間的限製，每次進貨不超過 5 箱。對應不同的訂貨批量，進價享受一定的數量折扣，具體數值如表 6-16 所示。

表 6-16　折扣情況表

進貨批量	1 箱	2 箱	3 箱	4 箱	5 箱
數量折扣	4%	5%	10%	20%	25%

假設需求是按一定速度均勻發生的。訂貨不需時間,但訂貨只能在月初辦理一次,每次訂貨的採購費(與採購數量無關)為 10 美元。月存儲費按每月月底鞋的存量計,每雙 0.2 美元。由於訂貨不需時間,因此銷售季節外的其他月份的存儲量為「0」。試確定最佳進貨方案,以使總的銷售費用最小。

解:階段:將銷售季節 6 個月中的每一個月作為一個階段,即 $k=1,2,\cdots,6$;
狀態變量:第 k 階段的狀態變量 S_k 代表第 k 個月初鞋的存量;
決策變量:決策變量 x_k 代表第 k 個月的採購批量;
狀態轉移方程:$S_{k+1}=S_k+x_k-d_k$(d_k 是第 k 個月的需求量);
邊界條件:$S_1=S_7=0$,$f_7(S_7)=0$;
階段指標函數:$r_k(S_k,x_k)$ 代表第 k 個月所發生的全部費用,即與採購數量無關的採購費 C_k、與採購數量成正比的購置費 G_k 和存儲費 Z_k。其中:

$$C_k = \begin{cases} 0, x_k=0 \\ 10, x_k>0 \end{cases}; G_k=p_s \times x_k; Z_k=0.2(S_k+x_k-d_k)$$

最優指標函數具有如下遞推形式:

$$f_k(S_k) = \min_{x_k}\{C_k+G_k+Z_k+f_{k+1}(S_{k+1})\}$$
$$= \min_{x_k}\{C_k+G_k+0.2(S_k+x_k-d_k)+f_{k+1}(S_k+x_k-d_k)\}$$

當 $k=6$ 時(3 月),計算結果見表 6-17:

表 6-17　$k=6$ 時的計算結果

S_6	0	10	20
x_6	20	10	0
$f_6(S_6)$	86	48	0

當 $k=5$ 時(2 月),計算結果見表 6-18:

表 6-18　$k=5$ 時的計算結果

S_5	\multicolumn{6}{c}{x_5}	x_5^*	$f_5(S_5)$
	0	10	20	30	40	50		
0				204	188	164	50	164
10			172	168	142		40	142
20		134	136	122			30	122
30	86	98	90				0	86
40	50	52					0	50
50	4						0	4

當 $k=4$ 時(1月)，計算結果見表 6-19：

表 6-19　$k=4$ 時的計算結果

S_4	x_5						x_4^*	$f_4(S_4)$
	0	10	20	30	40	50		
0					302	304	40	302
10				282	282	286	30,40	282
20			250	262	264	252	20	250
30		212	230	244	230	218	10	212
40	164	192	212	210	196	170	0	164
50	144	174	178	176	152		0	144
60	126	140	144	132			0	126

當 $k=3$ 時(12月)，計算結果見表 6-20：

表 6-20　$k=3$ 時的計算結果

S_3	x_5						x_3^*	$f_3(S_3)$
	0	10	20	30	40	50		
0				420	422	414	50	414
10			388	402	392	384	50	384
20		350	370	372	362	332	50	332
30	302	332	340	342	310	314	0	302
40	284	302	310	290	292	298	0	284

當 $k=2$ 時(11月)，計算結果見表 6-21：

表 6-21　$k=2$ 時的計算結果

S_2	x_5						x_2^*	$f_2(S_2)$
	0	10	20	30	40	50		
0			500	504	474	468	50	468
10		462	472	454	446	452	40	446

當 $k=1$ 時(10月)，計算結果見表 6-22：

表 6-22　$k=1$ 時的計算結果

S_1	x_5						x_1^*	$f_1(S_1)$
	0	10	20	30	40	50		
0					606	608	40	606

利用狀態轉移律，按上述計算的逆序可推算出最優策略：10月份採購4箱(40雙)，11月份採購5箱(50雙)，12月份不採購，1月份採購4箱(40雙)，2月份採購5箱(50雙)，3月份不採購；最小的銷售費用為606美元。

思考与练习

1. 美國黑金石油公司(The Black Gold Petroleum Company)最近在阿拉斯加(Alaska)的北斯洛波(North Slope)發現了大的石油儲量。為了大規模開發這一油田，首先必須建立相應的輸運網路，使北斯洛波生產的原油能運至美國的3個裝運港之一。在油田的集輸站(結點C)與裝運港(節點P_1, P_2, P_3)之間需要若幹個中間站，中間站之間的聯通情況如圖6-9所示，圖中線段上的數字代表兩站之間的距離(單位:10千米)。試確定一最佳的輸運線路，使原油的輸送距離最短。

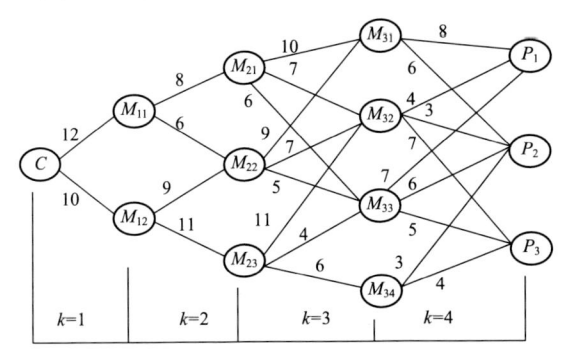

圖 6-9 運輸網路圖

2. 某公司擬將500萬元的資本投入所屬的甲、乙、丙三個工廠進行技術改造，各工廠獲得投資後年利潤將有相應的增長，增長額如表6-23所示。試確定500萬元資本的分配方案，以使公司總的年利潤增長額最大。

表 6-23 投資狀況表　　　　　　　　　　　　　　　　　　　　　單位:萬元

投資額	100	200	300	400	500
甲	30	70	90	120	130
乙	50	100	110	110	110
丙	40	60	110	120	120

3. 某工廠接受一項特殊產品訂貨，要在3個月後提供某種產品1,000千克，一次交貨。由於該產品用途特殊，該廠原無存貨，交貨後也不留庫存。已知生產費用與月產量關係為：$C=1,000+3d+0.005d^2$，其中d為月產量(千克)，C為該月費用(元)。每月庫存成本為2元/千克，庫存量按月初與月末存儲量的平均數計算，問如何決定3個月的產量使總費用最小。

4. 設某工廠要在一臺機器上生產兩種產品，機器的總運轉時間為5小時。生產這兩種產品的任何一件都需占用機器1小時。設兩種產品的售價與產品產量呈線性關係，分別為$12-x_1$和$13-2x_2$。這裡x_1和x_2分別為兩種產品的產量。假設兩種產品的生產費用分別為$4x_1$和$3x_2$，問如何安排兩種產品的生產量使該機器在5小時內獲利最大。(要求用連續變量的動態規劃方法求解)

5. 某施工單位有500臺挖掘設備，在超負荷施工情況下，年產值為20萬元/臺，但其完好率僅為0.4；正常負荷下，年產值為15萬元/臺，完好率為0.8，在四年內合理安排兩種不同負荷下施工的挖掘設備數量，使四年末仍有160臺設備保持完好，並使產值最高，求解四年末使其產值最高的施工方案和產值數。

6. 泰昆公司計劃在三個不同的地區設置四個銷售店。根據預測部門估計，在不同的地區設置不同數量的銷售店每月所獲利潤，如表6-24所示。試問在各個地區設幾個銷售店才能使每月的總

利潤最大,其值為多少？請用動態規劃求解。

表 6-24　銷售店利潤表

銷售店數	地區		
	甲	乙	丙
0	0	0	0
1	16	12	10
2	25	17	14
3	30	21	16
4	32	22	17

7. 某公司購買一輛某型號汽車,該汽車年均利潤函數 $r(t)$ 與年均維修費用函數 $u(t)$ 如表 6-25 所示,購買該型號新汽車每輛 20 萬元。如果該公司將汽車賣出,不同役齡價格如表 6-26 所示,試給出該公司四年盈利最大的更新計劃。

表 6-25　利潤與維修情況表

役齡	項目			
	0	1	2	3
$r(t)$	20	18	17.5	15
$u(t)$	2	2.5	4	6

表 6-26　不同役齡價格

役齡	1	2	3	4
價格 萬元	17	16	15.5	15

8. 某工廠有 100 臺機器,擬分四個時期使用,在每一時期有兩種生產任務。據經驗,把機器 x_1 臺投入第一種生產任務,則在一個生產週期中將有 $x_1/3$ 臺機器作廢;餘下的機器全部投入第二種生產任務,則有 1/10 的機器作廢。如果完成第一種生產任務,每臺機器可獲利 10,完成第二種生產任務每臺機器可獲利 7。問怎樣分配機器,使總獲利最大。

9. 用動態規劃求解。

(1) $\max z = x_1 x_2^2 x_3$
$\begin{cases} x_1 + x_2 + x_3 = 36 \\ x_1, x_2, x_3 \geq 0 \end{cases}$

(2) $\max z = 3x_1^2 + 4x_2^2 + x_3^2$
$\begin{cases} x_1 x_2 x_3 \geq 9 \\ x_1, x_2, x_3 \geq 0 \end{cases}$

(3) $\max z = \prod_{j=1}^{3} j x_j$
$\begin{cases} x_1 + 3x_2 + 2x_3 \leq 12 \\ x_1, x_2, x_3 \geq 0 \end{cases}$

(4) $\max z = x_1^2 + x_2^2 + x_3^2 + x_1^2$
$\begin{cases} x_1 + x_2 + x_3 + x_1 \geq 10 \\ x_1, x_2, x_3 \geq 0 \end{cases}$

第七章

圖與網路分析

　　網路分析(圖論)是應用十分廣泛的運籌學分支。同其他分支相比較,它具有對實際問題描述更直觀、將複雜問題分解或轉化為更有效的方法並進行求解等特點。其理論和方法廣泛應用在物理、化學、控製論、信息論、管理科學、計算機等各個領域。在實際生活、生產和科學研究中,有很多問題可以用圖論的理論和方法來解決。例如,一個郵遞員送信,要走完他負責投遞的全部街道,完成任務後回到郵局,問應該按照怎樣的路線走,所走的路程最短。各種通信網路的合理架設、交通網路的合理分佈、物流配送的合理路線的選擇等問題,應用圖論的方法求解都很簡便。本章網路分析將介紹最短路問題、最大流問題、最小費用最大流問題。人們通過學習有關圖與網路的基本概念,瞭解幾種標準的網路模型。

第一節　圖與網路的基本概念

一、問題的提出

　　圖與網路是運籌學(Operations Research)中的一個經典和重要的分支,所研究的問題涉及經濟管理、工業工程、交通運輸、計算機科學與信息技術、通信與網路技術等諸多領域。我們首先通過一些例子來瞭解網路優化問題。

　　【例 7-1】　七橋問題。Konigsberg 是 18 世紀時東普魯士的一個城市,Pregel 河流經該市,並把該市陸地分成了四個部分:兩岸及兩個河心島。陸地間共有七座橋相通,如圖 7-1(a)所示。長期以來人們一直在議論一個話題:能否從任何一塊陸地出發,通過每座橋一次且僅一次,最後又返回出發點。儘管人們做了許多試驗,但沒有一人成功。歐拉把這個實際問題轉化為圖 7-1(b)所示的一個圖論問題,他用結點 A,B,C,D 分別表示對應的陸地,用邊來表示連接陸地的橋。這樣,七橋問題等價於在圖 7-1(b)中找尋一條包括每條邊一次的回路,或者說,從圖中任一點出發,一筆把圖畫出來(每邊只能經過一次)。歐拉考察了一般一筆畫的結構特點,給出了一筆畫的一個判定法則:這個圖是連通的,且每個點都與偶數線關聯。歐拉將這個判定法則應用於七橋問題,得到了「不可能走通」的結果。它不但徹底解決了這個問題,而且開創了圖論研究的先河。

　　【例 7-2】(設備更新問題)　某工廠使用一臺機器,決策者每年年初都要決定機器是否需要更新。若購置新機器,就要支付購買費用;若繼續使用,則需要支付維修費用,而且維修費用隨機器使用年限的增加而增多。已知機器今後四年內的價格依次為 11 萬元、11 萬元、12 萬元、12 萬元,購得該設

備後第 1、2、3、4 年內的維修費用分別為 5 萬元、6 萬元、8 萬元、11 萬元。試製訂今後四年內機器的更新計劃，使得總的支付費用最少。

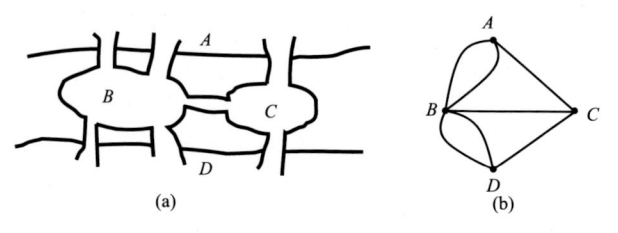

圖 7-1 七橋圖與一筆畫圖

我們用點 v_i 表示第 i 年年初，其中 v_5 表示第四年年底，用弧 (v_i, v_j) 表示第 i 年年初購進的機器一直使用到第 j 年年初，而弧上的數字表示機器從第 i 年年初到第 j 年年初的總費用。例如，弧 (v_1, v_3) 表示從第 1 年年初用 11 萬元購進一臺新機器，一直使用到第 3 年年初，支付維修費用為 11 萬元，總費用為 22 萬元，因此弧上的數字為 22。這樣，就構成了圖 7-2，於是設備更新問題便成為在圖 7-2 中尋找一條從點 v_1 到點 v_5 的最短路徑。

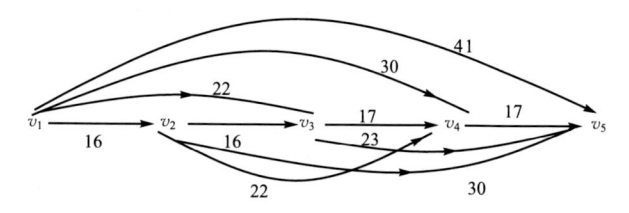

圖 7-2 設備更新網路圖

【例 7-3】 某單位儲存 8 種化學藥品，其中某些藥品是不能存放在同一個庫房裡的。為了反應這個情況，可以用點 $v_1, v_2, \cdots, v_8$ 分別代表這 8 種藥品，若藥品 v_i 和藥品 v_j 不能存放在同一個庫房，則在 v_i 和 v_j 之間連一條線，如圖 7-3 所示。從這個圖中可以看到，至少要有 4 個庫房，因為 v_1, v_2, v_5, v_8 必須存放在不同的庫房裡。事實上，4 個庫房就足夠了。例如，(v_1)，(v_2, v_7, v_7)，(v_3, v_5)，(v_6, v_8) 各存放在一個庫房裡（這一類尋求庫房的最少個數問題，屬於圖論中的染色問題，一般情況下是尚未解決的）。

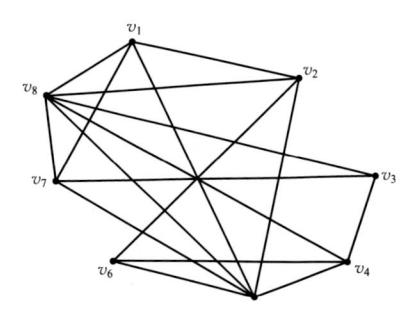

圖 7-3 化學藥品儲存網路圖

上述問題有兩個共同的特點：一是它們的目的都是從若幹可能的安排或方案中尋求某種意義下的最優安排或方案，數學上把這種問題稱為最優化或優化（optimization）問題；二是它們都易於用圖形的形式直觀地描述和表達，數學上把這種與圖相關的結構稱為網路（network）；與圖和網路相關的最優化問題就是網路最優化或網路優化（network optimization）問題。上面例子中介紹的問題都是網路優化問題。由於多數網路優化問題是以網路上的流（flow）為研究對象，因此網路優化又常常被稱為網路流（network flows）或網路流規劃等。下面首先簡要介紹圖與網路的一些基本概念。

二、圖與網路的基本概念

圖是由點和連線組成的，其中，把無方向的連線稱為邊，有方向的邊線稱為弧。

1. 無向圖

圖是由表示具體事物的點(頂點)的集合 $V=\{v_1,v_2,\cdots,v_n\}$ 和表示事物之間關係的邊的集合 $E=\{e_1,e_2,\cdots,e_m\}$ 所組成的,且 E 中元素 e_i 是由 V 中的無序元素對 (v_i,v_j) 表示的,即 $e_k=(v_i,v_j)$,記為 $G=(V,E)$,並稱這類圖為無向圖,如圖 7-4 所示。

一個無向圖(undirected graph)G 是由一個非空有限集合 $V(G)$ 和 $V(G)$ 中某些元素的無序對集合 $E(G)$ 構成的二元組,記為 $G=(V(G),E(G))$。其中,$V(G)=\{v_1,v_2,\cdots,v_n\}$ 稱為圖 G 的頂點集(vertex set)或節點集(node set),$V(G)$ 中的每個元素 $v_i(i=1,2,\cdots,n)$ 稱為該圖的一個頂點(vertex)或節點(node);$E(G)=\{e_1,e_2,\cdots,e_m\}$ 稱為圖 G 的邊集(edge set),$E(G)$ 中的每個元素 e_k(即 $V(G)$ 中某兩個元素 v_i,v_j 的無序對)記為 $e_k=(v_i,v_j)$ 或 $e_k=v_iv_j=v_jv_i(k=1,2,\cdots,m)$,被稱為該圖中一條從 v_i 到 v_j 的邊(edge)。

當邊 $e_k=v_iv_j$ 時,稱 v_i,v_j 為邊 e_k 的端點,並稱 v_i 與 v_j 相鄰(adjacent);邊 e_k 稱為與頂點 v_i,v_j 關聯(incident)。如果某兩條邊至少有一個公共端點,則稱這兩條邊在圖 G 中相鄰。

邊上賦權的無向圖稱為賦權無向圖或無向網路(undirected network)。我們對圖和網路不作嚴格區分,因為任何圖總是可以賦權的。

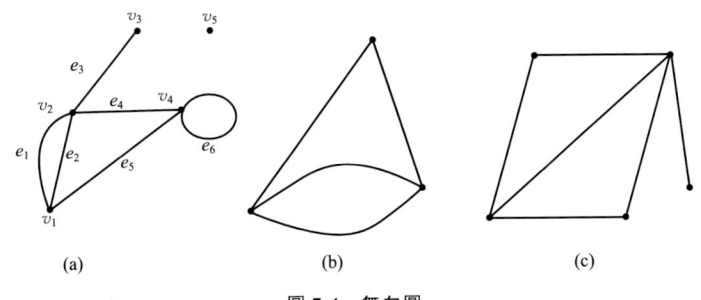

圖 7-4　無向圖

圖 7-4(a)中,有 6 條邊,5 個頂點,即 $V=\{v_1,v_2,\cdots,v_5\}$;$E=\{e_1,e_2,\cdots,e_6\}$,其中

$$e_1=[v_1,v_2]=[v_2,v_1] \qquad e_3=[v_2,v_3]=[v_3,v_2]$$
$$e_1=[v_2,v_1]=[v_1,v_2] \qquad e_5=[v_1,v_1]=[v_1,v_1]$$

(1) 頂點和邊數。在 $G=(V,E)$ 中,V 中元素的個數稱為圖 G 的頂點數,記作 $p(G)$ 或簡稱 p;E 中元素的個數稱為圖 G 的邊數,記為 $q(G)$ 或簡稱 q。

(2) 端點和關聯邊。若 $e_i=(v_i,v_j)\in E$,則稱點 v_i,v_j 是邊 e_i 的端點,邊 e_i 是點 v_i 和 v_j 的關聯邊。

(3) 相鄰點和相鄰邊。同一條邊的兩個端點稱為相鄰點,簡稱鄰點;有公共端點的兩條邊稱為相鄰邊,簡稱鄰邊。

(4) 多重邊與環。具有相同端點的邊稱為多重邊或平行邊,也就是兩端之間多於一條邊的,稱為多重;兩個端點落在同一個頂點的邊稱為環,也就是一條邊的兩個端點相同,則稱此為環(自回路)。

(5) 多重圖和簡單圖。含有多重邊的圖稱為多重圖;無環也無多重邊的圖稱為簡單圖。

(6) 次。以 v_i 為端點的邊的條數稱為點 v_i 的次,記作 $d(v_i)$。

(7) 懸掛點和懸掛邊。次為 1 的點稱為懸掛點;與懸掛點相連的邊稱為懸掛邊。

(8) 孤立點。次為零的點稱為孤立點。

(9) 奇點與偶點。次為奇數的點稱為奇點;次為偶數的點稱為偶點。

例如,在圖 7-4 中,$p(G)=5$;$q(G)=6$;$e_1=[v_1,v_2]$,v_1,v_2 是 e_1 的端點,e_1 是點 v_1,v_2 的關聯邊;v_1,v_2 稱為相鄰點;e_1,e_2,e_5 有公共的端點 v_1,則稱 e_1,e_2,e_5 為相鄰邊;e_1,e_2 為多重邊;e_6 為環;圖 7-4(a)、圖 7-4(b)是多重圖,圖 7-4(c)是簡單圖;v_3 是懸掛點;e_3 是懸掛邊;v_5 是孤立點;v_1 是奇

點，v_2 是偶點。

定理 1 任何圖 $G=(V,E)$ 中，所有點的次之和是邊數的 2 倍。即

$$\sum_{v_i \in V} d(v_i) = 2q$$

因為在計算各點的次時，每條邊都計算了兩次，所以圖 G 中全部頂點的次之和就是邊數的 2 倍。

定理 2 任何圖 $G=(V,E)$ 中，如果有奇點，那麼奇點總和必為偶數。

設 V_1, V_2 分別是 G 中的奇點和偶點的集合，由定理 1 可知

$$\sum_{v_i \in V_1} d(v_i) + \sum_{v_i \in V_2} d(v_i) = \sum_{v_i \in V} d(v_i) = 2q$$

因為 $\sum_{v_i \in V} d(v_i)$ 是偶數，而 $\sum_{v_i \in V_2} d(v_i)$ 也是偶數，故 $\sum_{v_i \in V_1} d(v_i)$ 必是偶數。由於偶數個奇點數才能導致偶數，因此有奇點的個數必須為偶數。

(10) 鏈。在一個圖 $G=(V,E)$ 中，一個由點與邊構成的交錯序列 (v_{i1}, e_{i1}, v_{i2}, e_{i2}, $\cdots$, v_{ik-1}, e_{ik-1}, v_{ik}) 如果滿足 $e_{it}=[e_{it}, e_{it+1}]$ ($t=1, 2, \cdots, k-1$)，則稱此序列為一條聯結 v_{i1}, v_{ik} 的鏈，記為 $u=(v_{i1}, v_{i2}, \cdots, v_{ik})$，稱點 v_{i2}, v_{i3}, $\cdots$, v_{ik-1} 為鏈的中間點。

①閉鏈和開鏈。若鏈 u 中 $v_{i1}=v_{ik}$ 即始點與終點重合，則稱此鏈為閉鏈(圈)，否則稱為開鏈。

②簡單鏈與初等鏈。若鏈 u 中，所含的邊均不相同，則稱之為簡單鏈；若鏈 u 中，頂點 v_{i1}, v_{i2}, $\cdots$, v_{ik} 都不相同，則稱此鏈為初等鏈。

例如，在圖 7-5(a)中，$u_1=(v_2, e_2, v_1, e_5, v_5)$ 是一條鏈，由於鏈中所含的點均不相同，故是一條初等鏈，而 $u_2=(v_3, e_3, v_2, e_2, v_1, e_5, v_1, e_1, v_2, e_3, v_3)$ 是一條閉鏈。一條閉的鏈稱為回路；若回路中的邊都互不相同，則稱為簡單回路；若回路中的邊和頂點都互不相同，則稱為初等回路或圈。

(11) 一個圖 $G=(V,E)$ 中任意兩個頂點之間，如果至少有一條通路將它們連接起來，那麼這個圖就稱為連通圖，否則稱為不連通圖。如圖 7-5(b)中 v_3 和 v_5 沒有一條通路把它們連接起來，故此圖是不連通圖。

(12) 子圖。設 $G_1=(V_1, E_1)$，$G_2=(V_2, E_2)$，若 $V_1 \subseteq V_2$，又 $E_1 \subseteq E_2$，則稱 G_1 為 G_2 的子圖。圖 7-5(b)、圖 7-5(c)是圖 7-5(a)的子圖。若 $V_1 \subset V_2$，$E_1 \subset E_2$，即 G_1 中不包含 G_2 中所有的頂點和邊，則稱 G_1 是 G_2 的真子圖。

若 $V_1=V_2$，$E_1 \subset E_2$，即 G_1 中不包含 G_2 中所有的邊，則稱 G_1 是 G_2 的一部分圖。圖 7-5(b)、圖 7-5(c)是圖 7-5(a)的部分圖。

若 G_1 是 G_2 的部分圖，且稱 G_1 是連通圖，則稱 G_1 是 G_2 支撐子圖。圖 7-5 中圖 7-5(b)是圖 7-5(a)的支撐圖。支撐圖也是子圖，但子圖並不一定是支撐圖。

若 G_1 是 G_2 的真子圖，且 G_1 是不連通圖，則稱 G_1 是 G_2 的生成子圖。圖 7-5(c)是圖 7-5(a)的生成圖。

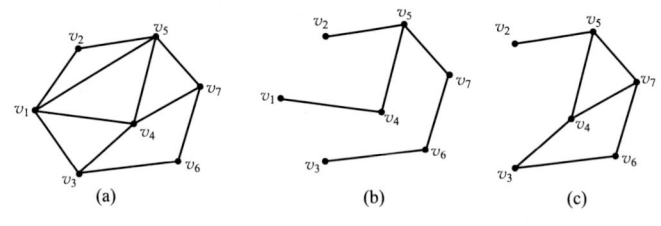

圖 7-5 圖

(13) 完全圖、二分圖。如果一個簡單圖的每一對不同的頂點都有一條邊相連的簡單圖，稱其為完全圖(complete graph)。n 個頂點的完全圖記為 K_n。

對簡單圖 G，如果它的頂點集能分解為兩個非空集合 X 和 Y，使每條邊的一個端點在 X，另一個端點在 Y。此時圖 G 為二分圖，而點集 (X, Y) 為圖的一個二劃分。可以看出，點集 X 中的任意兩個

點都互不鄰接,點集 Y 也如此。圖 7-6 就是一個二分圖。

(14) 權。設 $G(V,E)$ 中,對任意一條邊 $e \in E$,如果相應都有一個權值 $w(e)$,那麼稱 G 為賦權圖,$w(e)$ 稱為邊 e 的權。圖 7-7 是一個賦權圖。

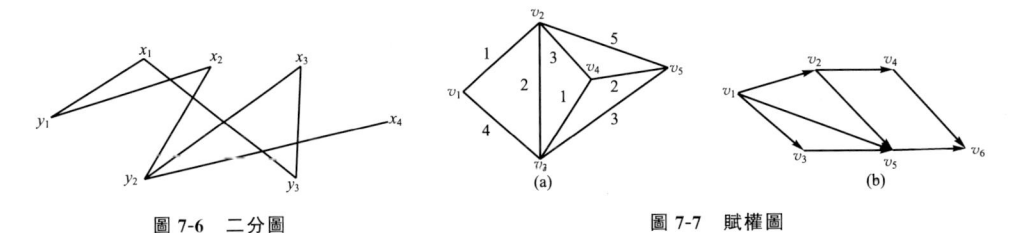

圖 7-6 二分圖

圖 7-7 賦權圖

有
$e_1 = [v_1, v_2], w(e_1) = 1 \quad e_2 = [v_1, v_3], w(e_2) = 4 \quad e_3 = [v_2, v_3], w(e_3) = 2$
$e_4 = [v_2, v_4], w(e_4) = 3 \quad e_5 = [v_3, v_4], w(e_5) = 1 \quad e_6 = [v_2, v_5], w(e_6) = 5$
$e_7 = [v_1, v_5], w(e_7) = 2 \quad e_8 = [v_3, v_5], w(e_8) = 3$

可見,賦權圖不僅指出各點之間的鄰接關係,而且表示各點之間的數量關係。賦權思路在圖的理論及其應用方面有著重要的地位。

在很多實際問題中,事物之間的聯繫是帶有方向性的。圖 7-7(b)所示 v_1 表示某一水系的發源地,v_6 表示這個水系的入海口,圖中的箭頭則表示各支流的水流方向。可見,圖 7-7(b)中的邊是有方向的,稱這類圖為有向圖。

2. 有向圖

一個有向圖(directed graph 或 digraph)如圖 7-8 所示。圖 G 是由一個非空有限集合 V 和 V 中某些元素的有序對集合 A 構成的二元組,記為 $G = (V, A)$。其中,$V = \{v_1, v_2, \cdots, v_n\}$ 稱為圖 G 的頂點集或節點集,V 中的每個元素 $v_i (i = 1, 2, \cdots, n)$ 稱為該圖的一個頂點或節點;$A = \{a_1, a_2, \cdots, a_m\}$ 稱為圖 G 的弧集(arc set),A 中的每一個元素 a_k(即 V 中某兩個元素 v_i, v_j 的有序對)記為 $a_k = (v_i, v_j)$ 或 $a_k = v_i v_j (k = 1, 2, \cdots, n)$,稱為該圖的一條從 v_i 到 v_j 的弧(arc)。

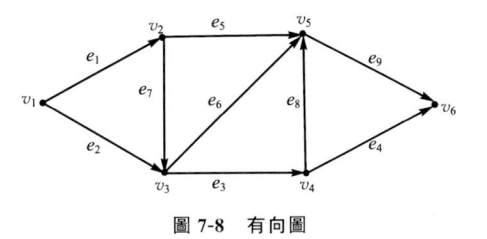

圖 7-8 有向圖

當弧 $a_k = v_i v_j$ 時,稱 v_i 為 a_k 的尾(tail),v_j 為 a_k 的頭(head),並稱弧 a_k 為 v_i 的出弧(outgoing arc),為 v_j 的入弧(incoming arc)。

對應於每個有向圖 D,可以在相同頂點集上作一個圖 G,使得對於 D 的每條弧,G 有一條有相同端點的邊與之相對應。這個圖稱為 D 的基礎圖。反之,給定任意圖 G,對於它的每個邊,給其端點指定一個順序,從而確定一條弧,由此得到一個有向圖,這樣的有向圖稱為 G 的一個定向圖。

有向圖也可以類似地定義前面無向圖所定義的一些概念,這裡就不再贅述。

三、樹

1. 樹的基本性質

在各式各樣的圖中,有一類圖極其簡單,卻是很有用的,這就是樹。樹是一個連通但無圈(或回路)的無向圖,一般記為 $T(V, E)$。樹中次大於 1 的點稱為分枝點,次為 1 的點稱為樹梢。圖 7-9 所示的都是樹。

圖 $T(V, E)$,其中點有 p 個、邊有 q 條,即 $[V] = p, [E] = q$,樹的性質有以下六種等價的描述:

(1) T 是一個樹,其必為無圈的連通圖。

図 7-9 樹圖

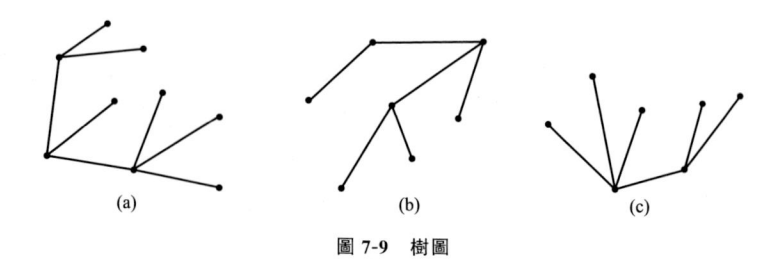

(2) T 無圈,且 $p=q-1$。
(3) T 連通,且 $p=q-1$。
(4) T 無圈,但任意兩點增加一條邊,可有且僅有一個圈。
(5) T 連通,但舍去任一條邊,圖就不連通。
(6) T 中任意兩點之間有且僅有一條路相連。

這些性質結合具體的樹圖很容易理解,故證明從略。

對於圖 G,我們用 $h(G)$ 表示它的連通分支數。e 是圖 G 的一條邊,$G-e$ 表示從圖 G 中去掉邊 e 後的圖。若 $h(G-e)>h(G)$,則稱 e 為割邊。若從圖中去掉一條邊,則會使圖的連通分支數嚴格增加。圖 G 的一條邊是割邊,當且僅當這條邊不包含在 G 的任何回路中時,由於樹不包含回路,因此樹的每一條邊都是割邊。

對於圖 $G=(V,E)$,點集 $V',\bar{V}\subseteq V$,$\{V',V''\}=\{e=(v_i,v_j)\}$,其中 $e\in E$,$v_i\in V'$,$v_j\in \bar{V}$ 表示一個邊的集合。取 $S',\bar{S}\subseteq V$,且 $S\neq\varphi$,$\bar{S}$ 是 S 補集,即 $\bar{S}=V\backslash S$,稱 $\{S,\bar{S}\}$ 是 G 的一個邊割。若一個邊割不再含有更小的邊割,則稱其為極小邊割。G 的極小邊割也稱為 G 的割集。顯然,從 G 中去掉一個割集的所有邊(不包含點)後,G 的連通分支數會嚴格增加。因此,每條割邊都是一個割集,因此樹的每條邊都是一個割集。

在圖 7-10(a)中,邊集 $\{(v_1,v_2),(v_1,v_3),(v_1,v_5),(v_4,v_3)\}$ 和邊集 $\{(v_1,v_1),(v_1,v_3),(v_1,v_5)\}$ 都是圖的割集,從圖中分別去掉它們後,圖的連通分支增加了;而邊集 $\{(v_1,v_2),(v_3,v_2),(v_3,v_5),(v_1,v_5)\}$ 雖然是一個邊割,但是由於包含了更小的邊割 $\{(v_3,v_5),(v_1,v_5)\}$,故不是圖的割集。

設圖 $G(V,E_1)$ 是圖 $G(V,E)$ 的支撐子圖,若 G_1 是一個樹,記為 $T(V,E_1)$,則 T 稱為圖 G 的支撐樹,圖 7-11(b)是圖 7-11(a)的支撐樹。對於圖 $G(V,E)$ 和樹 $T(V',E')$,如果圖與樹的頂點個數相同,但樹的邊是圖的子集,即有 $V'=V$,$E'\in E$,那麼稱 T 是 G 的支撐樹(或生成樹)。

顯然若圖 G 有支撐樹,則它必然是連通的,因為支撐樹是連通的;同樣,若圖 G 是邊通的,則它必然有支撐樹。

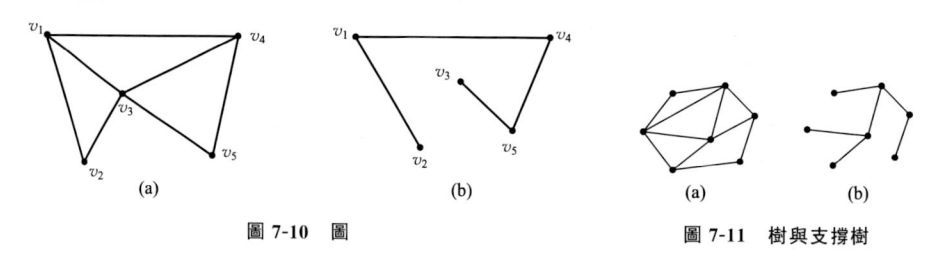

圖 7-10 圖

圖 7-11 樹與支撐樹

設 $T(V,E')$ 是圖 $G(V,E)$ 的一棵支撐樹,$\bar{T}(V,\bar{E'})$,且 $\bar{E'}$ 與 E' 互補,$\bar{E'}\cup E'=E$,則稱 $\bar{T}$ 是 G 的反對,記為 $\bar{T}=G\backslash T$ 或 $G-E(T)$。可以看出,$\bar{T}$ 不包含 G 的任何支撐樹,且從 G 中去掉 $\bar{T}$ 所包含的任意邊後,G 仍然連通。

若圖 $G(V,E)$ 是一個連通圖,$T(V,E')$ 是 G 的一棵支撐樹。當邊 $e\in G$ 且 $e\notin T$,則 $T+e$ 必包含 G 的一條回路,$\bar{T}$ 不包含 G 的任何割集;當邊 $e\in T$,則存在唯一的一個割集包含於 $\bar{T}+e$ 中。

2. 最小樹

設 $T(V,E')$ 是賦權圖 $G(V,E,W)$ 的一個支撐樹，令 $w(T) = \sum_{e \in e'} w(e)$，稱 $w(T)$ 為 T 的權。G 中權最小的支撐樹稱為 G 的最小支撐樹(簡稱最小樹)。

賦權圖 $G(V,E,W)$ 中 $w(e) \geqslant 0$，T 是 G 的一棵支撐樹，則 $T(V,E')$ 為 G 的最小樹的充要條件是：

對任意邊 $e \notin T$(即 $e \in \bar{T}$)，使得
$$w(e) = \max_{e' \in p(e)} w(e')$$

其中，$p(e)$ 為 T 與 e 所構成的唯一的回路。

樹 T 是賦權圖 G 的最小樹，當且僅當它的反樹 $\bar{T}$ 是 G 的所有支撐樹的反樹中的權最大的。

對於賦權圖 $G(V,E,W)$，T 是它的一棵支撐樹，T 是 G 的最小樹的充要條件是對任意邊 $e \in T$，使得
$$w(e) = \max_{e' \in \Omega(e)} w(e')$$

其中，$\Omega(e)$ 是 $\bar{T}$ 與 e 所構成的唯一一割集。

對沒有賦權的圖來說，要形成支撐樹，只要在原圖中設法消除圈，使形成的樹與原圖具有相同的點數即可，因此一個圖的支撐樹並不唯一。在存在支撐樹的賦權圖中，必然存在著權最小的支撐樹。求權最小的支撐樹的問題稱為最小樹問題。

對於給定網路 $G(V,E,W)$，設 $T(V,E_1)$ 為 G 的一個支撐樹，令 $w(T) = \sum_{e \in E_1} w(e)$，則稱 $w(T)$ 為 T 的權。圖 G 中權最小的支撐樹就稱為 G 的最小樹。最小樹在交通網、電力網、電話網和管道網等設計中應用廣泛，如設計長度最小的公路網，把若幹個城市聯繫起來；設計線路最短的電話線網，把有關單位聯繫起來等。尋找最小樹的方法主要有兩種：避圈法和破圈法。

(1)避圈法。避圈法(添邊法)的基本步驟如下：

① 先將圖中各邊按權的大小順序由小到大進行排序。

② 取原圖的全部頂點。

③ 按照排定的順序逐步選取邊，並使得後續邊與已選邊不構成圈，同時使所取邊為未選邊中的最小權邊，直到選夠 $q = p-1$ 條邊為止。

在尋找最小樹的過程中，每次所取得的邊都是剩餘邊中最小的，由於圖 G 中的總權一定，因此最終找到的樹一定是所有支撐樹中的最小樹。

已知各道路長度如圖 7-12(a)所示，各邊上的數字表示距離，問如何設計線路才能用電纜線最短。這就是一個如何形成最小樹的問題。

【例 7-4】 用避圈法求解最小樹。

先將圖 7-12 (a)中的邊按權的大小順序由小到大排列，得到
$$(v_5, v_7) = 1, (v_3, v_1) = 2, (v_6, v_7) = 2, (v_1, v_7) = 3,$$
$$(v_1, v_5) = 3, (v_1, v_7) = 3, (v_5, v_1) = 4, (v_1, v_3) = 4$$

然後對照原圖，取出所有的點，按照邊的排列順序取樹枝邊。依次取定 $e_{57} = (v_5, v_7)$，$e_{31} = (v_3, v_1)$，$e_{67} = (v_6, v_7)$，$e_{14} = (v_1, v_1)$，$e_{15} = (v_1, v_5)$，由於邊 $e_{17} = (v_1, v_7)$，$e_{15} = (v_1, v_5)$，$e_{13} = (v_1, v_3)$ 與圖 7-10(c)構成圈，故舍去，選下一條邊 $e_{25} = (v_2, v_5)$。這時，已有 6 條邊將所有的 7 個點連接起來，故得到了最小樹，如圖 7-12(d)所示。其權和為 $w(T) = \sum w(e) = 16$。

(2)破圈法。

【例 7-5】 用破圈法求解最小樹。

破圈法與避圈法的思路相反，其基本步驟是：先從圖中任選一圈，去掉權最大的邊，再找一個圈，再去掉權最大的邊，如此下去，直到形成連通但無圈的樹圖為止。見圖 7-13。

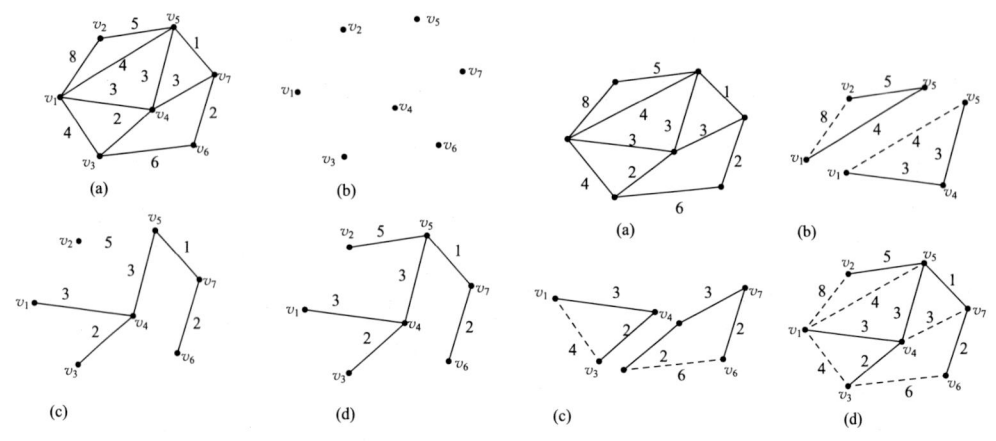

圖 7-12 避圈法形成最小樹

圖 7-13 用破圈法尋找最小樹

在圖 7-13(a)中找出一個圈$\{v_1,v_2,v_5\}$,去掉圈中一條最大的邊$(v_1,v_2)=8$,再找第二個圈$\{v_1, v_4,v_5\}$,去掉圈中一條最大的邊(v_1,v_5),依次類推。在圈$\{v_1,v_5,v_7\}$中一條最大的邊有兩條,即$(v_1, v_5)=3,(v_1,v_7)=3$,可以任意去掉其中的一條,其最小樹均為 16。

四、圖的矩陣表示

1. 鄰接矩陣表示法

對於圖 $G=(V,E)$,$V=\{v_1,v_2,\cdots,v_n\}$,$E=\{e_1,e_2,\cdots,e_m\}$,鄰接矩陣表示法是將圖以鄰接矩陣 (adjacency matrix)的形式存儲在計算機中。圖 $G=(V,A)$ 的鄰接矩陣是如下定義的:B 是一個 $n\times n$ 的 0-1 矩陣,即

$$b_{ij}=\begin{cases}1,(i,j)\in A,\text{點 }v_i\text{ 與點 }v_j\text{ 有邊相鄰}\\0,(i,j)\notin A,\text{點 }v_i\text{ 與點 }v_j\text{ 沒有邊相鄰}\end{cases}$$

也就是說,若兩節點之間有一條弧,則鄰接矩陣中對應的元素為 1;否則為 0。可以看出,這種表示法非常簡單、直接。但是,在鄰接矩陣的所有 n^2 個元素中,只有 m 個為非零元。如果網路比較稀疏,這種表示法會浪費大量的存儲空間,從而增加在網路中查找弧的時間。圖 7-14 可以用鄰接矩陣表示為:

$$\begin{array}{c}\;v_1\;v_2\;v_3\;v_4\;v_5\\\begin{array}{c}v_1\\v_2\\v_3\\v_4\\v_5\end{array}\begin{bmatrix}0&1&1&0&1\\1&0&0&0&1\\1&0&0&1&0\\0&0&1&0&1\\1&1&0&1&0\end{bmatrix}\end{array}$$

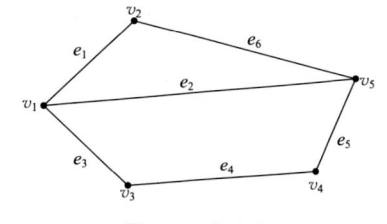

圖 7-14 無向圖

同樣,對於有向圖 $G=(V,A)$,$V=\{v_1,v_2,\cdots,v_n\}$,$A=\{a_1,a_2,\cdots,a_m\}$,也對應著一個 $n\times n$ 鄰接矩陣 $B=(b_{ij})$,其中

$$b_{ij}=\begin{cases}1,(i,j)\in A,\text{點 }v_i\text{ 與點 }v_j\text{ 有一條弧}\\0,(i,j)\notin A,\text{點 }v_i\text{ 與點 }v_j\text{ 沒有弧}\end{cases}$$

圖 7-15 是有向圖,其鄰接矩陣為:

$$\begin{array}{c}\;v_1\;v_2\;v_3\;v_4\;v_5\\ \begin{array}{c}v_1\\v_2\\v_3\\v_4\\v_5\end{array}\!\!\left[\begin{array}{ccccc}0&1&1&0&0\\0&0&0&1&0\\0&0&0&1&0\\0&0&0&0&1\\0&1&0&0&0\end{array}\right]\end{array}$$

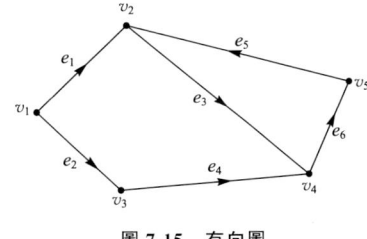

圖 7-15 有向圖

對於鄰接矩陣有下列性質：
(1)鄰接矩陣的元素全是 0 或 1。這樣的矩陣稱為布爾矩陣。
(2)無向圖的鄰接矩陣是對稱陣，有向圖的鄰接矩陣不一定是對稱陣。
(3)鄰接矩陣與結點在圖中的標定次序有關。
(4)對有向圖來說，鄰接矩陣 $A(G)$ 的第 i 行 1 的個數是 v_i 的次，第 j 列 1 的個數是 v_j 的次。
(5)零圖的鄰接矩陣的元素全為零，稱為零矩陣。反過來，如果一個圖的鄰接矩陣是零矩陣，則此圖一定是零圖。
(6)有向圖的鄰接矩陣的第 i 行各元素之和為以頂點 v_i 為起點的弧的數量，第 j 列各元素之和為以頂點 v_j 為終點的弧的數量。
(7)設 $A(G)$ 是圖 G 的鄰接矩陣，$A(G)^k = A(G)A(G)^{k-1}$，$A(G)^k$ 的第 i 行第 j 列元素 a_{ij}^k 等於從 v_i 到 v_j 長度為 k 的路的條數。其中 a_{ii}^k 為 v_i 到自身長度為 k 的回路數。

【例 7-6】 設 $G=(V,E)$ 為簡單有向圖，圖形如圖 7-16 所示，寫出 G 的鄰接矩陣 A，算出 A^2、A^3、A^4 且確定 v_1 到 v_2 有多少條長度為 3 的路，v_1 到 v_3 有多少條長度為 2 的路，v_2 到自身長度為 3 和長度為 4 的回路各多少條。

解：鄰接矩陣 A 和 A^2、A^3、A^4 如下：

$$A=\begin{pmatrix}0&1&0&0&0\\1&0&1&0&0\\0&1&0&0&0\\0&0&0&0&1\\0&0&0&1&0\end{pmatrix}\quad A^2=\begin{pmatrix}1&0&1&0&0\\0&2&0&0&0\\1&0&1&0&0\\0&0&0&1&0\\0&0&0&0&1\end{pmatrix}$$

$$A^3=\begin{pmatrix}0&2&0&0&0\\2&0&2&0&0\\0&2&0&0&0\\0&0&0&0&1\\0&0&0&1&0\end{pmatrix}\quad A^4=\begin{pmatrix}2&0&2&0&0\\0&4&0&0&0\\2&0&2&0&0\\0&0&0&1&0\\0&0&0&0&1\end{pmatrix}$$

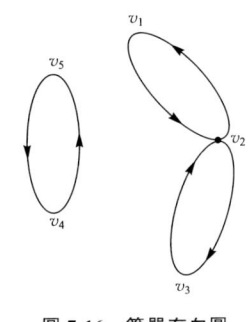

圖 7-16 簡單有向圖

$a_{12}^3=2$，所以 v_1 到 v_2 長度為 3 的路有 2 條，它們分別是 $v_1v_2v_1v_2$ 和 $v_1v_2v_3v_2$。
$a_{13}^2=1$，所以 v_1 到 v_3 長度為 2 的路有 1 條：$v_1v_2v_3$。
$a_{22}^3=0$，v_2 到自身無長度為 3 的回路。
$a_{22}^4=4$，v_2 到自身有 4 條長度為 4 的回路，它們分別是 $v_2v_1v_2v_1v_2$、$v_2v_1v_2v_3v_2$、$v_2v_3v_2v_1v_2$ 和 $v_2v_3v_2v_3v_2$。

2. 關聯矩陣表示法

對於 $G=(V,E)$，$V=\{v_1,v_2,\cdots,v_n\}$，$E=\{e_1,e_2,\cdots,e_m\}$，可以將圖 G 表示成一個 $n\times m$ 的矩陣，$A=(a_{ij})$，其中

$$a_{ij}=\begin{cases}1,v_i\text{ 與 }e_j\text{ 關聯}\\0,\text{否則}\end{cases}$$

我們稱 A 為 G 的關聯矩陣，圖 7-14 的關聯矩陣如下：

$$\begin{array}{c} & \begin{array}{cccccc} e_1 & e_2 & e_3 & e_4 & e_5 & e_6 \end{array} \\ \begin{array}{c} v_1 \\ v_2 \\ v_3 \\ v_4 \\ v_5 \end{array} & \left[\begin{array}{cccccc} 1 & 1 & 1 & 0 & 0 & 0 \\ 1 & 0 & 0 & 0 & 0 & 1 \\ 0 & 0 & 1 & 1 & 0 & 0 \\ 0 & 0 & 0 & 1 & 1 & 0 \\ 0 & 1 & 0 & 0 & 1 & 1 \end{array} \right] \end{array}$$

同樣，對於有向圖 $G=(V,A)$，$V=\{v_1, v_2, \cdots, v_n\}$，$A=\{a_1, a_2, \cdots, a_m\}$，也對應著一個 $n \times m$ 鄰接矩陣 $A=(b_{ij})$，其中

$$b_{ij} = \begin{cases} 1, & \text{當弧 } a_j \text{ 以點 } v_i \text{ 為起點} \\ -1, & \text{當弧 } a_j \text{ 以點 } v_i \text{ 為終點} \\ 0, & \text{其他} \end{cases}$$

有向圖 7-15 的關聯矩陣如下：

$$\begin{array}{c} & \begin{array}{cccccc} e_1 & e_2 & e_3 & e_4 & e_5 \end{array} \\ \begin{array}{c} v_1 \\ v_2 \\ v_3 \\ v_4 \\ v_5 \end{array} & \left[\begin{array}{ccccc} 1 & 1 & 0 & 0 & 0 \\ -1 & 0 & 1 & 0 & -1 & 0 \\ 0 & -1 & 0 & 1 & 0 \\ 0 & 0 & -1 & -1 & 1 & 0 \\ 0 & 0 & 0 & 0 & 1 & -1 \end{array} \right] \end{array}$$

有向圖和無向圖的關聯矩陣性質如下：

(1) 設 $G=(V,E)$ 是無向圖，G 的完全關聯矩陣有以下的性質。

① 每列元素之和均為 2。這說明每條邊關聯兩個結點。

② 每行元素之和是對應結點的度數。

③ 所有元素之和是圖中各結點度數的總和，也是邊數的 2 倍。

④ 兩列相同，則對應的兩個邊是平行邊。

⑤ 某行元素全為零，則對應結點為孤立點。

(2) 設 $G=(V,A)$ 是有向圖，G 的完全關聯矩陣有以下的性質。

① 每列有一個 1 和一個 -1，這說明每條有向邊有一個始點和一個終點。

② 每行 1 的個數是對應結點的出度，-1 的個數是對應結點的入度。

③ 所有元素之和是 0，這說明所有結點出度的和等於所有結點入度的和。

④ 兩列相同，則對應的兩邊是平行邊。

第二節　最短路問題

最短路問題是網路理論中應用最廣泛的問題之一，它可以直接應用於解決生產實際的許多問題，如管道鋪設、設備更新、線路安排、廠區佈局、計算機網路及電路板布線的選擇等。求網路中任意兩點間的最短路可以用 Dijkstra 算法、Bellman 算法、Floyd 算法來解決，其中 Dijkstra 算法用於解決無負權網路的最短路問題，Bellman 算法用於解決有負權網路的最短路問題，Floyd 算法是通過矩陣運算求解網路的最短路問題的方法。最短路作為一個基本工具，經常被用於解決其他優化問題。我們介紹了最短路問題的動態規劃解法，但某些最短路的問題中構造動態規劃基本方程較困難，而圖論方法則直觀有效。

最短路問題 (the shortest path problem) 是指在一個賦權有向（或無向）圖中，求某一頂點到其餘

各頂點或另一指定頂點的最小權路的問題。這裡,路的權定義為路上各弧(邊)的權之和。

最短路問題可分為兩類:求某一頂點到其餘各頂點或另一指定頂點的最短路,可用 Dijkstra 算法求解;求任意兩個頂點之間的最短路,可用 Flyod 算法求解。

一、Dijkstra 算法

1. Dijkstra 算法的步驟

1959 年,荷蘭數學家艾茲格・迪科斯徹(E. W. Dijkstra)提出解決最短路問題的 Dijkstra 算法。它適用於邊或弧的權為非負值的有向圖或無向圖。

Dijkstra 算法的理論依據是最優化原理:一個過程的最優策略應該具有這樣的性質,即不論其初始狀態和初始決策如何,其以後諸決策對以第一個決策所形成的狀態作為初始狀態的過程而言,必須構成最優策略。簡言之,一個最優策略的任一子策略也是最優策略。

設起始頂點為 v_1,弧 (v_i, v_j) 的權為 $w(v_i, v_j)$,若當弧 (v_i, v_j) 不存在時,令 $w(v_i, v_j) = +\infty$,起始頂點為 v_1 到頂點 v_k 的最短路的長度為 $d_k = d(v_1, v_k)$,頂點 v 到頂點集 S 的距離為

$$d(v, S) = \min_{u \in S} \{d(v, u)\}$$

Dijkstra 算法的基本思想是從 v_1 開始,逐次向外搜索距 v_1 最近的頂點。在該算法中,對頂點進行標號,頂點上的數字要麼表示 v_1 到該頂點最短路的權(即永久標號),要麼表示 v_1 到該頂點最短路的權的上界(即臨時標號)。算法的每步就是不斷地修改頂點上的臨時標號,而且讓具有永久標號的頂點多一個,直到所有頂點上的標號都是永久標號為止,具體步驟如下:

用 P, T 分別表示 P 標號、T 標號,S_i 表示在第 i 步時已具有 P 標號點的集合。

開始時令 $i = 0, S_0 = \{v_1\}, \lambda_1 = 0$,對每個 $v_j \neq v_1$,令 $T(v_j) = +\infty, \lambda_j = s, k = s$:

(1)如果 $S_i = V$,算法終止,這時,對每個 $v_j \in S_i, L_j = p(v_j)$;否則轉下一步。

(2)設 v_k 是剛獲得 P 標號的點,考察每個使 $(v_k, v_j) \in A$ 且 $v_j \notin S_i$ 的點 v_j,將 $T(v_j)$ 修改為:

$$T(v_j) = \min\{T(v_j), P(v_k) + w_{kj}\}$$

如果 $T(v_j) > P(v_k) + w_{kj}$,那麼把 $T(v_j)$ 修改為 $P(v_k) + w_{kj}$,把 λ_j 修改為 k;否則不修改。

(3)令 $T(v_{j_i}) = \min_{v_j \in S_i} \{T(v_j)\}$,如果 $T(v_{j_i}) < +\infty$,那麼把 T 標號變為 P 標號,即令 $P(v_{j_i}) = T(v_{j_i})$,令 $S_{i+1} = S_i \cup \{v_{j_i}\}, k = j_i$,把 i 換成 $i+1$,返回(1);否則終止。這時,對每一個 $v_j \in S_i$,有 $l(v_j) = p(v_j)$;而對每一個 $v_j \notin S_i$,有 $l(v_j) = T(v_j)$。

當 $\overline{S} = \Phi$ 時,即得從 v_1 到其餘各頂點的最短路,且頂點的標號即為相應最短路的長度。

說明:(1)Dijkstra 算法的執行過程實際上是一個從頂點 v_1 開始,不斷進行樹的生長,直到得到圖的支撐樹或支撐森林的過程。

(2)從算法步驟易見,S 即為獲得永久標號的頂點集,$\overline{S}$ 即為獲得臨時標號的頂點集,頂點 v 的永久標號 $l(v)$ 即為從 v_1 到 v 的最短路的長度。當 $\overline{S} = \Phi$ 時,D 的所有頂點均已獲得永久標號,即已求得從 v_1 到其餘各頂點的最短路,故算法停止。

(3)利用 Dijkstra 算法不僅可求出從 v_1 到其餘各頂點的最短路的長度,而且可求出相應的最短路。

(4)Dijkstra 算法對有向圖和無向圖均適用。

2. Dijkstra 算法的實例

【例 7-7】 用 Dijkstra 算法求圖 7-17 的最短路。

解:步驟如下:

(1)給始點 v_1 標號 $[0, 0], S = \{v_1\}, P(v_1) = 0$。

(2)與 S 相關聯的點有 v_2, v_1, v_3 標號,即 $J = (2, 4, 3)$,這樣有

$$T(v_2) = \min_{v_i \in S} \{P(v_i) + w_{i2}\} = \min\{P(v_1) + w_{12}\} = 0 + 1 = 1$$

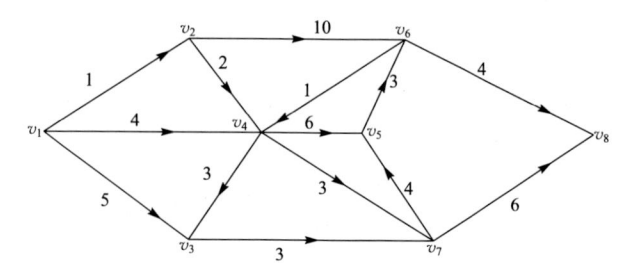

圖 7-17 有向網路圖

同理有

$$T(v_3) = \min\{P(v_1) + w_{13}\} = 0 + 5 = 5$$
$$T(v_4) = \min\{P(v_1) + w_{14}\} = 0 + 4 = 4$$
$$P(v_2) = \min\{T(v_2), T(v_3), T(v_4)\} = 1$$

這樣給點 v_2 永久性標號$[v_1, 1]$，並將點 v_2 歸入 $S, S = (v_1, v_2)$。

(3) 這時，與 S 相關聯的點有 v_3, v_4, v_6 標號，即 $J = (3, 4, 6)$，這樣有

$$T(v_4) = \min_{v_i \in S}\{P(v_i) + w_{i4}\} = \min\begin{Bmatrix} P(v_1) + w_{14} \\ P(v_2) + w_{24} \end{Bmatrix} = \min\begin{Bmatrix} 0 + 4 \\ 1 + 2 \end{Bmatrix} = 3$$

$$T(v_3) = \min\{P(v_1) + w_{13}\} = 0 + 5 = 5 \quad T(v_6) = \min\{P(v_2) + w_{26}\} = 1 + 10 = 11$$

$$P(v_2) = \min\{T(v_6), T(v_3), T(v_4)\} = 3$$

這樣給點 v_4 永久性標號$[v_2, 3]$，表示從點 v_1 到點 v_4 的最短路為 3，且經過點 v_2 到達。將點 v_4 歸入 $S, S = (v_1, v_2, v_4)$。

(4) 這時，與 S 相關聯的點有 v_3、v_5、v_6、v_7，即 $J = (3, 5, 6, 7)$，按公式計算有

$$T(v_3) = \min_{v_i \in S}\{P(v_i) + w_{i3}\} = \min\begin{Bmatrix} P(v_1) + w_{13} \\ P(v_3) + w_{43} \end{Bmatrix} = \min\begin{Bmatrix} 0 + 5 \\ 3 + 3 \end{Bmatrix} = 5$$

$$T(v_5) = \min\{P(v_1) + w_{15}\} = 3 + 3 = 6, T(v_7) = \min\{P(v_1) + w_{17}\} = 3 + 3 = 6$$

$$T(v_6) = \min\{P(v_2) + w_{26}\} = 1 + 10 = 11; P(v_3) = \min\{T(v_5), T(v_6), T(v_3), T(v_7)\} = 5$$

這樣給點 v_3 永久性標號$[v_1, 5], S = (v_1, v_2, v_4, v_3)$。

用同樣的方法可給其他點標號，具體如圖 7-18 所示。

從點 v_7 的標號$[v_7, 12]$中，我們得出從點 v_1 到 v_8 的最短路長為 12。由點 v_8 逆向推導，得到點 v_1 到 v_8 的最短路$(v_1, v_2, v_4, v_7, v_8)$。

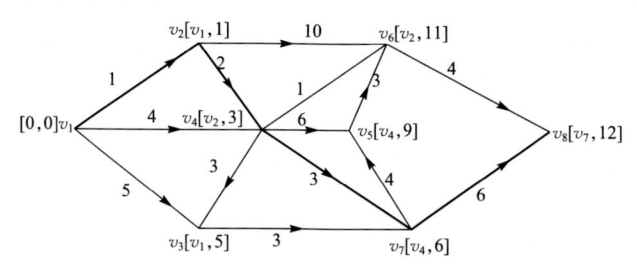

圖 7-18 帶標號的網路圖

二、求網路中任意兩點間最短路的 Floyd 算法

對求網路中任意兩點間的最短路，當然可用改變起始點的辦法，採用 Dijkstra 算法達到目的，但顯然較繁瑣；而 Dijkstra 算法只適合於每條弧的權大於 0 的情況，因此，當圖所包含的權小於 0 的弧

時，Dijkstra 算法就不能用了。鑒於此，Warshall 和 Floyd 提出了 Floyd 算法，該算法可直接求出網路中任意兩點間的最短路，且權的正負不受限制。Floyd 方法的具體步驟如下：

若點 v_i 是點 v_0 到點 v_j 路上的點，並且點 v_i 到點 v_j 有弧存在，則點 v_0 到點 v_j 的最短路的路長必滿足 $l_j = \min(l_i + w_{ij})$。

(1) 令 $l_j^{(1)} = w_{0j}$　$(j=0,1,\cdots,n)$。

(2) 對 $k=2,3,\cdots,n$，$l_j^{(k)} = \min(l_i^{(k-1)} + w_{ij})$，其中 $(v_i, v_j) \in A$，當進行到 $k=m$ 時，對所有 $j=0,1,2\cdots,n$，都有 $l_j^{(m)} = l_j^{(m+1)}$，則算法終止。$l_j^{(m)} (j=0,1,2,\cdots,n)$ 即為點 v_0 到各點的最短路長。

(3) 利用已求出來的點 v_0 到各點的路長逐步逆向尋找點 v_0 到點 v_n 的最短路。若點 v_p 是點 v_0 到點 v_n 的最短路上的倒數第二點，故可要從弧 $(v_i, v_n) \in A$ 的點 v_i 中得到點 v_p，使 $l_n - l_p + w_{pn}$。然後利用點 v_0 到點 v_p 的最短路路長 l_p，再尋求一點 v_j，使 $l_p = l_j + w_{jp}$。如此逐步尋找，直到點 v_0 為止，最後便得到點 v_0 到點 v_n 的最短路。

【例 7-8】　用 Floyd 算法求下圖 7-19 中點 v_1 到各點的最短路。

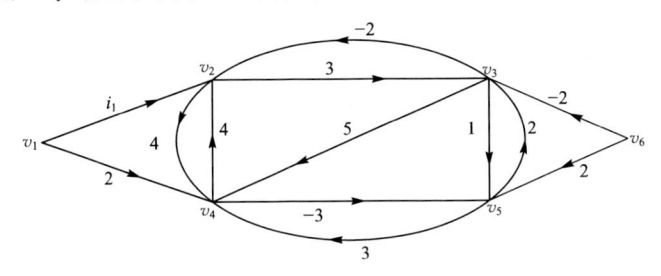

圖 7-19　網路圖

解：當 $k=1$ 時，有

$l^{(1)}(v_1, v_1) = w_{11} = 0$　$l^{(1)}(v_1, v_2) = w_{12} = 1$　$l^{(1)}(v_1, v_3) = w_{13} = +\infty$　$l^{(1)}(v_1, v_4) = w_{14} = 2$

$l^{(1)}(v_1, v_5) = w_{15} = +\infty$　$l^{(1)}(v_1, v_6) = w_{16} = +\infty$

當 $k=2$ 時，有

$l^{(2)}(v_1, v_1) = \min\{l^{(1)}(v_1, v_1) + w_{11}, \quad l^{(1)}(v_1, v_2) + w_{21},$
$\qquad\qquad l^{(1)}(v_1, v_3) + w_{31}, \quad l^{(1)}(v_1, v_4) + w_{11},$
$\qquad\qquad l^{(1)}(v_1, v_5) + w_{51}, \quad l^{(1)}(v_1, v_6) + w_{61}\}$
$= \min\{0+0, 1+\infty, \infty+\infty, 2+\infty, \infty+\infty, \infty+\infty\} = 0$

$l^{(2)}(v_1, v_2) = \min\{l^{(1)}(v_1, v_1) + w_{12}, \quad l^{(1)}(v_1, v_2) + w_{22},$
$\qquad\qquad l^{(1)}(v_1, v_3) + w_{32}, \quad l^{(1)}(v_1, v_4) + w_{12},$
$\qquad\qquad l^{(1)}(v_1, v_5) + w_{52}, \quad l^{(1)}(v_1, v_6) + w_{62}\}$
$= \min\{0+1, 1+0, \infty-2, 2+4, \infty+\infty, \infty+\infty\} = 1$

$l^{(2)}(v_1, v_3) = \min\{l^{(1)}(v_1, v_1) + w_{13}, \quad l^{(1)}(v_1, v_2) + w_{23},$
$\qquad\qquad l^{(1)}(v_1, v_3) + w_{33}, \quad l^{(1)}(v_1, v_4) + w_{13},$
$\qquad\qquad l^{(1)}(v_1, v_5) + w_{53}, \quad l^{(1)}(v_1, v_6) + w_{63}\}$
$= \min\{0+\infty, 1+3, \infty+0, 2+\infty, \infty+2, \infty+2\} = 4$

$l^{(2)}(v_1, v_4) = \min\{l^{(1)}(v_1, v_1) + w_{11}, \quad l^{(1)}(v_1, v_2) + w_{21},$
$\qquad\qquad l^{(1)}(v_1, v_3) + w_{31}, \quad l^{(1)}(v_1, v_4) + w_{11},$
$\qquad\qquad l^{(1)}(v_1, v_5) + w_{51}, \quad l^{(1)}(v_1, v_6) + w_{61}\}$
$= \min\{0+2, 1+4, \infty+5, 2+0, \infty+3, \infty+\infty\} = 2$

$l^{(2)}(v_1, v_5) = \min\{l^{(1)}(v_1, v_1) + w_{15}, \quad l^{(1)}(v_1, v_2) + w_{25},$
$\qquad\qquad l^{(1)}(v_1, v_3) + w_{35}, \quad l^{(1)}(v_1, v_4) + w_{15}$

$$l^{(1)}(v_1,v_5)+w_{55} \quad l^{(1)}(v_1,v_6)+w_{65}\}$$
$$=\min\{0+\infty,1+\infty,\infty+1,2-3,\infty+0,\infty+2\}=-1$$
$$l^{(2)}(v_1,v_6)=\min\{l^{(1)}(v_1,v_1)+w_{16} \quad l^{(1)}(v_1,v_2)+w_{26}$$
$$l^{(1)}(v_1,v_3)+w_{36} \quad l^{(1)}(v_1,v_4)+w_{16}$$
$$l^{(1)}(v_1,v_5)+w_{56} \quad l^{(1)}(v_1,v_6)+w_{66}\}$$
$$=\min\{0+\infty,1+\infty,\infty+\infty,2+\infty,\infty+\infty,\infty+\infty\}=\infty$$

當 $k=3$ 時，有
$$l^{(3)}(v_1,v_1)=\min\{l^{(2)}(v_1,v_1)+w_{11} \quad l^{(2)}(v_1,v_2)+w_{21}$$
$$l^{(2)}(v_1,v_3)+w_{31} \quad l^{(2)}(v_1,v_4)+w_{11}$$
$$l^{(2)}(v_1,v_5)+w_{51} \quad l^{(2)}(v_1,v_6)+w_{61}\}$$
$$=\min\{0+0,1+\infty,4+\infty,2+\infty,-1+\infty,\infty+\infty\}=0$$
$$l^{(3)}(v_1,v_2)=\min\{l^{(2)}(v_1,v_1)+w_{12} \quad l^{(2)}(v_1,v_2)+w_{22}$$
$$l^{(2)}(v_1,v_3)+w_{32} \quad l^{(2)}(v_1,v_4)+w_{12}$$
$$l^{(2)}(v_1,v_5)+w_{52} \quad l^{(2)}(v_1,v_6)+w_{62}\}$$
$$=\min\{0+1,1+\infty,4-2,2+4,-1+\infty,\infty+\infty\}=1$$
$$l^{(3)}(v_1,v_3)=\min\{l^{(2)}(v_1,v_1)+w_{13} \quad l^{(2)}(v_1,v_2)+w_{23}$$
$$l^{(2)}(v_1,v_3)+w_{33} \quad l^{(2)}(v_1,v_4)+w_{13}$$
$$l^{(2)}(v_1,v_5)+w_{53} \quad l^{(2)}(v_1,v_6)+w_{63}\}$$
$$=\min\{0+\infty,1+3,4+0,2+\infty,-1+2,\infty+2\}=1$$
$$l^{(3)}(v_1,v_4)=\min\{l^{(2)}(v_1,v_1)+w_{11} \quad l^{(2)}(v_1,v_2)+w_{21}$$
$$l^{(2)}(v_1,v_3)+w_{31} \quad l^{(2)}(v_1,v_4)+w_{11}$$
$$l^{(2)}(v_1,v_5)+w_{51} \quad l^{(2)}(v_1,v_6)+w_{61}\}$$
$$=\min\{0+2,1+4,4+5,2+0,-1+3,\infty+\infty\}=2$$
$$l^{(3)}(v_1,v_5)=\min\{l^{(2)}(v_1,v_1)+w_{15} \quad l^{(2)}(v_1,v_2)+w_{25}$$
$$l^{(2)}(v_1,v_3)+w_{35} \quad l^{(2)}(v_1,v_4)+w_{15}$$
$$l^{(2)}(v_1,v_5)+w_{55} \quad l^{(2)}(v_1,v_6)+w_{65}\}$$
$$=\min\{0+\infty,1+\infty,4+1,2-3,-1+0,\infty+2\}=-1$$
$$l^{(3)}(v_1,v_6)=\min\{l^{(2)}(v_1,v_1)+w_{16} \quad l^{(2)}(v_1,v_2)+w_{26}$$
$$l^{(2)}(v_1,v_3)+w_{36} \quad l^{(2)}(v_1,v_4)+w_{16}$$
$$l^{(2)}(v_1,v_5)+w_{56} \quad l^{(2)}(v_1,v_6)+w_{66}\}$$
$$=\min\{0+\infty,1+\infty,4+\infty,2+\infty,-1+\infty,\infty+\infty\}=\infty$$

當 $k=4$ 時，有
$$l^{(3)}(v_1,v_1)=l^{(2)}(v_1,v_1)=0 \quad l^{(3)}(v_1,v_2)=l^{(2)}(v_1,v_2)=1$$
$$l^{(3)}(v_1,v_5)=l^{(2)}(v_1,v_5)=-1 \quad l^{(3)}(v_1,v_6)=l^{(2)}(v_1,v_6)=\infty$$

即 v_1 到 v_1 的距離為 0；v_1 到 v_2 的距離為 1；v_1 到 v_5 的距離為 -1，v_1 到 v_6 的距離為 ∞。只要繼續計算 $l^{(4)}(v_1,v_3)$、$l^{(4)}(v_1,v_4)$：
$$l^{(4)}(v_1,v_3)=\min\{l^{(3)}(v_1,v_1)+w_{13} \quad l^{(3)}(v_1,v_2)+w_{23}$$
$$l^{(3)}(v_1,v_3)+w_{33} \quad l^{(3)}(v_1,v_4)+w_{13}$$
$$l^{(3)}(v_1,v_5)+w_{53} \quad l^{(3)}(v_1,v_6)+w_{63}\}$$
$$=\min\{0+\infty,1+3,1+0,-1+\infty,-1+2,\infty+2\}=1$$
$$l^{(4)}(v_1,v_4)=\min\{l^{(3)}(v_1,v_1)+w_{11} \quad l^{(3)}(v_1,v_2)+w_{21}$$
$$l^{(3)}(v_1,v_3)+w_{31} \quad l^{(3)}(v_1,v_4)+w_{11}$$
$$l^{(3)}(v_1,v_5)+w_{51} \quad l^{(3)}(v_1,v_6)+w_{61}\}$$

$$=\min\{0+2, 1+4, 1+5, 2+0, -1+3, \infty+\infty\}=2$$

由 $l^{(1)}(v_1, v_3)=1, l^{(1)}(v_1, v_1)=2$ 知,v_1 到 v_3 的距離為 1;v_1 到 v_1 的距離為 2。

綜上可得：

$$l(v_1, v_2)=1, \quad l(v_1, v_3)=1, \quad l(v_1, v_4)=2, \quad l(v_1, v_5)=-1, \quad l(v_1, v_6)=\infty$$

三、矩陣冪乘法

矩陣冪乘法適用於任何網路,是求解網路最短路問題的通用有效方法,但該法比較複雜,因此一般只用於含有負權的網路。其基本工具是網路的直接距離矩陣。

設網路中有 n 個結點,其中任意兩點 i 和 j 之間都有一條邊(i,j),其權數為 $w_{ij} > -\infty$。若 i 和 j 不相鄰,則虛設一條邊(i,j),並令其權數 $w_{ij} = \infty$,則 $W = (w_{ij})_{n \times n}$ 稱為網路的直接距離矩陣,簡稱「距離矩陣」。利用距離矩陣,可以計算各點至某點的最短路、各點至終點的最短路、某點至各點的最短路、各點間的最短路。

1. 各點至某點的最短路

一般地,考慮一個網路的各點 $i=1,2,\cdots,n$ 至某點 r 的最短路。從點 i 至點 r 的最短路未必是直達,也可能經過 1 個或若干個中間點才到達點 r。

(1) 從一點直達另一點視為「走 1 步」,而「原地踏步」(即從點 i 至點 i)也視為走步。

(2) 從 i 走 k 步到達點 r 的路分為兩部分,如圖 7-20 所示。先從點 i 走 1 步到達一個中間點 j,再從點 j 走 $k-1$ 步到達點 r。令 $d_{ir}^{(k)}$ 表示從點 i 走 k 步到達點 r 的最短距離$(i=1,2,\cdots,n)$,而 i 只需行走 1 步即到達點 r,故有

$$d_{ir}^{(1)} = w_{ir} (i=1,2,\cdots,n)$$

又因網路中的 n 個結點都可以是上述路中的中間點 j,如圖 7-21 所示,故有

$$d_{ir}^{(k)} = \min_{1 \leq j \leq n} \{w_{ij} + d_{jr}^{(k-1)}\} \quad (i=1,2,\cdots,n)$$

令

$$d_k = (d_{1r}^{(k)}, d_{2r}^{(k)}, \cdots, d_{nr}^{(k)}) \quad (k=1,2,\cdots)$$

按式 $d_{ir}^{(k)} = \min_{1 \leq j \leq n} \{w_{ij} + d_{jr}^{(k-1)}\} (i=1,2,\cdots,n)$,列矩陣 d_k 的第 i 個元素 $d_{ir}^{(k)}$,由距離矩陣 W 的第 i 行$(w_{i1}, w_{i2}, \cdots, w_{in})$與列矩陣 d_{k-1},即與$(d_{1r}^{(k-1)}, d_{2r}^{(k-1)}, \cdots, d_{nr}^{(k-1)})^T$的對應元素求和取小而算出。

因此可以模仿矩陣乘法,將上面的運算的運算簡記為:$d_k = W \times d_{k-1} (k=2,3,\cdots,n)$,並將「×運算」稱為矩陣冪乘運算。

兩個矩陣 W 和 d_{k-1} 的冪乘運算,其元素對應關係與普通矩陣乘法完全一致,只是將對應元素的「乘積之和」運算替換成「求和取小」的運算。

若網路中不存在負回路,則兩點間的最短路必不含回路,即路上各點不會重複。因網路共有 n 個結點,所以從點 i 至點 r 的最短路最多只需走 $n-1$ 步,而走 $n-1$ 以上步數,必然會在某些點原地踏步,實際上,與走 $n-1$ 步的最短路完全相同。

而網路中有負回路,將導致一切最短路均走無窮多步,且路長均為 $-\infty$ 的荒謬結果,這是建模的錯誤。因此,正確的網路模型必有 $d_n = d_{n-1}$,這意味著運用矩陣冪乘最多只需算至 d_{n-1} 即可結束;另外,只要運算過程中出現 $d_k = d_{k-1} (k=2,3,\cdots,n-1)$,也可結束;而列矩陣 d_k 中的元素即為各點至某點 r 的最短路長。

【例 7-9】 在圖 7-21 中,試求各點至⑤點的最短路。

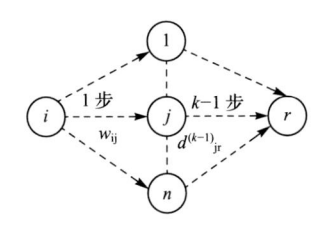

圖 7-20　矩陣冪乘運算示意圖　　圖 7-21　網路圖

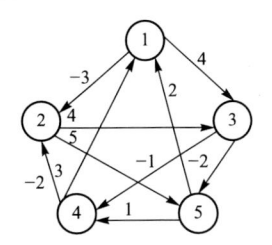

解：首先構建網路直接距離矩陣 W：

$$W = \begin{matrix} & 1 & 2 & 3 & 4 & 5 \end{matrix}$$

$$W = \begin{matrix} 1 \\ 2 \\ 3 \\ 4 \\ 5 \end{matrix} \begin{bmatrix} 0 & -3 & 4 & \infty & \infty \\ \infty & 0 & 4 & \infty & 5 \\ \infty & \infty & 0 & -1 & -2 \\ 3 & -2 & \infty & 0 & \infty \\ 2 & \infty & \infty & 1 & 0 \end{bmatrix}$$

(1) 先要確定 d_1，即從各點走 1 步到達點⑤的最短路長構成的列矩陣，而本例的網路直接距離矩陣 W 的第 5 列即為 d_1。按矩陣冪乘的公式進行迭代運算過程如下：

$$W = \begin{matrix} \text{从/至} & 1 & 2 & 3 & 4 & 5 \\ 1 \\ 2 \\ 3 \\ 4 \\ 5 \end{matrix} \begin{bmatrix} 0 & \boxed{-3} & 4 & \infty & \infty \\ \infty & 0 & \textcircled{4} & \infty & 5 \\ \infty & \infty & 0 & -1 & \boxed{-2} \\ 3 & \boxed{-2} & \infty & 0 & \infty \\ 2 & \infty & \infty & 1 & \boxed{0} \end{bmatrix} \quad \begin{matrix} d_1 \\ \begin{bmatrix} \infty \\ 5 \\ -2 \\ \infty \\ 0 \end{bmatrix} \end{matrix} \to \begin{matrix} d_2 \\ \begin{bmatrix} 2 \\ 2 \\ -2 \\ 3 \\ 0 \end{bmatrix} \end{matrix} \to \begin{matrix} d_3 \\ \begin{bmatrix} -1 \\ 2 \\ -2 \\ 2 \\ 0 \end{bmatrix} \end{matrix} \to \begin{matrix} d_4 \\ \begin{bmatrix} -1 \\ 2 \\ -2 \\ \boxed{0} \\ 0 \end{bmatrix} \end{matrix}$$

上述運算，最後一列矩陣 d_4 是由 $W \times d_3$ 得到的；而 d_4 中的第 4 行元素 0，是由方陣 W 的第 4 行與列 d_3 的對應元素求和取小而得到的：

$$\min\{3+(-1), -2+2, \infty+-2, 0+0, \infty+0\} = 0$$

(2) 按矩陣 d_{n-1} 中元素的由來，在矩陣 W 中，逐行恰當選擇相應的元素（畫圈表示）。例如，d_1 中的第 4 行元素 0，來自第 2 個和式 $-2+2$。其中前項 -2 是矩陣 W 第 4 行的元素，故給它畫圈。

注意：第 4 個和式 $0+0$ 與第 2 個和式 $-2+2$ 的結果一樣，但是其前項 0 位於矩陣 W 第 4 行的主對角線上，表示在點④原地踏 1 步之距，由此得不出最短路，不予選擇，即不給它畫圈。唯一例外的是 W 第 5 行主對角線上的畫圈數字 0。它表示點⑤為「終點兼始點」的特殊情況，當然可以始終在原地踏步，且每步之距均為 0，該路程總長也為 0。

矩陣 W 其他行的畫圈數字，都是按上述方法，區分兩種情況，而適當選擇和確定的。

(3) 確定各點至終點的最短路。

第一，依次按照矩陣 W 中每行畫圈數字對應的關係，得

①→②　②→③　③→⑤　④→②　⑤→⑤

第二，對上列右端非終點⑤的結點，例如，對第 4 組④→②，按第 2 組②→③可知下一達點為③，再按第 3 組③→⑤可知下一達點為⑤，便得點④至終點⑤的最短路：④→②→③→⑤。

類似這樣去做，就可得出各點至終點⑤，而 d_1 即給出各點至終點的最短路長：

最短路	最短路長
①→②→③→⑤	-1
②→③→⑤	2
③→⑤	-2
④→②→③→⑤	0
⑤→⑤	0

2. 某點至各點的最短路

考慮某點 r 至各點 $j=1, 2, \cdots, n$ 的最短路。令

$l_{rj}^{(k)}=$ 從點 r 走 k 步到達點 j 的最短距離$(j=1,2,\cdots,n)$

其中 $l_{rj}^{(1)}=w_{ij}(j=1,2,\cdots,n)$。

可以把從點 r 走 k 步到達點 j 的路分為兩段,先從點 r 走 $k-1$ 步到達中間點 i,其最短距離為 $l_{rj}^{(k-1)}$;再從點 i 走 1 步到達點 j,其最短距離為 w_{ij},故有

$$l_{rj}^{(k)}=\min_{1\leqslant i\leqslant n}\{l_{ri}^{(k-1)}+w_{ij}\}(j=1,2,\cdots,n)$$

令 $l_k=(l_{r1}^{(k)},l_{r2}^{(k)},\cdots,l_{rn}^{(k)})^{\mathrm{T}}(k=1,2,\cdots,n)$,則有迭代計算公式:$l_k^{\mathrm{T}}=l_{k-1}^{\mathrm{T}}\times W(k=2,3,\cdots,n-1)$。另外,只要運算過程中出現 $l_k^{\mathrm{T}}=l_{k-1}^{\mathrm{T}}(k=2,3,\cdots,n-1)$,也即刻結束;而行矩陣 l_k^{T} 中的元素即為某點 r 至各點的最短路長。

【例 7-10】 在圖 7-21 中,試求點①至各點的最短路。

解:先要確定 l_1^{T},即從點①走 1 步到達各點的最短路長構成的行矩陣,而距離矩陣 W 的第一行即為 l_1^{T}。

按公式 $l_k^{\mathrm{T}}=l_{k-1}^{\mathrm{T}}\times W(k=2,3,\cdots,n-1)$,進行迭代計算至 l_4^{T},已符合停止規則,故結束羃乘。按矩陣 l_1^{T} 中元素的由來,在矩陣 W 中,逐列恰當選擇相應的元素(畫圈表示)。上述運算過程及結果如下:

$$\begin{aligned} l_1^{\mathrm{T}} &= (0 \ -3 \ 4 \ \infty \ \infty) \\ \to l_2^{\mathrm{T}} &= (0 \ -3 \ 1 \ 3 \ 2) \\ \to l_3^{\mathrm{T}} &= (0 \ -3 \ 1 \ 0 \ -1) \\ \to l_4^{\mathrm{T}} &= (0 \ -3 \ 1 \ 0 \ -1) \end{aligned} \times \begin{array}{c} \text{/至} \\ 1 \\ 2 \\ 3 \\ 4 \\ 5 \end{array} \begin{bmatrix} 1 & 2 & 3 & 4 & 5 \\ 0 & \text{\textcircled{-3}} & 4 & \infty & \infty \\ \infty & 0 & 4 & \infty & 5 \\ \infty & \infty & 0 & \text{\textcircled{-1}} & \text{\textcircled{-2}} \\ 3 & -2 & \infty & 0 & \infty \\ 2 & \infty & \infty & \text{\textcircled{1}} & 0 \end{bmatrix}$$

依次按照矩陣 W 中每列畫圈數字對應的「從至」關係,得

①→①
①→②
②→③
③→④
⑤→④
③→⑤

對上面左端非始點①的後 4 行,從右向左回溯,最終得到點①至各點的最短路:

最短路	最短路長
①→①	0
①→②	-3
①→②→③	1
①→②→③→④	0
①→②→③→⑤→④	0
①→②→③→⑤	-1

其中,點①到點④有 2 條不同的最短路。

3. 各點間的最短距離

有時需要求網路中各點間的最短距離,若按前述方法,都需逐點求解,較繁瑣。下面介紹一種較

簡便的方法。令

$$D_k = (d_{ij}^{(k)}) = D_{k-1} \times D_{k-1} \quad (k=2,3,\cdots,p)$$

其中 $D_1 = W$，而

$$d_{ij}^{(k)} = \text{從點 } i \text{ 走 } 2^{k+1} \text{ 步到達點 } j \text{ 的最短距離} \quad (i,j=1,2,\cdots,n)$$

且有

$$d_{ij}^{(k)} = \min_{1 \leqslant s \leqslant n} \{d_{is}^{(k-1)} + d_{sj}^{(k-1)}\} \quad (i,j=1,2,\cdots,n)$$

矩陣 D_p 即為各點間的最短距離矩陣。

若 $w_{ij} \geqslant 0$，則關於迭代次數 p 有以下估式

$$2^{p-1} \leqslant n-1 \leqslant 2^p \text{ 或 } p-1 \leqslant \frac{\lg(n-1)}{\lg 2} < p$$

又若迭代中出現 $D_k = D_{k-1}(k=2,3,\cdots p)$，也即刻結束。

【例 7-11】 某地 7 個村鎮之間現有交通道路如圖 7-22 所示，邊旁數字為各村鎮之間道路的長度，現要沿交通道路架設電話線，使各村之間均能通話。應該如何架線使費用最低。

解：按公式估算迭代次數：

$$p > \frac{\lg(7-1)}{\lg 2} \approx 2.6$$

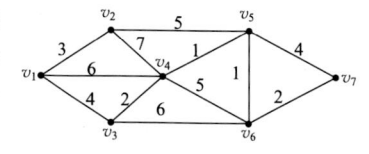

圖 7-22　各村莊之間網路圖

取 $p=3$，一般需迭代至 D_3。

按圖 7-22 構建直接距離矩陣，按 $D_k = (d_{ij}^{(k)}) = D_{k-1} \times D_{k-1}$，依次計算：

$$D_1 = W = \begin{matrix} & v_1 & v_2 & v_3 & v_4 & v_5 & v_6 & v_7 \\ v_1 \\ v_2 \\ v_3 \\ v_4 \\ v_5 \\ v_6 \\ v_7 \end{matrix} \begin{bmatrix} 0 & 3 & 4 & 6 & \infty & \infty & \infty \\ 3 & 0 & \infty & 7 & 5 & \infty & \infty \\ 4 & \infty & 0 & 2 & \infty & 6 & \infty \\ 6 & 7 & 2 & 0 & 1 & 5 & \infty \\ \infty & 5 & \infty & 1 & 0 & 1 & 4 \\ \infty & \infty & 6 & 5 & 1 & 0 & 2 \\ \infty & \infty & \infty & \infty & 4 & 2 & 0 \end{bmatrix}$$

$$D_2 = D_1 \times D_1 = \begin{matrix} & v_1 & v_2 & v_3 & v_4 & v_5 & v_6 & v_7 \\ v_1 \\ v_2 \\ v_3 \\ v_4 \\ v_5 \\ v_6 \\ v_7 \end{matrix} \begin{bmatrix} 0 & 3 & 4 & 6 & 7 & 10 & \infty \\ 3 & 0 & 7 & 6 & 5 & 6 & 9 \\ 4 & 7 & 0 & 2 & 3 & 6 & 8 \\ 6 & 6 & 2 & 0 & 1 & 2 & 5 \\ 7 & 5 & 3 & 1 & 0 & 1 & 3 \\ 10 & 6 & 6 & 2 & 1 & 0 & 2 \\ \infty & 9 & 8 & 5 & 3 & 2 & 0 \end{bmatrix}$$

$$D_3 = D_2 \times D_2 = \begin{matrix} & v_1 & v_2 & v_3 & v_4 & v_5 & v_6 & v_7 \\ v_1 \\ v_2 \\ v_3 \\ v_4 \\ v_5 \\ v_6 \\ v_7 \end{matrix} \begin{bmatrix} 0 & 3 & 4 & 6 & 7 & 8 & 10 \\ 3 & 0 & 7 & 6 & 5 & 6 & 8 \\ 4 & 7 & 0 & 2 & 3 & 4 & 6 \\ 6 & 6 & 2 & 0 & 1 & 2 & 4 \\ 7 & 5 & 3 & 1 & 0 & 1 & 3 \\ 8 & 6 & 4 & 2 & 1 & 0 & 2 \\ 10 & 8 & 6 & 4 & 3 & 2 & 0 \end{bmatrix}$$

可以從矩陣 D_3 看出各村鎮之間的距離。

4. 網路的中心與重心

設以 $D = (d_{ij})_{n \times n}$，表示網路中各點間的最短距離矩陣，若

$$d(i) = \max_{1 \leqslant j \leqslant n}(d_{ij}) \quad (i=1,2,\cdots,n)$$

$d(r) = \max\limits_{1 \leqslant i \leqslant n}(d_i)$，則 r 是網路的中心。

設 g_i 是點 i 的權重 $(i=1,2,\cdots,n)$，令

$$h(j) = \sum_{i=1}^{n} g_i d_{ij} \quad (j=1,2,\cdots,n)$$

$h(r) = \max\limits_{1 \leq j \leq n}(h_j)$,則 r 是網路的重心。

【例 7-12】 如例 7-11,現要為這 7 個村莊建一商店和小學。

(1)商店應建在哪個村莊,使各村都離它較近?

(2)已知各村小學人數如表 7-1 所示,則小學應建在何村,使各小學生走路里程最少?

表 7-1　各村莊人數表

村莊	v_1	v_2	v_3	v_4	v_5	v_6	v_7
小學生人數	35	20	25	30	50	45	40

解:(1)這是一個網路中心問題。根據例 7-12 計算結果算出的最短距離矩陣,按網路中心的公式計算,求解過程如表 7-2。從中可見,商店應建在 v_1 村。

表 7-2　求解過程

i 村	$D=(d_{ij})_{n \times n}$							$d(i) = \max\limits_{1 \leq j \leq n}(d_{ij})$
	v_1	v_2	v_3	v_4	v_5	v_6	v_7	
v_1	0	3	4	6	7	8	10	10
v_2	3	0	7	6	5	6	8	8
v_3	4	7	0	2	3	4	6	7
v_4	6	6	2	0	1	2	4	6
v_5	7	5	3	1	0	1	3	7
v_6	8	6	4	2	1	0	2	8
v_7	10	8	6	4	3	2	0	10

(2)這是一個網路重心問題,各村小學生人數即權重 g_i,先用 g_i 乘以 D 矩陣的第 i 行($i=1,2,\cdots,n$);再將表中每列數字相加,得到小學建於 j 村時各村小學生走路總里程 $h(j)$,結果見表 7-3。

表 7-3　各村小學生走路總里程

i 村	$D=(d_{ij})_{n \times n}$						
	v_1	v_2	v_3	v_4	v_5	v_6	v_7
v_1	0	105	140	210	245	280	350
v_2	60	0	140	120	100	120	160
v_3	100	175	0	50	75	100	150
v_4	180	180	60	0	30	60	120
v_5	350	250	150	50	0	50	150
v_6	340	270	180	90	45	0	90
v_7	400	320	240	160	120	80	0
$h(j)$	1,430	1,300	910	680	615	690	1,020

最後,按 $h(r)=\max\limits_{1 \leq j \leq n}(h_j)$,從諸 $h(j)$ 中選出最小者 $h(5)=615$,因此小學應建在網路重心的 v_5 村。

四、應用舉例

【例 7-13】(設備更新決策)　某臺機器可以連續工作四年,也可每年年末賣掉換一臺新的。各年年初購置一臺新機器的價格及不同役齡機器年末的處理價見表 7-4。新機器第一年運行及維修費為 0.3 萬元,使用 1~3 年後機器每年的運行及維修費用分別為 0.8 萬元、1.5 萬元、2.0 萬元。試確定該機器的最優更新策略,使四年內用於更換、購買及運行維修的總費用最低。

表 7-4　機器購置和處理費用表　　　　　　　　　　單位：萬元

j	第一年	第二年	第三年	第四年
年初購置價	2.5	2.6	2.8	3.1
使用了 j 年的機器處理價	2.0	1.6	1.3	1.1

解：可以將機器更新決策問題化簡為求最短路問題，v_i 表示每年年初購進新設備。機器更新費用如圖 7-23 所示。

應用 Dijkstra 算法求解此問題。

(1) 令 $p(v_0)=0, T(v_j)=\infty$　$(j=1,2,3,4)$。

(2) 有四條以 v_0 為始點的弧，因此有

$T(v_1)=\min[T(v_1), p(v_0)+w_{01}]=0.8$　　$T(v_2)=\min[T(v_2), p(v_0)+w_{02}]=2.0$

$T(v_3)=\min[T(v_3), p(v_0)+w_{03}]=3.8$　　$T(v_4)=\min[T(v_4), p(v_0)+w_{04}]=6.0$

由於 $\min_{j=1,2,3,4}\{T(v_j)\}=0.8=T(v_1)$，故將 v_1 的 T 標號修改為 p 標號，即 $p(v_1)=0.8, \lambda(v_1)=0$。

(3) 檢驗以 v_1 為始點的弧，其終點為 v_2, v_3, v_4，因此這三個點相應的 T 標號值變化為：

$T(v_2)=\min[T(v_2), p(v_1)+w_{12}]=1.7$　　$T(v_3)=\min[T(v_3), p(v_1)+w_{13}]=2.9$

$T(v_4)=\min[T(v_4), p(v_1)+w_{14}]=4.7$

其最小值為 1.7，故 p 標號點 $v_2, p(v_2)=1.7, \lambda(v_2)=1$。

(4) 以 v_2 為始點弧的終點有 v_3, v_4，這兩個點相應的 T 標號值變化為：

$T(v_3)=\min[T(v_3), p(v_1)+w_{23}]=2.8$　　$T(v_4)=min[T(v_4), p(v_2)+w_{24}]=4.0$

其最小值為 2.8，故 p 標號點 $v_3, p(v_3)=2.8, \lambda(v_3)=1$。

(5) 以 v_3 為始點的弧只有一條，$p(v_4)=4, \lambda(v_4)=2$。

於是，起點到終點的最短路為 $v_0 \to v_1 \to v_2 \to v_4$，最優更新策略為第 1 年、第 2 年年末都換一臺新機器，到第 4 年年末賣掉，總費用為 4.0 萬元。

【**例 7-14**】　某連鎖企業在某地區有 6 個銷售點。已知該地區的交通網路如圖 7-24 所示，其中點代表銷售點，邊表示公路，l_{ij} 為銷售點間公路距離，問倉庫應建在哪個小區，可使離倉庫最遠的銷售點到倉庫的路程最近？

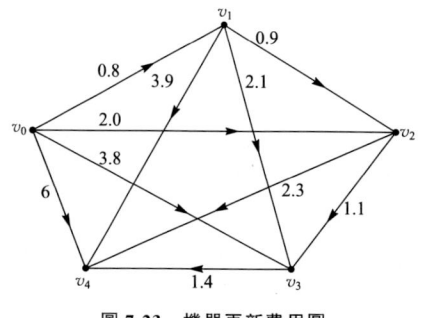

圖 7-23　機器更新費用圖　　　　　　圖 7-24　交通網路圖

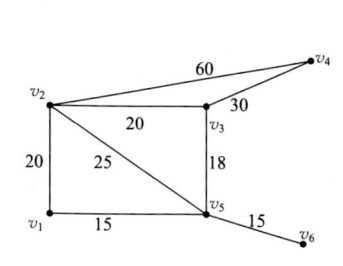

解：此題用 Floyd 法可直接求網路中任意兩點間的最短路。

令網路的權矩陣為 $D=(d_{ij})_{n \times n}$，l_{ij} 為 v_i 到 v_j 的距離 S。

其中

$$d_{ij}=\begin{cases} l_{ij} & \text{當}(v_i,v_j)\in E \\ \infty & \text{其他} \end{cases}$$

由圖 7-24 可得權矩陣為

$$D=D^{(0)}=D^{(1)}=\begin{array}{c}\\v_1\\v_2\\v_3\\v_4\\v_5\\v_6\end{array}\begin{bmatrix}v_1 & v_2 & v_3 & v_4 & v_5 & v_6\\0 & 20 & \infty & \infty & 15 & \infty\\20 & 0 & 20 & 60 & 25 & \infty\\\infty & 20 & 0 & 30 & 18 & \infty\\\infty & 60 & 30 & 0 & \infty & \infty\\15 & 25 & 18 & \infty & 0 & 15\\\infty & \infty & \infty & \infty & 15 & 0\end{bmatrix}\quad D^{(2)}=\begin{array}{c}\\v_1\\v_2\\v_3\\v_4\\v_5\\v_6\end{array}\begin{bmatrix}v_1 & v_2 & v_3 & v_4 & v_5 & v_6\\0 & 20 & 40 & 80 & 15 & \infty\\20 & 0 & 20 & 60 & 25 & \infty\\40 & 20 & 0 & 30 & 18 & \infty\\80 & 60 & 30 & 0 & 85 & \infty\\15 & 25 & 18 & 85 & 0 & 15\\\infty & \infty & \infty & \infty & 15 & 0\end{bmatrix}$$

$$D^{(3)}=\begin{array}{c}\\v_1\\v_2\\v_3\\v_4\\v_5\\v_6\end{array}\begin{bmatrix}v_1 & v_2 & v_3 & v_4 & v_5 & v_6\\0 & 20 & 40 & 70 & 15 & \infty\\20 & 0 & 20 & 50 & 25 & \infty\\40 & 20 & 0 & 30 & 18 & \infty\\70 & 50 & 30 & 0 & 48 & \infty\\15 & 25 & 18 & 48 & 0 & 15\\\infty & \infty & \infty & \infty & 15 & 0\end{bmatrix}\quad D^{(5)}=\begin{array}{c}\\v_1\\v_2\\v_3\\v_4\\v_5\\v_6\end{array}\begin{bmatrix}v_1 & v_2 & v_3 & v_4 & v_5 & v_6\\0 & 20 & 33 & 63 & 15 & 30\\20 & 0 & 20 & 50 & 25 & 40\\33 & 20 & 0 & 30 & 18 & 33\\63 & 50 & 30 & 0 & 48 & 63\\15 & 25 & 18 & 48 & 0 & 15\\30 & 40 & 33 & 63 & 15 & 0\end{bmatrix}$$

矩陣 $d_{ij}^{(1)}=\min[d_{ij}^{(0)},d_{i1}^{(0)}+d_{1j}^{(0)}]$ 表示從 v_i 點到 v_j 點或兩點之間有邊或經 v_1 為中間點時的最短路長，$d_{ij}^{(2)}$，$d_{ij}^{(3)}$ 分別表示從 v_i 點到 v_j 點最多經中間點 v_1，v_2 與 v_1，v_2，v_3 的最短路長。$D^{(1)}=D^{(3)}D^{(1)}=D^{(5)}$。由於 $d_{ij}^{(6)}$ 表示從 v_i 點到 v_j 點，最多經由中間點 v_1，v_2，…，v_6 的所有路中的最短路長，因此 $D^{(6)}$ 就給出了任意兩點間不論幾步到達的最短路長。

如果我們希望計算結果不僅給出任意兩點的最短路長，而且給出具體的最短路徑，那麼在運算過程中要保留下標信息，即 $d_{ik}+d_{kj}=d_{ikj}$ 等。

在本例中，$D^{(2)}$ 的 $d_{15}^{(2)}=85$，是由 $d_{12}^{(1)}+d_{25}^{(1)}=60+25$ 得到的，因此 $d_{15}^{(2)}$ 可寫成 85_{125}，如 $d_{16}^{(5)}$ 是由 $d_{13}^{(1)}+d_{35}^{(1)}+d_{56}^{(1)}=30+18+15=63$ 得到的，因此 $d_{16}^{(5)}$ 可寫為 $63_{1,356}$。

$$D^{(6)}=\begin{array}{c}\\v_1\\v_2\\v_3\\v_4\\v_5\\v_6\end{array}\begin{bmatrix}v_1 & v_2 & v_3 & v_4 & v_5 & v_6\\0 & 20 & 33_{153} & 63_{1,531} & 15 & 30_{156}\\20 & 0 & 20 & 50_{231} & 25 & 40_{256}\\33_{351} & 20 & 0 & 30 & 18 & 33_{356}\\63_{1,351} & 50_{132} & 30 & 0 & 48_{135} & 63_{1,356}\\15 & 25 & 18 & 48 & 0 & 15\\30_{651} & 40_{652} & 33_{653} & 63_{6,534} & 15 & 0\end{bmatrix}$$

【例 7-15】 如圖 7-25 所示，現準備在 v_1，v_2，v_3，v_4，v_5，v_6，v_7 這 7 個居民點中設置一工商銀行，各點之間的距離由圖給出。問工商銀行設在哪個點，可使最大的服務距離最小？若要設置兩個銀行，問設在哪兩個點？

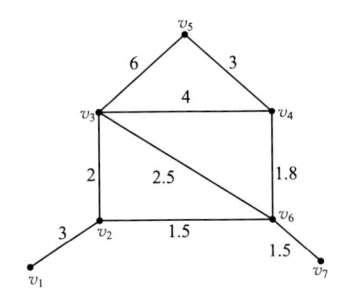

圖 7-25 居民點分佈網路圖

解：先求出圖中任意兩點間的最短路的長度，如表 7-5 所示。

表 7-5 任意兩居民點間的最短路的長度

	v_1	v_2	v_3	v_4	v_5	v_6	v_7	各行中最大數
v_1	0	3	5	6.3	9.3	4.5	6	9.3
v_2	3	0	2	3.3	6.3	1.5	3	6.3
v_3	5	2	0	4	6	2.5	4	6
v_4	6.3	3.3	4	0	3	1.8	3.3	6.3
v_5	9.3	6.3	6	3	0	4.8	6.3	9.3
v_6	4.5	1.5	2.5	1.8	4.8	0	1.5	4.8
v_7	6	3	4	3.3	6.3	1.5	0	6.3

(1) 從表中最後一列中找出最小數：$4.8(v_6)$，故若設一個銀行應設於 v_6，此時最大服務距離最小，為 4.8。

(2) 由於 $C_7^2=21$，故應比較如下 21 個方案。

從表中前 7 列中任取兩列，如 $\bar{V}_j, \bar{V}_k(1\leqslant j\leqslant k\leqslant 7)$

$$\bar{V}_j=\begin{bmatrix}a_{1j}\\a_{2j}\\\vdots\\a_{7j}\end{bmatrix}, \bar{V}_k=\begin{bmatrix}a_{1k}\\a_{2k}\\\vdots\\a_{7k}\end{bmatrix}$$

從這兩列的兩個分量中選出最小數，$\min\{a_{ij},a_{ik}\}(i=1,2,\cdots,7)$，再從這 7 個最小數中選出最大者，記為 b_{jk}，即

$$b_{jk}=\max_{1\leqslant i\leqslant 7}\{\min\{a_{ij},a_{ik}\}\}$$

易於算出：$b_{12}=\max\{0,0,2,3.3,6.3,1.5,3\}=6.3$

$b_{13}=\max\{0,2,0,4,6,2.5,4\}=6$

類似可得：

$b_{14}=4$ $b_{15}=6$ $b_{16}=4.8$ $b_{17}=6.3$ $b_{23}=6$ $b_{24}=3$ $b_{25}=3$

$b_{26}=4.8$ $b_{27}=6.3$ $b_{34}=5$ $b_{35}=5$ $b_{36}=4.8$ $b_{37}=6$ $b_{45}=6.3$

$b_{46}=4.5$ $b_{47}=6$ $b_{56}=4.5$ $b_{57}=6$ $b_{67}=4.8$

從以上 21 個數字中選出最小者，即 $b_{24}=b_{25}=3$，即表明若設置兩個銀行應設於 v_2,v_4 或 v_2,v_5，此時最大服務距離最小為 3。

第三節　最大流問題

在日常生活中有大量的網路，如電網、水管網、交通運輸網、通信網、生產管理網等。近二三十年來在解決網路方面的有關問題時，網路流理論及其應用起著很大的作用。

先看一個實例。設有一個水管網路，該網路只有一個進水口和一個出水口，其他管道（邊）和接口（節點）均密封，網路中每個管道用它的截面面積作為該管道的權數。它們反應管道在單位時間內可能通過的最大量，即容量。現在在此水管道網路中注入穩定的水流，水由進水口注入，經過水管網路後流向出水口，最後從出水口流出，這就形成一個實際的穩定流動，稱為流。分析這種實際流動，有如下性質：

(1)實際流動是一個有向的流動。
(2)每個管道中單位時間內通過的流量不可能超過該管道的容量(權數)。
(3)每個內部節點處流入節點的流量與流出節點的流量應相等。
(4)流入進水口的流量應等於流出水口的流量,即為實際流動的流量。

如果進一步加大流量,由於受水管網路的限制,因此加到一定的流量後,再也加不進去了,這就是此水管網路能通過的最大流量。這裡的網路流理論正是從這些實際問題中提煉出來的。下面來介紹有向圖的網路流理論及其應用。

一、基本概念與定理

1. 網路與流

(1)網路。給定一個有向圖 $G(V,A)$,在 V 中指定一點,稱為發點(記為 v_s),該點只有發出去的弧;指定另一點稱為收點(記為 v_t),該點只有指向它的弧;其餘的點稱為中間點。對於 A 中的每條弧 (v_i,v_j),對應一個數 $c(v_i,v_j) \geq 0$(簡記為 c_{ij}),稱為弧的容量,通常將這樣的有向圖稱為網路,記為 $G(V,A,C)$。

(2)網路流。在弧集 A 上定義一個非負函數 $f = \{f(v_i,v_j)\}$。$f(v_i,v_j)$ 是通過弧 (v_i,v_j) 的實際流量,簡記為 f_{ij},並稱 f 是網路上的流函數,簡稱網路流或流;稱 $v(f)$ 為網路流的流量。

2. 可行流與最大流

對於流有兩條基本要求:一是每條弧上的流量必須是非負的,且不能超過該弧的最大通過能力(即該弧的容量);二是起點發出的流的總和(稱為流量),必須等於終點接收的流的總和,且中間點流入的流量之和必須等於從該點流出的流量之和,即流入的流量之和與流出的流量之和的差為零,也就是說,各中間點只起轉運作用,它既不產出新物質,也不得截留過境物資,因此可行流的定義為:

對於給定的網路 $G(V,A,C)$ 和給定的流 $f = \{f_{ij}\}$,若 f 滿足下列條件:

(1)容量限制條件。對每一條弧 $(v_i,v_j) \in A$,有
$$0 \leq f_{ij} \leq c_{ij}$$

(2)平衡條件。
對於中間點:流出量=流入量,即對於每個 $i(i \neq s,t)$,有
$$\sum_{(v_i,v_j) \in A} f_{ij} - \sum_{(v_k,v_i) \in A} f_{ki} = 0$$
對於發點 v_s,有
$$\sum_{(v_s,v_j) \in A} f_{sj} = v(f)$$
對於收點 v_t,有
$$\sum_{(v_k,v_t) \in A} f_{kt} = v(f)$$

則稱 $f = \{f_{ij}\}$ 為一個可行流,$v(f)$ 稱為這個可行流的流量。

注意:這裡所說的發點 v_s 是指只有從 v_s 發出去的弧,而沒有指向 v_s 的弧;收點 v_t 是指只有弧指向 v_t,而沒有從它發出去的弧。

可行流總是存在的,如令所有弧上的流 $f_{ij}=0$,就得到一個可行流(稱為零流),其流量 $v(f)=0$,如圖 7-26 所示。每條弧上括號內的數字給出的就是一個可行流 $f=\{f_{ij}\}$。它顯然滿足可行流的條件,其流量 $v(f)=5+3=8$。

所謂網路最大流問題就是求一個流 $f=\{f_{ij}\}$,使得總流量 $v(f)$ 達到最大,並且滿足可行流的條件,即

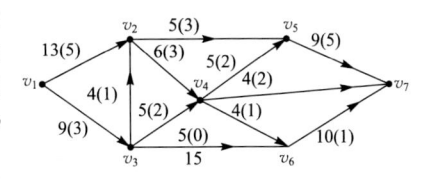

圖 7-26 網路流量圖

$$\max v(f)$$
$$\text{s. t.} \begin{cases} \sum_{(v_i,v_j)\in A} f_{ij} - \sum_{(v_k,v_i)\in A} f_{ki} = \begin{cases} v(f)(i=s) \\ 0(i\neq s,t) \\ -v(f)(i=t) \end{cases} \\ 0 \leqslant f_{ij} \leqslant c_{ij}, (v_i,v_j) \in A \end{cases}$$

網路及網路中特質的流動為研究對象的優化問題,最大流問題是一類典型的優化組合問題。它也可以被看作特殊的線性規劃問題,在許多領域都有廣泛的應用。

圖 7-26 所示的網路最大流問題可以寫出線性規劃模型:
$$\max v(f)$$
$$\text{s. t.} \begin{cases} f_{12}+f_{13}=v(f) \\ f_{12}+f_{32}-f_{25}-f_{21}=0 \\ f_{13}-f_{32}-f_{34}-f_{36}=0 \\ f_{21}+f_{31}-f_{15}-f_{16}-f_{17}=0 \\ f_{25}+f_{15}-f_{57}=0 \\ f_{36}+f_{16}-f_{67}=0 \\ f_{57}+f_{17}+f_{67}=v(f) \\ 0 \leqslant f_{ij} \leqslant c_{ij} \end{cases}$$

3. 增廣鏈

在網路 $G(V,A,C)$ 中,若給定一個可行流 $f=\{f_{ij}\}$,把網路中使 $f_{ij}=c_{ij}$ 的弧稱為飽和弧,使 $0 \leqslant f_{ij} \leqslant c_{ij}$ 的弧稱為非飽和弧,把 $f_{ij}=0$ 的弧稱為零流弧,把 $0 < f_{ij} \leqslant c_{ij}$ 的弧稱為非零流弧。圖 7-26 中的弧都是非飽和弧,而弧 (v_3,v_6) 為零流弧。

若 μ 是網路中連接發點 v_s 和收點 v_t 的一條鏈,定義鏈的方向是從 v_s 到 v_t,則鏈上的弧被分為兩類:一類弧的方向與鏈的方向一致,稱此類弧為前向弧,所有前向弧的集合記為 μ^+;另一類是弧的方向與鏈的方向相反,稱這類弧為後向弧,所有後向弧的集合記為 μ^-。

如圖 7-26 中,設 $\mu=\{v_1,(v_1,v_2),v_2,(v_3,v_2),v_3,(v_3,v_6),v_6,(v_6,v_7),v_7\}$ 是一條從 v_1 到 v_7 的鏈,則
$$\mu^+ = \{(v_1,v_2),(v_3,v_6),(v_6,v_7)\} \qquad \mu^- = \{(v_3,v_2)\}$$

設 $f=\{f_{ij}\}$ 是網路 $G(V,A,C)$ 上的一個可行流,μ 是從 v_s 到 v_t 的一條鏈,若 μ 滿足下列條件:
(1) 在弧 $(v_i,v_j) \in \mu^+$ 上,$0 \leqslant f_{ij} \leqslant c_{ij}$,即 μ^+ 中的每條弧都是非飽和弧;
(2) 在弧 $(v_i,v_j) \in \mu^-$ 上,$0 < f_{ij} \leqslant c_{ij}$,即 μ^- 中的每條弧都是非零流弧。
則稱 μ 是關於 f 的一條增廣鏈。

前面所說的鏈就是一條增廣鏈,因為其中 μ^+ 上的弧均非飽和,如 $(v_1,v_2) \in \mu^+$,$f_{12}=5 < c_{12}=13$;而 μ^- 上的弧為非零流弧,如 $(v_3,v_2) \in \mu^-$,$f_{32}=1>0$,顯然這樣的增廣鏈不止一條。

4. 截集與截量

給定網路 $G(V,A,C)$,若點集 V 被割分為兩個非空集合 V_1 和 V_2,使得 $V=V_1+V_2$,$V_1 \cap V_2 = \varphi$(空集),且 $v_s \in V_1$,$v_t \in V_2$,則把始點在 V_1、終點在 V_2 的弧的集合稱為分離 v_s 和 v_t 的一個截集(割集),記為 (V_1,V_2)。

在圖 7-26 中,設 $V_1=\{v_1,v_2,v_5\}$,$V_2=\{v_3,v_4,v_6,v_7\}$,則截集為
$$(V_1,V_2)=\{(v_1,v_3),(v_2,v_4),(v_5,v_7)\}$$
而弧 $\{v_3,v_2\}$ 和 $\{v_4,v_5\}$ 不是該集中的弧,因為這兩條弧的起點在 V_2 中。

顯然,一個網路的截集是很多的(但只有有限個)。在圖 7-27 中,還可以取 $V_1'=\{v_1,v_2\}$,$V_2'=\{v_3,v_4,v_5,v_6,v_7\}$,則截集為 $(V_1',V_2')=\{(v_1,v_3),(v_2,v_4),(v_2,v_5)\}$;另外,若把網路 $G(V,A,C)$ 中某

截集的弧從網路中去掉,則從 v_s 到 v_t 便不存在路,因此直觀上說,截集是從 v_s 到 v_t 的必經之路。

在網路 $G(V,A,C)$ 中,給定一個截集 (V_1,V_2),則把截集中所有弧的容量之和稱為這個截集的容量,簡稱為截量(割量),記為 $c(V_1,V_2)$,即

$$c(V_1,V_2) = \sum_{\substack{(v_i,v_j)\in A \\ v_i\in V_1, v_j\in V_2}} C_{ij}$$

圖 7-26 中,兩個割集:

$$c(V_1,V_2) = c\{(v_1,v_3),(v_2,v_5),(v_5,v_7)\} = 9+6+9 = 24$$
$$c(V_1',V_2') = c\{(v_1,v_3),(v_2,v_5),(v_2,v_5)\} = 9+6+5 = 20$$

顯然,截集不同,其截量也不同。由於截集的個數是有限的,故其中必有一個截集的容量是最小的,稱為最小截集,也就是通常所說的「瓶頸」。

網路 $G(V,A,C)$ 中,任何一個可行流 $f=\{f_{ij}\}$ 的流量 $v(f)$ 都不會超過任一截集的容量,即 $v(f)\leq c(V_1,V_2)$。如果存在一個可行流 $f^*=\{f_{ij}^*\}$,網路 $G(V,A,C)$ 中有一個截集 (V_1^*,V_2^*),使得 $v(f^*)=c(V_1^*,V_2^*)$,那麼 $f^*=\{f_{ij}^*\}$ 必是最大流,而 (V_1^*,V_2^*) 必是 $G(V,A,C)$ 中的最小截集。為求網路最大流 f^*,可以得到如下定理:

定理 1 在網路 $G(V,A,C)$ 中,可行流 $f^*=\{f_{ij}^*\}$ 是最大流的充要條件是 $G(V,A,C)$ 中不存在關於 f^* 的增廣鏈。

證:先證必要性,用反證法。若 f^* 是最大流,假設 $G(V,A,C)$ 中存在著關於 f^* 的增廣鏈 μ,令

$$\theta = \min\{\min_\mu (c_{ij}-f_{ij}^*), \min_\mu f_{ij}^*\}$$

由增廣鏈的定義可知,$\theta > 0$,令

$$f_{ij}^{**} = \begin{cases} f_{ij}^*+\theta, (v_i,v_j)\in\mu^+ \\ f_{ij}^*-\theta, (v_i,v_j)\in\mu^- \\ f_{ij}^*, (v_i,v_j)\notin\mu \end{cases}$$

不難驗證 f_{ij}^{**} 是一個可行流,且有

$$v(f^{**}) = v(f^*)+\theta > v(f^*)$$

這與 f^* 是最大流的假定矛盾。

再證充分性:即證明 $G(V,A,C)$ 中不存在關於 f^* 的增廣鏈,f^* 是最大流,用下面的方法定義 V_1^*,令 $v_s\in V_1^*$。

若 $v_i\in V_1^*$,且有 $f_{ij}^*<c_{ij}$,則令 $v_j\in V_1^*$;
若 $v_i\in V_1^*$,且有 $f_{ji}^*>0$,則令 $v_j\in V_1^*$;
因為不存在關於 f^* 的增廣鏈,故 $v_t\notin V_1^*$。
記 $V_2^*=V-V_1^*$,於是得到一個截集 (V_1^*,V_2^*),顯然有

$$f_{ij}^* = \begin{cases} c_{ij}, (v_i,v_j)\in(V_1^*,V_2^*) \\ 0, (v_i,v_j)\in(V_2^*,V_1^*) \end{cases}$$

故 $V(f^*)=c(V_1^*,V_2^*)$,於是 f^* 是最大流,定理得證。

從以上證明可以看出,若 f^* 是最大流,則網路必定存在一個截集 (V_1^*,V_2^*)。

定理 2(最大流-最小截集定理) 對於任意給定的網路 $G(V,A,C)$,從發點 v_s 到收點 v_t 的最大流的流量必等於分割 v_s 和 v_t 的最小截集 (V_1^*,V_2^*) 的容量,即

$$V(f^*) = c(V_1^*,V_2^*)$$

定理 3 網路 $G(V,A,C)$ 中任何一個可行流 f 的流量都不會超過一割 (V_1,V_2) 的割量,即 $V(f)\leq c(V_1,V_2)$。

關於網路 $G(V,A,C)$ 的最大流算法,其基本思想是:從網路 $G(V,A,C)$ 的任意一個可行流 f 出發,在 $G(V,A,C)$ 中找到一條增廣鏈,並對可行流 f 進行增廣,這樣連續進行下去,直到 $G(V,A,C)$

234 運 籌 學

中找不到增廣鏈為止，於是便得到了 $G(V,A,C)$ 的最大流 f。

二、最大流問題求解

最大流問題求解的具體步驟如下。

第一步：任取 $G(V,A,C)$ 的一個初始的可行流。

第二步：尋找從源點 v_s 到匯點 v_t 的增廣鏈，通過標號來尋找增廣鏈。

(1)首先給源點 v_s 標號 $[0,\infty]$，此時 v_s 是已標號而未檢查的。

(2)若所有標號的點已經檢查，且匯點 v_t 沒有標號，則停止計算，此時便得到了最大流 f，取 V_1 為所有標號點的集合，則 $(V_1, \overline{V_1})$ 就為截集；否則轉向(3)。

(3)選擇一個標號而未檢查的頂點 v_i，對 v_i 所有未標號的鄰接點 v_j 作以下處理：

①若弧 (v_i, v_j) 為正向弧，而且是非飽和弧，即 $f_{ij} < c_{ij}$，則給點 v_j 標號 $[v_i, \delta(v_j)]$，其中 $\delta(v_j) = \min\{c_{ij} - f_{ij}, \delta(v_i)\}$。

②若弧 (v_i, v_j) 為反向弧，而且是非零流弧，即 $f_{ij} > 0$，則給點 v_j 標號 $[v_i, \delta(v_j)]$，其中 $\delta(v_j) = \min\{f_{ij}, \delta(v_i)\}$。

經過處理後，v_i 就成為檢查過的點，而 v_j 就成為已被標號未檢查過的點。

(4)若匯點 v_t 已被標號，則轉向第三步，否則轉向(2)。

第三步：從匯點 v_t 開始，按照標號第一個元素所表明的順序反向找增廣鏈，現對可行流 f 增廣；從匯點 v_t 開始反向對增廣鏈上的弧 (v_i, v_j) 的流量 f_{ij} 進行調整。調整的數量就是匯點 v_t 標號的第二個元素 δ。調整規劃如下：

$$f_{ij}^* = \begin{cases} f_{ij} + \delta & \text{當弧}(v_i, v_j)\text{是增廣鏈上的正向弧} \\ f_{ij} - \delta & \text{當弧}(v_i, v_j)\text{是增廣鏈上的反向弧} \\ f_{ij} & \text{當弧}(v_i, v_j) \notin \mu \end{cases}$$

對 f 增廣後，抹去所有標號，轉向第二步。重新進入標號過程。

【例 7-16】 求圖 7-27 的出點 v_1 到點 v_7 的最大流。

(1)給出一個初始可行流，弧的流量放在括號內，如圖 7-28 所示。

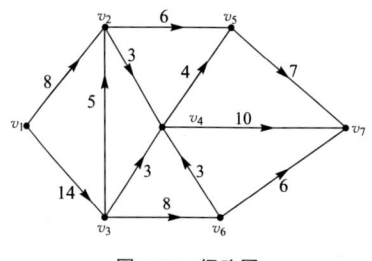

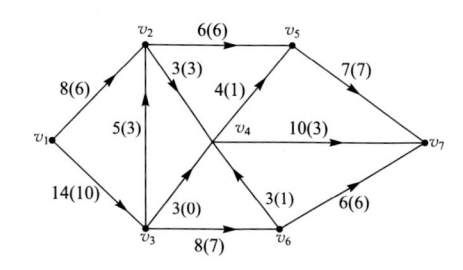

圖 7-27　網路圖　　　　　　圖 7-28　網路流量圖

(2)標號尋找增廣鏈。發點 v_1 標號 $(0,\infty)$，用「□」表示標在發點 v_1 處。v_1 已標號，與 v_1 相鄰的兩個點 v_2, v_3 都沒有標號，任意選一個點檢查，以選 v_2 為例。v_2 能否得到標號要看是否滿足條件，弧 (v_1, v_2) 的箭頭指向 v_2 是前向弧，因為 $f_{12} < c_{12} = 8$，故 v_2 可以標號，給 v_2 標號 $\theta = c_{12} - f_{12} = 8 - 6 = 2$，見圖 7-29。

選擇已標號點 v_2，對於與 v_2 相鄰且沒有標號的點 v_3, v_4, v_5，逐個檢查能否標號。如果某點能標號就一直向前，不必相鄰點都標號。如果不能標號再檢查下一個點，弧 (v_2, v_4) 和 (v_2, v_5) 是前向弧，流量等於容量，不滿足條件，v_4, v_5 不能標號；再檢查 v_3，弧 (v_3, v_2) 是後向弧，有 $f_{32} = 3 > 0$，滿足條件，給 v_3 標號，$\theta = f_{32} = 3$。

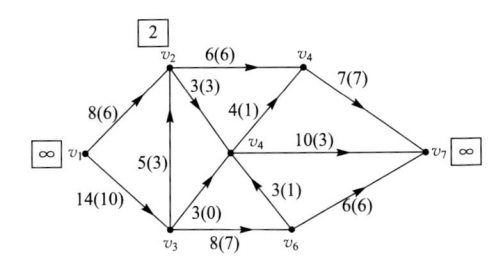

圖 7-29　第一步標號流量網路圖　　　　圖 7-30　第 2～3、4 步流量網路圖標號

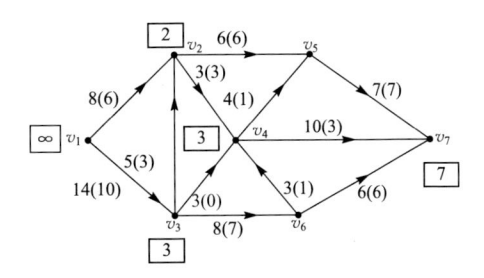

選擇已標號點 v_3，由於 $v_1、v_5$ 能標號，選擇 v_1 標號，$\theta=c_{31}-f_{31}=3$，然後給 v_7 標號，$\theta=c_{17}-f_{17}=10-3=7$，如圖 7-30 所示。

v_7 已標號說明找到一條增廣鏈，沿著標號的路線追蹤得增廣鏈 $\mu=\{(v_1,v_2),(v_3,v_2),(v_3,v_1),(v_1,v_7)\}$，$\mu^-=\{(v_3,v_2)\}$，$\mu^+=\{(v_1,v_2),(v_3,v_1),(v_1,v_7)\}$，調整增廣鏈上點標號的最小值，即 $\theta=\min\{\infty,2,2,3,7\}=2$。

(3) 調整增廣鏈上的流量。在圖 7-29 中，弧 $(v_1,v_2)、(v_3,v_1)、(v_1,v_7)$ 上的流量分別加上 2，弧 (v_3,v_2) 上的流量減去 2，其餘弧上的流量不變，得到圖 7-31。

(4) 對圖 7-31 標號。發點標號 v_1 標號（0，∞），v_2 不能標號，v_3 標號 $\theta=c_{13}-f_{13}=4$。$v_2、v_1、v_6$ 都可以標號。當選擇 v_2 標號 $\theta=c_{32}-f_{32}=4$ 時，$v_1、v_5$ 不能標號，不能說明不存在增廣鏈，這時應回頭選擇 $v_1、v_6$ 標號，選擇 v_1 標號 $\theta=c_{31}-f_{31}=1$，繼續，選擇 v_7 標號 $\theta=c_{17}-f_{17}=5$，得到發點到收點的增廣鏈 $\mu=\mu^+=\{(v_1,v_3),(v_3,v_1),(v_1,v_7)\}$，調整量為 $\theta=\min\{\infty,4,1,5\}=1$，對圖 7-32 的流量進行調整，增廣鏈弧的流量加上 1，其餘弧的流量不變，得到圖 7-33。

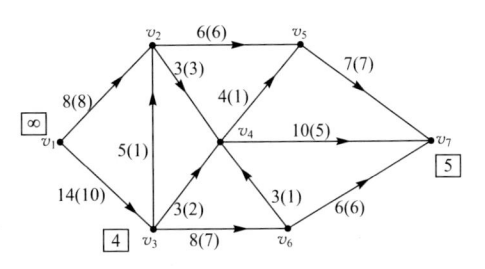

圖 7-31　第一次標號調整後的流量網路圖

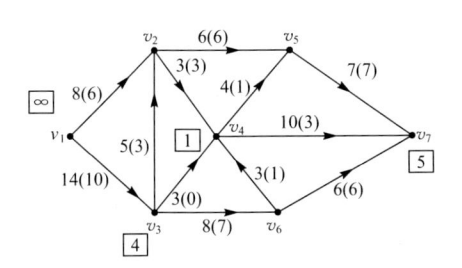

圖 7-32　第二次標號、第一步網路流量圖　　　圖 7-33　流量調整網路圖

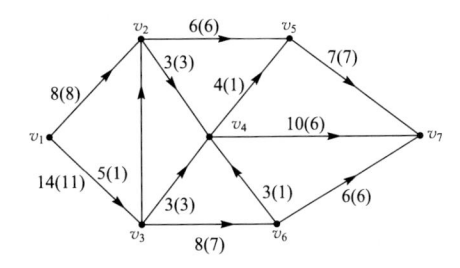

(5) 對圖 7-33 標號，得到一條增廣鏈 $\mu=\{(v_1,v_3),(v_3,v_6),(v_6,v_1),(v_1,v_7)\}$，如圖 7-34 所示，調整量為 $\theta=\min\{\infty,3,1,2,4\}=1$。對圖 7-33 的流量進行調整，增廣鏈上弧的流量加上 1，其餘弧的流量不變得到圖 7-35。

(6) 對圖 7-35 標號。$v_1、v_3、v_2$ 得到標號，其餘點都不能標號，說明已不存在發點到收點的增廣鏈，見圖 7-36。由圖可知所示的流是最大流，網路的最大流量為：

$$f_{12}+f_{13}=8+12=20$$

標號法計算完成。對於無向圖最大流的計算，將所有弧都理解為前向弧。只要一端 v_i 已標號，另

一端 v_j 未標號的邊滿足 $c_{ij}-f_{ij}>0$,那麼 v_j 就可標號$(c_{ij}-f_{ij})$。調整流量的方法與有向圖計算相同。

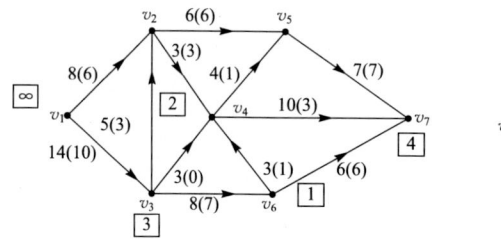

圖 7-34 第二次標號後的增廣鏈網路圖

圖 7-35 第二次標號調整後的網路流量圖

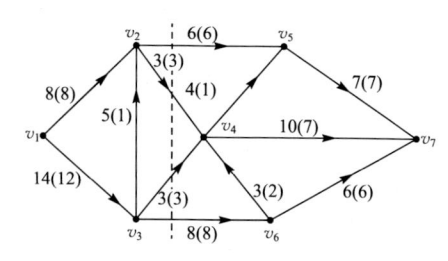

圖 7-36 調整後最優網路流量圖

【例 7-17】 求圖 7-37 所示的網路的最大流及最小截集(每弧旁的數字是(c_{ij},f_{ij}))。

解:給中間點標上編號,如圖 7-38 所示。

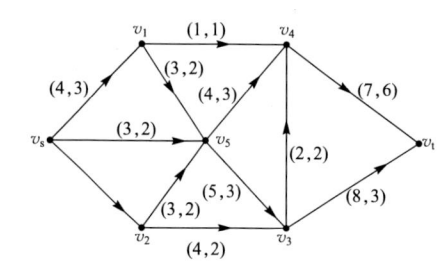

圖 7-37 網路圖

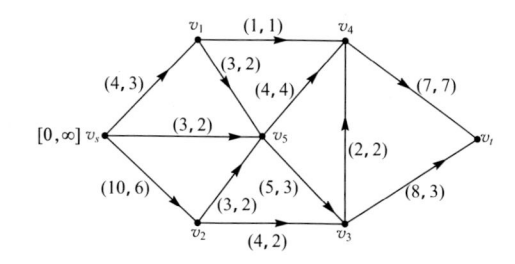

圖 7-38 編號後的網路圖

(1)標號過程。先給 v_s 標上$[0,\infty]$。這時,v_s 是標號而未檢查的點。

第一步:弧(v_s,v_1),因 $f_{s1}=3$,$c_{s1}=4$,$f_{s1}<c_{s1}$,則給 v_1 標號$(v_s,L(v_1))$。
$$L(v_1)=\min\{L(v_s),c_{s1}-f_{s1}\}=\min\{\infty,4-3\}=1$$

第二步:檢查弧(v_1,v_1),$f_{11}=1$,$c_{11}=1$。不滿足標號條件,不對 v_1 進行標號。
對於弧(v_1,v_5),$f_{15}=2$,$c_{15}=3$,$f_{15}<c_{15}$,則給 v_5 標號$(v_1,L(v_5))$。
$$L(v_5)=\min\{L(v_1),c_{15}-f_{15}\}=\min\{\infty,3-2\}=1$$

第三步:檢查弧(v_5,v_1),$f_{51}=3$,$c_{51}=5$,$f_{51}<c_{51}$,對 v_1 進行標號$(v_5,L(v_1))$。
$$L(v_1)=\min\{L(v_5),c_{51}-f_{51}\}=\min\{1,4-3\}=1$$

第四步:對於弧(v_1,v_t),因 $f_{1t}=0$,$c_{1t}=7$,$f_{1t}<c_{1t}$,對 v_t 進行標號$(v_1,L(v_t))$。
$$L(v_t)=\min\{L(v_1),c_{1t}-f_{1t}\}=\min\{1,7-6\}=1$$

故 $\theta=L(v_t)=1$。

(2)調整過程。由點的第一個標號找到一條增廣鏈,如圖 7-39 中粗線所示。
按 $\theta=L(v_t)=1$ 進行調整,調整後變為圖 7-40。

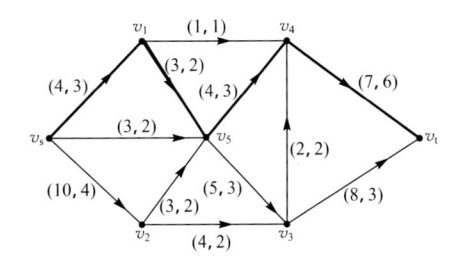

圖 7-39 找到增廣鏈的網路圖   圖 7-40 調整後的可行流

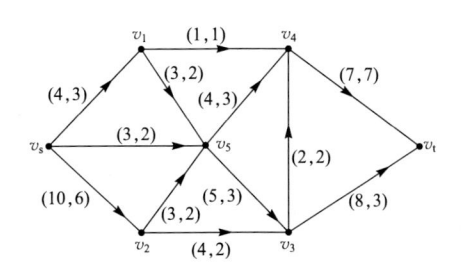

現對圖 7-40 的可行流進行標號過程，尋找增廣鏈。
(1)標號過程。先給 v_s 標上 $[0, \infty]$，這時，v_s 是標號而未檢查的點。
第一步：弧 (v_s, v_2)，因 $f_{s2} = 2, c_{s2} = 10, f_{s2} < c_{s2}$，則給 v_2 標號 $(v_s, L(v_2))$。
$$L(v_2) = \min\{L(v_s), c_{s2} - f_{s2}\} = \min\{\infty, 10 - 4\} = 6$$
第二步：檢查弧 (v_2, v_3)，$f_{23} = 2, c_{23} = 4, f_{23} < c_{23}$，對 v_3 進行標號 $(v_2, L(v_3))$。
$$L(v_3) = \min\{L(v_2), c_{23} - f_{23}\} = \min\{6, 4 - 2\} = 2$$
第三步：對於弧 (v_3, v_t)，因 $f_{3t} = 3, c_{3t} = 8, f_{3t} < c_{3t}$，對 v_t 進行標號 $(v_3, L(v_t))$。
$$L(v_t) = \min\{L(v_3), c_{3t} - f_{3t}\} = \min\{2, 8 - 3\} = 2$$
故 v_t 有了標號，轉入調整過程。
(2)調整過程。由點的第一個標號找到一條增廣鏈，如圖 7-41 中粗線所示。
按 $\theta = L(v_t) = 2$ 進行調整，調整後變為圖 7-42。

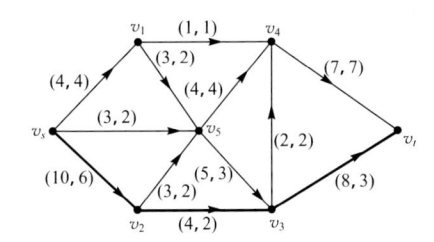

圖 7-41 找到增廣鏈後的網路圖   圖 7-42 調整後的網路圖

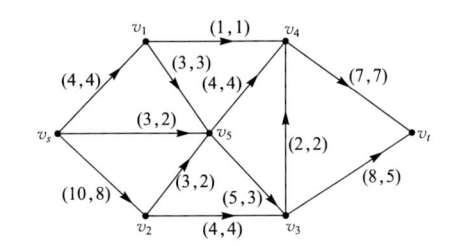

現對圖 7-42 的可行流進行標號過程，尋找增廣鏈。先給 v_s 標上 $[0, \infty]$，這時，v_s 是標號而未檢查的點。
第一步：弧 (v_s, v_5)，因 $f_{s5} = 2, c_{s5} = 3, f_{s5} < c_{s5}$，則給 v_5 標號 $(v_s, L(v_5))$。
$$L(v_5) = \min\{L(v_s), c_{s5} - f_{s5}\} = \min\{\infty, 3 - 2\} = 1$$
第二步：檢查弧 (v_5, v_1)，$f_{51} = c_{51} = 4$，不能對 v_1 進行標號。
第三步：對於弧 (v_s, v_2)，因 $f_{s2} = 8, c_{s2} = 10, f_{s2} < c_{s2}$，對 v_2 進行標號 $(v_s, L(v_2))$。
$$L(v_2) = \min\{L(v_s), c_{s2} - f_{s2}\} = \min\{\infty, 10 - 8\} = 2$$
第四步：對於弧 (v_2, v_3)，因 $f_{23} = c_{23} = 4$，不能給 v_3 標號。
此時，標號無法繼續下去，算法結束。此時的可行流即為網路最大流，其最大流為
$$v(f^*) = f_{s1} + f_{s5} + f_{23} = 4 + 4 + 4 = 12$$
對應的最小截集為 $(v_1^*, \overline{v_v^*})$，其中：
$$v_1^* = (v_s, v_2, v_5) \qquad \overline{v_v^*} = (v_1, v_3, v_4, v_t)$$

第四節　最小費用流問題

上面介紹了一個網路上最短路及最大流的算法,但是還沒有考慮到網路上流的費用問題。在許多實際問題中,費用的因素很重要。例如,在運輸問題中,人們總是希望在完成運輸任務的同時,尋求一個使總的運輸費用最小的運輸方案。這就是下面要介紹的最小費用流問題。

一、基本概念

設網路圖 $G(V,A,C)$ 中,每一條弧 $(v_i,v_j) \in A$,除了已給容量 c_{ij} 外,還給了一個單位流量的費用 $b_{ij}(v_i,v_j) \geqslant 0$(簡稱 b_{ij})。所謂的最小費用最大流問題就是要求一個最大流 f,使流的總費用

$$b(f) = \sum_{(v_i,v_j) \in A} b_{ij} f_{ij}$$

取極小值。

對於最小費用流,先將問題轉化為最短路問題再求解。設可行流 f 的一條增廣鏈為 μ,沿著 μ 調整 f,對新的可行流試圖尋求關於它的增廣鏈,如此反覆直至最大流。現在要尋找最小費用的最大流,首先考慮,當沿著一條關於可行流 f 的增廣鏈 μ,以 $\theta=1$ 調整 f,得到新的可行流 f' 時[顯然 $v(f')=v(f)+1$],$b(f')$ 比 $b(f)$ 增加了:

$$b(f') - b(f) = \sum_{\mu^+} b_{ij}(f'_{ij}-f_{ij}) - \sum_{\mu^-} b_{ij}(f'_{ij}-f_{ij}) = \sum_{\mu^+} b_{ij} - \sum_{\mu^-} b_{ij}$$

把 $\sum_{\mu^+} b_{ij} - \sum_{\mu^-} b_{ij}$ 稱為這條增廣鏈 μ 的「費用」。若 f 是流量為 $v(f)$ 的所有可行流中費用最小者,而 μ 是關於 f 的所有增廣鏈中費用最小的增廣鏈,那麼沿 μ 去調整 f,得到的可行流 f' 就是流量為 $v(f')$ 的所有可行流中的最小費用流。這樣,當 f' 是最大流時,它也就是最小費用最大流。

因此 $b_{ij} \geqslant 0$,所以 $f=0$ 必是流量為 0 的最小費用流。這樣,總可以從 $f=0$ 開始。一般地,設已知 f 是流量 $v(f)$ 的最小費用流,餘下的問題就是如何去尋求關於 f 的最小費用增廣鏈。為此,可構造一個賦權有向圖 $w(f)$。它的頂點是原網路的頂點,而把網路中的每一條弧 (v_i,v_j) 變成兩個相反方向弧 (v_i,v_j) 和 (v_j,v_i)。定義 $w(f)$ 中弧的權 w_{ij} 為:

$$w_{ij} = \begin{cases} b_{ij} & f_{ij} < c_{ij} \\ \infty & f_{ij} = c_{ij} \end{cases} \qquad w_{ji} = \begin{cases} -b_{ij} & f_{ij} > c_{ij} \\ \infty & f_{ij} = 0 \end{cases}$$

於是在網路中尋求關於 f 的最小費用增廣鏈就等價於在賦權有向圖 $w(f)$ 中,尋求從 v_s 到 v_t 的最短路。

最小費用流問題可以用如下的線性規劃問題描述:

設 b_{ij} 是定義在 A 上的非負函數,表示通過弧 (i,j) 單位流的費用。所謂最小費用流問題就是從發點到收點怎樣以最小費用輸送一已知流量為 $v(f)$ 的總流量。

最小費用流問題可以用如下的線性規劃問題描述:

$$\min \sum_{(i,j) \in A} b_{ij} f_{ij}$$

$$\text{s.t.} \begin{cases} \sum_{j:(i,j) \in A} f_{ij} - \sum_{j:(j,i) \in A} f_{ji} = \begin{cases} v(f), i=s \\ -v(f), i=t \\ 0, i \neq s,t \end{cases} \\ 0 \leqslant f_{ij} \leqslant u_{ij}, \quad \forall (i,j) \in A \end{cases}$$

顯然,若 $v(f)=$ 最大流 $v(f_{\max})$,則本問題就是最小費用最大流問題。若 $v(f) > v(f_{\max})$,則本問題無解。

二、最小費用流的算法步驟

設給定流量 $v(f)$,最小費用流的標號算法步驟如下:

第一步：取初始流量為零的可行流 $f=0$，令網路中所有弧的權等於 w_{ij}，得到一個賦權圖，用 Dijkstratha 算法求出最短路，這條最短路就是初始最小費用增廣鏈 μ。

第二步：調整流量。在最小費用增廣鏈上調整流量的方法與前面最大流算法一樣，前向弧上令 $\theta_j = c_{ij} - f_{ij}$，後向弧上令 $\theta_j = f_{ji}$，調整 $\theta = \min\{\theta_j\}$，調整後得到最小費用流 $f^{(k)}$，流量為 $v(f^{(k)}) = v(f^{(k-1)}) + \theta$。當 $v(f^{(k)}) = v(f)$ 時，計算結束，否則轉第三步繼續。

第三步：作賦權圖並尋找最小費用增廣鏈。

(1)最小費用流 $f^{(k-1)}$ 的流量為 $v(f^{(k-1)}) < v(f^{(k)})$ 時，將網路的費用轉化為權 w_{ij}，其含義等價於最短路中的距離，對可行流 $f^{(k-1)}$ 的最小費用增廣鏈上的弧 (v_i, v_j) 作如下變動：

$$w_{ij} = \begin{cases} b_{ij} & f_{ij} < c_{ij} \\ \infty & f_{ij} = c_{ij} \end{cases} \quad w_{ji} = \begin{cases} -b_{ij} & f_{ij} > c_{ij} \\ \infty & f_{ij} = 0 \end{cases}$$

① 當弧 (v_i, v_j) 上的流量滿足 $0 < f_{ij} < c_{ij}$ 時，在點 v_i 和 v_j 之間添加一條方向相反的弧 (v_j, v_i)，權為 $-w_{ij}$。

② 當弧 (v_i, v_j) 上的流量滿足 $f_{ij} = c_{ij}$ 時，將弧 (v_i, v_j) 反向變為 (v_j, v_i)，權為 $-w_{ij}$，對不在最小費用增廣鏈上的弧不作任何變動，得到一個賦權網路圖。

(2)求賦權圖從發點到收點的最短路。若最短路存在，則這條最短路就是 $f^{(k-1)}$ 的最小費用增廣鏈，轉第二步(如賦權圖的所有權非負時，可用 Dijkstratha 算法求出最短路，存在負權時用 Floyd 算法)。

(3)如果賦權圖不存在從發點到收點的最短路，說明 $v(f^{(k-1)})$ 已是最大流量，不存在流量等於 $v(f)$ 的流，計算結束。

【例 7-18】 對圖 7-43，確定一個運量為 15 及運量最大總運費最小的運輸方案。

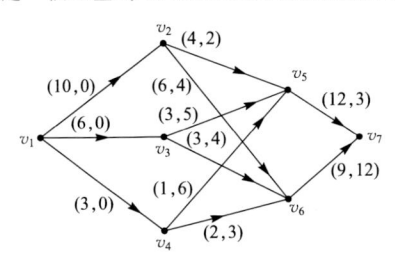

圖 7-43　運輸網路圖

解：(1)令所有弧的流量等於零，得到初始可行流 $f=0$，流量 $v(f)=0$，總運費 $b(f)=0$。

(2)因為 $f=0$，圖 7-44 就是賦權圖。弧的權數等於 w_{ij}，求出最短路線，即最小費用增廣鏈 μ_1：$v_1 \to v_2 \to v_5 \to v_7$，見圖 7-45。調整量 $\theta=4$，對 $f^{(0)}=0$ 進行調整，得 $f^{(1)}$，括號內的數字為弧的流量，網路流量 $v(f^{(1)})=4$，總運費 $b(f^{(1)})=0 \times 4 + 2 \times 4 + 3 \times 4 = 20$，見圖 7-45。

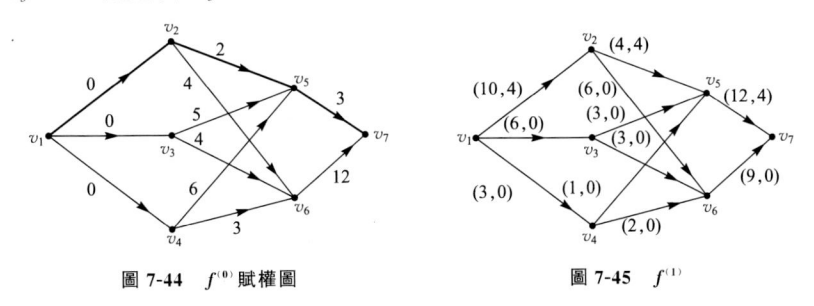

圖 7-44　$f^{(0)}$ 賦權圖　　　　圖 7-45　$f^{(1)}$

(3)由於 $v(f^{(1)})=4<15$，沒有得到最小費用流。在圖 7-45 中，弧 (v_1, v_2) 和 (v_5, v_7) 滿足條件 $0<$

240　運　籌　學

$f_{ij}<c_{ij}$，添加兩條邊(v_2,v_1)和(v_7,v_5)，權分別為 0 和 -3，弧(v_1,v_1)上有$f_{ij}=c_{ij}$。這說明已經飽和，將弧(v_1,v_1)反向為(v_1,v_1)，權為「-2」，見圖 7-46。得到最小費用增廣鏈$\mu_2:v_1\to v_3\to v_5\to v_7$，調整量$\theta=3$，調整後得到最小費用流$f^{(2)}$，流量$v(f^{(2)})=7$，總運費為$b(f^{(2)})=2\times 4+3\times 7+5\times 3=44$，見圖 7-47。

圖 7-46　$f^{(1)}$賦權圖　　　　　圖 7-47　$f^{(2)}$

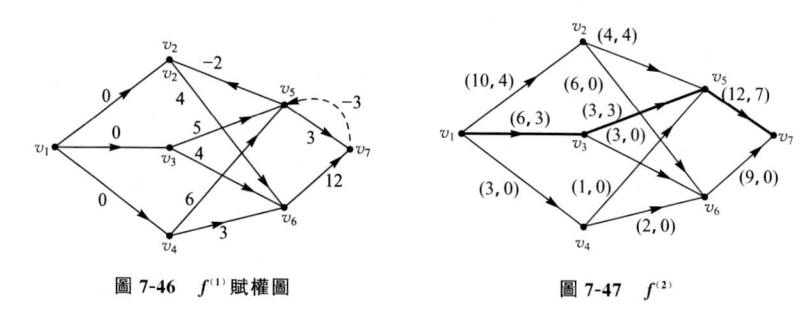

　　(4)由於$v(f^{(2)})=7<15$，對最小費用增廣鏈μ_2上的弧進行調整。在圖 7-46 中，弧(v_1,v_3)和(v_5,v_7)滿足條件$0<f_{ij}<c_{ij}$，添加兩條邊(v_3,v_1)和(v_7,v_5)，權分別為 0 和 -3，邊(v_3,v_5)上有$f_{ij}=c_{ij}$，說明已飽和。將弧(v_3,v_5)反向變為(v_5,v_3)，權為-5，見圖 7-48。計算得到最小費用增廣鏈$\mu_3:v_1\to v_4\to v_5\to v_7$，調量$\theta=1$，調整後得到最小費用流$f^{(3)}$，流量$v(f^{(3)})=8$，總運費為：$b(f^{(3)})=2\times 4+3\times 8+5\times 3+6\times 1=53$，見圖 7-49。

圖 7-48　$f^{(2)}$賦權圖　　　　　圖 7-49　$f^{(3)}$

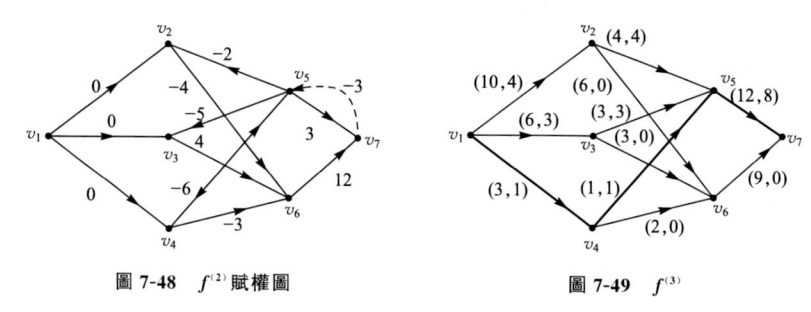

　　(5)類似地，得到圖 7-50，最小費用增廣鏈$\mu_4:v_1\to v_4\to v_6\to v_7$，調量$\theta=2$，調整後得到最小費用流$f^{(4)}$，流量$v(f^{(4)})=10$，見圖 7-51。

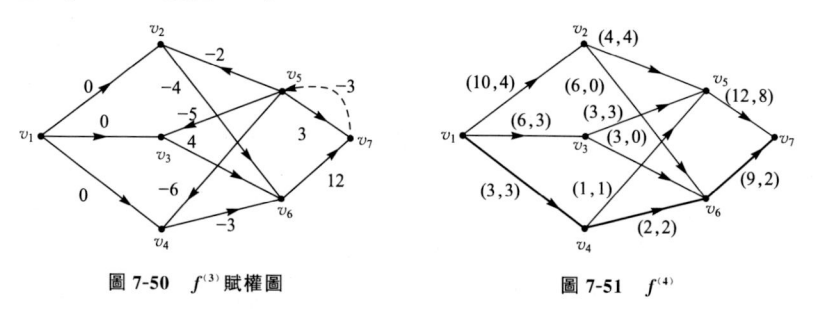

圖 7-50　$f^{(3)}$賦權圖　　　　　圖 7-51　$f^{(4)}$

　　(6)由圖 7-50 和圖 7-51，得最小費用增廣鏈$\mu_5:v_1\to v_2\to v_6\to v_7$，調量$\theta=6$，取$\theta=5$，流量$v(f^{(5)})=15$得到滿足，最小費用流見圖 7-52，問題計算結束。

(7)求最小費用最大流,對圖 7-52 的最小費用增廣鏈 μ_5,取調整量 $\theta=6$,調整流量,得到圖 7-53、圖 7-54 及賦權圖 7-55。

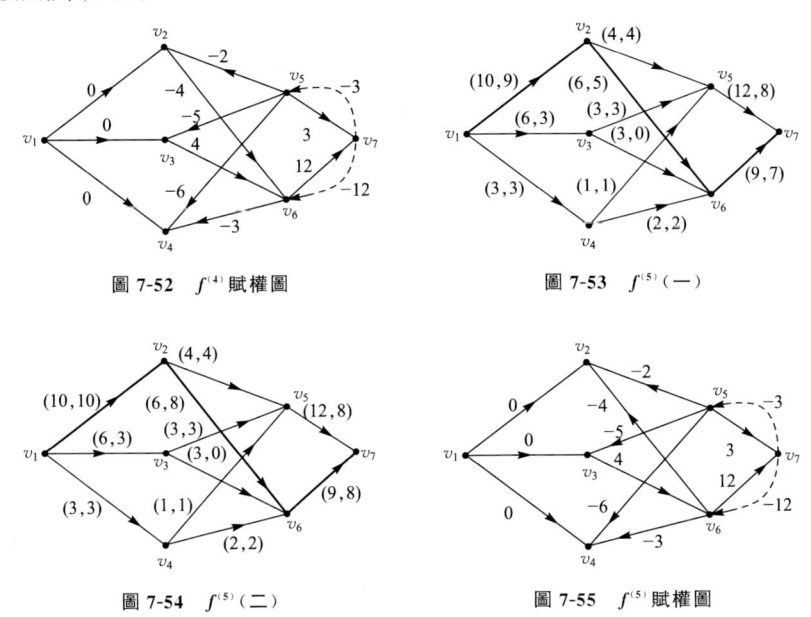

圖 7-52　$f^{(4)}$ 賦權圖

圖 7-53　$f^{(5)}$（一）

圖 7-54　$f^{(5)}$（二）

圖 7-55　$f^{(5)}$ 賦權圖

(8)圖 7-54 的最小費用增廣鏈 $\mu_6:v_1\rightarrow v_3\rightarrow v_6\rightarrow v_7$,調整量 $\theta=1$,流量 $v(f^{(6)})=17$,最小費用流為 $f^{(6)}$ 及賦權圖,見圖 7-56 和圖 7-57。圖 7-56 不存在從發點到終點的最短路,則圖 7-56 的流就是最小費用最大流,最大流為 $v(f^{(6)})=17$。

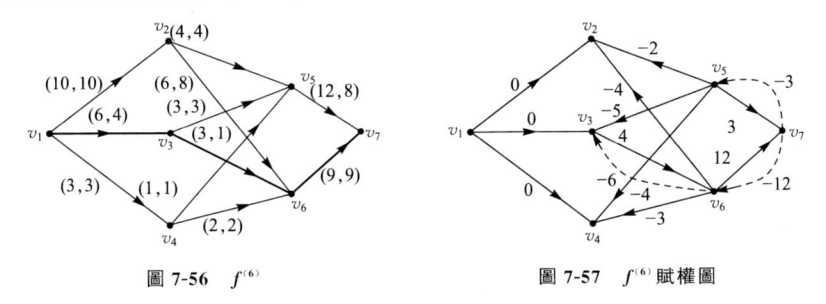

圖 7-56　$f^{(6)}$

圖 7-57　$f^{(6)}$ 賦權圖

3 個工廠分別是運送 10、4 及 3 個單位物質到 v_7。
最小費用為:$2\times4+6\times4+5\times3+4\times1+6\times1+3\times2+3\times8+12\times9=195$。

【例 7-19】　求圖 7-58 所示的網路最小費用最大流,每條弧旁的數字為(c_{ij},b_{ij})。

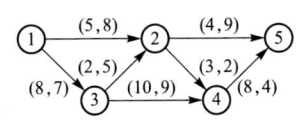

圖 7-58　網路流量圖

解:賦初始流 $f^{(0)}=0$ 流,構造容量網路。構造賦權有向圖 $W(f^{(0)})$,並求出從①→⑤的最短路,如圖 7-59 所示。在網路圖中,與這條最短路相應的增廣鏈為 μ:①→②→④→⑤,在 μ 上進行調整,θ

=3，得 $f^{(1)}$。按照上述算法依次得 $f^{(1)}, f^{(2)}, f^{(3)}, f^{(1)}$，流量依次為 3、2、5、2，構造相應的賦權圖為 $W(f^{(1)}), W(f^{(2)}), W(f^{(3)}), W(f^{(1)})$，如圖 7-59 所示。在運算過程中要注意：由費用構造加權網路（零流弧以 b_{ij} 加權，飽和弧構造反向弧以 $-b_{ij}$ 反向加權，非飽和且非零流以 b_{ij} 和 $-b_{ij}$ 雙向加權）。並求最短路即增廣鏈，在增廣鏈上調整流量。

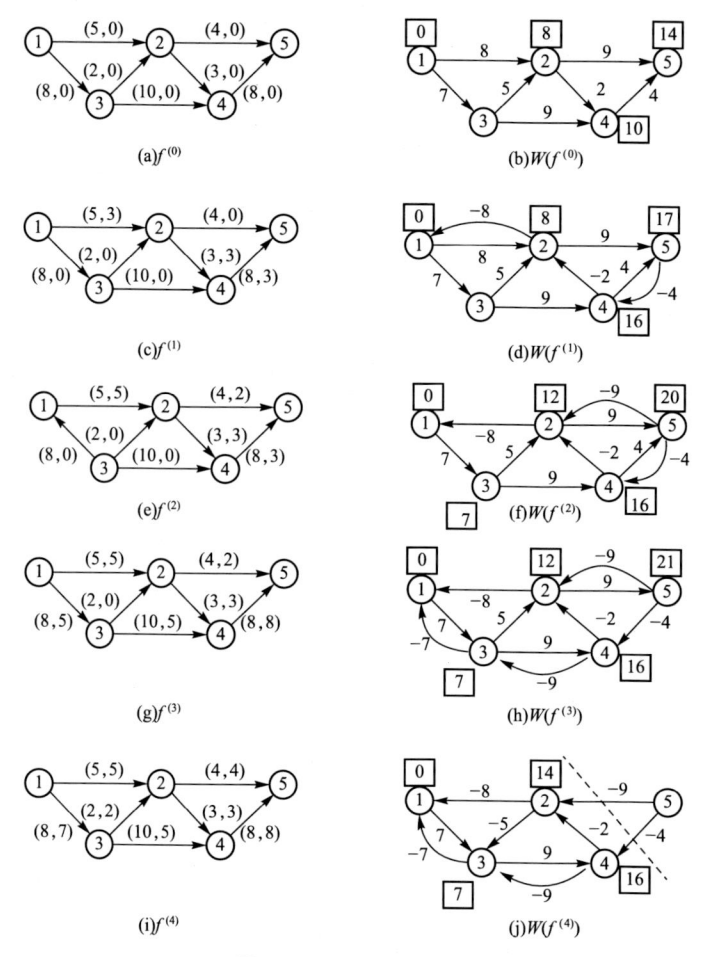

圖 7-59　例 7-19 求解過程

第五節　中國郵遞員問題

一、問題的提出

一個郵遞員傳送郵件，從郵局出發，走完他所負責的全部街道，完成任務後回到郵局，問應該按照怎樣的路線走，才能使所走的路程最短？

這個問題的一般描述如下：

給定一個連通圖 $G(V,E)$，在每一邊上賦予權，試求一個圈，過 G 每邊至少一次，並使圈的總權

最小。

這個問題是管梅谷教授在 1962 年首先提出的，因此在國際上通稱為中國郵遞員問題。在介紹中國郵遞員問題前，首先介紹歐拉圈的基本概念及基本定理。

歐拉回路是與哥尼斯堡七橋問題相聯繫的。在哥尼斯堡七橋問題中，歐拉證明了不存在這樣的回路，使它經過圖中每條邊且只經過一次又回到起始點。與此相反，設 $G(V, E)$ 為一個圖，若存在一條回路，使它經過圖中每條邊且只經過一次又回到起始點，就稱這種回路為歐拉回路，並稱圖 G 為歐拉圖。

定理 1 對連通圖 $G(V, E)$，下列條件是相互等價的：
(1) G 是一個歐拉圖。
(2) G 的每一個節點的度數都是偶數。
(3) G 的邊集合 E 可以分解為若干個回路的並。

證明：(1)⇒(2)，已知 G 為歐拉圖，則必存在一個歐拉回路，回路中的節點都是偶度數。

(2)⇒(3)，設 G 中每一個節點的度數均為偶數，若能找到一個回路 C_1 使 $G = C_1$，則結論成立。否則，令 $G_1 = G - C_1$，C_1 上每個節點的度數均為偶數，則 G_1 中的每個節點的度數亦均為偶數，於是在 G_1 必存在另一個回路 C_2。令 $G_2 = G_1 - C_2$，…，由於 G 為有限圖，上述過程經過有限步，最後必得一個回路 C_r，使 $G_r = G_{r-1} - C_r$ 上各節點的度數均為零，即 $C_r = G_{r-1}$。這樣就得到 G 的一個分解：$G = C_1 \cup C_2 \cup \cdots \cup C_r$。

(3)⇒(1)，設 $G = C_1 \cup C_2 \cup \cdots \cup C_r$，其中 $C_i (i = 1, 2, \cdots, r)$ 均為回路。由於 G 為連通圖，對任意回路 C_i，必存在另一個回路 C_j 與之相連，即 C_i 與 C_j 存在共同的節點。現在從圖 G 的任意節點出發，沿著所在的回路走，每走到一個共同的節點處，就轉向另一個回路，這樣一直走下去，就可走過 G 的每條邊且只走過一次，最後回到原出發節點，即 G 為一個歐拉圖。

在一個圖中，連接一個節點的邊數稱為該節點的度，對歐拉圖，有下列結果：

在多重連通圖 G 中，若存在一個圈，過 G 每邊一次且僅僅一次，則稱 G 為歐拉圖（簡稱圖），又稱歐拉圈。在 G 中，若存在一條鏈，過每邊一次且僅僅一次，則稱此鏈為歐拉鏈。

歐拉圖的一個重要特點是圖 G 中無奇點。

事實上，設某一始點為 S，由於 G 存在 E 圈，故 S 又是終點，G 的其餘點為中間點，記為 Z。對於中間點 Z，每進入一次必出來一次，故 Z 的次數為偶數，即 $d(Z) = 2k$。對於 S 點，出去一邊，最後返回一邊，故有

$$d(S) = 2k'$$

由此可見，E 圖中無奇點。同時，我們可以證明：無奇點的有限多重連通圖 G 必是 E 圖。

事實上，我們可以利用構造 E 圖的方法來證明 G 是 E 圖。

在 G 中任取一點 $v_0 \in V$，取其關聯邊 (v_0, v_1)。

∵ $d(v_1) = 2k_1$ ∴必須步出 v_1，再取未用過的關聯邊記為 (v_1, v_2)；

∵ $d(v_2) = 2k_2$ ∴必須步出 v_2，再取未用過的關聯邊記為 (v_2, v_3)；

……

不斷重複上述過程，每次都取未用過的關聯邊，直至返回，這就構造成 E 圖，記作 C_1。

顯然有下述情況發生：

① $C_1 = G$，由歐拉圖的定義可知 G 是 E 圖。

② $C_1 \subset G$，即 C_1 是 G 的一個子圖。在這種情況下，可以從 C_1 與某點相關聯的任何一條未用過的邊出發，仿照上述構造法，得另一個 E 圈 C_2。一般來說，可不斷構造出 $C_3, C_4, \cdots, C_n$，直至把 G 中所有邊都經過一次為止。由於 G 的有限性，這一點是可以做到的。然後根據 G 的連通性，把所有圈 $C_1, C_2, \cdots, C_n$ 結成一個大圈 C，其方法是：從 C_1 圈的 v_0 出發，沿 C_1 圈前進，遇到 C_1 與 C_2 的交叉點，轉入 C_2，沿 C_2 前進，同樣凡遇到兩子圈交叉點時，轉入另一圈繼續，最後返回 v_0，於是得 $C = G$，由構

造 C 可知 G 是 E 圖。

有了上述 E 圖的概念,很容易判斷七橋問題。由於七橋問題所示的圖中有四個奇點,因此要想從某點出發經過每邊一次且僅一次,最後返回出發點的圈不存在。即七橋圖不存在 E 圈。

定理 2 連通多重圖 G 有歐拉圈,當且僅當 G 中無奇點。

推論 連通多重圖 G 有歐拉鏈,當且僅當 G 恰有兩個奇點。

其實畫一筆畫圖就是找出歐拉圈和歐拉鏈,設 e 是連通圖 G 的一個邊,如果從 G 中丟去 e,圖就不連通了,則稱 e 是圖 G 的割邊。

設 $G(V, E)$ 是無奇點的連通圖,以 $\mu_k = (v_{i0}, e_{i1}, v_{i1}, e_{i2}, \cdots, v_{ik-1}, v_{ik})$ 記為第 k 步簡單鏈,記 $E_k = (e_{i1}, e_{i2}, \cdots, e_{ik})$,$\overline{E}_k = E \setminus E_k$,$G_k = (V, \overline{E}_k)$。當 $k = 0$ 時,令 $\mu_{0k} = (v_{i0})$,v_{i0} 是圖 G 的任意一點,$E_0 = \phi$,$G_0 = G$。

第 $k+1$ 步時,在 G_k 中選 v_{ik} 的一條關聯邊 $e_{ik+1} = [v_{ik}, v_{ik+1}]$,使 e_{ik+1} 不是 G_k 的割邊(除非 v_{ik} 是 G_k 的懸掛點,v_{ik} 在 G_k 中的懸掛邊選為 e_{ik+1})。

令 $\mu_{k+1} = (v_{i0}, e_{i1}, v_{i1}, e_{i2}, v_{i2}, \cdots, v_{ik-1}, e_{ik}, v_{ik}, e_{ik+1}, v_{ik+1})$,重複這個過程,直到找不到所要求的邊為止。可以證明,這時的簡單鏈必定終止於 v_{i0},這就是圖 G 的歐拉圈。

如果沒有奇點,郵遞員就可以從郵局出發,走過每條街道一次且僅一次,最後回到郵局,此時路最短。對有奇點的街道圖,就必須在某些街道上重複走一次或多次。如圖 7-60 中,$v_1 \to v_2 \to v_4 \to v_3 \to v_1 \to v_5 \to v_4 \to v_5 \to v_6 \to v_4 \to v_1$,總權為 12,邊 $[v_2, v_4]$、$[v_6, v_5]$ 上各重複走了一次。如果邊 $[v_i, v_j]$ 上重複走了幾次,可在圖中 v_i, v_j 之間增加幾條邊,令每條邊的權和原來的權相等,把新增加的邊稱為重複邊。這條路線就是相應的新圖中的歐拉圈套。如圖 7-60 中兩條投遞路線分別形成了圖 7-61 的歐拉圈。

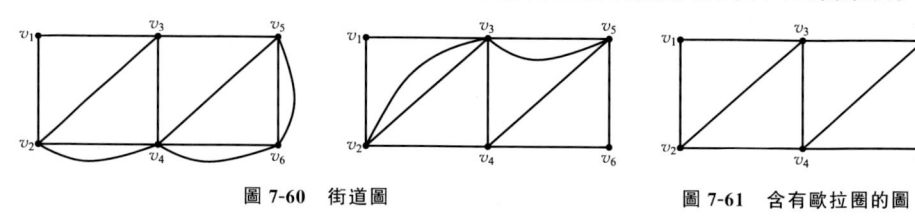

圖 7-60　街道圖　　　　　　　　圖 7-61　含有歐拉圈的圖

於是,中國郵遞員問題已經在一個有奇點的圖中,增加一些重複邊,使新圖不含奇點,並且重複邊的總權最小。新圖中不含奇點而增加的重複邊稱為可行(重複邊)方案,總權最小的可行方案稱為最優方案。

二、郵遞員問題的求解

解決中國郵遞員問題的方法主要是奇偶點作業法,主要有以下幾種:

1. 第一個可行方案的確定方法

如果圖中有奇點,就可以把它們配對,因為圖是連通的,故每對奇點之間必有一條鏈,把這條鏈的所有邊作為重複邊加到圖中去,新圖中必無奇點,即給出了第一個可行方案。

2. 調整可行方案,使重複邊總權下降

圖 7-62 中,在邊 $[v_1, v_2]$ 上有兩條重複邊,去掉重複邊後,圖仍無奇點,剩下的重複邊也是一個可行方案,而總長度卻有所下降。$[v_1, v_8]$、$[v_4, v_5]$、$[v_5, v_6]$ 上的重複邊也是如此。若 $[v_i, v_j]$ 上有兩條或以上的重複邊,去掉偶數條,就得到了一個總權較小的可行方案。

(1)在最優方案中,圖的每一邊上最多有一條重複邊,圖 7-62 變為圖 7-63,重複總權下降為 20,把圖中某個圈上的重複邊去掉,而給沒有重複邊的邊加上重複邊,圖中仍沒有奇點。如果在某個圈上的重複邊總權大於這個圈的總權的一半,將得到一個總權下降的可行方案。因為在最優方案中,圖中每個圈上的重複邊的總權不大於該圈總權的一半。

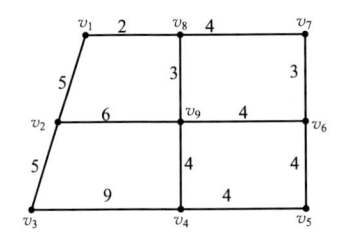

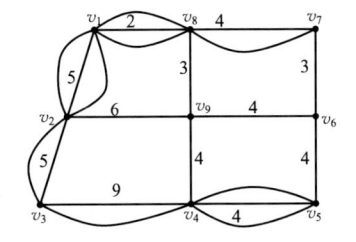

圖 7-62　加入重複邊的圖 1

(2)在圖 7-63 中，圈(v_2,v_3,v_1,v_9,v_2)的總權為 24。重複邊總權為 14，大於該圖圈總權的一半。因此，以$[v_2,v_9]$，$[v_3,v_1]$上的重複邊代替$[v_2,v_3]$，$[v_3,v_1]$上的重複邊，使重複邊的總權下降為 17，如圖 7-64 所示。

圖 7-63　加入重複邊的圖 2　　　圖 7-64　加入重複邊的圖 3

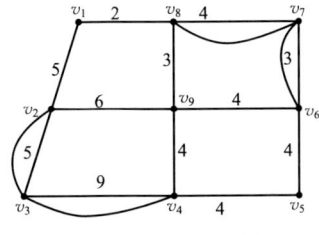

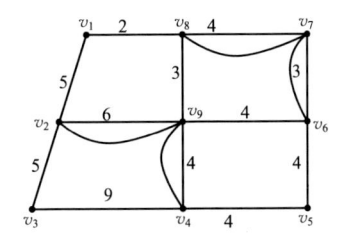

3. 判斷最優方案的標準

一個最優方案是滿足(1)、(2)的可行方案。若滿足，所得方案即為最優方案；若不滿足，則調整方案直至條件(1)和(2)均得到滿足時為止。圖 7-65 中的圈$(v_1,v_2,v_9,v_6,v_7,v_8,v_1)$，重複邊的總權為 13，而圈的總權為 24，不滿足(2)。經調整得圖 7-65，重複邊的總權將下降為 15。檢查圖 7-65，(1)和(2)均滿足。於是得最優方案。

【例 7-20】　某電動汽車公司與學校合作，擬定在校園內開通無污染無噪聲的「綠色交通」路線。圖 7-66 是某大學教學樓與學生宿舍樓的分佈圖，其中 C 與 F 之間是兩條單向通道，邊上的數字為汽車通過兩點間的正常時間(分鐘)。電動汽車公司如何設計一條路線，使汽車通過每一處教學樓和宿舍樓一次後總時間最少。

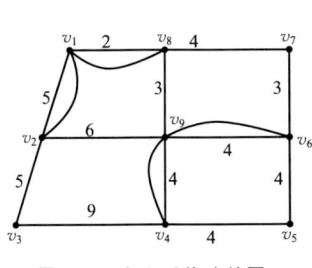

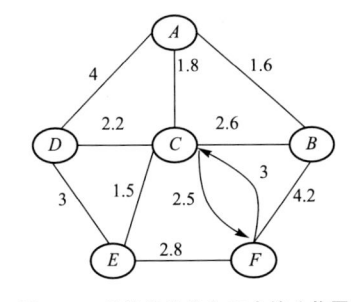

圖 7-65　加入重複邊的圖 4　　　圖 7-66　教學樓與學生宿舍樓分佈圖

解：圖 7-66 存在 Hamilton 回路，即圖 $G(V,E)$(若一個回路 H 過每個點一次且僅一次，則稱 H 是 Hamilton 回路)，將圖表示成距離矩陣，順序為 A,B,C,D,E,F，兩點間沒有邊連接的時間為 ∞。

(2)類似解指派問題(匈牙利算法)的第一步，每行每列分別減去該行該列的最小元素，得到矩陣

C_1,C_1 與 C 的解相同。

(3)採用最近城市法,在 C_1 中取一個初始 Hamilton 回路 H_1,起步可以從任意點開始,不妨從 A 出發,下一步到離 A 最近的點 B,依次取 C,F,E,D,A,回路 H_1 為 (A,B,C,F,E,D,A),距離為:$C(H_1)=1.6+2.6+2.5+2.8+3+4=16.5$。

$$\begin{bmatrix} \infty & 1.6 & 1.8 & 4 & \infty & \infty \\ 1.6 & \infty & 2.6 & \infty & \infty & 4.2 \\ 1.8 & 2.6 & \infty & 2.2 & 1.5 & 2.5 \\ 4 & \infty & 2.2 & \infty & 3 & \infty \\ \infty & \infty & 1.5 & 3 & \infty & 2.8 \\ \infty & 4.2 & 3 & \infty & 2.8 & \infty \end{bmatrix} \quad C_1=\begin{bmatrix} \infty & 0 & 0.2 & 1.7 & \infty & \infty \\ 0 & \infty & 1 & \infty & \infty & 1.6 \\ 0.3 & 1.1 & \infty & 0 & 0 & 0 \\ 1.8 & \infty & 0 & \infty & 0.8 & 0 \\ \infty & \infty & 0 & 0.8 & \infty & 0.3 \\ \infty & 1.4 & 0.2 & 0 & 0 & \infty \end{bmatrix}$$

(4)修正回路 H_1。在矩陣 C_1 中從 A 到 B 的距離 $c_{12}=0$ 最短,去掉 C_1 的第一行第二列。為避免出現子回路 $A \to B \to A$,令 $c_{12}=\infty$,得到矩陣 C_2,在 C_2 中第一行減去最小元素 1,第一列減去最小元素 0.3,得到矩陣 C_3。

$$C_2 = \begin{array}{c} \\ B \\ C \\ D \\ E \\ F \end{array}\begin{array}{c}A \quad C \quad D \quad E \quad F\end{array} \begin{bmatrix} \infty & 1 & \infty & \infty & 1.6 \\ 0.3 & \infty & 0 & 0 & 0 \\ 1.8 & 0 & \infty & 0.8 & 0 \\ \infty & 0 & 0.8 & \infty & 0.3 \\ \infty & 0.2 & 0 & 0 & \infty \end{bmatrix} \quad C_3 = \begin{bmatrix} \infty & 0 & \infty & \infty & 0.6 \\ 0 & \infty & 0 & 0 & 0 \\ 1.5 & 0 & \infty & 0.8 & 0 \\ \infty & 0 & 0.8 & \infty & 0.3 \\ \infty & 0.2 & 0 & 0 & \infty \end{bmatrix}$$

在 C_3 中,按最近城市法,B 的下一步應達到 C,從 C_3 看出最後一個點不能是 E,F,下一步 C 不能選 D,只能選 E 和 F。依次選 E,F,D,A 不能構成 Hamilton 回路。若依次選 F,E,D,A,則回路與 H_1 相同,沒有改進。

因此,在 C_3 中,B 的下一步應達到 F,取回路 $H_2=(A,B,F,E,C,D,A)$,距離為:$C(H_2)=1.6+4.2+2.8+1.5+2.2+4=16.3$。

(5)與第(4)步一樣,去掉 C_3 中第一行和第五列,並且令 $c_{61}=\infty$(C_3 中是 ∞),得到矩陣 C_4。矩陣 C_4 中每行每列都有零,在 C_4 中找一個與 H_1,H_2 不同的 Hamilton 回路,有兩條與 A 不同的回路 (A,B,F,E,C,D,A) 和 (A,B,F,C,E,A),取第一條回路 $H_3=(A,B,F,E,D,C,A)$,即 F 下一步達到 E,距離為 $C(H_2)=1.6+4.2+2.8+3+2.2+1.8=15.6$。

$$C_4 = \begin{array}{c} \\ C \\ D \\ E \\ F \end{array}\begin{array}{c}A \quad C \quad D \quad E\end{array} \begin{bmatrix} 0 & \infty & 0 & 0 \\ 1.5 & 0 & \infty & 0.8 \\ \infty & 0 & 0.8 & \infty \\ \infty & 0.2 & 0 & 0 \end{bmatrix}$$

$$C_5 = \begin{array}{c} \\ C \\ D \\ E \end{array}\begin{array}{c}A \quad C \quad D\end{array} \begin{bmatrix} 0 & \infty & 0 \\ 1.5 & 0 & \infty \\ \infty & 0 & 0.8 \end{bmatrix}$$

去掉 C_4 中第四行第四列,得到矩陣 C_5。C_5 中不存在與 H_1,H_2,H_3 不同的回路,H_3 為最小 Hamilton 回路。

電動汽車公司的行車路線是 $A \to B \to F \to E \to D \to C \to A$,汽車在校園行駛一圈需要 15.6 分鐘。

從題的計算看出,最後結果很大程度上依賴於前面走過的路線,如第一步從某個點出發到另一個點確定後,就不能再變動,其結果可能不是最小 Hamilton 回路。在本題中,由矩陣 C_1 第一步從 B

開始到 F 取一個 Hamilton 回路,最後結果就與上述例題不同。開始可以取不同的 Hamilton 回路,重複計算幾次,從中篩選較優的結果。

思考與練習 >>>>

1. 有八種化學藥品 A、B、C、D、P、R、S、T 要放進儲藏室保管。出於安全原因,下列各組藥品不能儲在同一室內: $A—R$,$A—C$,$A—T$,$R—P$,$P—S$,$S—T$,$T—B$,$B—D$,$D—C$,$R—S$,$R—B$,$P—D$,$S—C$,$S—D$,問儲藏這八種藥品至少需要多少房間?

2. 分別用避圈法和破圈法求下列網路的最小樹。見圖 7-67。

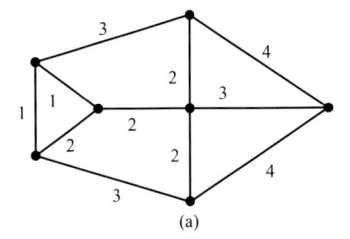

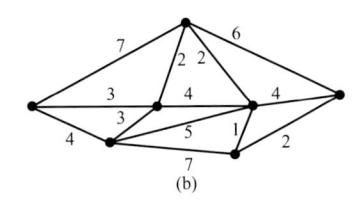

圖 7-67　題 2 圖

3. 求下列網路的最小費用最大流。弧旁數字為 (b_{ij}, c_{ij})。

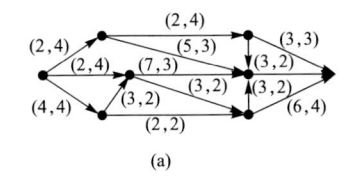

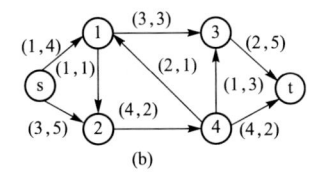

圖 7-68　題 3 圖

4. 求下列網路的最大流與最小截集。弧旁的數字為其容量。見圖 7-69。

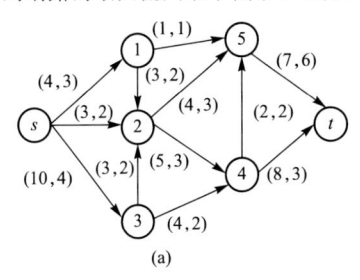

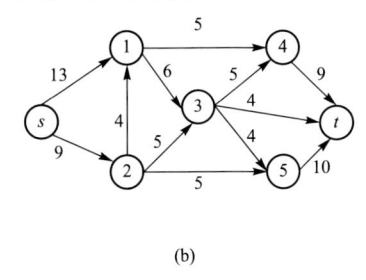

圖 7-69　題 4 圖

5. 某工廠使用一臺設備,每年年初工廠都要做出決定:如果繼續使用舊的,要付維修費;如果買新的,要付購置費。試製訂一個五年更新計劃,使工廠總支出最少。該設備在各年的購置費、不同役齡的殘值及維修費如表 7-6 所示。

表 7-6　費用表

項目	第一年	第二年	第三年	第四年	第五年
購置費　萬元	11	12	13	14	15
設備役齡　年	0~1	1~2	2~3	3~4	4~5
維修費　萬元	5	6	8	11	18
殘值　萬元	4	3	2	1	0

6.某公司派推銷員從北京(B)乘飛機到上海(S)、拉薩(L)、成都(C)、大連(D)、武漢(W)五城市做產品推銷,每城市恰去一次再回北京,問應如何安排飛行路線,使旅程最短。各城市之間的航線距離如表 7-7 所示(單位:10^3 km)。

表 7-7 各城市間的航線距離

	B	S	L	C	D	W
B	0	1.49	3.89	2.16	0.90	1.23
S	1.49	0	4.30	2.41	2.27	0.92
L	3.89	4.30	0	2.17	4.80	3.64
C	2.16	2.41	2.17	0	3.06	1.49
D	0.90	2.27	4.80	3.06	0	2.08
W	1.23	0.92	3.64	1.49	2.08	0

7.某地區有 3 個城鎮,各城鎮每天產生的垃圾要運往該地區的 4 個垃圾處理場,現考慮各城鎮到各處理場的道路對各城鎮垃圾外運的影響。假設各城鎮每日產生的垃圾量、各處理場的日處理能力及各條道路(可供運垃圾部分)的容量(其中容量為 0 表示無此直接道路)如表 7-8 所示。試用網路流方法分析目前的道路狀況能否使所有垃圾都運到處理場得到處理,如果不能,應首先拓寬哪條道路。

表 7-8 各城鎮垃圾量及處理量表

處理場(城鎮)	1	2	3	4	垃圾量
a	30	20	10	0	50
b	0	0	20	40	70
c	50	40	20	50	80
處理量	60	40	90	30	

第八章

排　隊　論

　　排隊論(queuing theory)是一門應用十分廣泛的運籌學分支學科。排隊是在日常生活中經常遇到的現象,如顧客到商店購買物品、病人到醫院看病等常常要排隊。此時,要求服務的數量超過服務機構(服務臺、服務員等)的容量,也就是說,到達的顧客不能立即得到服務,因而出現了排隊現象。電話局的占線問題,車站、碼頭等交通樞紐的車船堵塞和疏導,故障機器的停機待修,水庫的存貯調節等都是有形或無形的排隊現象。由於顧客到達和服務時間的隨機性,可以說排隊現象幾乎是不可避免的。

　　對於隨機服務系統,若擴大系統設備,會提高服務質量,但同時也會增加系統費用;若減少系統設備,能節約系統費用,但可能使顧客在系統中等待的時間加長,從而降低了服務質量,甚至會失去顧客而增加機會成本。因此,對於管理人員來說,排隊系統中的問題是:在服務質量的提高和成本的降低之間取得平衡,找到最適當的解。

　　在管理科學或運籌學中,等待的隊伍被稱為隊列(queue)。排隊論作為運籌學的一個重要分支在過去的幾十年裡得到了長足的發展,代表特定環境的模型的數量穩步增加。作為最早的定量優化方法之一,排隊論的起源可以追溯到1909年丹麥電話工程師愛爾朗(A. K. Erlang)發表的一篇論文。從那時起愛爾朗的名字就與概率排隊模型緊密地聯繫在一起。該論文的發表為後來排隊論的發展奠定了堅實的基礎。

　　排隊論也稱隨機服務系統理論,是為解決上述問題而發展的一門學科。它研究的內容有下列三部分:

　　(1)性態問題,即研究各種排隊系統的概率規律性,主要是研究隊長分佈、等待時間分佈和忙期分佈等,包括了瞬態和穩態兩種情形。

　　(2)最優化問題,又分靜態最優和動態最優。前者指最優設計,後者指現有排隊系統的最優營運。

　　(3)排隊系統的統計推斷,即判斷一個給定的排隊系統符合哪種模型,以便根據排隊理論進行分析研究。

第一節　排隊論概述

一、排隊系統的組成和分類

1. 排隊系統的組成

　　排隊現象是指到達服務機構的顧客數量超過服務機構提供服務的容量,也就是說,顧客不能

立即得到服務而產生的等待現象。顧客可以是人,也可以是物。例如,在銀行營業部辦理存取款的儲戶,在汽車修理廠等待修理的車輛,在流水線上等待下一道工序加工的半成品,機場上空等待降落的飛機,以及等待服務器處理的網頁,都被認為是顧客。服務機構可以是個人,如理髮員和美容師,也可以是若幹人,如醫院的手術小組。服務機構也還可以是包裝糖果的機器、機場的跑道、十字路口的紅綠燈,以及提供網頁查詢的服務器,等等。

任何一個服務系統總是由兩個相輔相成的要素——顧客和服務員(或服務臺)所構成。凡是要求接受服務的人與物統稱為顧客;凡是給予顧客服務的人與物統稱為服務員(或服務臺)。

對於一個排隊系統來說,如果顧客的到達時刻和對顧客的服務時間是固定的,人們總可以適當安排或調整服務員個數、服務速率,從而使顧客到達後少排隊甚至不排隊而迅速進入服務,亦即容易達到供求之間的平衡關係,如通常情況下的火車調度就屬於以上情況。然而,由於客觀環境的複雜多變及種種隨機因素的影響,在絕大多數情況下,顧客到達服務系統的時刻及對顧客的服務時間都是隨機的。這就給服務系統造成了一系列供求之間的矛盾。例如,有時顧客多而服務跟不上(供不應求),而另一些時候則由於顧客少(或無顧客)而使服務員處於空閒狀態(供過於求)。因此,排隊論的主要任務就是:通過對排隊系統概率規律性的探討來尋求某些能達到供求平衡的手段與策略。這也就是排隊系統的最優設計與最優控制問題。

因為顧客到達,服務時間具有不確定性,排隊系統又稱隨機服務系統。它的基本結構如圖 8-1 所示。

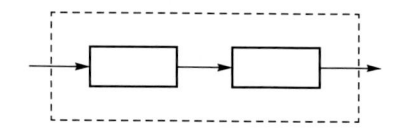

圖 8-1 隨機服務系統的基本結構

現實中的排隊現象是多種多樣的。對上面所說的「顧客」和「服務員」,要作廣泛地理解。它可以是人,也可以是非生物;隊列可以是具體地排列,也可以是無形的(如向電話交換臺要求通話的呼喚);顧客可以走向服務機構,也可以相反(如送貨上門)。下面舉一些例子說明現實中形形色色的排隊系統,如表 8-1 所示。

表 8-1 排隊系統

到達的顧客	要求服務內容	服務機構
不能運轉的機器	修理	修理技工
修理技工	領取修配零件	發放修配零件的管理員
病人	診斷或動手術	醫生(或包括手術臺)
電話呼喚	通話	交換臺
文件稿	打字	打字員
提貨單	提取存貨	倉庫管理員
到達機場上空的飛機	降落	跑道
駛入港口的貨船	裝(卸)貨	裝(卸)貨碼頭(泊位)
上游河水進入水庫	放水,調整水位	水閘管理員
進入我方陣地的敵機	我方高射炮進行射擊	我方高射炮

考慮到任何一個顧客通過排隊系統總要經過如下過程:顧客到達、排隊等待、接受服務、離去。因此,排隊系統的概率規律性顯然與如下三個因素有關。這就是:顧客到達規律,顧客排隊與接受服

務的規則,服務機構的結構形式、服務員個數與服務速率。因此,將上述三個因素稱為排隊系統的三個基本組成部分。下面將分別給予介紹。

(1) 輸入過程。輸入過程是指各種類型的「顧客」按怎樣的規律到來。這些「顧客」可以是購買火車票的旅客、公共汽車的乘客、商店的顧客、打電話的用戶、等待裝卸的車輛、損壞待修的機器等。它們陸續到來,等待服務。下面介紹幾種常見的輸入情況。

①定長輸入(D)。顧客有規則地等距到達,如自動生產線上的裝配件;且每隔時間 c 到達一個顧客,即有 $\tau_n \equiv c$。顯然,τ_n 的分佈函數為

$$A(t) = P(\tau_n \leqslant t) = \begin{cases} 0 & (t < c) \\ 1 & (t \geqslant c) \end{cases}$$

②泊松流(Poisson)(M)。泊松流又稱最簡單流,在長為 t 的時間區間內到達 n 個顧客的概率 $P_n(t)$ 服從泊松分佈,即

$$P_n(t) = \frac{(\lambda t)^n}{n!} e^{-\lambda t} \quad (n = 0, 1, 2, \cdots)$$

或者說顧客相繼到達間隔時間 T 服從負指數分佈,即

$$F_T(t) = \begin{cases} 1 - e^{-\lambda t} & (t \geqslant 0) \\ 0 & (t < 0) \end{cases}$$

系統的輸入過程 $\{M(t), t \geqslant 0\}$ 為 Poisson 流。一個取非負整數值的隨機過程 $\{M(t), t \geqslant 0\}$ 稱為 Poisson 流,其必須滿足如下三個條件:

a. $P(M(0) = 0) = 1$。

b. 對於任何 $0 \leqslant s < t$,增量 $M(s,t) = M(t) - M(s)$ 有參數為 $\lambda(t-s), \lambda > 0$ 的 Poisson 分佈,即對於 $k = 0, 1, 2, \cdots$,有

$$P(M(s,t) = k) = \frac{[\lambda(t-s)]^k}{k!} e^{-\lambda(t-s)}$$

c. 過程 $\{M(t), t \geqslant 0\}$ 具有獨立增量性。

③k 階愛爾朗輸入(E_k)。它的到達間隔相互獨立,具有相同的愛爾朗分佈密度:

$$f_k(t) = \frac{\mu k (\mu k t)^{k-1}}{(k-1)!} e^{-\mu k t} \quad (t \geqslant 0)$$

這種輸入是指顧客的到達過程 $\{\tau_n, n = 1, 2 \cdots\}$ 是獨立同分佈的隨機變量序列,且 τ_n 的分佈函數為

$$A(t) = 1 - e^{-\lambda t} \left[1 + \frac{\lambda t}{1!} + \frac{(\lambda t)^2}{2!} + \cdots + \frac{(\lambda t)^{k-1}}{(k-1)!} \right] \quad (t \geqslant 0; \lambda > 0)$$

④一般獨立輸入(G)。它的到達間隔相互獨立,且具有相同的概率分佈。上面所有的輸入都是一般獨立輸入的特例。

⑤成批到達輸入。顧客一批接一批地相繼到達系統。設 s_n 表示第 n 批顧客的到達時刻,$\tau_n = s_n - s_{n-1}$ 表示各批相繼到達的時間間隔。此時,每批顧客的個數 L 可以是常數(通常是正整數),也可以是一個離散型(通常取非負整數)隨機變量,而各批相繼到達的時間間隔 τ_n 可為上述各種分佈之一,則這種輸入就稱為成批到達輸入。

根據以上幾種輸入類型,輸入包括以下方面內容:

①顧客總體。顧客總體可以是一個有限的集合,也可以是一個無限的集合。但只要顧客總體所包含的元素數量充分大,就可以把顧客總體有限的情況近似地看成顧客總體無限的情況來處理。上游河水流入水庫可以認為顧客總體是無限的,而工廠裡等待修理的機器設備顯然是有限的顧客總體。

②顧客到達的時點。雖然顧客的到達可能是單個發生的,也可能是成批發生的,但在排隊系統中,總是假設在同一時點上只能有一個顧客到達,同時到達的一批顧客只能看成一個顧客。

③顧客到達的相關性。顧客到達可以是相互獨立的,也可以是相關聯的。所謂獨立即先前顧客的到達對後續顧客的到達沒有影響,否則就是相關的。

④顧客到達的時間間隔。顧客到達的時間間隔可以是確定的,也可以是隨機的。如在流水線上裝配的各部件必須按確定的時間間隔到達裝配點,定點運行的列車、班機的到達也都是確定的。但商場購物的顧客、醫院診病的病人、通過路口的車輛的到達都是隨機的。對於隨機的情形,我們必須瞭解單位時間的顧客到達數或相繼到達的時間間隔的概率分佈。

⑤顧客到達的平穩性。平穩性是指顧客到達的時間間隔分佈及其特徵參數(數學期望、方差等)不隨時間的變化而變化。

最簡單的到達過程是符合泊松(Poisson)分佈的隨機過程。在這種情況下,顧客到達的時間間隔是一系列相互獨立並具有負指數分佈的隨機變量。

(2) 排隊規則。排隊規則是指顧客接受服務的規則(先後次序),有以下幾種情況:

①損失制。損失制又稱即時制。顧客到達時,若所有服務臺被占用,該顧客就自動消失,永不再來。這種排隊規則會損失許多顧客。

②等待制。顧客到達時,若所有的服務臺被占用,就排隊等候。等待服務的次序可以採用下列規則:

a. 先到先服務(FCFS:first in,first out);即按照到達次序接受服務,這是最通常的情況。

b. 後到先服務(FCLS:last in,first out)。例如,將鋼板堆入倉庫看成顧客的到來,需要時將它們陸續取走看成服務,則一般是先取最上面的,也就是最後放上的鋼板。

c. 隨機服務(SIRO:service in random order)。服務機構從等待的顧客中隨機地選一個進行服務,如電話交換臺對話服務的接通處理。

d. 優先權服務(PR:service with priority)。如危重病人可掛急診、加急信件處理、航空公司的金卡旅客有優先登機權等。

③混合制。混合制即損失制與等待制兼而有之的情況。假定服務系統的容量有限,最多只能容納 k 個顧客,那麼當顧客到達時,發現服務系統已經占滿,該顧客將自動消失,否則就進入服務系統。大體有以下三種:

a. 隊長有限。當等待服務的顧客人數超過規定數量時,後來的顧客就自動離去,另求服務,即系統的等待空間是有限的。

b. 等待時間有限。即顧客在系統中的等待時間不超過某一給定的長度 T,當等待時間超過時間 T 時,顧客自動離去,並且不再回來。

c. 逗留時間(等待時間與服務時間之和)有限。

(3) 服務機構。為了描述排隊系統的服務過程,我們需要確定服務時間的概率分佈。在大多數情況下,服務時間是獨立於排隊系統中的顧客數量,即服務機構不會因為顧客數量增多而加快服務進度。不同服務機構提供的服務時間之間是相互獨立的,並都服從同一種概率分佈,而且也獨立於顧客相繼到達間隔時間。服務時間一般分為確定型的和隨機型的。在大多數情形下,服務時間是隨機型的。排隊論主要研究隨機型的服務時間。對於隨機型的服務時間,我們必須知道它的概率分佈,通常假定是指數分佈。

從服務隊列的安排上來說,我們將重點研究以下三種形式:單臺服務、多臺服務、單隊列多臺服務。從隊列的數目來看,可以是單列,也可以是多列。服務機構在提供服務時,可以有一個或多個服務臺。服務臺的排隊系統如圖 8-2 所示。

從圖 8-2 中可以看出,(a)為單臺服務,但在有多個服務臺的情形中,它們可以是並列,可以是串列,也可以是混合排列;圖 8-2(b)表示在排隊系統中存在多個隊列,且服務機構提供多個服務臺的排隊模型;而圖 8-2(c)則表示排隊系統中存在單隊列,且服務機構提供多個服務臺的排隊模型。在日常生活中,這兩種排隊方式都是常見的。

2. 排隊系統的分類

早期,肯德爾(D.G. Kendall)提出,按排隊系統的三個最主要的特徵分類。這三個特徵是:

(a)

(b)

(c)

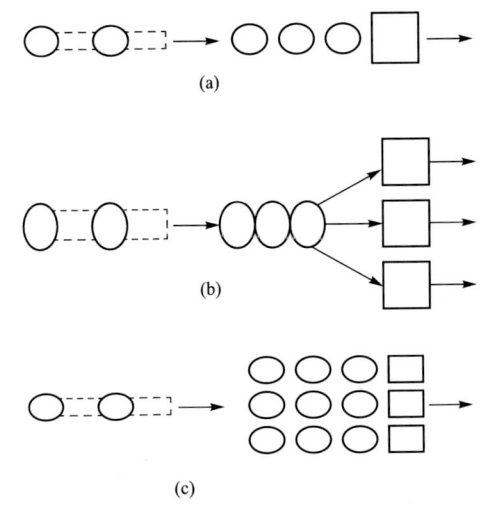

圖 8-2　服務臺的排隊系統

　　X——顧客相繼到達的時間間隔分佈；
　　Y——服務時間分佈；
　　Z——服務臺個數。
　　並用如下形式的符號描述排隊系統，即 $X\ Y\ Z$。
　　1971 年，國際會議對排隊系統的符號進行了標準化，即 $X\ Y\ Z\ A\ B\ C$。其中，A 為系統容量限制，即系統中允許的最大顧客數；B 為顧客源數目；C 為服務規則（FCFS、FCLS、SIRO、PR，當服務規則為先來先服務時可省略不寫）。
　　表示相繼到達間隔時間和服務時間的各種分佈的符號是：
　　M 為負指數分佈（M 是 Markov 的字頭，因為負指數分佈具有無記憶性，即 Markov 性）；D 為確定型（deterministic）；E_k 為 k 階愛爾朗（Erlang）分佈；GI 為一般相互獨立（general independent）的時間間隔的分佈；G 為一般（general）服務時間的分佈。
　　一個排隊系統通常可由如下七個特徵來決定：顧客的輸入過程；對顧客的服務過程；服務員的個數；系統容量（系統內所能允許進入的最大顧客數）；顧客源的個數；服務規則；服務機構的結構形式。於是人們就根據這些特徵來劃分排隊模型。如 $M\ M\ k\ k$ 系統，其含義為：該系統的輸入過程 $\{M(t),t\geqslant 0\}$ 為 Poisson 流，因而顧客源的個數為 ∞；對每個顧客的服務時間 $t_1,t_2,\cdots t_n\cdots$ 為獨立同負指數分佈；c 個服務員；系統容量為 $k(k\geqslant c)$；顧客進入系統後排成一列，按照先來先服務的原則，由 c 個服務員並行服務。又如 $GI\ E_3\ 2\ \infty$ 系統，其含義為：該系統的輸入過程 $\{\tau_n,n=1,2,\cdots\}$ 為一般獨立輸入；對每個顧客的服務時間 $t_1,t_2,\cdots t_n\cdots$ 為獨立同分佈，其分佈函數為 3 級 Erlang 分佈；兩個服務員；系統容量為 ∞；顧客到達後排成一列，按照先來服務的規則，接受兩個服務員的並行服務；顧客源的個數無限。
　　例如，$M\ M\ 1\ 1\ \infty$ FCLS 表示顧客相繼到達時間間隔和服務時間服從負指數分佈，單臺，容量為 1，顧客源無限，先到先服務的排隊系統；$M\ D\ 1\ 4\ \infty$ FCFS 表示顧客相繼到達時間間隔服從負指數分佈，服務時間為定長，單臺，容量為 4，顧客源無限，先到先服務的排隊系統；當省去後三項時表示 $X\ Y\ Z$。
　　例如，$M\ M\ 1$ 表示相繼到達間隔時間為負指數分佈、服務時間為負指數分佈、單服務臺的模型；$D\ M\ k$ 表示確定的到達間隔、服務時間為負指數分佈、c 個平行服務臺（但顧客是一隊）的模型。

二、排隊系統研究的問題

排隊論討論的問題分為兩大類。

第一類問題研究最優設計,是指在服務機構設置之前,根據顧客輸入過程與服務過程的要求,結合對系統的一定數量指標要求,確定服務機構的規模。在輸入及服務參數給定的條件下,確定系統的參數。如在 $M/M/C$ 系統中,在已知的到達率及服務率的情況下,如何設置服務臺數 C,使得系統的某種指標到達最優。

第二類問題研究排隊系統的最優營運,對已有的服務系統進行最優控制,盡可能地改進服務系統。

在這類問題中,系統運行的某些特徵量可以隨時間或狀態而變化。例如,系統的服務率可以隨著顧客數的改變而改變。動態控制問題大致分為兩類:

(1) 根據系統的實際情況,假定一個實際可行的控制策略,然後分析系統的性狀,以該策略確定系統的最優運行參數。例如,在 $M/M/C$ 系統中,可以採取這樣的服務策略:當隊長達到 a 時,增加服務臺。一旦隊長小於 a,則取消增設的服務臺。對於某個目標函數,可以確定最佳的 a。

(2) 對於一個具體的系統,研究一個最佳的控制策略。

求解一個實際的排隊問題,首先要研究它屬於哪個模型,其中顧客到達流和服務時間的概率分佈需要實測的數據,用數理統計的方法得到。統計問題是指對服務系統統計數據的處理,如顧客相繼到達的間隔時間是否獨立而且同分佈,屬於何種分佈;服務時間服從何種分佈;服務時間與相繼到達時間是否獨立等。如通常用 χ^2 檢驗法檢驗確定,其他因素都可以根據問題的具體情況加以確定。

與運籌學的其他分支不同,對排隊系統做定量分析是通過一些數量指標進行的,通常採用的指標有:隊長、排隊長、逗留時間、等待時間等。這些指標都是隨機變量。通常採用期望值來判別排隊系統運行的效率,估計服務質量,故首先要計算系統中顧客數量的概率分佈。通過研究系統的數量指標瞭解系統的基本特徵。這些指標如下示,為了方便,我們引進相應的符號。

(1) L_s——隊長的期望值,系統中的平均顧客數,包括排隊的顧客和正在接受服務的顧客。又稱隊列長。系統隊長=等待服務的顧客數+正接受服務的顧客數。

(2) L_q——平均等待隊長,即系統中排隊等待服務的平均顧客數。

(3) W_s——一位顧客在系統中的平均逗留時間,包括排隊時間和接受服務時間。逗留時間=等待時間+服務時間。

(4) W_q——等待時間(指一個顧客從到達系統起到開始接受服務時所花費的時間)的期望值。顧客的平均等待時間等於其系統逗留時間減去服務時間。

這四項主要性能指標的值越小,說明系統排隊越少,等待時間越少,因而系統性能越好。它們是顧客與服務系統的管理者都非常關注的。

(5) λ——單位時間內平均到達的顧客數(平均到達率)。

(6) $1/\lambda$——平均到達間隔時間。

(7) μ——單位時間內平均能被服務完的顧客數(平均服務率)。

(8) $1/\mu$——一個顧客的平均服務時間。

(9) C——服務臺個數。

(10) ρ——每個服務臺的服務強度。每個服務臺處於工作狀態的時間占全部時間的比例,也稱服務機構的利用率。

(11) P_n——在統計平衡時(穩態),系統中有 n 個顧客的概率。

(12) P_0——系統中沒有顧客的概率,即所有服務設施都空閒的概率。

(13) P_w——顧客到達系統時,必須排隊等待的概率。

(14) 忙期——從顧客到達空閒服務機構起到服務機構再次空閒止的時間長度。

(15) 顧客損失率——是指顧客的流失數量與需全部服務的顧客的數量的比例。

(16) Little 定律。Little 定律給出了系統的平均隊長 L 和平均逗留時間 W 之間的重要關係。假設系統的容量是足夠大,那麼有 $L=\lambda W$。

由於顧客到達排隊系統的時間間隔和服務機構的服務時間都是隨機變量,上述排隊指標也都是隨機變量,因此,為了計算這些指標,需要知道它們的概率分佈。我們將會看到,這些概率分佈與排隊系統的狀態概率分佈,即排隊系統隊長的概率分佈直接相關。若在排隊系統中有 n 個顧客,則系統的狀態就是 n。狀態概率一般是隨時刻 t 而變化的。若以 $P_n(t)$ 表示在時刻 t 系統狀態為 n 的概率,通常我們用它的極限值:

$$\lim_{t\to\infty} P_n(t) = P_n$$

作為系統狀態為 n 的概率。稱極限值 P_n 為系統狀態到達穩態的概率。在實際應用中,對於大多數排隊問題,系統會很快趨於穩定。

第二節 排隊論常用分佈

一、泊松分佈

泊松過程是應用最廣泛的一類隨機過程。它常用來描述排隊系統中顧客到達的過程、一個城市中交通事故的次數、保險公司索賠發生的次數等。泊松過程是構造更複雜的隨機過程的基本構件。因此,它是一個非常重要的隨機過程。

1. 定義

設 X 為取非負正數值的隨機變量,若 X 的概率分佈為

$$P(X=k) = \frac{\lambda^k}{k!} e^{-\lambda} \quad (k=0,1,\cdots;\lambda>0)$$

則稱 X 服從參數為 λ 的泊松分佈,記為 $X \sim \text{Poi}(\lambda)$。隨機變量 X 的均值和方差分別為: $E(X)=\lambda$, $Var(X)=\lambda$。

2. 泊松過程

設 $N(t)$ 表示在時間區間 $[0,t)$ 內到達的顧客數($t>0$),令 $P_n(t_1,t_2)$ 表示在時間區間 $[t_1,t_2)$($t_2>t_1$) 內有 $n(\geqslant 0)$ 個顧客到達的概率,即

$$P_n(t_1,t_2) = P\{N(t_2) - N(t_1) = n\} \quad (t_2>t_1, n\geqslant 0)$$

對於每個給定的時刻 $t \in [0,T)$,$N(t)$ 為一隨機變量,則稱隨機變量族 $\{N(t) \mid t \in [0,T)\}$ 為隨機過程。假設對時刻 $t_1 < t_2 < \cdots < t_n < t_{n+1}$,有

$$P_n\{N(t_{n+1}) = i_{n+1} \mid N(t_1) = i_1, N(t_2) = i_2, \cdots, N(t_n) = i_n\}$$
$$= P\{N(t_{n+1}) = i_{n+1} \mid N(t_n) = i_n\}$$

設隨機過程 $\{N(t) \mid t \in [0,T)\}$ 為馬爾柯夫過程。馬爾柯夫過程表示為:如果以 t_n 表示現在時刻,t_{n+1} 表示未來時刻,$t_1,\cdots,t_{n-1}$ 表示過去的一系列時刻,那麼顧客到達的過程在 t_n 以前所處的狀態與預言過程在 t_n 以後的狀態無關。這一性質稱為無後效性。

若隨機過程 $\{N(t) \mid t \in [0,T)\}$ 滿足下列三個條件,則稱此過程是一個泊松過程。

(1) 在不重疊的時間區間內顧客到達數是相互獨立的,即對任意一組 $t_1 < t_2 < \cdots < t_n (n \geqslant 3)$,隨機變量 $N(t_2) - N(t_1), N(t_3) - N(t_2), \cdots, N(t_n) - N(t_{n-1})$ 相互獨立。

(2) 對充分小的 Δt,在時間區間 $[t, t+\Delta t)$ 內有 1 個顧客到達的概率與 t 無關,而約與區間長 Δt 成正比,即

$$P_1(t, t+\Delta t) = \lambda \Delta t + o(\Delta t)$$

其中,$o(\Delta t)$ 是當 $\Delta t \to o$ 時關於 Δt 的高階無窮小;$\lambda > 0$ 是一常數。

(3) 對於充分小的 Δt，在時間區間 $[t, t+\Delta t]$ 內有 2 個或 2 個以上顧客到達的概率極小，以致可以忽略不計，即

$$\sum_{n=2}^{\infty} P_n(t, t+\Delta t) = o(\Delta t)$$

在排隊論裡，人們常把泊松過程稱為泊松流或最簡單流。

在上述條件下，下面研究長為 t 的時間區間內到達 n 個顧客的概率分佈。

當時間由 0 算起時，常簡記為

$$P_n(0, t) = P_n(t)$$

由條件(2)和(3)可知，在 $[t, t+\Delta t]$ 區間內沒有顧客到達的概率為

$$P_0(t, t+\Delta t) = 1 - \lambda \Delta t + o(\Delta t)$$

求 $P_n(t)$ 通常用建立未知函數的微分方程的方法，先求未知函數 $P_n(t)$ 由時刻 t 到 $t+\Delta t$ 的改變量，從而建立 t 時刻的概率分佈與 $t+\Delta t$ 時刻概率分佈的關係方程。

若在 $[0, t+\Delta t]$ 時刻內到達顧客總數為 n，把區間 $[t, t+\Delta t]$ 分成兩個互不重疊的區間 $[0, t)$ 和 $[t, t+\Delta t]$，再加入 $[0, t+\Delta t]$ 這種情況。在區間 $[t, t+\Delta t]$ 內到達 n 個顧客應是表中三種互不相容的情況之一，其概率 $P_n(t+\Delta t)$ 應是表中三個概率之和，將 $o(\Delta t)$ 合為一項，有：

$$P_n(t+\Delta t) = P_n(t)(1-\lambda \Delta t) + P_{n-1}(t)\lambda \Delta t + o(\Delta t);$$

$$\frac{P_n(t+\Delta t) - P_n(t)}{\Delta t} = -\lambda P_n(t) + \lambda P_{n-1}(t) + \frac{o(\Delta t)}{\Delta t}$$

表 8-2　三種情況表

情況	第一種情況 $[0, t)$ 個數	概率	第二種情況 $[t, t+\Delta t]$ 個數	概率	第三種情況 $[0, t+\Delta t]$ 個數	概率
A	n	$P_n(t)$	0	$1-\lambda \Delta t + o(\Delta t)$	n	$P_n(t)(1-\lambda \Delta t + o(\Delta t))$
B	$n-1$	$P_{n-1}(t)$	1	$\lambda \Delta t$	n	$P_{n-1}(t)\lambda \Delta t$
C	$n-2$ $n-3$ $\vdots$ 0	$P_{n-2}(t)$ $P_{n-3}(t)$ $\vdots$ $P_0(t)$	2 3 $\vdots$ n	$o(\Delta t)$	n n $\vdots$ n	$o(\Delta t)$

令 $\Delta t \to 0$，則有

$$\frac{dP_n(t)}{dt} = -\lambda P_n(t) + \lambda P_{n-1}(t) \quad (n \geq 1) \tag{8-1}$$

當 $n=0$ 時只有 A 一種情況，有

$$\frac{dP_0(t)}{dt} = -\lambda P_0(t) \tag{8-2}$$

初始條件：當 $t=0$ 時沒有顧客到達，故有

$$P_0(0) = 1 \tag{8-3}$$

$$P_n(0) = 0 \quad (n=1, 2, \cdots) \tag{8-4}$$

解方程(8-2)並代入初始條件(8-3)，得

$$P_0(t) = e^{-\lambda t} \tag{8-5}$$

解方程(8-1)，兩邊乘積分因子 $e^{\lambda t}$，移項得

$$e^{\lambda t}\frac{dP_n(t)}{dt} + \lambda P_n(t)e^{\lambda t} = \lambda e^{\lambda t} P_{n-1}(t)$$

$$\frac{\mathrm{d}}{\mathrm{d}t}[P_n(t)\mathrm{e}^{\lambda t}] = \lambda P_{n-1}(t)\mathrm{e}^{\lambda t}$$

積分得

$$P_n(t)\mathrm{e}^{\lambda t} = \lambda \int_0^t P_{n-1}(t_1)\mathrm{e}^{\lambda t_1}\mathrm{d}t_1 \tag{8-6}$$

依次代入 $n=1,2,\cdots$，有

$n=1, P_1(t)\mathrm{e}^{\lambda t} = \lambda \int_0^t \mathrm{e}^{-\lambda t_1}\mathrm{e}^{\lambda t_1}\mathrm{d}t_1 = \lambda t$，得

$$P_1(t) = \lambda t \mathrm{e}^{-\lambda t}$$

$n=2, P_2(t)\mathrm{e}^{\lambda t} = \lambda \int_0^t \mathrm{e}^{-\lambda t_1}\mathrm{e}^{\lambda t_1}\mathrm{d}t_1 = \lambda t$，得

$$P_2(t) = \frac{\lambda^2 t^2}{2!}\mathrm{e}^{-\lambda t}$$

遞推可得

$$P_n(t) = \frac{(\lambda t)^n}{n!}\mathrm{e}^{-\lambda t} \quad (n=0,1,2,\cdots) \tag{8-7}$$

式(8-7)表示參數為 λ 的泊松過程，由於

$$\sum_{n=0}^{\infty} \frac{(\lambda t)^n}{n!}\mathrm{e}^{-\lambda t} = 1$$

故 $N(t)$ 的期望值為

$$E[N(t)] = \sum_{n=0}^{\infty} n\frac{(\lambda t)^n}{n!}\mathrm{e}^{-\lambda t} = \lambda t \sum_{n=1}^{\infty} \frac{(\lambda t)^{n-1}}{(n-1)!}\mathrm{e}^{-\lambda t}$$
$$= \lambda t \sum_{i=0}^{\infty} \frac{(\lambda t)^i}{i!}\mathrm{e}^{-\lambda t} = \lambda t \tag{8-8}$$

由式(8-8)可見，參數 λ 表示單位時間平均到達的顧客數。同樣，可以求出 $N(t)$ 的方差為：

$$Var[N(t)] = \lambda t \tag{8-9}$$

隨機過程 $\{N(t) \mid t \in (0,T)\}$ 為馬爾柯夫過程。隨機過程 $\{N(t), t \geq 0\}$，若滿足下列條件，則稱為泊松過程。

(1) 獨立增量性，即 $N(s+t) - N(s)$ 與 $N(s)$ 獨立，$\forall s, t \geq 0$，有

$$P\{N(s+t) - N(s)[N(s)]\} = P\{N(s+t) - N(s)\}$$

(2) 增量平穩性，即 $N(s+t) - N(s)$ 的分佈不依賴於 s，$\forall s, t \geq 0$，有

$$P\{N(s+t) - N(s) = n\} = P\{N(t) - N(0) = n\} = P\{N(t) = n\}$$

(3) 當 t 充分小時，有

$$P(N(t)=1) = \lambda t + o(t); P(N(t)=0) = 1 - \lambda t + o(t); P(N(t) \geq 2) = o(t)$$

則稱上述過程 $N(t)$ 為泊松過程，其中 λ 為泊松過程的參數，且 $N(s)$ 服從泊松分佈，即

$$P\{N(t) = n\} = \frac{(\lambda t)^n}{n!}\mathrm{e}^{-\lambda t}$$

獨立增量性表明，在 $(s, s+t)$ 中發生的事件數與 $(0, s)$ 中發生的事件數是獨立的，因此在不相交的區間上事件發生的次數是相互獨立的。

增量平穩性表明，在 $(s, s+t)$ 中發生的事件數 $N(s+t) - N(s)$ 與 $(0, t)$ 中發生的事件數 $N(t) = N(t) - N(0)$ 有相同的分佈。這個分佈不依賴於區間 $(s, s+t)$ 開始的端點 s，而只與其長度 t 有關。而且，當 t 充分小時，在 $(0, t)$ 中發生大於或等於 2 個事件的概率為 t 的高階無窮小。

【例 8-1】 設 $N(t)$ 是參數為 λ 的泊松過程，求：

(1) $P(N(1) = 0 \mid N(2) = 1)$；
(2) $P(N(2) = 3 \mid N(1) = 1)$；
(3) $P(N(1) = 1, N(2) = 3, N(4) = 6)$。

解：(1)

$$P\{N(1)=0|N(2)=1\} = \frac{P\{N(1)=0, N(2)=1\}}{P\{N(2)=1\}}$$

$$= \frac{P\{N(1)=0\} \cdot P\{N(2)=1|N(1)=0\}}{P\{N(2)=1\}}$$

$$= \frac{P\{N(1)=0\} \cdot P(N(1+1)-N(1)=1)}{P(N(2)=1)}$$

$$= \frac{P(N(1)=0) \cdot P(N(1)=1)}{P(N(2)=1)} = \frac{e^{-\lambda} \cdot \lambda e^{-\lambda}}{2\lambda e^{-2\lambda}} = \frac{1}{2}$$

(2) 由增量平穩性可得

$$P(N(2)=3|N(1)=1) = P(N(2)-N(1)=2)$$
$$= P(N(1+1)-N(1)=2) = P(N(1)=2) = \frac{\lambda^2}{2}e^{-\lambda}$$

(3) 由增量平穩性可得

$$P(N(1)=1, N(2)=3, N(4)=6)$$
$$= P(N(1)-N(0)=1, N(2)-N(1)=2, N(4)-N(2)=3)$$
$$= P(N(1)-N(0)=1)P(N(2)-N(1)=2)P(N(4)-N(2)=3)$$
$$= P(N(1)=1)P(N(1+1)-N(1)=2)P(N(2+2)-N(2)=3)$$
$$= P(N(1)=1)P(N(1)=2)P(N(2)=3)$$
$$= \lambda e^{-\lambda} \frac{\lambda^2}{2} e^{-\lambda} \frac{(2\lambda)^3}{3!} e^{-2\lambda}$$
$$= 2\lambda^6 e^{-4\lambda}$$

【例 8-2】某天上午，從 10：30 到 11：47，每隔 20 秒統計一次來到某長途汽車站的乘客數，共得到 230 個記錄。整理後得到的統計結果如表 8-3 所示。

表 8-3 統計結果

乘客數目	0	1	2	3	4
頻數	100	81	34	9	6

試用一個泊松過程來描述此車站乘客的到達過程，並具體寫出它的概率分佈。

解：根據 λ 的意義，先求出每 20 秒內到達顧客的平均數：

$$\lambda = \frac{1}{230}[0\times100+1\times81+2\times34+3\times9+4\times6] \approx 0.87$$

故每分鐘平均到達的顧客數目為

$$\lambda = 3\times 0.87 = 2.61 (人)$$

概率分佈為

$$P_n(t) = \frac{(2.61t)^n}{n!} e^{-2.61t}$$

3. 排隊系統與泊松過程

若 $N(t)$ 為 $(0,t)$ 時間內到達系統內的顧客數，則 $N(t)$ 是一個隨機變量，且 $\{N(t)|t\in(0,T)\}$ 為一個隨機過程。

若該隨機過程滿足：

(1) 在不重疊的時間區間內，顧客的到達數是相互獨立的。

(2) 在 $(s,s+t)$ 內的顧客到達數只與區間的長度 t 有關而與時間起點 s 無關。或者說，在一個充

分小的間隔時間 Δt 內，即在 $(t, t+\Delta t)$ 內到達一個顧客的概率為 $\lambda \Delta t + o(\Delta t)$。

(3) 對於充分小的 Δt，在時間區間 $(t, t+\Delta t)$ 內有 2 個或 2 個以上顧客到達的概率極小，以至於可以忽略，即

$$\sum_{n=2}^{\infty} P\{N(t+\Delta t) - N(t) = n\} = o(\Delta t)$$

則認為顧客到達系統的過程是泊松過程，且

$$P\{N(t) = n\} = \frac{(\lambda t)^n}{n!} e^{-\lambda t} \quad (n = 1, 2, \cdots; t > 0)$$

另外，$E[N(t)] = \lambda t$，$\text{Var}[N(t)] = \lambda t$。其中，$\lambda$ 表示單位時間內到達系統的顧客數。

4. 顧客相繼到達間隔與泊松過程

當輸入過程為泊松過程時，那麼顧客相繼到達的間隔時間 T 必服從負指數分佈，即

$$F(t) = P(T \leq t) = 1 - e^{-\lambda t} \quad (t \geq 0; \lambda > 0)$$

因為，對於泊松過程，在 $(0, t)$ 時間區間內有一個顧客到達的概率可表示為

$$P(N(t) = 1) = 1 - P(N(t) = 0) = 1 - e^{-\lambda t}$$

而在 $(0, t)$ 時間區間內有一個顧客到達的事件等價於顧客相繼達到的時間間隔 T 小於 t 的事件，因此有

$$P(N(t) = 1) = P(T \leq t) = 1 - e^{-\lambda t}$$

即

$$F(t) = P(T \leq t) = 1 - e^{-\lambda t} \quad (t \geq 0; \lambda > 0)$$

因此，對於泊松過程，當 λ 表示單位時間平均到達的顧客數時，$1/\lambda$ 就表示顧客相繼到達的平均時間。

5. 生滅過程

假定有一堆細菌，每一細菌在時間 Δt 內分裂成兩個的概率為 $\lambda \Delta t + o(\Delta t)$，而在 Δt 內死亡的概率為 $\mu \Delta t + o(\Delta t)$。各個細菌在任何時段內分裂或死亡都是相互獨立的。如果將細菌的分裂或死亡都看成發生一個事件的話。當 Δt 足夠小時，發生兩個或兩個以上事件的概率為 $o(\Delta t)$。假定初始時刻細菌的個數已知，則經過時間 t 後，細菌變成了多少。這是生滅過程的例子。不少排隊過程是和這個過程相仿的。

一般地，設 $\{N(t) | t \in [0, T)\}$ 為一個隨機過程，隨機變量 $N(t)$ 的取值集合為 $S = \{0, 1, 2, \cdots\}$ 或 $S = \{0, 1, 2, \cdots, k\}$。這個集合也稱為狀態集。設在時刻 t 時 $N(t) = j$，在時刻 $t + \Delta t$ 時，$N(t+\Delta t) = j+1$ 的概率為 $\lambda_j \Delta t + o(\Delta t)$，其中 $\lambda_j > 0$ 為與 t 無關的常數；在時刻 $t + \Delta t$ 時，$N(t+\Delta t) = j-1$ 的概率為 $\mu_j \Delta t + o(\Delta t)$，其中 $\mu_j > 0$ 也是與 t 無關的常數；在時刻 $t + \Delta t$ 時，$N(t + \Delta t)$ 為 S 中其他元素的概率均為 $o(\Delta t)$。滿足上述條件的隨機過程 $\{N(t) | t \in [0, T)\}$ 稱為生滅過程。生滅過程具有無後效性，故也是一個馬爾柯夫過程。通常把具有生滅過程特徵的排隊模型稱為馬氏過程排隊模型。

在分析馬氏過程排隊模型時，需求出系統在任意時刻 t 的狀態為 n（系統中有 n 個顧客）的概率 $P_n(t)$。它決定了系統運行的特徵。

由生滅過程的定義可知，若把狀態的變化理解為排隊系統顧客的到達或離去，在時刻 t 狀態為 n 的條件下，在 $[t, t+\Delta t]$ 時間區間內有一個顧客到達的概率為 $1 - \lambda_n \Delta t - o(\Delta t)$；有一個顧客離去的概率為 $\mu_n \Delta t + o(\Delta t)$，沒有顧客離去的概率為 $1 - \mu_n \Delta t - o(\Delta t)$；多於一個顧客到達或離去的概率為 $o(\Delta t)$，可以忽略不計。

在時刻 $t + \Delta t$，系統中有 n 個 $(n > 0)$ 顧客的四種情況如表 8-4 所示，表中到達或離去的顧客為 2 個及其以上的沒列入。

表 8-4　系統有 n 個顧客的情形表

在時刻 t 的顧客數	概率 $[0,t]$	在 $[t,t+\Delta t]$ 內發生的事件	在時刻 $t+\Delta t$ 的顧客數	概率 $0[t,t+\Delta t]$
n	$P_n(t)$	無到達無離去	n	$P_n(t)(1-\lambda_n\Delta t)(1-\mu_n\Delta t)$
$n+1$	$P_{n+1}(t)$	離去一個	n	$P_{n+1}(t)(1-\lambda_{n+1}\Delta t)\mu_{n+1}\Delta t$
$n-1$	$P_{n-1}(t)$	到達一個	n	$P_{n-1}(t)\lambda_{n-1}\Delta t(1-\mu_{n-1}\Delta t)$
n	$P_n(t)$	到達一個離去一個	n	$P_n(t)\cdot\lambda_n\Delta t\cdot\mu_n\Delta t$

表 8-4 中的四種情況是互不相容的，故 $P_n(t+\Delta t)$ 應是四項之和，將關於 Δt 的無階無窮小合併成一項後有下列關係：

$$P_n(t+\Delta t)=P_n(t)(1-\lambda_n\Delta t-\mu_n\Delta t)+P_{n+1}(t)\mu_{n+1}\Delta t+P_{n-1}(t)\lambda_{n-1}\Delta t+o(\Delta t)+P_{n-1}(t)\lambda_{n-1}\Delta t+o(\Delta t)$$

$$\frac{P_n(t+\Delta t)-P_n(t)}{\Delta t}=\lambda_{n-1}P_{n-1}(t)+\mu_{n+1}P_{n+1}(t)-(\lambda_n+\mu_n)P_n(t)$$

令 $\Delta t\to 0$，得關於 $P_n(t)$ 的微分差分方程：

$$\frac{\mathrm{d}P_n(t)}{\mathrm{d}t}=\lambda_{n-1}P_{n-1}(t)+\mu_{n+1}P_{n+1}(t)-(\lambda_n+\mu_n)P_n(t)\quad(n=1,2,\cdots)$$

當 $n=0$ 時，只有表中的前兩種情況，故有：

$$P_0(t+\Delta t)=P_0(t)(1-\lambda_0\Delta t)+P_1(t)(1-\lambda_1\Delta t)\mu_1\Delta t$$

$$\frac{P_0(t+\Delta t)-P_0(t)}{\Delta t}=-\lambda_0 P_0(t)+\mu_1 P_1(t)+\frac{o\Delta t}{\Delta t} \tag{8-10}$$

令 $\Delta t\to 0$，有

$$\frac{\mathrm{d}P_0(t)}{\mathrm{d}t}=-\lambda_0 P_0(t)+\mu_1 P_1(t) \tag{8-11}$$

式(8-10)及式(8-11)是生滅過程的微分差分方程，可以描述系統的瞬態過程。所謂瞬態，是指與時間 t 有關的系統狀態。解此方程組比較複雜，也不便應用，我們只求其穩態解。穩態又稱統計平衡狀態，指系統的狀態與時間 t 無關。通常利用如下關係：

$$\lim_{t\to\infty}P_n(t)=P_n$$

這一求極限的關係是指當系統運行了無限長的時間後，初始($t=0$)出發狀態的概率分佈的影響將消失，而且系統的狀態概率分佈不再隨時間變化。在實際應用中，許多系統會很快趨於穩定，無須等到 $t\to\infty$ 以後。但永遠達不到穩定的情況也是有的。求穩態概率 P_n 時，並不一定求 $t\to\infty$ 時 $P_n(t)$ 的極限，只需令導數 $P_n'(t)=0$ 即可（因為這時 $P_n(t)$ 與 t 無關）。於是，可得穩態下的方程：

$$\frac{\mathrm{d}P_0(t)}{\mathrm{d}t}=\frac{\mathrm{d}P_n(t)}{\mathrm{d}t}=0\quad(n=1,2,\cdots)$$

即

$$-\lambda_0 P_0+\mu_1 P_1=0 \tag{8-12}$$

$$\lambda_{n-1}P_{n-1}+\mu_{n+1}P_{n+1}-(\lambda_n+\mu_n)P_n=0\quad(n=1,2,\cdots) \tag{8-13}$$

由式(8-12)可得

$$P_1=\frac{\lambda_0}{\mu_1}P_0$$

式(8-13)中令 $n=1$，將 P_1 代入，可得

$$P_2=\frac{\lambda_0\lambda_1}{\mu_1\mu_2}P_0$$

令 $n=2$，可得

$$P_3=\frac{\lambda_0\lambda_1\lambda_2}{\mu_1\mu_2\mu_3}P_0$$

依次遞推,可得

$$P_n = \frac{\prod_{i=0}^{n-1}\lambda_i}{\prod_{i=1}^{n}\mu_i}P_0 \quad (n=1,2,\cdots) \tag{8-14}$$

根據概率的性質和 $\sum_{n=0}^{\infty}P_n = 1$,故有

$$P_0 = 1 - \sum_{n=1}^{\infty}P_n$$

而

$$\sum_{n=1}^{\infty}P_n = \sum_{n=1}^{\infty}\frac{\prod_{i=0}^{n-1}\lambda_i}{\prod_{i=1}^{n}\mu_i}P_0$$

可得

$$P_0 = \frac{1}{1+\sum_{n=1}^{\infty}\frac{\prod_{i=0}^{n-1}\lambda_i}{\prod_{i=1}^{n}\mu_i}} \tag{8-15}$$

當狀態為有限集時($S=\{1,2,\cdots,k\}$),有

$$P_0 = \frac{1}{1+\sum_{n=1}^{k}\frac{\prod_{i=0}^{n-1}\lambda_i}{\prod_{i=1}^{n}\mu_i}}$$

生滅過程也可以用狀態轉移圖的形式來進行形象的解釋和說明。例如,一個顧客的到達將使系統狀態從 n 到 $n+1$,這一過程稱為生;一個顧客的離開將使系統狀態從 n 到 $n-1$,這一過程稱為滅。系統狀態的轉移可以用狀態轉移圖(見圖 8-3)來描述,圖中結點代表狀態,箭頭代表狀態轉移。因為在同一時間不可能有兩個事件發生,所以不存在跨狀態的狀態轉移。

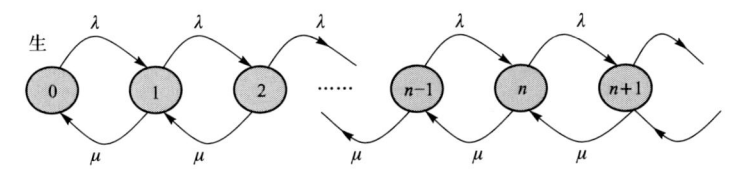

圖 8-3　生滅過程示意圖

利用圖 8-3 所示的狀態轉移形式,根據流的平衡原理可以建立起穩定狀態的狀態轉移方程組。所謂流的平衡原理就是在穩定狀態下,流入任意一個結點的流量等於流出該結點的流量。流量的概念是這樣定義的:如果從狀態 i 到狀態 j 轉移弧上的轉移率為 r_{ij},那麼這條轉移弧所發生的流量就是 $r_{ij}p_i$。流的平衡原理具有鮮明的直觀性和廣泛的適用性。

將流的平衡原理應用於轉移圖的各個狀態,每一狀態都可給出一個以 p_i 為變量的線性方程。這些線性方程組成的線性方程組無條件地決定了 p_i 的分佈。

$$\lambda p_0 = \mu p_1$$
$$\lambda p_1 + \mu p_1 = \lambda p_0 + \mu p_2$$
$$\lambda p_2 + \mu p_2 = \lambda p_1 + \mu p_3$$
$$\cdots$$

流的平衡方程具有一種特別易於手工求解的形式。第一個方程是根據狀態「0」的流平衡條件建立的，因為與狀態「0」相鄰的狀態只有狀態「1」，所以此方程只含有 p_0 和 p_1 兩個未知量。雖然 p_0 和 p_1 都隨模型的變化而變化，但是利用此方程用 p_0 表示 p_1 總是可以實現的。第二個方程是根據狀態「1」的流平衡條件建立的，涉及 $p_0、p_1$ 和 p_2 三個未知量。通過以 p_0 表示 p_1，可以把未知量減少為 p_0 和 p_2 兩個，進而實現用 p_0 表示 p_2。依次類推，每個方程均可以把一個新的未知量表示為 p_0 的函數，直到將所有的未知量都用 p_0 表示出來。

因為此時每個 p_i 都已表示為 p_0 的函數，所以正規方程 $\sum_i p_i = 1$ 可表示為只含 p_0 一個未知量的形式，進而求得 p_0 和其他所有狀態的概率 p_i。如果模型含有無限個狀態，正規方程 $\sum_i p_i = 1$ 可表示為只含 p_0 一個未知量的無窮序列。

對於系統容量無限的排隊系統，按照上述求解過程可以得到如下結果：

$$p_1 = (\frac{\lambda}{\mu}) p_0 ; p_2 = (\frac{\lambda}{\mu})^2 p_0 \cdots p_i = (\frac{\lambda}{\mu})^i p_0$$

引入正規方程 $\sum_i p_i = 1$，有

$$p_0 [1 + (\frac{\lambda}{\mu}) + (\frac{\lambda}{\mu})^2 + \cdots + (\frac{\lambda}{\mu})^n + \cdots] = 1$$

出現在方括號中的無窮序列是一個簡單的等比序列。倘若 λ/μ 是一個小於 1 的數，那麼該等比序列將收斂於一個有限的和 $1/(1-\lambda/\mu)$。解該正規方程，有

$$p_0 = 1 - \frac{\lambda}{\mu}$$

進而有

$$p_i = (\frac{\lambda}{\mu})^i (1 - \frac{\lambda}{\mu})$$

從上述的概率分佈解可以看出，λ 和 μ 兩個參數總是以比值的形式出現在一起，因此可以用一個小寫的希臘字母來代替 λ/μ，即 $\rho = \lambda/\mu$。將 ρ 代入上述解，可使其更具簡明的形式：$p_i = \rho^i (1-\rho)$。新的參數 ρ 是到達率與服務率之比，被稱為繁忙率。ρ 也可以有其他表現形式，如 $\rho = (1/\mu)/(1/\lambda)$。此時，$\rho$ 的含義是平均服務時間與相繼到達平均間隔時間之比。若 $\rho = \lambda \cdot \frac{1}{\mu}$，此時 ρ 的含義是到達率與平均服務時間的積，即在一個平均服務時間裡到達的平均顧客數量。ρ 的所有這些含義，均給出了要求 $\rho < 1$ 的邏輯解釋。簡言之，如果顧客的平均到達率大於平均服務率，那麼系統的隊長將無限增加，從而造成系統永遠也達不到穩定狀態。

二、負指數分佈

1. 分佈函數與密度函數

在顧客到達過程中，兩顧客相繼到達的間隔時間 T 顯然是隨機變量。當顧客按泊松流到達時，顧客相繼到達間隔時間 T 服從負指數分佈。它的分佈函數是

$$F_T(t) = \begin{cases} 1 - e^{-\lambda t} & (t \geq 0) \\ 0 & (t < 0) \end{cases} \tag{8-16}$$

概率密度是

$$f_T(t) = \begin{cases} t e^{-\lambda t} & (t \geq 0) \\ 0 & (t < 0) \end{cases} \tag{8-17}$$

這是因為在顧客按泊松流到達時，在 $[0,t)$ 區間內至少有一個顧客到達的概率是

$$1 - P_n(t) = 1 - e^{-\lambda t} (t \geq 0)$$

T 的分佈函數 $F_T(t)$ 顯然有如下關係：

概率密度為

$$f_T(t) = \frac{dF_T(t)}{dt} = \lambda e^{-\lambda t} \ (t \geq 0)$$

數學期望和方差分別是 $E(X) = \dfrac{1}{\lambda}, Var(X) = \dfrac{1}{\lambda^2}$ \hfill (8-18)

可以證明：相繼到達的間隔時間是獨立的,且為負指數分佈(密度函數為 $\lambda e^{-\lambda t}, t \geq 0$),與輸入過程為泊松流(參數為 λ)是等價的。

負指數分佈的性質如下：

(1) 密度函數 $f(t)$ 對 t 嚴格遞減。

(2) 無記憶性。即任取 $y, z \geq 0$,有

$$P(X > y + z \mid X > y) = P(X > z)$$
$$P(X > y + z \mid X > y) = 1 - P(X < y + z)$$
$$= 1 - (1 - e^{-\lambda(y+z)}) = e^{-\lambda(y+z)}$$
$$P(X > y) = 1 - P(X < y) = e^{-\lambda y}$$
$$P(X > y + z \mid X > y) = \frac{P(X > y + z) \cap (X > y)}{P(X > y)}$$
$$\frac{P(X > y + z)}{P(X > y)} \frac{e^{-\lambda(y+z)}}{e^{-\lambda y}}$$
$$= e^{-\lambda z} = P(X > z)$$

2. 負指數分佈與排隊系統

排隊系統中,相繼顧客到達的間隔時間 T 為一個隨機變量。若 λ 表示單位時間平均到達的顧客數(到達率),一般情況下, T 服從參數為 λ 的負指數分佈。因此有

$$P(T \leq t) = 1 - e^{-\lambda t} \ (t \geq 0)$$

根據負指數分佈的性質,有：

(1) 相繼顧客到達的時間間隔的期望值為 $E(T) = 1/\lambda$,方差為 $Var(T) = 1/\lambda^2$；

(2) 從任意時刻看,下一個顧客到達的規律與上一個顧客的到達無關,即相鄰到達的時間間隔 T 具有無記憶性。即

$$P(T > t + \Delta t \mid T > \Delta t) = P(T > t) = e^{-\lambda t}$$

同理,排隊系統中,顧客接受服務的時間 T 為一個隨機變量。若 μ 表示單位時間被服務完的顧客數(服務率)。一般情況下, T 服從參數為 μ 的負指數分佈。因此有

$$P(T \leq t) = 1 - e^{-\mu t} \ (t \geq 0)$$

根據負指數分佈的性質,有：

(1) 服務時間的期望值為 $E(T) = 1/\mu$,方差為 $Var(T) = 1/\mu^2$。

(2) 顧客被服務完的時間是相互獨立的。

例如,若單位時間(每分鐘)被服務完顧客數為 $\mu = 0.8$ 位,則有

$P(服務時間 \ T \leq 0.5 \ 分) = 1 - e^{-0.8 \times 0.5} = 1 - 0.670,3 = 0.329,7$

$P(服務時間 \ T \leq 1 \ 分) = 1 - e^{-0.8 \times 1} = 1 - 0.449,3 = 0.550,7$

$P(服務時間 \ T \leq 2 \ 分) = 1 - e^{-0.8 \times 2} = 1 - 0.201,9 = 0.798,1$

【例 8-3】 在某座大橋的一個橋口,觀察到 26 輛到達橋口要過橋的汽車,其到達時刻記錄如下(開始觀察時刻為 0,單位為秒)：

0	15	17	23	24	25	31	39	55	58
62	63	65	68	80	82	85	89	97	99
103	111	121	122	123	133				

試用一個泊松過程描述這個到達過程，並寫出具體的概率模型。

解：可利用汽車相繼到達的間隔時間求參數 λ。汽車相繼到達間隔時間依次為

15	2	6	1		6	8	16	3	4
1	2	3	12	2	3	4	8	2	4
8	10	1	1	10					

由此可得汽車相繼到達間隔時間的平均值為 $133/25=5.32$ 秒，故單位時間到達汽車的平均數 $\lambda=1/5.32\approx 0.188$ 輛/秒。

於是用如下泊松流來描述到達過程：
$$P_n(t)=\frac{(0.188t)^n}{n!}e^{-0.188t}\;(n=0,1,2,\cdots)$$

或用如下負指數分佈來描述相繼到達間隔時間：
$$F_T(t)=\begin{cases}1-e^{-0.188t} & (t\geqslant 0)\\ 0 & (t<0)\end{cases}$$

對於負指數分佈，這裡討論它的一個重要特性，即「無記憶性」。例如，某一時刻考察顧客到達過程，在前一顧客已到達時間 s 的條件下，後一顧客到來的時間不少於 t 的條件概率為

$$P\{T\geqslant t+s\,[\,T\geqslant s\}=\frac{P\{T\geqslant t+s,T\geqslant s\}}{P\{T\geqslant s\}}=\frac{P\{T\geqslant t+s\}}{P\{T\geqslant s\}}=\frac{e^{-\lambda(t+s)}}{e^{-\lambda s}}=e^{-\lambda t}=P\{T\geqslant t\}$$

也就是說，無論在過程的什麼時刻，考察下一顧客到達所經過的時間，其概率分佈與此時刻之前最後一個顧客的到達時間無關。這一特性稱為「無記憶性」。

還可以指出，能滿足無記憶性的分佈只能是負指數分佈。對於泊松流，由於相繼到達間隔時間服從負指數分佈，因而不論取哪一時刻為起點，以後的相繼到達間隔時間仍為同一參數的負指數分佈。

三、愛爾朗分佈

關於泊松過程，還有一個有用的特性，就是它的可加性。如果 $\{N_1(t)\,[t\in[0,T]\}$ 和 $\{N_2(t)\,[t\in[0,T]\}$ 是兩個泊松過程，單位時間平均到達的顧客數分別是 λ_1 和 λ_2，兩個過程相互獨立，則 $\{N_1(t)+N_2(t)\,[t\in[0,T]\}$ 仍為一泊松過程，且單位時間平均到達的顧客數為 $\lambda_1+\lambda_2$。

設 $\tau_1,\tau_2,\cdots,\tau_k$ 為相互獨立、具有相同負指數分佈的隨機變量，負指數分佈的參數為 $k\mu$，令 $T=\tau_1+\tau_2+\cdots+\tau_k$，則 T 服從 k 階愛爾朗分佈。它的概率密度是
$$f_k(t)=\frac{\mu k\,(\mu k t)^{k-1}}{(k-1)!}e^{-\mu k t}\;(t>0)$$

數學期望為
$$E(T)=\frac{1}{\mu}$$

這是因為 $E(\tau_i)=\frac{1}{k\mu}(i=1,2,\cdots,k)$

故有 $E(T)=\sum_{i=1}^k E(\tau_i)=\frac{1}{\mu}$，方差為 $Var(T)=\frac{1}{k\mu^2}$。

例如，顧客要連續接受串聯的 k 個服務臺的服務，各服務臺的服務時間相互獨立，且服從相同參數的負指數分佈，那麼顧客在這 k 個服務臺服務完總共所需的時間就服從 k 階愛爾朗分佈。但要指出，服務時間服從 k 階愛爾朗分佈，並不是實際服務工作一定可以分為串聯的 k 個子工作。只不過它的完成時間的概率分佈與 k 個串聯的有相同參數的負指數分佈的工作完成時間的概率分佈相當而已。

愛爾朗分佈族提供更為廣泛的模型類，具有比負指數分佈更大的適應性。當 $k=1$ 時，愛爾朗分佈為負指數分佈；當 k 增大時，愛爾朗分佈的圖形逐漸變為對稱的；當 $k\geqslant 30$ 時，愛爾朗分佈近似於正態分佈；當 $k\to\infty$ 時，其方差 $Var(T)\to 0$，愛爾朗分佈化為確定型分佈，見圖 8-4。因此，一般 k 階

愛爾朗分佈可看成完全隨機與完全確定的中間型,在現實世界更有參考價值。

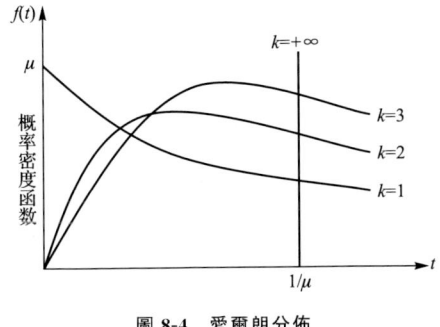

圖 8-4　愛爾朗分佈

第三節　基本的排隊模型

一、M/M/1/∞/∞模型

1. 系統特徵

(1) 輸入過程:顧客達到為最簡單流,即顧客平穩、單個、相互獨立地到達,到達間隔服從指數分佈,一定時間段內的到達人數服從泊松分佈,平均到達率為 λ,平均到達間隔為 $1/\lambda$,顧客源無限。

(2) 排隊規則:單隊、隊長無限、先到先服務。

(3) 服務機構:單服務臺、單個服務;服務時間服從負指數分佈,平均服務率為 μ,平均服務時間為 $1/\mu$。

2. 系統轉移情況

設單位時間到達系統的顧客數為 λ,單位時間被服務完的顧客數為 μ。由於是單服務臺,且顧客源無限,因此,在各種狀態的情況下,系統的「出生率」等於 λ,系統的「死亡率」等於 μ。系統在穩態的情況下的狀態轉移圖如圖 8-5 所示。

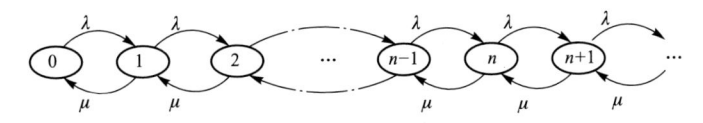

圖 8-5　狀態轉移圖

3. 模型參數的求解

(1) 系統狀態概率的計算。對於負指數分佈系統的狀態概率,可以通過圖 8-5 所示的狀態轉移圖來求得系統處於穩定狀態下的概率 P_n(系統內有 n 個顧客的概率)。

在圖 8-5 中,橢圓圈中的數字表示系統的狀態(顧客數),箭頭表示從一個狀態到另一個狀態的轉移。當系統處於穩定狀態時,對於每個狀態來說,轉入率與轉出率相等。例如,對於狀態 $n(n \geq 1)$,有

$$\lambda P_{n-1} + \mu P_{n+1} = (\lambda + \mu) P_n \tag{8-19}$$

而對於狀態 0,有 $\mu P_1 = \lambda P_0$,因此 $P_1 = (\lambda/\mu) P_0$。

當 $n=1$ 時,將 $P_1 = (\lambda/\mu) P_0$ 代入(8-19),得

$$\lambda P_0 + \mu P_2 = (\lambda + \mu)(\lambda/\mu) P_0$$

解得
$$P_2 = (\lambda/\mu)^2 P_0$$
設 $\rho = \dfrac{\lambda}{\mu}$，則有 $P_2 = \rho^2 P_0$，類似可得 $P_3 = \rho^3 P_0$。

一般地，有
$$P_n = \rho^n P_0$$

由概率性質知，$\sum_{n=0}^{\infty} P_n = 1$，即 $P_0 \sum_{n=0}^{\infty} \rho^n = 1$。當 $\rho < 1$ 時，有

$$\begin{cases} P_0 = 1 - \rho & (P < 1) \\ P_n = (1-\rho)\rho^n & (n \geq 1) \end{cases} \tag{8-20}$$

我們稱 P_0 為系統的空閒概率，ρ 為利用率(utilization rate，服務臺處於繁忙狀態的概率)。$\rho = \lambda/\mu$ 表示平均到達率與平均服務率之比，稱為服務強度。若 $\rho = (1/\mu)/(1/\lambda)$，則表示一個顧客的平均服務時間與平均到達間隔時間之比。

(2) 系統的運行指標。

① 系統中的平均顧客數(隊長) L_s。

$$\begin{aligned} L_s &= \sum_{n=0}^{\infty} n P_n = \sum_{n=1}^{\infty} n(1-\rho)\rho^n = \sum_{n=1}^{\infty} n\rho^n - \sum_{n=1}^{\infty} n\rho^{n+1} \\ &= (\rho + 2\rho^2 + 3\rho^3 + \cdots) - (\rho^2 + 2\rho^3 + 3\rho^4 + \cdots) \\ &= \rho + \rho^2 + \rho^3 + \cdots = \dfrac{\rho}{1-\rho} = \dfrac{\lambda}{\mu - \lambda} \end{aligned}$$

即隊長為系統中顧客數的期望值(系統中各種狀態的加權平均值)。

② 系統中等待的平均顧客數(排隊長 L_q)。因為是單服務臺，當 $n = 0$ 時無須等待。當系統中的顧客數為 $n \geq 1$ 時，系統中排隊等待的顧客數為 $n - 1$。因此有

$$\begin{aligned} L_q &= \sum_{n=1}^{\infty} (n-1) p_n = \sum_{n=1}^{\infty} n p_n - \sum_{n=1}^{\infty} p_n = L_s - (1-\rho)\sum_{n=1}^{\infty} \rho^n = \dfrac{\rho}{1-\rho} - \rho \\ &= \dfrac{\rho^2}{1-\rho} = \dfrac{\rho\lambda}{\mu - \lambda} = \dfrac{\lambda^2}{\mu(\mu - \lambda)} \end{aligned}$$

則 $L_s = L_q + \rho$。

③ 顧客在系統中的平均逗留時間 W_s。從理論上可以證明，顧客相繼到達的間隔時間服從參數為 λ 的負指數分佈；並且當顧客在系統中接受服務的時間服從參數為 μ 的負指數分佈時，顧客在系統中的逗留時間服從參數為 $\mu - \lambda$ 的負指數分佈。根據負指數分佈的均值計算公式，有

$$F(t) = 1 - e^{-(\mu-\lambda)t}$$
$$f(t) = (\mu - \lambda) e^{-(\mu-\lambda)t}$$

其均值為 $W_s = E(T) = \dfrac{1}{\mu - \lambda}$，有 $L_s = \lambda W_s$。

④ 顧客在系統中排隊等待的平均時間 W_q。顯然，顧客在系統中排隊等待的平均時間等於平均逗留時間減去平均服務時間，即 $W_q = \dfrac{L_q}{\lambda} = \dfrac{\rho}{\mu - \lambda}$，則

$$W_q = W_s - \dfrac{1}{\mu} = \dfrac{1}{\mu - \lambda} - \dfrac{1}{\mu} = \dfrac{\lambda}{\mu(\mu - \lambda)}$$

有 $L_q = \lambda W_q$。

⑤ 顧客到達系統必須排隊等待的概率 p_w。當系統中的顧客數大於或等於一個顧客時，顧客到達系統必須排隊等待，因此有

$$p_w = 1 - p_0 = \dfrac{\lambda}{\mu}$$

為了使用方便，現將以上各式及它們的關係歸納如下：

(a) $L_s = \dfrac{\lambda}{\mu - \lambda}$ (b) $L_q = \dfrac{\rho\lambda}{\mu - \lambda}$ (c) $W_s = \dfrac{1}{\mu - \lambda}$ (d) $W_q = \dfrac{\rho}{\mu - \lambda}$

(e) $L_s = \lambda W_s$ (f) $L_q = \lambda W_q$ (g) $W_s = W_q + \dfrac{1}{\mu}$ (h) $L_s = L_q + \rho$

上述(e)(f)(g)(h)四公式稱為李特(Little)公式,在 $M/M/1$,$M/G/1$ 等排隊模型中均成立。李特公式有非常直觀的含義:若系統處於穩態,則系統中的平均人數就等於顧客在系統中的平均逗留時間乘以系統的平均到達率。試想有一個顧客剛剛到達系統並排隊等候服務。當他開始接受服務時,留在系統中的顧客正好是他在系統中等待期間到達的;當接受服務離開系統時,系統中的顧客正好是在他系統中逗留期間到達的。因此,顧客數目應等於相應的時間長度乘以到達率。

【例 8-4】 某醫院的一個診室根據病人來診和診治的時間記錄,任意抽查 100 個工作小時,每小時來就診的病人數 n 的出現次數,以及任意抽查 100 個完成診治的病人病歷,所用時間 t 出現的次數如表 8-5 所示,試分析該排隊系統。

表 8-5　診治時間記錄表

病人到達數 n	出現次數 f_n	診治時間 t	出現次數 f_t
0	10	0.0～0.2	38
1	28	0.2～0.4	25
2	29	0.4～0.6	17
3	16	0.6～0.8	9
4	10	0.8～1.0	6
5	6	1.0～1.2	5
6	1	1.2～1.4	0
合計	100	合計	100

解:將此排隊系統抽象為 $M/M/1$ 模型。

(1) 計算每小時病人的平均到達數,即到達率 λ:

$$\lambda = \dfrac{\sum n f_n}{100} = 2.1 (人/小時)$$

(2) 計算每次診治的平均時間(t 值取區間中值):

$$\dfrac{\sum t f_t}{100} = 0.4 (小時/人)$$

(3) 每小時平均完成的診治人數(服務率):

$$\mu = \dfrac{1}{0.4} = 2.5 (人/小時)$$

(4) 通過統計檢驗的方法,認定在一定顯著水平下,病人的到達數服從參數為 2.1 的泊松分佈,診治時間服從參數為 2.5 的負指數分佈。

(5) 計算繁忙率:

$$\rho = \dfrac{\lambda}{\mu} = \dfrac{2.1}{2.5} = 0.84$$

這說明該診室有 84% 的時間在為病人服務,有 16% 的時間是空閒的。

(6) 計算各排隊系統指標。

系統中平均顧客數:　$L_s = \dfrac{\lambda}{\mu - \lambda} = \dfrac{2.1}{2.5 - 2.1} = 5.25 (人)$

平均排隊的顧客數:　$L_q = \rho L_s = 0.84 \times 5.25 = 4.41 (人)$

一位顧客平均逗留時間:　$W_s = \dfrac{1}{\mu - \lambda} = \dfrac{1}{2.5 - 2.1} = 2.5 (小時)$

一位顧客平均排隊時間:　$W_q = \dfrac{\rho}{\mu - \lambda} = \dfrac{0.84}{2.5 - 2.1} = 2.1 (小時)$

系統中沒有顧客的概率： $p_0=1-\rho=0.16=16\%$
顧客到達系統必須等待排隊的概率： $p_w=1-p_0=0.84=84\%$
系統中有 6 個人的概率為

$$P_6=\left(\frac{\lambda}{\mu}\right)^6 p_0=\left(\frac{2.1}{2.5}\right)^6 \times 0.16=0.056,2$$

結果表明，醫院的服務水平如下：顧客到達醫院診室要排隊的概率達到 84%，平均排隊長度為 4.41 人，顧客排隊等待的平均時間為 2.1 小時，顧客在診所逗留的時間平均達到 2.5 小時。可見，此醫院診所的服務水平不盡如人意，醫院的管理人員要想辦法，必須提高服務水平。

二、$M/M/S/\infty/\infty$ 模型

1. 系統特徵

$M\ M\ S$ 模型是指適合下列條件的排隊系統：
（1）輸入過程：顧客源是無限的，顧客的到達過程是泊松過程。
（2）排隊規則：單隊，對隊長無限制，先到先服務。
（3）服務機構：多服務臺，各服務臺工作相互獨立，且服務時間均服從參數為 μ 的負指數分佈。此外，還假定服務時間和顧客到達的間隔時間相互獨立。該排隊系統的示意圖如圖 8-6 所示。

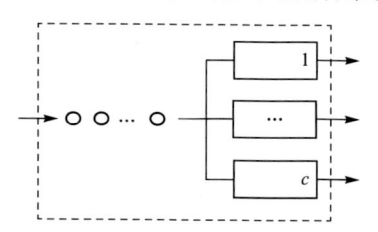

圖 8-6　單隊—多服務臺並聯排隊系統

2. 系統轉移情況

設單位時間到達系統的顧客數為 λ，每個服務臺單位時間服務完的顧客數為 μ。由於顧客到達過程為泊松過程，且顧客源無限。因此，在各種狀態的情況下，系統的「出生率」（顧客達到率）等於 λ。由於是多臺服務，系統的服務率（「死亡率」）與系統中的顧客數 n 及服務臺數有關。當 $n<s$ 時，系統服務率為 $n\mu$；當 $n\geq s$ 時，系統服務率為 $s\mu$。因此，系統在穩態的情況下的狀態轉移圖如圖 8-7 所示。

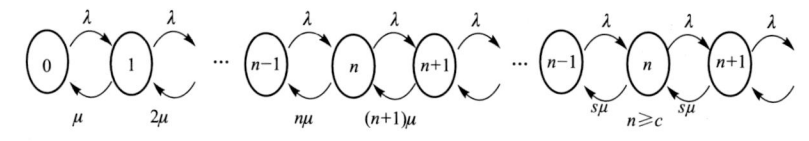

圖 8-7　狀態轉移圖

3. 模型參數的求解

（1）系統狀態概率的計算。我們注意到在圖 8-6 所示多服務臺排隊系統中，如果系統中的顧客數 n 小於服務機構提供的服務臺數量 S，則不會出現排隊現象。在這種情況下，到達系統的顧客不需要排隊等待，系統的整體服務效率等於 $n\times\mu$，閒置服務效率為 $(S-n)\times\mu$。如果顧客數 n 大於等於服務機構的服務臺數量 S，排隊系統的所有服務臺都被占據，系統的整體服務效率等於 $S\times\mu$，它也是系統能夠提供的最大服務效率。

如果顧客到達 $M\ M\ S\ \infty\ \infty$ 排隊系統的時間間隔和服務時間都服從指數分佈，那麼我們可以

認為在非常短的時間內進入和離開同一系統狀態的概率是相等的。從狀態轉移圖 8-7 可以推導如下：

狀態	進入概率＝離開概率
0	$\mu P_1 = \lambda P_0$
1	$2\mu P_2 + \lambda P_0 = \lambda P_1 + \mu P_1$
2	$3\mu P_3 + \lambda P_1 = \lambda P_2 + 2\mu P_2$
…	…
S－1	$S\mu P_S + \lambda P_{S-2} = \lambda P_{S-1} + (S-1)\mu P_{S-1}$
S	$S\mu P_{S+1} + \lambda P_{S-1} = \lambda P_S + S\mu P_S$
S＋1	$S\mu P_{S+2} + \lambda P_S = \lambda P_{S+1} + S\mu P_{S+1}$
…	…

根據上述平衡方程，可求得：

0 　　　　　　　　　　　$P_1 = \dfrac{\lambda}{\mu} P_0$

1 　　　　　　　　　　　$P_2 = \dfrac{1}{2!} \times \left(\dfrac{\lambda}{\mu}\right)^2 P_0$

2 　　　　　　　　　　　$P_3 = \dfrac{1}{3!} \times \left(\dfrac{\lambda}{\mu}\right)^3 P_0$

…

S－1 　　　　　　　　　$P_S = \dfrac{1}{(S)!} \times \left(\dfrac{\lambda}{\mu}\right)^S P_0$

S 　　　　　　　　　　$P_{S+1} = \dfrac{1}{(S+1)!} \times \left(\dfrac{\lambda}{\mu}\right)^{S+1} P_0$

S＋1 　　　　　　　　　$P_{S+2} = \dfrac{1}{(S+2)!} \times \left(\dfrac{\lambda}{\mu}\right)^{S+2} P_0$

…

對上式求解後，可獲得 M/M/S/∞/∞ 排隊模型的狀態概率：

$$P_0 = \dfrac{1}{\sum\limits_{n=0}^{S-1} \dfrac{(\lambda/\mu)^n}{n!} + \dfrac{(\lambda/\mu)^S}{S!}\left(\dfrac{1}{1-\lambda/S\mu}\right)} \;;\; P_n = \begin{cases} \dfrac{(\lambda/\mu)^n}{n!} P_0 & (0 \leqslant n \leqslant S) \\ \dfrac{(\lambda/\mu)^n}{S! S^{n-1}} P_0 & (n \geqslant S) \end{cases}$$

根據狀態概率公式，可獲得 M/M/S/∞/∞ 排隊系統的其他數量指標。

（2）系統的運行指標。

①平均排隊長：$L_q = \dfrac{(\lambda/\mu)^S (\lambda/S\mu)}{S!\,(1-\lambda/S\mu)^2} P_0$。

②平均系統隊長：$L_s = L_q + \dfrac{\lambda}{\mu}$。

③平均排隊時間：$W_q = \dfrac{L_q}{\lambda}$。

④平均逗留時間：$W_s = \dfrac{L_q}{\lambda} + \dfrac{1}{\mu}$。

⑤顧客到達必須等待排隊的概率：$p_w = \dfrac{1}{s!}\left(\dfrac{\lambda}{\mu}\right)^S \left(\dfrac{s\mu}{s\mu - \lambda}\right) p_0$。

【例 8-5】 北京某證券公司為節約管理費用，其管理部門考慮租用辦公複印機。假設有兩種方案可供選擇，一種方案是租用兩臺 A 型複印機，A 型複印機每分鐘可完成複印 100 頁。然而，A 型複印機需要手工添加紙張，有效複印速度較慢。顧客的複印時間與複印張數直接相關。假設複印時

間服從指數分佈,完成一次複印工作平均需要 2 分鐘。統計資料表明在正常工作時間內平均每隔 5 分鐘就會有三個職員來到複印室。請計算下述指標：
(1) 兩臺複印機同時閒置的可能性；
(2) 等待複印的平均人數；
(3) 複印室內的平均人數；
(4) 職員在複印室內的平均等待時間；
(5) 職員在複印室內的平均逗留時間。

假設在本例中租用複印機的另一種方案是可以選擇 T 型複印機。如果 T 型複印機的複印速度是 A 型的兩倍，$\mu_T=1$，那麼是否用一部 T 型複印機就可以完全替代二部 A 型複印機？對不同方案進行比較。

解：這是多服務臺的排隊模型。該問題的主要參數如下：
$S=2$，表示兩個服務臺；
$\mu=0.5$，表示每臺複印機每分鐘可完成 0.5 件複印工作；
$\lambda=0.6$，表示平均每分鐘有 0.6 人到達複印室。
那麼：

(1) 兩臺複印機同時閒置的概率為

$$P_0 = \frac{1}{\frac{(\lambda/\mu)^0}{0!}+\frac{(\lambda/\mu)^1}{1!}+\frac{(\lambda/\mu)^2}{2!}\left(\frac{1}{1-\lambda/(2\mu)}\right)} = \frac{1}{\frac{(0.6/0.5)^0}{0!}+\frac{(0.6/0.5)^1}{1!}+\frac{(0.6/0.5)^2}{2!}\left(\frac{1}{1-0.6/(2\times0.5)}\right)}$$

$$=\frac{1}{1+1.2+1.8}=0.25$$

(2) 等待複印的平均人數為

$$L_q = \frac{(0.6/0.5)^2(0.6/2\times0.5)}{2!(1-0.6/2\times0.5)^2}\times 0.25 = 0.68(人)$$

(3) 複印室內的平均人數為

$$L_s = 0.68 + \frac{0.6}{0.5} = 1.88(人)$$

(4) 職員在複印室內的平均等待時間為

$$W_q = \frac{0.68}{0.6} = 1.13(分鐘)$$

(5) 職員在複印室內的平均逗留時間為

$$W_s = 1.13 + \frac{1}{0.5} = 3.13(分鐘)$$

(6) 計算單服務臺的 $M/M/1/\infty/\infty$ 排隊模型的主要數量指標：

$$L_q = \frac{\lambda^2}{\mu_A(\mu_A-\lambda)} = \frac{0.6^2}{1\times(1-0.6)} = 0.9(人)$$

$$L_s = L_q + \frac{\lambda}{\mu_A} = 0.9 + \frac{0.6}{1} = 1.5(人)$$

$$W_q = \frac{L_q}{\lambda} = \frac{0.9}{0.6} = 1.5(分鐘)$$

$$W_s = \frac{1}{\mu_A-\lambda} = \frac{1}{1-0.6} = 2.5(分鐘)$$

將上述指標與具有兩部 A 型複印機的 $M/M/2/\infty/\infty$ 模型相比較，只有一部 T 型複印機的 $M/M/1/\infty/\infty$ 模型的排隊長 L_q 更長些，顧客的排隊時間 W_q 也更長些，但複印室內的平均人數要少一些，職員在複印室內的平均逗留時間 W_s 也短一些。

三、$M/G/1/\infty/\infty$ 排隊模型

模型符號中的 G 表示服務時間的分佈為任意的概率分佈，其餘同 $M/M/1$ 模型。因此，該模型稱為「單服務臺泊松到達、任意服務時間的排隊模型」。

這裡仍然設系統的顧客平均到達率為 λ，服務臺的平均服務率為 μ，當已知服務時間的均方差為 σ 時，系統的數量指標計算公式為：

$$P_0 = 1 - \rho = 1 - \frac{\lambda}{\mu}; W_q = \frac{1}{\lambda}L_q; L_q = \frac{\rho^2 + \lambda^2\sigma^2}{2(1-\rho)}; L_s = L_q + \frac{\lambda}{\mu}; W_s = W_q + \frac{\lambda}{\mu}; P_w = \frac{\lambda}{\mu}$$

因此，當服務時間服從負指數分佈時，服務時間的均方差為 $\sigma = 1/\mu$。上述各公式與 $M/M/1$ 模型各指標計算公式完全相同。

顯然，$M/G/1$ 排隊模型是單服務臺的等待制系統，到達系統的顧客數服從泊松分佈，單位時間平均到達率為 λ，而各顧客的服務時間是相互獨立的且具有相同分佈的隨機變量 T，服務時間的期望值為：$E(T) = 1/\lambda$，其方差為：$D(T) = \sigma^2$，μ 仍然為服務率，顧客源無限，容量無限，且服務時間遵守 FCFS 服務規則。

【例 8-6】 某醫院放射科有一臺 CT，患者的到來服從泊松分佈，平均每小時 2 人，每位患者使用 CT 的平均時間為 20 分鐘，標準差為 15 分鐘。患者反應等候 CT 檢查的時間較長，而管理人員認為其原因是設備的利用率不高，試對雙方所提問題進行簡要分析。

解：由題意可知，患者的服務時間是相互獨立的且具有相同分佈的隨機變量，顧客到達率 $\lambda = 2$；服務時間的期望值為：$\mu = 3(1/\mu = 20/60)$；標準差 $\sigma = 15/60 = 0.25$, $\rho = 2/3$。分別求出：

① 設備的空閒率：$P_0 = 1 - \rho = \frac{1}{3} = 33.33\%$；

② 等待隊長：$L_q = \frac{(\frac{2}{3})^2 + 2^2 \times (0.25)^2}{2(1 - \frac{2}{3})} = 1.04(人)$；

③ 等候檢查的時間：$W_q = \frac{1}{\lambda}L_q = \frac{1.04}{2} = 0.52(小時) \approx 31(分)$。

結論：設備的空閒率為 33.33%。若按每天工作 8 小時計，幾乎有 2.67 小時是空閒的；患者等候檢查的時間平均為 31 分鐘(比平均服務時間要長)，因此，雙方所提問題基本存在。

四、$M/D/1$ 模型

$M/D/1$ 模型符號中的 D 表示服務時間為固定長度，即為常數。它是 $M/G/1$ 模型的一個特例，該模型稱為「單服務臺泊松到達、定長服務時間的排隊模型」。由於服務時間是常量，故其方差為零。這樣，只需要將 $M/G/1$ 模型 L_q 的計算公式中的 σ 改為零($\sigma = 0$)即可，其他公式同 $M/G/1$ 模型。即：

$$L_q = \frac{\lambda^2\sigma^2 + (\lambda/\mu)^2}{2(1-\lambda/\mu)} = \frac{(\lambda/\mu)^2}{2(1-\lambda/\mu)}$$

$$P_0 = 1 - \rho, \rho = \frac{\lambda}{\mu} < 1, L_q = \frac{\rho^2}{2(1-\rho)}, L = L_q + \frac{\lambda}{\mu}, W_q = \frac{1}{\lambda}L_q, W = \frac{1}{\lambda}L$$

【例 8-7】 某醫院檢驗科有一臺全自動血液分析儀，已知每個血樣分析需要 1 分鐘，送檢樣品按泊松分佈到達，平均每小時 30 份，試求該系統的主要工作指標。

解：由題意知，這是一個 $M/D/1$ 系統，且有

$$\lambda = 30(份/小時) \qquad \frac{1}{\mu} = 1(分鐘/份) = \frac{1}{60}(小時/份)$$

$$E(T) = \frac{1}{\mu} = \frac{1}{60} \qquad D(T) = \sigma^2 = 0 \qquad \rho = \frac{\lambda}{\mu} = 0.5$$

求出系統運行指標如下：

$$P_0 = 1 - \rho = 1 - 0.5 = 0.5 = 50\%$$

$$L_q = \frac{\rho^2}{2(1-\rho)} = \frac{0.5^2}{2(1-0.5)} = 0.25(\text{份}), L = L_q + \rho = 0.25 + 0.5 = 0.75(\text{份})$$

$$W_q = \frac{1}{\lambda} L_q = \frac{0.25}{30} = \frac{1}{120}(\text{小時}) = 30(\text{秒}), W = \frac{1}{\lambda} L = \frac{0.75}{30} = 0.025(\text{小時}) = 1.5(\text{分鐘})$$

【例 8-8】 某汽車沖洗服務營業部有一套自動沖洗設備，沖洗每輛車所需時間為 6 分鐘，到此營業部來沖洗的汽車到達過程服從泊松分佈，每小時平均到達 6 輛，求該排隊系統的有關運行指標。

解：由於服務時間定長，因此該服務系統是一個 $M/D/1$ 排隊系統，其中 $\lambda = 6$ 輛/小時，$\mu = 60/6 = 10$ 輛/小時。代入上述計算公式，得：

系統中沒有汽車的概率為 $\quad p_0 = 1 - \rho = 1 - \lambda/\mu = 1 - 6/10 = 0.4$

平均排隊的車輛數為 $\quad L_q = \frac{(\lambda/\mu)^2}{2(1-\lambda/\mu)} = \frac{(0.6)^2}{2(1-6/10)} = 0.45(\text{輛})$

系統中平均車輛數為 $\quad L_s = L_q + \frac{\lambda}{\mu} = 0.45 + \frac{6}{10-6} = 1.05(\text{輛})$

一輛汽車平均排隊時間為 $\quad W_q = \frac{L_q}{\lambda} = \frac{0.45}{6} = 0.075(\text{小時})$

一輛汽車平均逗留時間為 $W_s = W_q + \frac{1}{\mu} = 0.075 + \frac{1}{10} = 0.175(\text{小時})$

汽車到達系統必須等待排隊的概率為

$$p_w = 1 - p_0 = 1 - 0.4 = 0.6$$

五、$M/M/C/N/\infty$ 模型

$M/M/C/N/\infty$ 模型符號中的 $N(\geq c)$ 表示系統容量有限制，其餘同 $M/M/C$ 模型。當系統中顧客數 n 已到達 N（即排隊等待的顧客數已到達 $N-c$）時，再來的顧客即被拒絕。因此，該模型是一種損失制排隊模型。

設系統的顧客平均到達率為 λ，服務臺的平均服務率為 μ。由於是損失制，因此不再要求 $\lambda < c\mu$。若令 $\rho = \lambda/c\mu$，系統的數量指標計算公式為：

$$p_0 = \frac{1}{\sum_{k=0}^{c} \frac{(c\rho)^k}{k!} + \frac{c^c}{c!} \cdot \frac{\rho(\rho^c - \rho^N)}{1-\rho}} \quad (\rho \neq 1)$$

$$p_n = \begin{cases} \frac{(c\rho)^n}{n!} p_0 & (0 \leq n \leq c) \\ \frac{c^c}{c!} \rho^n p_0 & (c \leq n \leq N) \end{cases}$$

$$p_0 = \cdots = p_n = \frac{1}{N+1} \quad (\rho = 1)$$

$$L_q = \frac{p_0 \rho (c\rho)^c}{c!(1-\rho)^2} [1 - \rho^{N-c} - (N-C)\rho^{N-c}(1-\rho)]$$

$$L_s = L_q + c\rho(1-p_N), W_q = \frac{L_q}{\lambda(1-p_N)}, W_s = W_q + \frac{1}{\mu}$$

當 $N = c$ 時，顧客一看到服務臺被占用了，隨即離開不會排隊等待。例如，街頭的停車場、旅館的客房等就是這種情況。由於是損失制，因此不存在排隊顧客的數目、排隊時間等，而只需給出系統裡有幾個顧客的概率及在系統裡的平均顧客數，即

$$p_n = \frac{(\lambda/\mu)^n / n!}{\sum_{k=0}^{c}(\lambda/\mu)^k / k!} \quad (n \leq c); L_s = \frac{\lambda}{\mu}(1 - p_c)$$

式中，p_c 為系統中正好有 c 個顧客的概率。

【例 8-9】 某鄉鎮衛生院只有 4 張病床，病人的到達和輸出服從最簡單流，平均每兩天有 1 名新患者住院，每名病人平均住 7 天。求此系統的有關運行指標。

解：該排隊系統是 M/M/4/4 模型，$C=N=4$，為混合制情形。依題意有

$$C=4, \lambda=\frac{1}{2}=0.5(人/天), \mu=\frac{1}{7}(人/天), \rho=\frac{\lambda}{c\mu}=\frac{7}{8}, \frac{\lambda}{\mu}=3.5$$

① 系統空閒的概率為 $P_0 = \left[\sum_{k=0}^{4}\frac{1}{k!}\left(\frac{\lambda}{\mu}\right)^k + 0\right]^{-1} = \left[\sum_{k=0}^{4}\frac{1}{k!}(3.5)^k\right]^{-1} \approx 4.16\%$

② 患者不能立即住院的概率為 $P_4 = \frac{(3.5)^4}{4!} \times 4.16\% \approx 26.01\%$

③ 平均住院病人數為 $L = \frac{\lambda}{\mu}(1-p_4) = 3.5 \times (1-26.01\%) \approx 2.59(人)$

其他指標：

$$L_q = 0, W_q = 0, W = \frac{1}{\mu} = 7(天)$$

【例 8-10】 某電話交換臺的平均呼叫強度為 4 次/分鐘，泊松流到達，最多有 6 條線同時通話，每次通話時間的均值為 0.5 分鐘，呈負指數分佈。呼叫不通時，呼叫自動消失，永不再來。試計算系統的狀態概率和運行指標。

解：此時 $N=c=6$，為即時制排隊模型。有

$$\lambda=4, \mu=2, \rho=\frac{4}{6\times 2}=\frac{1}{3}$$

系統的狀態概率為：

$$P_0 = \frac{1}{\sum_{k=0}^{c}\frac{(c\rho)^k}{k!}} = \frac{1}{\sum_{k=0}^{6}\frac{\left(6\times\frac{1}{3}\right)^k}{k!}} = 0.136$$

$$P_1 = \frac{c\rho}{1!}P_0 = \frac{6\times\frac{1}{3}}{1!}\times 0.136 = 0.272$$

$$\vdots$$

$$P_6 = \frac{\left(6\times\frac{1}{3}\right)^6}{6!}P_0 = \frac{\left(6\times\frac{1}{3}\right)^6}{6!}\times 0.136 = 0.012$$

呼叫損失率：$p_6 = 0.012$。

平均有效呼叫強度：$\lambda_e = \lambda(1-P_6) = 4\times(1-0.012) = 3.95$。

隊長的期望值，即使用的服務臺數的期望值：

$$L_s = c\rho(1-P_6) = 6\times\frac{1}{3}\times(1-0.012) = 1.98$$

平均停留時間：$W_s = \frac{L_s}{\lambda_e} = \frac{1}{\mu} = 0.5$ 分鐘。

六、$M/M/1/\infty/m$ 模型

模型符號 m 表示該類排隊系統的顧客源是有限的。機器因故障停機待修的問題就是典型的這類問題。設共有 m 臺機器（顧客總體），機器因故障停機表示到達，待修的機器形成「排隊的顧客」，機器修理工人就是「服務臺」。每個「顧客」經過服務後，仍然回到原來的總體，因而還會再來。模型符號中的第 4 項 ∞ 表示對系統的容量沒有限制，但實際上永遠不會超過 m，因此模型的符號形式也可以寫成 $M/M/1/\infty/m$。

當顧客源為無限時，顧客的到達率是按總體考慮的；而在顧客源有限的情況下，顧客的到達率必須按個體考慮，即本模型中的到達率為單個顧客的到達率（即各顧客單位時間到達的次數），仍然用符號 λ 表示。服務臺的服務率意義與其他模型相同，仍然用符號 μ 表示。該類系統的數量指標的計算公式如下：

$$p_0 = \frac{1}{\sum_{n=0}^{m} \frac{m!}{(m-n)!} \left(\frac{\lambda}{\mu}\right)^n} ; \quad L_q = m - \frac{\lambda + \mu}{\lambda}(1 - p_0)$$

$$L_s = L_q + (1 - p_0); \quad W_q = \frac{L_q}{(m - L_s)\lambda}; \quad W_s = W_q + \frac{1}{\mu}; \quad p_n = \frac{m!}{(m-n)!}\left(\frac{\lambda}{\mu}\right)^n p_0$$

$$0 \leqslant n \leqslant m$$

【例 8-11】 一個機修工人負責 3 臺機器的維修工作，設每臺機器在維修之後平均可運行 5 天，而平均修理一臺機器的時間為 2 天，試求穩態下的各種狀態概率和各運行指標。

解：由題意有：$\lambda = \frac{1}{5}$ 臺/天，$\mu = \frac{1}{2}$ 臺/天，$m = 3$，$\lambda/\mu = \frac{2}{5}$。代入上述計算公式得

$$p_0 = \frac{1}{\left(\frac{2}{5}\right)^0 \frac{3!}{3!} + \left(\frac{2}{5}\right)^1 \frac{3!}{2!} + \left(\frac{2}{5}\right)^2 \frac{3!}{1!} + \left(\frac{2}{5}\right)^3 \frac{3!}{0!}} = 0.282$$

$$p_1 = \frac{2}{5} \times \frac{3!}{2!} p_0 = 0.339$$

$$p_2 = \left(\frac{2}{5}\right)^2 \times \frac{3!}{1!} p_0 = 0.271 ; \quad p_3 = \left(\frac{2}{5}\right)^3 \times \frac{3!}{0!} p_0 = 0.108$$

$$L_q = m - \frac{\lambda + \mu}{\lambda}(1 - p_0) = 3 - \frac{1.5 + 1.2}{1.5}(1 - 0.282) = 0.487(臺)$$

$$L_s = L_q + (1 - p_0) = 0.487 + (1 - 0.282) = 1.205(臺)$$

$$W_q = \frac{L_q}{(m - L_s)\lambda} = \frac{0.487}{(3 - 1.205) \times 1.5} = 1.36(天)$$

$$W_s = W_q + \frac{1}{\mu} = 1.36 + \frac{1}{1.2} = 3.36(天)$$

七、服務時間為 Erlang 分佈

服務臺按順序開展多個服務項目，各項目的服務時間服從相同的指數分佈，則服務臺的服務時間 t 服從 Erlang 分佈，記為 $t \sim E(1/\mu, k)$。其中，$1/\mu$ 為合計服務時間的均值，k 為服務項目數。有 $E(t) = 1/\mu, D(t) = 1/k\mu^2$，$\mu$ 為平均服務率。

在一位顧客完成全部服務項目後，下一位顧客才可開始接受服務。

將方差代入 M/G/1 的計算式，即可得到該模型的計算式：

繁忙率：$\rho = \lambda/\mu$

空閒率：$1 - \rho$

平均顧客數：$L_s = \frac{2\rho - \rho^2 + \lambda^2(1/\mu)^2/k}{2(1-\rho)}$

平均隊長：$L_q = L_s - \rho$

平均逗留時間：$W_s = \frac{L_s}{\lambda}$

平均等待時間：$W_q = \frac{L_q}{\lambda}$

【例 8-12】 某門診部按泊松流平均每 20 分鐘到達一個病人，門診部只有一位醫生，對每位病人均進行 3 項診治，每項的診治的時間服從相同的指數分佈，總診治時間的均值為 15 分鐘。求系統的

各項統計指標。

解：已知 $\lambda=0.05$ 人/分，$1/\mu=15$ 分，$k=3$

繁忙率：$\rho=0.05\times15=0.75$

平均顧客數：$L_s=\dfrac{2\rho-\rho^2+\lambda^2\sigma^2\cdot k}{2(1-\rho)}=\dfrac{2\times0.75-0.75^2+0.05^2\times15^2\cdot3}{2\times(1-0.75)}=2.25$

平均隊長：$L_q=L_s-\rho=2.25-0.75=1.5$

平均逗留時間：$W_s=\dfrac{L_s}{\lambda}=\dfrac{2.25}{0.05}=45$（分）

平均等待時間：$W_q=\dfrac{L_q}{\lambda}=\dfrac{1.5}{0.05}=30$（分）

服務項目數越多，則各項指標值越小，系統的服務效率越高。

【例 8-13】 某產品的生產需要經過 4 道工序，每一工序的工序時間均服從期望值為 2（小時）的負指數分佈。該產品的毛坯按泊松分佈到達，平均到達率為每小時 0.1 件。請計算毛坯經過 4 道工序的期望時間。

解：設 μ 為平均服務率，那麼 $1/\mu$ 就是每件產品的平均服務時間，而 $1/(4\mu)$ 即是平均每道工序所需要的時間。依題意可知：$\lambda=0.1$，$1/(4\mu)=2$（即 $\mu=0.125$），$\rho=\lambda/\mu=0.1/0.125=0.8$，$E(t)=1/\mu=8$，$Var(t)=1/k\mu^2=16$。於是有

$$L=0.8+\dfrac{(4+1)\times0.8^2}{2\times4(1-0.8)}=2.8(件)$$

$$W=\dfrac{L}{\lambda}=\dfrac{2.8}{0.1}=28(小時)$$

即毛坯經過 4 道工序的期望時間為 28 小時。

八、具有優先服務權的 $M/M/1/\infty/\infty$ 模型

在 $M/M/1/\infty/\infty$ 系統中，將進入系統的顧客分為兩級：第一級是優先類，到達率為 λ_1；第二級是普通類，到達率為 λ_2。兩類顧客的服務時間均為 $1/\mu$ 的負指數分佈。當系統中有第一級顧客到達時，正在接受服務的第二級顧客將被中斷服務，重新等待；當系統中只有同一級別顧客時，遵守先來先服務的原則。設 $\lambda=\lambda_1+\lambda_2$，$\rho=\lambda/\mu$，第 i 級顧客在系統中的平均逗留時間 $W_i(i=1,2)$ 與兩級綜合在一起的每個顧客在系統中的平均逗留時間 W，滿足：

$$\lambda W=\lambda_1 W_1+\lambda_2 W_2$$

由於 $W=1/(\mu-\lambda)$，而第一級顧客在排隊系統中得到服務的情況與第二級顧客的服務無關，即 $W_1=1/(\mu-\lambda_1)$，因此有

$$W_2=\dfrac{\lambda}{\lambda_2}W-\dfrac{\lambda_1}{\lambda_2}W_1$$

$$=\dfrac{\lambda}{\lambda_2(\mu-\lambda)}-\dfrac{\lambda_1}{\lambda_2(\mu-\lambda_1)}=\dfrac{\mu}{(\mu-\lambda)(\mu-\lambda_1)}$$

因此，第 i 級顧客在系統中等待服務的時間 W_{qi} 和等待隊長 L_{qi} 分別為

$$\begin{cases}W_{qi}=W_i-\dfrac{1}{\mu}\\ L_{qi}=\lambda_i W_{qi}\end{cases}\quad(i=1,2)$$

可驗證，該系統中的 L_q 和 W_q 滿足：

$$L_q=L_{q1}+L_{q2}=\dfrac{\rho^2}{1-\rho},\quad W_q=\dfrac{\lambda_1}{\lambda}W_{q1}+\dfrac{\lambda_2}{\lambda}W_{q2}=\dfrac{\lambda}{\mu(\mu-\lambda)}$$

當系統中兩類顧客服務時間不相同時，設第一級為 μ_1，第二級為 μ_2，其他條件不變，則系統中兩類顧客的隊長分別為

$$L_1 = \frac{\rho_1}{1-\rho_1}$$

$$L_2 = \frac{\rho_2}{1-\rho_1-\rho_2}\left[1+\frac{\mu_2\rho_1}{\mu_1(1-\rho_1)}\right], \rho_i = \frac{\lambda_i}{\mu_i} \quad (i=1,2)$$

其他運行指標可根據 Little 公式求出。

【例 8-14】 某私人診所只有一名醫生，就診的病人按 $\lambda=2$ 人/小時的泊松分佈到達，醫生對每個病人的服務時間服從 $1/\mu=15$ 分鐘的負指數分佈。假如病人中 90% 屬一般病人，10% 屬危重病人，該診所的服務規則是先治療危重病人，然後是一般病人。試計算兩類病人等候治病的平均時間。

解：依題意知，危重病人是第一級，一般病人是第二級，且

$\lambda_1=10\%\lambda=0.20$（人/小時），$\lambda_2=90\%\lambda=1.80$（人/小時），$\mu=60/15=4$（人/小時），$\rho=\lambda/\mu=0.5$，得：

(1) 危重病人等待時間：

$$W_{q1}=W_1-\frac{1}{\mu}=\frac{1}{\mu-\lambda_1}-\frac{1}{\mu}=\frac{1}{4-0.20}-\frac{1}{4}\approx 0.013,2(小時)\approx 0.79(分鐘)$$

(2) 一般病人等待時間：

$$W_{q2}=W_2-\frac{1}{\mu}=\frac{\mu}{(\mu-\lambda)(\mu-\lambda_1)}-\frac{1}{\mu}=\frac{4}{(4-2)(4-0.20)}-\frac{1}{4}\approx 0.276,3(小時)\approx 17(分鐘)$$

(3) 系統中的其他運行指標：

$$L_{q1}=\lambda_1 W_{q1}=0.2\times 0.0132\approx 0.002,6(人)$$

$$L_{q2}=\lambda_2 W_{q2}=1.8\times 0.2763\approx 0.497,4(人)$$

而

$$L_q=\frac{\rho^2}{1-\rho}=\frac{0.5^2}{1-0.5}=0.5(人), \quad W_q=\frac{L_q}{\lambda}=\frac{0.5}{2}=0.25(小時)$$

顯然有 $L_q=L_{q1}+L_{q2}$，$W_q=\frac{\lambda_1}{\lambda}W_{q1}+\frac{\lambda_2}{\lambda}W_{q2}$。

【例 8-15】 某醫院門診部的患者按泊松分佈到達，平均到達率 $\lambda=2$ 人/小時，醫生對患者的服務時間服從負指數分佈，服務率 $\mu=3$ 人/小時。假設患者中有 60% 屬於一般患者，30% 屬於重病患者，10% 屬於病危患者，分別就該門診部有一名醫生和兩名醫生的情況，計算各類患者等待醫治的平均等待時間。

解：依題可知 $\mu=3$，$\lambda_1=0.2$，$\lambda_2=0.6$，$\lambda_3=1.2$。

(1) 一名醫生。

$$W_1=\frac{1}{\mu-\lambda_1}=\frac{1}{3-0.2}=0.357$$

$$W_{1-2}=\frac{1}{\mu-(\lambda_1+\lambda_2)}=\frac{1}{3-(0.2+0.6)}=0.454$$

$$W_2=\frac{0.2+0.6}{0.6}\times 0.454-\frac{0.2}{0.6}\times 0.357=0.486$$

$$W_3=\frac{0.2+0.6+1.2}{1.2}\times 1-\frac{0.2}{1.2}\times 0.357-\frac{0.6}{1.2}\times 0.454=1.379$$

故有

$$W_{1q}=W_1-\frac{1}{\mu}=0.357-0.333=0.024(小時)=1.44(分鐘)$$

$$W_{2q}=W_2-\frac{1}{\mu}=0.486-0.333=0.153(小時)=9.18(分鐘)$$

$$W_{3q}=W_3-\frac{1}{\mu}=1.379-0.333=1.046(小時)=62.76(分鐘)$$

(2) 兩名醫生。

利用 $M/M/2$ 模型的 P_0, L_q 公式,可推得 $W = \dfrac{L_q}{\lambda} + \dfrac{1}{\mu}$。

$$W = \{\dfrac{(\dfrac{\lambda}{\mu})^2 (\dfrac{\lambda}{2\mu})}{2\lambda(1-\dfrac{\lambda}{2\mu})^2} \div [1+(\dfrac{\lambda}{\mu})+\dfrac{\dfrac{1}{2}(\dfrac{\lambda}{\mu})^2}{1-\dfrac{\lambda}{2\mu}}]\} + \dfrac{1}{\mu} = \{\dfrac{\lambda^2}{\mu(2\mu-\lambda)} \div [1+\dfrac{\lambda}{\mu}+\dfrac{\lambda^2}{\mu(2\mu-\lambda)}]\} + \dfrac{1}{\mu}$$

$$W_1 = \{\dfrac{0.2^2}{3(6-0.2)^2} \div [1+\dfrac{0.2}{3}+\dfrac{0.2^2}{3(6-0.2)}]\} + \dfrac{1}{3} = 0.333,7$$

$$W_{1-2} = \{\dfrac{0.8^2}{3(6-0.8)^2} \div [1+\dfrac{0.8}{3}+\dfrac{0.8^2}{3(6-0.8)}]\} + \dfrac{1}{3} = 0.339,1$$

$$W_{1-2-3} = \{\dfrac{2^2}{3(6-2)^2} \div [1+\dfrac{2}{3}+\dfrac{2^2}{3(6-2)}]\} + \dfrac{1}{3} = 0.375$$

$$W_2 = \dfrac{0.6+0.2}{0.6} \times 0.339,1 - \dfrac{0.2}{0.6} \times 0.333,7 = 0.341,0$$

$$W_3 = \dfrac{1.2+0.6+0.2}{1.2} \times 0.375 - \dfrac{0.2}{1.2} \times 0.333,7 - \dfrac{0.6}{1.2} \times 0.341,0 = 0.398,9$$

所以有

$$W_{1q} = 0.000,4(小時) = 0.024(分鐘)$$
$$W_{2q} = 0.007,7(小時) = 0.462(分鐘)$$
$$W_{3q} = 0.065,6(小時) = 3.936(分鐘)$$

第四節　排隊系統的經濟分析

　　作為一個管理決策人員,僅知道如何描述排隊系統,計算出它的有關數量指標是不夠的。我們的研究目的是要在掌握排隊模型的基礎上,將它作為決策的工具。對排隊系統進行最優化設計可以從兩個方面考慮:系統設計的最優化和系統控製的最優化。前者稱為靜態問題。它從排隊論一誕生起就成為人們研究的內容,其目的在於使新構建的系統有最大的效益。後者稱為動態問題。它是指一個給定的系統如何根據環境的變化做出適當的調整,以使某些系統指標得到優化。20 世紀 80 年代以來,動態問題成為排隊論研究的重點之一。動態分析是建立在靜態分析的基礎之上的。本書只討論靜態最優化問題。

　　排隊系統存在兩類費用,即與服務設施相關的服務費用和與顧客等待時間長短相關的等待費用。費用模型的出發點就是要使這兩類費用的總和最小。各種費用在穩定狀態下都是按單位時間來考慮的。一般情況下,服務費用是可以較精確計算或估計的,而顧客的等待費用較為複雜。如機械故障問題中的等待費用可以較精確地估計,但像患者就診時或由於隊列太長而失掉顧客所造成的損失,就只能根據統計經驗來加以估計了。

　　任何優化問題必有優化準則或優化目標。若將排隊系統中的顧客和服務機構作為一個整體看待,排隊系統的最優設計的目標是系統的效益最大化。對於排隊系統,這種效益最大可用系統整體費用最小來描述。排隊系統中的費用有兩部分:一部分是系統的服務機構的服務成本,另一部分是顧客在系統中的等待費用。這兩部分費用都與系統的服務水平有關。通常情況下,若提高服務水平,則系統的服務成本會增加,而顧客的等待費用會降低。因此,對於排隊系統,存在一個確定服務水平使系統中上述兩部分費用之和最小的優化問題,如圖 8-8 所示。

　　排隊系統的服務水平也可以用不同的形式來描述,主要的描述指標是平均服務率 μ、服務設備,如服務臺個數等。費用函數一般為非線性的,若為連續的可用微分方法解決。對於離散的問題可用邊際分析方法或數值解法求解,對於複雜的問題可用動態規劃或非線性規劃求解。

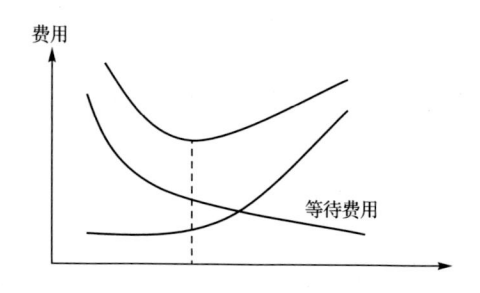

圖 8-8　服務水平-費用化化圖

一、$M/M/1$ 模型中最優服務率 μ^* 的確定

設系統單位時間的服務費用與 μ 值成正比，比例系數為 c_s；每個顧客在系統中逗留（包括接受服務的時間）的等待費用與等待時間成正比，比例系數為 c_w。若用 $TC(\mu)$ 表示在給定 μ 值時的系統總費用，則

$$TC(\mu)=c_s\mu+c_w L_s$$

由於

$$L_s=\frac{\lambda}{\mu-\lambda}$$

故

$$TC(\mu)=c_s\mu+c_w\frac{\lambda}{\mu-\lambda}$$

令

$$\frac{dTC(\mu)}{d\mu}=c_s-\frac{c_w\lambda}{(\mu-\lambda)^2}=0$$

得

$$\mu^*=\lambda+\sqrt{\frac{c_w}{c_s}\lambda}$$

可以驗證

$$\frac{d^2 TC(\mu)}{d\mu^2}\Big|_{\mu^*}>0$$

故

$$\mu^*=\lambda+\sqrt{\frac{c_w}{c_s}\lambda}\ \text{為極小點}$$

當 c_s,c_w 一定時，最佳服務率 μ^* 只與顧客的到達率 λ 有關，根號前取「+」號的原因是 $\rho=\lambda/\mu<1$。

對於 $M/M/1/N$ 排隊系統，P_N 為顧客被拒絕的概率，$1-P_N$ 就是顧客被接受的概率，因此 $\lambda(1-P_N)$ 就是單位時間實際進入系統的平均顧客數。在穩定狀態下，$\lambda(1-P_N)$ 也等於單位時間完成服務的平均顧客數。設每服務 1 人可收入 r 元，於是單位時間收入的期望值是 $\lambda(1-P_N)r$，純利潤是 $\lambda(1-P_N)r-c_1\mu$。用 Z 代表純利潤，於是：

$$Z=\lambda(1-P_N)r-c_1\mu=\lambda r\cdot\frac{1-\rho^N}{1-\rho^{N+1}}-c_1\mu=\lambda\mu r\cdot\frac{\mu^N-\lambda^N}{\mu^{N+1}-\lambda^{N+1}}-c_1\mu$$

令 $\dfrac{dZ}{d\mu}=0$，可得 $\rho^{N+1}\cdot\dfrac{N-(N+1)\rho+\rho^{N+1}}{(1-\rho^{N+1})^2}=\dfrac{c_1}{r}$。

即最佳服務率 μ^* 應滿足此式。雖然此式中的 $c_1,r,\lambda(\rho=\lambda/\mu)$ 和 N 都是已知數，但要通過此式求解出 μ^* 卻不是一件容易的事。對該問題的處理，我們經常先將式子的左側（對一定的 N）作為 ρ 的函數繪製出圖形（見圖 8-9）。對於給定的 r 值，根據圖形可直接求出 $\mu^*\lambda$，從而求出 μ^*。

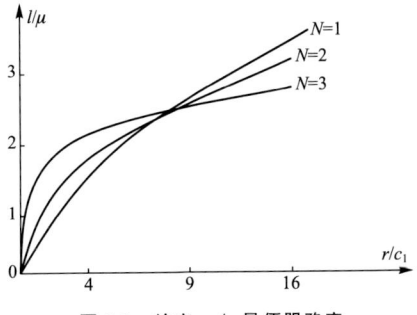

圖 8-9　給定 r, c_1 最優服務率

對於 $M/M/1/N/N$ 排隊系統，我們仍然按照設備故障問題來加以考慮。設共有 m 臺設備，設備連續運轉的時間服從負指數分佈。有一名維修人員，其處理故障的時間服從負指數分佈。c_1 的含義同上，r 為單位時間每臺運轉設備可得的收益，設備的平均運轉臺數為 $m-L$，因此單位時間的純收益為

$$z=(m-L)r-c_1\mu=\frac{mr}{\rho}\cdot\frac{E_{m-1}(\frac{m}{\rho})}{E_m(\frac{m}{\rho})}-c_1\mu$$

式中，$E_m(x)=\sum_{k=0}^{m}\frac{x^k\cdot e^{-x}}{k!}$ 稱為泊松部分。其中，$\rho=\frac{m\lambda}{\mu}$，而

$$\frac{dE_m(x)}{dx}=E_{m-1}(x)-E_m(x)$$

求 $\frac{dz}{d\mu}=0$，可得 $\dfrac{E_{m-1}(\frac{m}{\rho})E_m(\frac{m}{\rho})+\frac{m}{\rho}[E_m(\frac{m}{\rho})E_{m-2}(\frac{m}{\rho})-E_{m-1}^2(\frac{m}{\rho})]}{E_m^2(\frac{m}{\rho})}=\frac{c_1\lambda}{r}$。

給定 m, c_1, r, λ，要由上式求解出 μ^* 也是很困難的。對此問題的處理，我們經常將式子的左側（對一定的 m）作為 ρ 的函數繪製出圖形（見圖 8-10）。對於給定的 $c_1\lambda/r$，根據圖形可直接求出 μ^*/λ，從而求出 μ^*。

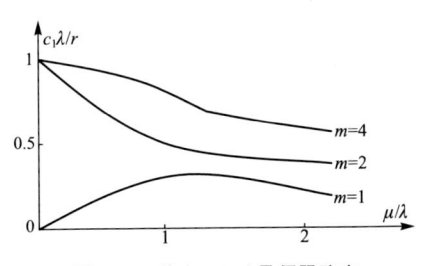

圖 8-10　給定 c_1, λ, r 最優服務率

【例 8-16】 到某設備維修站維修的設備數為泊松流，平均每小時 3 臺，假設一臺設備停留在維修站一個小時，修理站要支付 4 元。若維修站只有一名維修人員，他的工資是每小時每臺 12 元。為使工資與設備逗留費之和最小，該維修員每小時應維修多少臺？

解：由於 $\lambda=3, c_s=12, c_w=4$

於是

$$\mu^*=\lambda+\sqrt{\frac{\lambda c_w}{c_s}}=3+\sqrt{\frac{3\times 4}{12}}=4(臺／小時)$$

即維修員每小時應維修 4 臺設備。此時單位時間支出費用為：

$$f(4)=c_s \cdot \mu^* + c_w \cdot \frac{\lambda}{\mu-\lambda} = 12 \times 4 + 4 \times \frac{3}{4-3} = 60(元/小時)$$

二、$M/M/C$ 模型中最優服務臺數 c^* 的確定

在多臺服務的排隊系統中，服務臺數是一個可控因素。增加服務臺數目，可以提高服務水平，但也會因此增加與之有關的費用。設每增加一個服務臺，單位時間增加的費用為 c_s，則系統的總費用為

$$TC(c) = c_s c + c_w L_s$$

式中，L_s 也是 c 的函數。

由於 c 不是連續變量，因此不能用微分法，通常採用邊際分析方法。即若 $TC(c^*)$ 是最小的，則必有

$$TC(c^*) \leqslant TC(c^*-1), TC(c^*) \leqslant TC(c^*+1)$$

即

$$c_s c^* + c_w L(c^*) \leqslant c_s(c^*-1) + c_w L(c^*-1), c_s c^* + c_w L(c^*) \leqslant c_s(c^*+1) + c_w L(c^*+1)$$

化簡後得到 $L(c^*) - L(c^*+1) \leqslant c_s/c_w \leqslant L(c^*-1) - L(c^*)$，通過試算，可得到滿足上述條件的最優服務臺數目 c^*。

【例 8-17】 某車間有一個工具維修部，要求維修的工具按泊松流到達，平均每小時 17.5 件；維修部工人每人每小時平均維修 10 件，服從負指數分佈。已知每名工人每小時的工資為 6 元，機器因工具維修而停產的損失為每臺每小時 30 元。要求確定該維修部的最佳工人數（見表 8-6）。

解：本例 $c_s=6, c_w=30$，故 $c_s/c_w=0.2$。分別計算 $S=1,2,\cdots,N$ 時的 L 值，並計算相鄰兩個 L 值的差，計算結果見表 8-6。

表 8-6　不同的 c 值相鄰兩個 L 值的差的計算結果表

c	$L(c)$	$L(S-1)-L(S)$
1	∞	...
2	7.467	∞
3	2.217	5.25
4	1.842	0.375
5	1.769	0.073
6	1.754	0.015

因 $L(4)-L(5)=0.073<0.2<0.375=L(3)-L(4)$，所以該維修部最佳應配備 4 名工人。

【例 8-18】 假定在 $M/M/C$ 系統中，$\lambda=10, \mu=3$，成本是 $c_s=5, c_w=25$，求使得總費用最小的服務臺個數。

解：在 $M/M/C$ 模型中，因為

$$\lambda=10, \mu=3, \rho = \frac{\lambda/\mu}{c} = \frac{10}{3c}$$

為使 $\rho<1$，必須有 $c>3$。

因為

$$p_0 = \frac{1}{\sum_{n=0}^{c-1}\frac{(10/3)^n}{n!} + \frac{(10/3)^c}{c!}\left(\frac{c3}{c3-10}\right)} \qquad L(c) = L_q + \frac{\lambda}{\mu} = \frac{(\lambda/\mu)^c \lambda\mu}{(c-1)!(c\mu-\lambda)^2} p_0 + \frac{\lambda}{\mu}$$

$$= \frac{(10/3)^c 10 \times 3}{(c-1)!(3c-10)^2} p_0 + \frac{10}{3}$$

對不同的 c 值計算 $L(c)$，結果如表 8-7 所示。

表 8-7 $L(c)$ 的計算結果表

c	$L(c)$	$L(c)-L(c+1)$	$L(c-1)-L(c)$
4	6.62	2.64	—
5	3.98	0.46	2.64
6	3.52	0.13	0.46
7	3.39	—	0.13

又因為 $c_s/c_w = 5/25 = 0.2$

故由 $L(c)-L(c+1) < c_s/c_w < L(c+1)-L(c)$ 及表 8-7 知

$$0.13 < 0.2 < 0.46$$

故 $c^* = 6$，即使用 6 個服務臺最好。

三、$M/M/1/N/\infty$ 模型中的最優服務率 μ^*

該類模型的總費用有三部分，除了服務費用和顧客停留等待費用外，還有顧客到達但因系統容量有限而離去造成的損失。設每服務一個人能帶來 G 元利潤。當系統客滿時，顧客轉而離去，顯然這種概率為 P_N。若顧客到達率為 $G\lambda P_N$，則平均單位時間損失的顧客數為 $G\lambda P_N$，因而平均利潤損失為 $G\lambda P_N$。

因為該類模型中的顧客一般為外部顧客，因而顧客的等待費用可以不加考慮，於是系統總費用為

$$TC(\mu) = c_s\mu + G\lambda p_N$$
$$= c_s\mu + G\lambda \frac{\lambda^N\mu - \lambda^{N+1}}{\mu^{N+1} - \lambda^{N+1}}$$

令 $\dfrac{dTC(\mu)}{d\mu} = 0$，得 $\dfrac{\rho^{N+1}[(N+1)\rho - N - \rho^{N+1}]}{(1-\rho^{N+1})^2} = \dfrac{c_s}{G}$。

用數值解法可求得最優的服務率 μ^*。

思考與練習 >>>>

1. 某銀行有三個出納員，顧客以平均速度為 4 人/分鐘的泊松流到達，所有的顧客排成一隊，出納員與顧客的交易時間服從平均數為 1/2 分鐘的負指數分佈，試求：
   (1) 銀行內空閒時間的概率；
   (2) 銀行內顧客數為 n 時的概率；
   (3) 平均隊列長 L_q；
   (4) 銀行內的顧客平均數 L_s；
   (5) 在銀行內的平均逗留時間；
   (6) 等待服務的平均時間。

2. 某醫院病房有 3 名護士和 18 位病人，平均每位病人每 2 小時需要護理一次，每次 12 分鐘，護理時間間隔與護理時間均服從泊松分佈。現在醫院考慮兩種工作方案：方案 I 為 3 名護士各自獨立工作，每人固定負責 6 位病人；方案 II 為 3 名護士共同護理 18 位病人，試比較兩個方案的優劣。

3. 某醫院要確定其實驗室試驗設備的最優套數，經統計獲悉平均每天來做試驗的人數為 48

人,依泊松分佈到達。假設每個做試驗的人的停留損失為每天 6 元,試驗時間服從指數分佈,每臺設備的服務率為每天 25 人。提供一套試驗設備的費用每天 4 元。要求確定該院試驗設備的最佳套數,使單位時間服務成本與逗留費用之和最小。

4. 假定在 $M/M/t$ 隊長無限的排列系統中,$\lambda=10,\mu=3,c_1=5,c_2=25$,求使得總期望成本最小時的服務員個數(其中 c_1 為單位時間每增加一個服務員的成本,c_2 為單位時間每個顧客的等待成本)。

5. 某加油站有一臺油泵,來加油的汽車按泊松分佈到達,平均每小時 20 輛人,但當加油站中已有 n 輛汽車時,新來汽車中將有一部分不願等待而離去,離去概率為 $n/4(n=0,1,2,3,4)$。油泵給一輛汽車加油所需的時間為具有均值為 3 分鐘的負指數分佈。
 (1) 畫出此排隊系統的速率圖;
 (2) 導出其平衡方程式;
 (3) 求出加油站中汽車數的穩態概率分佈;
 (4) 求那時在加油站的汽車的平均逗留時間。

6. 某機關接待室,接待人員每天工作 10 小時,來訪人員的到來服從泊松分佈,每天平均有 90 人到來。接待時間服從指數分佈,平均速度為 10 人/時(平均每人 6 分鐘)。試求排隊等待的平均人數;等待接待的人數多於 2 人的概率。如果等待接待的人平均為 2 人,接待速度應提高多少?

7. 工件按泊松流到達服務臺,平均間隔時間為 10 分鐘,假設每一工件的服務(加工)時間服從負指數分佈,平均服務時間 8 分鐘,求:
 (1) 工件在系統內等待服務的平均數和工件在系統內平均逗留時間;
 (2) 若要求有 90% 的把握使工件在系統內的逗留時間不超過 30 分鐘,則工件的平均服務時間最多是多少?
 (3) 若每一工件的服務分兩段,每段所需時間都服從負指數分佈,平均都為 4 分鐘。在這種情況下,工件在系統內的平均數是多少?

8. 經觀察,某海關入關檢查的顧客平均每小時到達 10 人,顧客到達服從泊松分佈,關口檢查服務時間服從指數分佈,平均時間是 5 分鐘,試求:
 (1) 顧客來海關不用等待的概率;
 (2) 海關內顧客的平均數;
 (3) 顧客在海關內平均逗留時間;
 (4) 當顧客逗留時間超過 1.2 小時,則應考慮增加海關窗口工作人員人數,問平均達到率提高多少時,管理者才作這樣的打算。

9. 一個單人理髮店,除理髮椅外,還有 4 把椅子可供顧客等候,顧客到達發現沒有座位空間,就不再等待而離去,顧客到達的平均速度為 4 人/時,理髮的平均時間為 10 分鐘/人。顧客到達服從泊松流,理髮時間服從負指數分佈。求:
 (1) 顧客到達不用等待就可理髮的概率;
 (2) 理髮店裡的平均顧客數以及等待理髮的平均顧客數;
 (3) 顧客來店理髮一次平均花費的時間及平均等待的時間;
 (4) 顧客到達後因客滿而離去的概率;
 (5) 增加一張椅子可以減少的顧客損失率。

10. 某車間有 5 臺機器,每臺機器的連續運轉時間服從負指數分佈,平均連續運行時間為 15 分鐘。有一個修理工,每次修理時間服從負指數分佈,平均每次 12 分鐘。求:
 (1) 修理工空閒的概率;
 (2) 5 臺機器都出故障的概率;

(3) 出故障的平均臺數；
(4) 平均停工時間；
(5) 平均等待修理時間；
(6) 評價這個系統的運行情況。

第九章

存 儲 論

存儲論也稱庫存論(inventory theory),是研究物資最優存儲策略及存儲控製的理論,是研究存儲系統的性質、運行規律及最優營運的一門學科,是運籌學的一個分支。早在 1915 年,哈里斯(F. Harris)針對銀行貨幣的儲備問題進行了詳細的研究,建立了一個確定性的存儲費用模型,並求得了最優解,即最佳批量公式。1934 年,威爾遜(R. H. Wilson)重新得出了這個公式,後來人們稱這個公式為經濟訂購批量公式(EOQ 公式)。20 世紀 50 年代以後,存儲論成為運籌學的一個獨立分支。物資的存儲是工業生產和經濟運轉的必然現象。對於任何工商企業,如果物資存儲過多,那麼不但會積壓流動資金,而且會占用倉儲空間,增加保管費用。如果存儲的物資是過時的或陳舊的,那麼會給企業帶來巨大的經濟損失;反之,若物資存儲過少,企業就會因失去銷售機會而減少利潤,或由於缺少原材料而被迫停產,或由於缺貨需要臨時增加人力和費用。尋求合理的存儲量、訂貨量和訂貨時間是存儲論研究的重要內容。

現代化的生產和經營活動都離不開存儲。為了使生產和經營有條不紊地進行,一般的工商企業總需要一定數量的儲備物資來支持。例如,企業為了連續生產,需要儲備一定數量的原材料和半成品;商店為了滿足顧客的需求,需要有足夠的商品庫存;銀行為了展開正常的業務,需要有一定量的貨幣餘額以供週轉。在信息時代的今天,人們又建立了各種數據庫和信息庫,以存儲大量的信息。因此,存儲問題是人類社會活動,特別是生產經營活動中普遍存在的問題。

但是,存儲物資需要占用大量的資金、人力、物力,有時甚至造成資源的嚴重浪費。此外,大量的庫存物資還會引起某些貨物劣化變質,造成巨大損失。那麼,一個企業究竟應存放多少物資最合適呢?這個問題很難籠統地給出準確的答案,必須根據企業自身的實際情況和外部的經營環境來決定。若能通過科學的存儲管理,建立一套控製庫存的有效方法,這將為一個企業帶來十分可觀的效益。

存儲在各行各業中大大小小的系統的運行過程中,是一個不可或缺的重要環節,尤其是隨著物流管理研究的興起,存儲管理將扮演越來越重要的角色。若一個系統無存儲物,則會降低系統的效率,但是當存儲物品過多時,不僅資金週轉率會受到影響,經濟效益會降低,而且因存儲活動本身也需耗費人力、財力、物力,因而存儲費用會提高。因此,保持合理的存儲水平,使總的損失費用達到最小,便是存儲論研究的主要問題。

第一節 存儲模型概述

一、基本概念

存儲論的對象,是一個由補充、存儲、需求三個環節緊密構成的現實運行系統。該系統以存儲為

中心環節,故稱為存儲系統,其一般結構如圖9-1所示。由於生產或銷售等的需求,從存儲點(倉庫)取出一定數量的庫存貨物,這就是存儲的輸出;對存儲點貨物的補充,這就是存儲的輸入。任一存儲系統都有存儲、補充、需求三個組成部分。

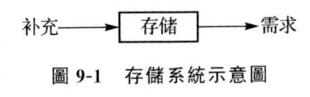

圖 9-1　存儲系統示意圖

(1) 存儲:存儲的某種貨物簡稱為存儲。它隨時間的推移所發生的庫存數量的變化,稱為存儲狀態。存儲狀態隨需求過程而減少,隨補充過程而增大。

(2) 需求:對於一個存儲系統而言,需求就是它的輸出,即從存儲系統中取出一定數量的物資以滿足生產或消費的需要。存儲量因滿足需求而減少。需求可以有不同的形式:① 間斷的或連續的,如商業存儲系統中,顧客對時令商品的需求是間斷的,對日用品的需求是連續的;② 均勻的(線性的)或不均勻的(非線性的),如工廠自動流水線對原料的需求是均勻的,而一個城市對電力的需求則是不均勻的;③ 確定性的或隨機的,如生產活動中對原材料的需求一般是確定性的,而銷售活動中對商品的需求則往往是隨機的。對於隨機需求,通過大量觀察試驗,其統計規律性也是可以認識的。因而無論需求形式如何,存儲系統的輸出特徵還是可以明確的。

(3) 補充:存儲由於需求增加而不斷減少,必須加以補充。補充就是存儲系統的輸入。補充有內部生產和外部訂購(採購)兩種方式。在存儲系統中,補充訂貨的訂貨時間及每次訂貨的數量是可以控製的。

通常,從訂貨到交貨之間有一段滯後時間,稱為拖後時間。為使存儲在某一時刻獲得補充,就必須提前一段時間訂貨,這段時間稱為提前時間(訂貨提前期)。它可能是確定性的或隨機的。

(4) 費用:存儲論所要解決的問題是多少時間補充一次,每次補充的數量應該是多少,決定多少時間補充一次及每次補充的數量。該策略稱為存儲策略。存儲策略的優劣如何衡量呢?衡量一個存儲策略是否優劣的常用數量指標是存儲系統的營運費用(operating costs)。它包括訂貨費用、存儲費用、缺貨費用這三項費用,分述如下:

① 訂貨費用。補充存儲而發生的費用,記為 C_0,其一般形式為

$$C_0 = \begin{cases} a+cQ(Q>0) \\ 0(Q=0) \end{cases}$$

其中,a 為每次進貨的固定費用,跟進貨批量 Q 的大小無關;c 為單位變動費用;cQ 是變動費用,與進貨批量 Q 有關。

訂貨費用又分為外部訂購與內部生產兩種費用。

a. 訂購費用:因訂貨與購貨而發生的費用。訂購費用是指為補充庫存,辦理一次訂貨所發生的有關費用,包括:

a——每次訂貨費用(ordering costs),如手續費、電信費、外出採購的差旅費、最低起運費、檢查驗收費,等等。訂購費用只與訂購次數有關,而與訂貨批量 Q 無關。

c——單位貨物的購置費用,如貨物本身的購價、單位運費,等等。而 cQ 就是一批貨物的購置費用,與訂貨批量 Q 有關。

b. 生產費用:生產貨物所發生的費用。此處:

a——對於生產企業,每批次的裝配費用(或準備、結束費用),如更換生產線上的器械、添置專用設備等的費用,與生產批量 Q 無關。

c——單位產品的生產費用,即單位產品所消耗的原材料、能源、人工、包裝等費用之和。而 cQ 就是一批產品的變動生產費用,與生產批量 Q 有關。

② 存儲費用(holding or carrying costs)。存儲費用又稱為持貨費用、保管費用,即因持有這些貨物而發生的費用,包括倉庫使用費、管理費、貨物維護費、保險費、稅金、積壓資金所造成的損失(利息、占用資金費用)、存貨陳舊、變質、損耗、降價等所造成的損失,等等。記為:

C_H——存儲費用,與單位時間的存儲量有關。

h──單位時間內單位貨物的存儲費用。

③缺貨費用(shortage loss costs 或 stock-out cost)。缺貨費用是指存儲供不應求時所引起的損失。如停工待料所造成的生產損失、失去銷售機會而造成的機會損失(少得的收益)、延期付貨所交付的罰金,以及商譽降低所造成的無形損失,等等。記為:

C_S──缺貨費用,與單位時間的缺貨量有關。

l──單位時間內缺少單位貨物所造成的損失費。

由於缺貨損失費涉及喪失信譽帶來的損失,因此它比存儲費、訂貨費更難於準確確定。對不同的部門、不同的物資,缺貨損失費的確定有不同的標準,要根據具體要求分析計算,將缺貨造成的損失數量化。

在不允許缺貨的情況下,在費用上處理的方式是將缺貨損失費視為無窮大。從存儲費、訂貨費和缺貨損失費的意義可以知道,為了保持一定的庫存,要付出存儲費;為了補充庫存,要付出訂貨費;當存儲不足發生缺貨時,要付出缺貨損失費。這三項費用之間是相互矛盾、相互制約的,存儲費與所存儲物資的數量和時間成正比,如降低存儲量,縮短存儲週期,自然會降低存儲費。但要縮短存儲週期,就要增加訂貨次數,這又勢必增大訂貨費支出。為了防止缺貨現象發生,就要增加安全庫存量,這樣在減少缺貨損失費的同時,增大了存儲費的開支。因此,要從存儲系統總費用最小的前提出發,進行綜合分析,以尋求最佳的訂貨批量和訂貨間隔時間。

在進行存儲系統的費用分析時,不必考慮所存儲物資的價格,但有時由於訂購批量大,物資的價格有一定的優惠折扣。在生產企業中,如果生產批量達到一定的數量,產品的單位成本也往往會降低,這時進行費用分析時,就需要考慮物資的價格因素。

營運費用即為上述三項費用之和,故又稱為總費用,記為 C_T,則

$$C_T = C_0 + C_H + C_S$$

又記 f 為單位時間的平均(或期望)營運費用。

能使營運費用 f 達到極小的進貨批量稱為經濟批量(Economic Lot size),記為 Q^*。對幾種確定性存儲系統,人們已經導出了經濟批量 Q^* 的數學表達式,通稱為經濟批量公式。這些公式也是存儲模型的一種形式,稱為經濟批量模型。

二、存儲策略

對一個存儲系統而言,需求是其服務對象,不需要進行控制。需要控制的是存儲的輸入過程。此處,有兩個基本問題要做出決策:何時補充? 稱為「期」的問題;補充多少? 稱為「量」的問題。

管理者可以通過控制補充的期與量這兩個決策變數,來調節存儲系統的運行,以便達到最優營運效果。這便是存儲系統的最優營運問題。

決定何時補充,每次補充多少的策略稱為存儲策略。常用的存儲策略有以下四種類型:

(1) t_0 循環策略。每隔 t_0 時段補充存儲量為 Q,使庫存水平達到 S。這種策略又稱為經濟批量策略,適用於需求確定的存儲系統。其中,t_0 為營運週期,是一個決策變量;Q 為進貨(補充)批量,也是一個決策變量。

(2) (s, S) 策略。當存儲量 $x > s$ 時不補充,當 $x \leqslant s$ 時補充存儲,補充量 $Q = S - x$,使庫存水平達到 S。其中,s 為最低庫存量。

(3) (t_0, s, S) 策略。每隔 t_0 時段盤點一次存儲量 x,若 $x > s$,則不補充;若 $x \leqslant s$,補充存儲,則把存儲補充到 S 水平,補充量為 $Q = S - x$。其中,t_0 為固定週期(如一年、一月、一週等),是一個常數而非決策變量;s 為臨界點,即判斷進貨與否的存儲狀態臨界值,是一個決策變量;S 為存儲上限,即最大存儲量,也是一個決策變量;x 為本週期初(或上週期末)的存儲狀態,是一個參數而非決策變量。

(4) (T_0, β, Q) 策略。以 T_0 為一個計劃期,期間每當 $I(\tau) \leqslant \beta$ 時,立即訂貨,訂貨批量為 Q。其中,β 為訂貨點,即標誌訂貨時刻的存儲狀態,是一個決策變量;$I(\tau)$ 為 τ 時刻的存儲狀態,是一個參

量而非決策變量。

後兩種策略適用於需求隨機的存儲系統。其中,(2)稱為定期盤點策略;而(3)稱為連續盤點策略。採用這種策略需要用計算機進行監控,存儲必要的數據並發出何時補充及補充多少的信號。

三、目標函數

要在一類策略中選擇一個最優策略,就需要有一個衡量優劣的標準,這就是目標函數。在存儲問題中,通常把目標函數取為平均費用函數或平均利潤函數。選擇的策略應使平均費用達到最小,或使平均利潤達到最大。

確定存儲策略時,首先把實際問題抽象為數學模型,在形成模型過程中,對一些複雜的條件要盡量加以簡化,只要模型能反應問題的本質即可。然後,對模型用數學方法加以研究,得出數量的結論。這些結論是否正確,還要通過實踐加以檢驗。若結論與實際不符,則要對模型重新加以研究和修改。存儲問題經過長期研究,已得出一些行之有效的模型。從存儲模型來看,大體上可分為兩類:一類為確定性模型,即模型中的數據皆為確定的數值。另一類為隨機性模型,即模型中含有隨機變量,而不是確定的數值。下兩節將按確定型存儲模型和隨機型存儲模型兩大類來分別介紹常用的存儲模型,從中得出相應的存儲策略。

第二節　確定型存儲模型

一、不允許缺貨、瞬時到貨的經濟批量模型

此模型的假設為:
(1) 用戶的需求是連續的、均勻的,需求率 D 為常數。
(2) 當存儲降至零時,可以立即得到補充,即一訂貨就交貨。
(3) 缺貨損失費為無窮大,即不允許缺貨。
(4) 每次訂貨量不變,記為 Q。訂貨費不變,即 c_3 為常數。
(5) 單位存儲費不變,即 c_1 為常數。

此模型存儲量的變化如圖 9-2 所示。由於此模型以週期 t 循環訂貨,可以立即得到補充,因此不會缺貨。在研究這種模型時,不再考慮缺貨損失費。因此,在時間間隔 t 內平均總費用 $C(t)$,包括存儲費、訂貨費和成本費這三項單位時間平均費用之和。

此模型的最優存儲策略是:求使總費用最小的訂貨批量 Q^* 及訂貨週期 t^*。

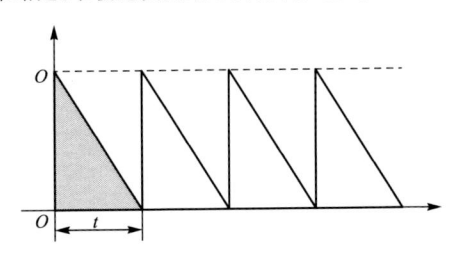

圖 9-2　不允許缺貨、瞬時到貨的經濟批量模型

將單位時間看作一個計劃期。設在計劃期內分 n 次訂貨,訂貨週期為 t,在每個週期內的訂貨量相同。由於週期長度一樣,故計劃期內的總費用等於一個週期內的總費用乘以 n。

在 $[0,t]$ 週期內,存儲量不斷變化。當存量降到零時,應立即補充整個 t 內的需求量 Dt,因此訂貨量為 $Q=Dt$,最大存量為 Q,然後以速率 D 下降。在 $[0,t]$ 內,存量是 t 的函數 $(Q-Dt)$。$[0,t]$ 內

的存儲費是以平均存量來計算的，$[0,t]$ 內的平均存儲量為

$$\frac{1}{t}\int_0^t Dt\,\mathrm{d}t = \frac{1}{2}Dt$$

因單位存儲費為 c_1，故 t 時間的平均存儲費為 $\frac{1}{2}c_1 Dt$。

又訂貨費為 c_3，設貨物單價為 p，則在時間 t 內，訂購費應是訂貨費與成本費之和：

$$c_3 + p \cdot Dt$$

故 t 時間內的平均訂購費為

$$\frac{c_3}{t} + pD$$

在時間 t 內的平均總費用為

$$C(t) = \frac{1}{2}c_1 Dt + \frac{c_3}{t} + pD$$

若想求 t 取何值時 $C(t)$ 最小，只需對上述公式利用微積分求最小值的方法可求出，即先求：

$$\frac{\mathrm{d}C(t)}{\mathrm{d}t} = \frac{1}{2}c_1 D - \frac{c_3}{t^2}$$

再令 $\frac{\mathrm{d}C(t)}{\mathrm{d}t} = 0$，得

$$t^* = \sqrt{\frac{2c_3}{c_1 D}}$$

即每隔 t^* 時間訂貨一次，可使平均總費用 $C(t)$ 最小。t^* 稱為最佳訂貨週期，最佳訂貨批量為

$$Q^* = Dt = \sqrt{\frac{2c_3 D}{c_1}}$$

此公式就是著名的經濟訂貨批量（economic ordering quantity）公式，簡稱為 EOQ 公式或經濟批量公式。

由於 Q^*，t^* 皆與貨物單價 p 無關，因此在費用函數中可略去 pD 這項費用，如無特殊需要，不再考慮此項費用，這時平均總費用函數改寫為

$$C(t) = \frac{1}{2}c_1 Dt + \frac{c_3}{t}$$

將 $t^* = \sqrt{\frac{2c_3}{c_1 D}}$ 代入上述公式，得出最佳費用為 $C^* = C(t^*) = \sqrt{2c_1 c_3 D}$。

從費用曲線（見圖 9-3）也可以求出 t^* 和 C^*。由於 t^* 公式是通過選 t 作為存儲策略變量推導出來的，因此如果選訂貨批量 Q 作為存儲策略變量，也可以推導出。

【例 9-1】某建築公司每天需要 100 噸某種標號的水泥。設該公司每次向水泥廠訂購，需支付訂購費 100 元，每噸水泥在該公司倉庫內每存放一天需付 0.08 元的存儲保管費。若不允許缺貨，且一訂貨就可提貨。

(1) 每批訂購時間多長，每次訂購多少噸水泥，可使費用最省？最小費用是多少？

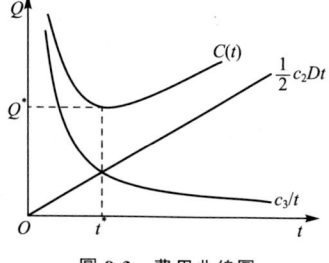

圖 9-3 費用曲線圖

(2) 從訂購之日到水泥入庫需 7 天時間，試問當庫存為多少時應發出訂貨。

解：(1) 這裡 $D=100$ 元，$c_1=0.08$，$c_3=100$，分別有

$$Q^* = \sqrt{\frac{2c_3 D}{c_1}} = \sqrt{\frac{2 \times 100 \times 100}{0.08}} = 500(\text{噸})$$

$$t^* = \sqrt{\frac{2c_3}{c_1 D}} = \sqrt{\frac{2 \times 100}{0.08 \times 100}} = 5(\text{天})$$

$$C^* = \sqrt{2c_1 c_3 D} = \sqrt{2 \times 100 \times 0.08 \times 100} = 40(\text{元})$$

(2) 因拖後時間 7 天,即訂貨的提前時間為 $LT=7$ 天,這 7 天內的需求量為

$$s^* = D \times LT = 100 \times 7 = 700(\text{噸})$$

故當庫存量為 700 噸時應發出訂貨。s^* 稱為再訂購點。

【例 9-2】 有一個生產和銷售圖書館設備的公司,經營一種圖書館專用書架。基於以往的銷售記錄和今後市場的預測,估計今後一年的需求量為 4,900 個。由於佔有的利息、存儲庫房及其他人力物力的費用,故存儲一個書架一年要花費 1,000 元。這種書架是該公司自己生產的,而組織一次生產要花費設備調試等生產準備費 500 元。該公司為了最大限度地降低成本,應如何組織生產? 要求求出最優的每次生產量及相應的週期。

解:已知 $c_3 = 500$ 元/次,$D = 4900$ 個/年,$c_1 = 1,000$ 元/個·年

$$Q^* = \sqrt{\frac{2c_3 D}{c_1}} = \sqrt{\frac{2 \times 500 \times 4,900}{1,000}} = 70$$

$$t^* = \sqrt{\frac{2c_3}{c_1 D}} = \sqrt{\frac{2 \times 500}{1,000 \times 4,900}} = \frac{1}{70}(\text{年})$$

二、不允許缺貨、逐步均勻到貨的模型

模型一有前提條件,即每次進貨能在瞬間全部入庫,可稱為即時補充。許多實際存儲系統並非即時補充,如訂購的貨物很多,不能一次運到,需要一段時間陸續入庫;又如工業企業通過內部生產來實現補充時,也往往需要一段時間陸續生產出所需批量的零部件,等等。在這種情況下,假定除了將模型一的假設(2)修改為:當存儲降至零時,一訂貨就逐步均勻到貨,模型一的其餘假設條件均成立。設 T 為進貨週期,即每次進貨的時間($0 < T < t$);p 為進貨速率,即單位時間內入庫的貨物數量($p > d$)。

又設在每一營運週期 t 的初始時刻開始進貨,且每期開始與結束時刻存儲狀態均為 0。根據上述假設條件,可以畫出該系統的存儲狀態圖(見圖 9-4)。由圖可見,一個週期 $[0, t]$ 被分為兩段:① $[0, T]$ 內,存儲狀態從 0 開始以 $p - d$ 的速率增加,到 T 時刻達到最高水平 $(p-d)T$,這時停止進貨;而 pT 就是一個週期 t 內的總進貨量,即有 $Q = pT$;② 在 $[T, t]$ 內,存儲狀態從最高水平 $(p-d)T$ 以速率 d 減少,到時刻 t 降為 0。

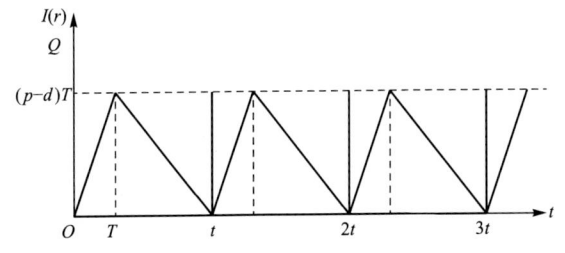

圖 9-4 不允許缺貨、逐步均勻到貨模型系統存儲狀態圖

綜上可知,在 $[0, T]$ 內,存儲量以 $p-d$ 的速度增加;在 $[T, t]$ 內,存儲量以速度 d 減少。T、t 皆為待定參數。從圖 9-4 可以得出:$pT = Dt$,也就是說,T 時間內的供應量等於 t 時間內的需求量,由此得

$$T = \frac{D}{p} t$$

t 時間內平均存儲量為 $\frac{1}{2}(p-d)T$，t 時間內所需的存儲費為 $\frac{1}{2}c_1(p-d)T$。

又訂貨費為 c_3，不考慮成本費，則單位時間的平均總費用為

$$C(t) = \frac{1}{t}\left[\frac{1}{2}c_1(p-d)Tt + c_3\right]$$

將 $T = \frac{D}{p}t$ 代入上式，得 $C(t) = \frac{1}{2p}c_1(p-d)Dt + \frac{c_3}{t}$

為使總費用最小，先求

$$\frac{dC(t)}{dt} = \frac{1}{2p}c_1(p-d)D - \frac{c_3}{t^2}$$

再令 $\frac{dC(t)}{dt} = 0$，得

$$t^* = \sqrt{\frac{2c_3}{c_1 D}}\sqrt{\frac{p}{p-d}}$$

t^* 為最佳訂貨週期，最佳訂貨量為

$$Q^* = Dt^* = \sqrt{\frac{2c_3 D}{c_1}}\sqrt{\frac{p}{p-d}}$$

最小平均總費用為

$$C^* = C(t^*) = \sqrt{2c_1 c_3 D}\sqrt{\frac{p-d}{p}}$$

利用 t^* 可求出最佳進貨(生產)持續時間，即

$$T^* = \frac{D}{P}t^* = \sqrt{\frac{2c_3 D}{c_1 p(p-d)}}$$

將模型二的 t^*，Q^* 進行比較，模型二的 t^*，Q^* 是模型一的 $\sqrt{\frac{p}{p-d}}$ 倍，而這個因子是大於 1 的，即模型二中的最佳訂貨週期和最佳訂貨批量都較模型一增加，而費用反是模型一的 $\sqrt{\frac{p-d}{p}}$ 倍，即費用減少了。這是逐步均勻進貨，減少了存儲費用的結果。

【例 9-3】某電視機廠自行生產揚聲器用以裝配本廠生產的電視機。該廠每天生產 100 部電視機，而揚聲器生產車間每天可以生產 5,000 個。已知該廠每批電視機裝備的生產準備費為 5,000 元，而每個揚聲器在一天內的存儲保管費為 0.02 元。試確定該廠揚聲器的最佳生產批量、生產時間和電視機的安裝週期。

解：此存儲模型顯然是一個不允許缺貨、邊生產邊裝配的模型。且 $P = 5,000$，$c_1 = 0.02$，$c_3 = 5,000$，$D = 100$，$d = 100$，由公式得

$$Q^* = \sqrt{\frac{2c_3 Dp}{c_1(p-d)}} = \sqrt{\frac{2 \times 5,000 \times 100 \times 5,000}{0.02 \times (5,000 - 100)}} \approx 7140$$

$$t^* = \frac{Q^*}{d} = \frac{7140}{100} \approx 71(\text{天})$$

$$T^* = \frac{Q^*}{P} = \frac{7140}{5,000} \approx 1.5(\text{天})$$

【例 9-4】承例 9-2，若該公司每年書架的生產能力為 9,800 個，求最佳生產批量和生產週期。

解：已知 $c_3 = 500$ 元/次，$d = D = 4,900$ 個/年，$c_1 = 1,000$ 元/個年，$p = 9,800$ 個/年

$$Q^* = \sqrt{\frac{2c_3 D}{c_1(1-\frac{d}{p})}} = \sqrt{\frac{2 \times 500 \times 4,900}{1,000(1-\frac{4,900}{9,800})}} = \sqrt{9,800} \approx 99(\text{個})$$

每年的生產次數為
$$\frac{D}{Q^*} = \frac{4,900}{99} = 49.5 \approx 50$$

相應的週期為 $\frac{365}{50} = 7.3$(天)。

三、允許缺貨、瞬時到貨、缺貨要補模型

模型一的假設條件之一是不允許缺貨。現在考慮放寬這一條件而允許缺貨,除此以外,其餘假設同模型一一致。本模型把缺貨損失定量化,但缺貨要在下一個訂貨週期內補足。在使用這一模型時,企業要權衡利弊。由於允許缺貨,因此企業可以在存儲量降至零後,還可以再等一段時間然後訂貨,這就意味著企業可以少付幾次訂貨費和少付存儲費。這時發生缺貨現象可能對企業還是有利的。只有這樣,企業才能使用這個模型。

由於允許缺貨,因此當存儲缺貨時不急於補充,而是過一段時間再補充。這樣,雖須支付一些缺貨費,但可少付一些訂貨費和存儲費,因而營運費用或許能夠減少。如圖9-5所示,假設在時段$[0, t]$內,開始存儲狀態為最高水平S,可以供應長度為$t_1 \in (0, t)$的時段內的需求;在$[t_1, t]$內,存儲狀態持續為0,並發生缺貨。假設這時本系統採取「缺貨後補」的辦法,即先對需求者進行預售登記,待訂貨一到立即全部付清。

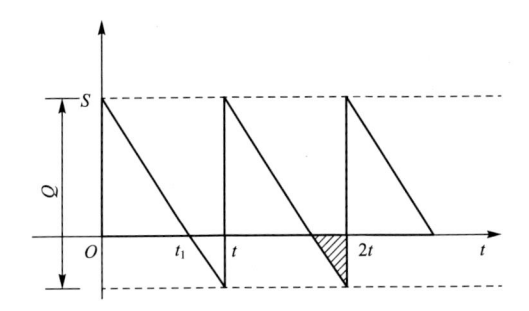

圖 9-5 允許缺貨、瞬時到貨、缺貨要補模型的系統狀態圖

設單位存儲費為c_1,每次訂貨費為c_3,缺貨損失費為c_2(單位缺貨損失),需求率為d,一訂貨就到貨,求使平均總費用最小的最佳存儲策略。

假設最初存儲量為S,可以滿足t_1時間內的需求。t_1時間內的平均存儲量為$\frac{S}{2}$,在時間$(t - t_1)$內的存儲量為零,平均缺貨量為$\frac{d(t - t_1)}{2}$。

由於S僅能滿足t_1時間的需求,故$S = dt_1$。在t時間內,所需的存儲費為:
$$\frac{1}{2}c_1 S t_1 = \frac{1}{2}c_1 \frac{S^2}{d}$$

在t時間內,缺貨損失費為:
$$\frac{1}{2}c_2 d(t - t_1)^2 = \frac{1}{2}c_2 \frac{(dt - S)^2}{d}$$

其中,訂貨費為c_3。根據單位時間的平均總費用應是存儲費、缺貨損失費和訂貨費之和的單位時間平均費用,有
$$C(t, s) = \frac{1}{t}\left[c_1 \frac{S^2}{2d} + c_2 \frac{(dt - S)^2}{2d} + c_3\right]$$

式中有兩個變量t和S,利用多元函數求極值的方法求$C(t, s)$的最小值,即聯立求解:

$$\frac{\partial C}{\partial t}=0; \frac{\partial C}{\partial S}=0$$

解得
$$t^* = \sqrt{\frac{2c_3}{c_1 d}} \sqrt{\frac{c_1+c_2}{c_2}}$$

$$S^* = \sqrt{\frac{2c_3 d}{c_1}} \sqrt{\frac{c_2}{c_2+c_1}}$$

t^*, s^* 分別是最佳訂貨週期和最佳的最大庫存量。

平均總費用的最小值為：

$$C^* = C(t^*, S^*) = \sqrt{2c_1 c_3 d} \sqrt{\frac{c_2}{c_2+c_1}}$$

最佳訂貨批量為：

$$Q^* = dt^* = \sqrt{\frac{2c_3 d}{c_1}} \sqrt{\frac{c_1+c_2}{c_2}}$$

最大缺貨量為：

$$Q^* - S^* = \sqrt{\frac{2c_1 c_3 d}{c_2(c_2+c_1)}}$$

若所缺的貨不需要補充，則最佳經濟批量就是 S^*。

此模型與模型一相比較，允許缺貨造成的差別，僅在訂貨週期 t^* 和訂貨量 Q^* 是不允許缺貨的 $\sqrt{\frac{c_1+c_2}{c_2}}$ 倍，而費用卻縮減到它的 $\sqrt{\frac{c_2}{c_2+c_1}}$。

【例 9-5】 某商店訂購一批貨物，每次訂購費為 40 元，由缺貨造成的損失為 0.5 元/個。若貨物需求均勻連續，且需求率為 100 個/月，月單位庫存儲費用為 1 元，求該廠的最優訂貨量、最優訂貨週期及總費用。

解：由題意可知：$d=100$ 個/月；$c_1=1$ 元；$c_2=0.5$ 元/個；$c_3=40$ 元，於是有

$$Q^* = dt^* = \sqrt{\frac{2c_3 d}{c_1}} \sqrt{\frac{c_1+c_2}{c_2}} = \sqrt{\frac{2\times 40\times 100}{1}} \sqrt{\frac{1+0.5}{0.5}} \approx 155$$

$$t^* = \sqrt{\frac{2c_3}{c_1 d}} \sqrt{\frac{c_1+c_2}{c_2}} = \sqrt{\frac{2\times 40}{1\times 100}} \sqrt{\frac{1+0.5}{0.5}} \approx 1.5$$

$$C^* = C(t^*, S^*) = \sqrt{2c_1 c_3 d} \sqrt{\frac{c_2}{c_2+c_1}} = \sqrt{2\times 1\times 40\times 100} \sqrt{\frac{0.5}{1+0.5}} \approx 51.6$$

即該廠的最優訂貨量為 155 個，最優訂貨週期為 1.5 個月，總費用為 51.6 元。

【例 9-6】 承例 9-2，若此圖書館設備公司只銷售書架而不生產書架，其所銷售的書架是靠訂貨來提供的。若允許缺貨，設一個書架缺貨一年的缺貨費為 2,000 元，求出使一年總費用最低的最優每次訂貨量、相應的最大缺貨量及相應的週期。

解：由題意知，$c_2=2,000$ 元。已知 $c_3=500$ 元/次，$d=4,900$ 個/年，$c_1=1,000$ 元/個年，計算得

$$Q^* = dt^* = \sqrt{\frac{2c_3 d}{c_1}} \sqrt{\frac{c_1+c_2}{c_2}} = \sqrt{\frac{2\times 500\times 4,900(1,000+2,000)}{1,000\times 2,000}} \approx 86(個)$$

$$S^* = dt_1^* = \sqrt{\frac{2c_3 d}{c_1}} \sqrt{\frac{c_2}{c_2+c_1}} = \sqrt{\frac{2\times 500\times 2,000\times 4,900}{1,000(1,000+2,000)}} \approx 57(個)$$

$$t^* = \sqrt{\frac{2c_3}{c_1 d}} \sqrt{\frac{c_1+c_2}{c_2}} = \sqrt{\frac{2\times 500(1,000+2,000)}{1,000\times 2,000\times 4,900}} \approx 6.39(天)$$

四、允許缺貨、逐步均勻到貨、缺貨要補模型

本模型的假設條件除允許缺貨外，其餘條件皆與模型二相同，其存儲量的變化情況如圖 9-6

所示。

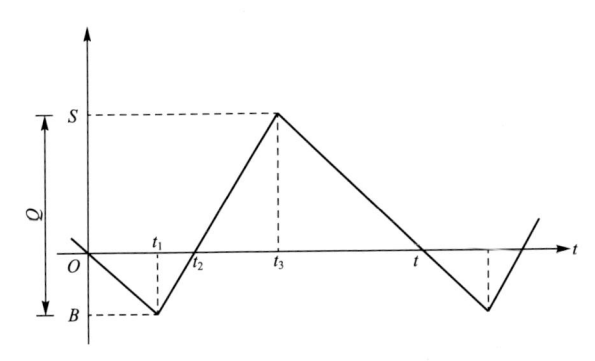

圖 9-6 允許缺貨、逐步均勻到貨、缺貨要補模型的系統狀態圖

每一週期$[0,t]$為一個訂貨週期，$[0,t_2]$時間內存儲量為零，OB為最大缺貨量，$[t_1,t_3]$時間為進貨時間。其中$[t_1,t_2]$時間內除滿足需求外，還需補足$[0,t_1]$時間內缺貨；$[t_2,t_3]$時間內滿足需求後的貨物進入存儲狀態，存儲量以$(p-d)$的速度增加，S表示存儲量，t_3時刻存儲量達到最大，這時停止進貨。$[t_3,t]$時間內存儲量以需求速度d減少，由圖9-6可知：

最大缺貨量為：
$$B=(p-d)(t_2-t_1)=dt_1$$

所以
$$t_1=\frac{p-d}{p}t_2$$

最大存儲量為：
$$S=(p-d)(t_3-t_2)=d(t-t_3)$$

所以
$$t_3-t_2=\frac{d}{p}(t-t_2)$$

在$[0,t]$時間內所需的存儲費為：
$$\frac{1}{2}c_1(p-d)(t_3-t_2)(t-t_2)$$

利用上面的公式可得
$$\frac{1}{2}c_1(p-d)\frac{d}{p}(t-t_2)^2$$

缺貨損失費為：
$$\frac{1}{2}c_2dt_1t_2$$

利用上面的公式可得
$$\frac{1}{2}c_2d\frac{p-d}{p}t_2^2$$

訂貨費為c_3。

在$[0,t]$時間內的平均總費用為：
$$C(t_2,t)=\frac{1}{t}\left[\frac{1}{2}c_1(p-d)\frac{d}{p}(t-t_2)^2+\frac{1}{2}c_2d\frac{p-d}{p}t_2^2+c_3\right]$$
$$=\frac{(p-d)d}{2p}\left[c_1t-2c_1t_2+(c_1+c_2)\frac{t_2^2}{t}\right]+\frac{c_3}{t}$$

式中有兩個變量t和t_2，利用多元函數求極值的方法求$C(t_2,t)$的最小值，即聯立求解：
$$\frac{\partial C(t_2,t)}{\partial t}=0;\frac{\partial C(t_2,t)}{\partial t_2}=0$$

得

$$t^* = \sqrt{\frac{2c_3}{c_1 d}} \sqrt{\frac{c_1+c_2}{c_2}} \sqrt{\frac{p}{p-d}}$$

$$Q^* = dt^* = \sqrt{\frac{2c_3 d}{c_1}} \sqrt{\frac{c_1+c_2}{c_2}} \sqrt{\frac{p}{p-d}}$$

t^*、Q^*分別為最佳訂貨週期和最佳訂貨批量,其最佳缺貨時間為:

$$t_2 = \frac{c_1}{c_1+c_2} \sqrt{\frac{2c_3}{c_1 d}} \sqrt{\frac{c_1+c_2}{c_2}} \sqrt{\frac{p}{p-d}}$$

最大存儲量為:

$$S^* = d(t^* - t_3) = d\left(t^* - \frac{d}{p}t^* - \frac{p-d}{p}t_2\right) = \sqrt{\frac{2c_3 d}{c_1}} \sqrt{\frac{c_2}{c_2+c_1}} \sqrt{\frac{p-d}{p}}$$

最大缺貨量為:

$$B^* = dt_1 = \frac{d(p-d)}{p}t_2 = \sqrt{\frac{2c_1 c_3 d}{(c_1+c_2)c_2}} \sqrt{\frac{p-d}{p}}$$

最小平均總費用為:

$$C^* = \sqrt{2c_1 c_3 d} \sqrt{\frac{c_2}{c_1+c_2}} \sqrt{\frac{p-d}{p}}$$

將本模型與前三種模型相比,不難發現,它是前面三種模型的綜合。模型一是最基本的,在此基礎上考慮逐步到貨、允許缺貨、瞬時到貨、允許缺貨、持續均勻到貨。

【例 9-7】 某車間每年能生產本廠日常所需的某種零件 80,000 個,全廠每年均勻地需要這種零件的個數約 20,000 個。已知每個零件存儲一個月所需的存儲費是 0.1 元,每批零件生產前所需的安裝費是 350 元。當供貨不足時,每個零件缺貨的損失費為 0.2 元/月,所缺的貨到貨後要補足。試問應採取怎樣的存儲策略最合適?

解:已知 $c_3 = 350$ 元,$d = 20,000$ 個/年,$p = 80,000$ 個/年,$c_1 = 0.1$ 元,$c_2 = 0.2$ 元,則

$$t^* = \sqrt{\frac{2c_3}{c_1 d}} \sqrt{\frac{c_1+c_2}{c_2}} \sqrt{\frac{p}{p-d}} = \sqrt{\frac{2\times 350}{0.1\times 20,000\ \text{個/年}} \times \frac{0.1+0.2}{0.2} \times \frac{8,000\ \text{個/年}}{80,000\ \text{個/年}-2,000\ \text{個/年}}} \approx 2.9(\text{月})$$

$$Q^* = dt^* = \frac{20,000}{12} \times 2.9 = 4,833(\text{個})$$

$$S^* = \sqrt{\frac{2c_3 d}{c_1}} \sqrt{\frac{c_2}{c_2+c_1}} \sqrt{\frac{p-d}{p}} = \sqrt{\frac{2\times 350\times 0.2\times 20,000\ \text{個/年}}{0.1\times (0.1+0.2)}\left(1-\frac{20,000}{80,000}\right)} \approx 2,415(\text{個})$$

五、價格折扣的存儲問題

以上的存儲模型中,均假設存儲貨物的單價是常量,得出的存儲策略與貨物單價無關,但實際中的訂貨問題有時與單價有關。一般情況下,購買的數量越多,商品的單價越低。由於有價格折扣的優惠,訂貨時就希望多訂一些貨物,但訂貨多了存儲費必然會增加,從而造成資金的積壓。如何在這兩者之間權衡,使得既充分利用價格優惠,又使總費用最小,這就是討論價格有折扣的存儲問題所必須解決的問題。

除去貨物單價隨訂購數量變化外,本模型的條件與模型一的假設相同,求如何制訂相應的存儲策略,才能保證費用最低。

記貨物單價為 $P(Q)$,其中 Q 為訂貨量,$P(Q)$ 的變化如圖 9-7 所示。

$$P(Q) = \begin{cases} P_1 & (0 \leqslant Q \leqslant Q_1) \\ P_2 & (Q_1 \leqslant Q \leqslant Q_2) \\ P_3 & (Q \geqslant Q_2) \\ P_1 > P_2 > P_3 \end{cases}$$

在時間 t 內的平均總費用為

$$C(t) = \frac{1}{2}c_1 Dt + \frac{c_3}{t} + pD$$

又因為 $Q = Dt$，所以在時間 t 內的總費用為

$$\frac{1}{2}c_1 Q \frac{Q}{D} + c_3 + pD$$

記平均每單位物資所需的總費用為 $C(Q)$，則

$$C(Q) = \frac{1}{2}c_1 \frac{Q}{D} + \frac{c_3}{Q} + P$$

顯然有

$$C^1(Q) = \frac{1}{2}c_1 \frac{Q}{D} + \frac{c_3}{Q} + p_1, Q \in [0, Q_1)$$

$$C^2(Q) = \frac{1}{2}c_1 \frac{Q}{D} + \frac{c_3}{Q} + p_2, Q \in [Q_1, Q_2)$$

$$C^3(Q) = \frac{1}{2}c_1 \frac{Q}{D} + \frac{c_3}{Q} + p_3, Q \in [Q_2, \infty)$$

如果不考慮定義域，它們之間只差一個常數，因此它們的導函數相同，故它們表示的是一族平行曲線，如圖 9-7 所示。

為求最小總費用，可先求

$$\frac{dC(Q)}{dQ} = \frac{c_1}{2D} - \frac{c_3}{Q^2}$$

再令

$$\frac{dC(Q)}{dQ} = 0$$

得

$$Q_0 = \sqrt{\frac{2c_3 D}{c_1}}$$

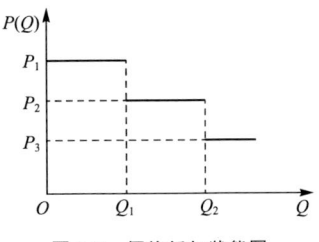

圖 9-7 價格折扣狀態圖

這就是模型一中的最佳經濟批量。Q_0 究竟落在哪一個區間，事先難以預計。假設 $Q_1 < Q_0 < Q_2$，這時也不能肯定 $C^2(Q_0)$ 最小（見圖 9-8），為此，我們給出價格有折扣情況下，求最佳訂貨批量 Q^* 的步驟：

（1）對 $C(Q)$ 求得極值點 Q_0，即 $Q_0 = \sqrt{\frac{2c_3 D}{c_1}}$。

（2）若 $Q_0 < Q_1$，則計算 $C^1(Q_0)$、$C^2(Q_1)$ 和 $C^3(Q_2)$，取其中最小者對應的批量為 Q^*。

若 $C^2(Q_1) = \min\{C^1(Q_0), C^2(Q_1), C^3(Q_2)\}$，則取 $Q^* = Q_1$。

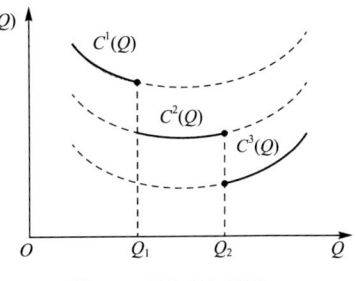

圖 9-8 價格折扣模型

（3）若 $Q_1 \leq Q_0 < Q_2$，則計算 $C^2(Q_0)$、$C^3(Q_2)$，由 $\min\{C^2(Q_0), C^3(Q_2)\}$ 決定 Q^*。

（4）若 $Q_0 \geq Q_2$，則取 $Q^* = Q_0$。

以上步驟可以推廣到單價具有 m 個等級折扣的情形。設訂貨量為 Q，其單價為 $P(Q)$。有

$$P(Q) = \begin{cases} p_1 & (0 \leq Q < Q_1) \\ p_2 & (Q_1 \leq Q < Q_2) \\ \cdots \\ p_j & (Q_{j-1} \leq Q < Q_j) \\ \cdots \\ p_m & (Q \geq Q_{m-1}) \end{cases}$$

對應的平均單位貨物所需費用為

$$C^j(Q) = \frac{1}{2}c_1\frac{Q}{D} + \frac{c_3}{Q} + P_j \quad (j=1,2,\cdots,m)$$

從公式 $Q_0 = \sqrt{\dfrac{2c_3 D}{c_1}}$ 求出 Q_0。若 $Q_{j-1} \leq Q_0 < Q_j$，則求 $\min\{C^j(Q_0), C^{j+1}(Q_j), \cdots, C^m(Q_{m-1})\}$。設其最小值為 $C^l(Q_{l-1})$，則取 $Q^* = Q_{l-1}$，即最佳訂貨批量。

【例 9-8】某儀表廠今年擬生產某種儀表 30,000 個。該儀表中有個元件需向儀表元件廠訂購，每次訂貨費用為 500 元，該元件每月每件存儲費是 0.2 元。該儀表元件零件批量的單價如下：

$$P(Q) = \begin{cases} 1 & (0 \leq Q < 10,000) \\ 0.98 & (10,000 \leq Q < 30,000) \\ 0.94 & (30,000 \leq Q < 50,000) \\ 0.90 & (Q \geq 50,000) \end{cases}$$

若不允許缺貨，且一訂貨就進貨，試求最佳的訂貨批量。

解：在單價不變的情況下，求出最佳訂購批量：

$$Q_0 = \sqrt{\frac{2c_3 D}{c_1}} = \sqrt{\frac{2 \times 500 \times 30,000}{0.2}} \approx 12,247(個)$$

因 $10,000 < Q_0 < 30,000$，故應計算

$$C(Q_0) = C(12,247)$$
$$= \frac{1}{2}c_1\frac{Q_0}{D} + \frac{c_3}{Q_0} + p_2$$
$$= \frac{1}{2} \times 0.2 \times \frac{12,247}{30,000} + \frac{500}{12,247} + 0.98 \approx 1.062(個)$$

$$C(Q_2) = C(30,000)$$
$$= \frac{1}{2}c_1\frac{Q_0}{D} + \frac{c_3}{Q_0} + p_3$$
$$= \frac{1}{2} \times 0.2 \times \frac{30,000}{30,000} + \frac{500}{30,000} + 0.94 \approx 1.057(個)$$

$$C(Q_3) = C(50,000)$$
$$= \frac{1}{2}c_1\frac{Q_0}{D} + \frac{c_3}{Q_0} + p_4$$
$$= \frac{1}{2} \times 0.2 \times \frac{50,000}{30,000} + \frac{500}{50,000} + 0.90 \approx 1.077(個)$$

由此比較可知，$\min\{C(Q_0), C(Q_2), C(Q_3)\} = C(Q_2)$，故應取 $Q_2 = 30,000$ 為最佳訂購批量，即 $Q^* = 30,000(個)$。

本模型中，由於訂購批量不同，訂貨週期長短不一樣，因此利用平均單位貨物所需費用比較優劣，當然也可以利用單位時間內的平均總費用

$$C(Q) = \frac{1}{2}c_1 Q + \frac{c_3 D}{Q} + pD$$

$$C(Q_0) = C(12,247)$$
$$= \frac{1}{2}c_1 Q + \frac{c_3 D}{Q} + pD$$
$$= \frac{1}{2} \times 0.2 \times 12,247 + \frac{500 \times 30,000}{12247} + 0.98 \times 30,000 \approx 31,850(個)$$

$$C(Q_2) = C(30,000)$$
$$= \frac{1}{2}c_1 Q + \frac{c_3 D}{Q} + pD$$

$$= \frac{1}{2} \times 0.2 \times 30,000 + \frac{500 \times 30,000}{30,000} + 0.94 \times 30,000 = 31,700(個)$$

$$C(Q_3) = C(50,000)$$

$$= \frac{1}{2} c_1 Q + \frac{c_3 D}{Q} + pD$$

$$= \frac{1}{2} \times 0.2 \times 50,000 + \frac{500 \times 30,000}{50,000} + 0.90 \times 30,000 = 32,300(個)$$

由於 $\min\{C(Q_0), C(Q_2), C(Q_3)\} = C(Q_2)$，因此最佳經濟批量為：

$$Q^* = 30,000(個)$$

第三節　隨機型存儲模型

隨機性存儲模型的重要特點是需求為隨機的，其概率分佈為已知，在這種情況下，前面所介紹過的模型已經不適用了。例如，一個商場裡某種商品每天的銷售量就是隨機的，500 件商品可能在一個月內售完，也可能下個月之後還有剩餘，事先不能準確預測。在隨機需求下，商場如果既不想因缺貨而失去銷售機會，又不想因為滯銷而過多地積壓資金，就必須採用新的存儲策略。

在隨機型需求條件下，企業可供選擇的存儲策略主要有三種：

(1) 定期訂貨策略。定期訂貨策略即確定一個固定的訂貨週期，每隔一定的時間就訂貨，但訂貨數量需要根據上一個週期末剩下貨物的數量來決定，剩下的數量少，可以多訂貨；剩下的數量多，可以少訂或不訂貨。採用這一策略，每次訂貨的數量是不確定的，是根據當時的庫存情況的變化情況而定。因此，要求每一期開始訂貨時都必須對庫存進行認真的盤點。

(2) 定點訂貨策略。定點訂貨策略即沒有固定的訂貨週期，而是確定一個適當的訂貨點，每當庫存下降到訂貨點時就組織訂貨。當庫存下降到某一確定的數量時就訂貨，不再考慮間隔的時間，這一確定的數量稱為訂貨點。採用這種策略，每次訂貨的數量是確定的，是一個根據有關因素確定的經濟批量。但要保證按訂貨點訂貨，則要求必須對庫存進行連續的監控或記錄。

(3) 定期與定點相結合的策略。定期與定點相結合的策略即每隔一定時間對庫存檢查一次。如果庫存數大於訂貨點 s，就不訂貨；如果庫存數量小於訂貨點 s，就組織訂貨，並使得補充後的存儲量達到 S。因此，這種策略也簡稱為 (s, S) 策略。

另外，與確定型模型相比，不確定型模型還有一個重要特點，那就是是否允許缺貨，一般都可用概率來表達。例如，如果要求的保證概率為 80%，那麼缺貨的概率就是 20%，即 10 次訂貨允許缺貨 2 次；如果要求的保證概率是 100%，那麼缺貨的概率就是 0，也就是不允許缺貨。

存儲策略的優劣，常以盈利的期望值的大小作為衡量的標準。

一、單時期存儲模型

單時期存儲模型就是一種貨物的一次性訂貨，只在滿足一個特定時期的需要時發生。當存貨銷完時，並不發生補充進化問題。由於問題在考慮的時期內，總需求量是不確定的，這就形成了兩難局面。因為貨訂得多，雖然可以獲得更多的利潤，但如果太多了，將會由於賣不出去而造成損失；反之，如果貨訂少了，雖然不會出現貨物賣不出去而造成的損失，但會因供不應求而失去銷售機會。單時期隨機需求問題也稱報童問題。此問題的特點是，將單位時間看作一個時期，在這個時期內只訂貨一次，以滿足整個時期的需求量。這種模型稱為單時期隨機需求模型，用於研究易變質產品需求問題。其含義是：如果本期的產品沒有用完，到下一期該產品就要貶值，價格降低，利潤減少，甚至比獲得該產品的成本還要低。若本期產品不能滿足需求，則因缺貨或失去銷售機會而帶來損失。不論是供大於求，還是供不應求都有損失。研究的目的是該時期訂貨多少可使預期的總損失最少（或總盈

利最大)。這類產品訂貨問題在實踐中大量存在,如報紙、書刊、服裝、食品、計算硬件等時令性產品。

假定從訂貨到收貨的時間為零,由於需求是隨機的,從而允許缺貨。作出如下假設:

x:一個時期的需求量,是隨機變量,並且非負。期望需求量為 $E(x)$,方差記為 $D(x)$。

$f(x)$:需求量為 x 的概率密度函數,$\int_0^\infty f(x)\mathrm{d}x=1$,$x$ 是連續型隨機變量。

$F(x)$:x 的分佈函數或累計概率密度函數,$F(x)=\int_0^x f(t)\mathrm{d}t$,$f(x)=F'(x)$。

$p(x_i)$:需求量為 x_i 的概率,記為 p_i,$\sum_{i=0}^\infty p_i=1$,x 是離散型隨機變量。

Q:一個時期的訂貨批量。

C:單位產品的獲得成本,即產品的單價。

P:單位產品售價,收益為 $P-C$。

S:單位產品的殘值。

c_2:單位產品缺貨成本,指由於缺貨而帶來的額外損失,如違約金、失去部分信譽造成後期銷量減少等損失。它不包含機會損失 $P-C$。若除了機會損失外沒有其他成本,則 c_2 等於零。

C_H:供過於求時,單位產品一個時期內的持有成本;供不應求時,等於零。

P_s:缺貨概率。

SL:$SL=1-P_s$,服務水平,一個時期內不缺貨的概率。

C_0:$C_0=C-S+C_H$,供過於求時單位產品總成本。

C_u:$C_u=P-C+c_2$,供不應求時單位產品總成本。

1. 離散型存儲模型

在一個時期 T 內,需求量 x 是一個隨機變量。假設 x 的取值為 $x_1,x_2,\cdots$,相應的概率 $p(x_i)$ 已知,最優存儲策略是使在 T 內總費用的期望值最小或收益最大。

(1) 總費用的期望值最小的訂貨量。

當訂貨批量 $Q\geqslant x_i$ 時,發生存儲,總持有費用期望值為 $C_0\sum_{x_i\leqslant Q}(Q-x_i)p_i$。

當訂貨批量 $Q<x_i$ 時,發生短缺,總缺貨費用期望值為 $C_u\sum_{Q<x_i}(x_i-Q)p_i$。

由於一個時期的訂貨費是常數,單位產品的獲得成本已包含在 C_0,C_u 中,因此建立總費用最小訂貨模型只包含上述兩項費用,則總費用的期望值為:

$$f(Q)=C_0\sum_{x_i\leqslant Q}(Q-x_i)p_i+C_u\sum_{Q<x_i}(x_i-Q)p_i$$

為方便起見,不妨假設 x 的取值為非負整數,則上式取最小值的必要條件是

$$f(Q-1)\geqslant f(Q^*) \text{ 和 } f(Q+1)\geqslant f(Q^*)$$

因此 Q^* 為滿足

$$f(Q+1)=C_u\sum_{x_i=0}^{Q+1}(Q+1-x_i)p_i+C_0\sum_{x_i=Q+2}^{\infty}(x_i-Q-1)P_i\geqslant f(Q)$$

及

$$f(Q-1)=C_u\sum_{x_i=0}^{Q-1}(Q+1-x_i)p_i+C_0\sum_{x_i=Q}^{\infty}(x_i-Q+1)P_i\geqslant f(Q)$$

中的 Q 值。解不等式並對使 $\sum_{x_i=0}^{Q}p_i<\dfrac{C_u}{C_u+C_0}$ 成立的最大 Q 值加 1,或對使 $\sum_{x_i=0}^{Q}p_i\geqslant\dfrac{C_u}{C_u+C_0}$ 成立的最小 Q 值減 1 即 Q^*。若 x 取值不是非負整數,則求和式 $\sum_{x_i=0}^{Q}P_i$,就寫成 $\sum_{x_i\leqslant Q}P_i$。

一般地,最佳訂貨批量 Q^* 是滿足

的最小值 Q。式中，$C_0=C-S$；$C_u=P-C+c_2$；$\sum_{x_i\leqslant Q}P_i=F(Q)=P(x\leqslant Q)$ 是需求量不超過訂貨量的概率，即不出現缺貨的概率；$SL=\dfrac{C_u}{C_u+C_0}$ 是為顧客提供服務所要到達的水平，稱為最優服務水平。公式 $\sum_{x_i\leqslant Q}P_i\geqslant\dfrac{C_u}{C_u+C_0}$ 給出了一個訂貨原則：選擇最小訂貨量使得避免缺貨的概率不低於這一服務水平，總成本的期望值最小。

Q^* 值的具體計算方法為：將 $x_i(x_i<x_{i+1},i=1,2,\cdots)$ 對應的概率 P_i 逐個累加。當累加概率剛剛到達或超過 SL 時，對應的需求量 x 就是最佳訂貨量 Q^*。

有時問題沒有很清晰地給出 C,P,S,c_2 等參數，給計算 SL 帶來一種模糊的感覺，這時就不要局限於 C_0 和 C_u 的計算公式。此時，C_0 等於供過於求時單件產品的所有損失費，C_u 等於供不應求時單件產品的所有損失費用。

（2）使總收益期望值最大的訂貨量。

為了計算方便，假設 $C_H=0$。

當訂貨批量 $Q\geqslant x$ 時，收益為 $Px-CQ+S(Q-x)=(P-S)x-(C-S)Q$，收益期望值為：
$$\sum_{x_i\leqslant Q}P_i[(P-S)x_i-(C-S)Q]P_i$$

當訂貨批量 $Q<x$ 時，收益為 $Px-CQ-c_2(x-Q)=(P-c_2)x-(C-c_2)Q$，收益期望值為：
$$\sum_{Q<x_i}P_i[(P-c_2)x_i-(C-c_2)Q]P_i$$

總收益期望值為
$$f(Q)=\sum_{x_i\leqslant Q}P_i[(P-S)x_i-(C-S)Q]P_i+\sum_{Q<x_i}P_i[(P-c_2)x_i-(C-c_2)Q]P_i$$

求出滿足期望成本最小的 Q^* 值：
$$f(Q-1)\leqslant f(Q^*), f(Q+1)\leqslant f(Q^*)$$

【例 9-9】 某報社為了擴大銷售量，招聘了一大批固定零售報員。為了鼓勵他們多賣報紙，報社採取的銷售策略是：銷售員每天早上從報社的售報點以現金買進報紙，每份 0.35 元，零售價每份 0.5 元，利潤歸售報人所有。如果當天沒有售完，第二天早上退還報社，報社按每份報紙 0.1 元退款。如果某人一個月（按 30 天計算）累計售出 4,000 份，將獲得 300 元的獎金。某人應聘售報員，開始不知道每天買進多少份報紙，更不知道能否拿到獎金。報社發行部告訴他，一個售報員以前 500 天的售報統計數據，見表 9-1。

表 9-1 報紙銷售基本情況

售報量 x_i 份	10～30	31～50	51～70	71～90	91～110	111～130	131～150	150 以上
天數	20	50	60	70	80	100	70	50

（1）售報員每天應準備多少份報紙最佳？一個月收益的期望值是多少？
（2）他能否得到獎金？如果一定要得到獎金，一個月收益期望值是多少？
（3）如果報社按每份報紙 0.15 元退款，應訂購多少份報紙？解釋訂購量變動的原因。

解：計算最優服務水平。已知 $C=0.35, P=0.5, S=0.1$，如果當天訂貨量小於需求量，除了機會成本以外沒有其他成本，那麼 $c_2=0$，持有成本 $C_H=0$，則有
$$C_0=C-S+C_H=0.35-0.1=0.25$$
$$C_u=P-C+c_2=0.5-0.35=0.15$$
$$SL=\dfrac{C_u}{C_u+C_0}=\dfrac{0.15}{0.25+0.15}=0.375$$

計算頻率和累計頻率,售報量取各區間的中值,頻率等於對應天數除以 500,見表 9-2。

表 9-2　累計頻率、售報情況

售報量 x_i 份	20	40	60	80	100	120	140	150
天數	20	50	60	70	80	100	70	50
頻率	0.04	0.1	0.12	0.14	0.16	0.2	0.14	0.1
累計頻率	0.04	0.14	0.26	0.4	0.56	0.76	0.9	1

(1) 由表 9-2 可知,當需求量等於 80 時,這時的累計頻率為 0.4,大於 SL,則最佳訂購量是 80 份報紙。

計算期望收益。

$$f(Q) = \sum_{x_i \leq Q} P_i[(P-S)x_i - (C-S)Q]P_i + \sum_{Q < x_i} P_i[(P-c_2)x_i - (C-c_2)Q]P_i$$

$$= \sum_{x_i \leq Q}[(0.5-0.1)x_i - (0.35-0.1) \times 80]p_i + \sum_{Q < x_i}[0.5x_i - 0.35 \times 80]p_i$$

$$= \sum_{x_i \leq 170}[0.4x_i - 20]p_i + \sum_{170 < x_i}[0.5x_i - 28]p_i$$

$$= (0.4 \times 20 - 20) \times 0.04 + (0.4 \times 40 - 20) \times 0.1 + (0.4 \times 60 - 20) \times 0.12$$
$$+ (0.4 \times 80 - 20) \times 0.14 + (0.5 \times 100 - 28) \times 0.16 + (0.5 \times 120 - 28) \times 0.2$$
$$+ (0.5 \times 140 - 28) \times 0.14 + (0.5 \times 150 - 28) \times 0.1 = 21.78$$

此售報員每天的收益期望值為 21.78 元,一個月的收益期望值為 653 元。

(2) 售報員每天訂購 80 份報紙,一個月也只有 2,400 份,顯然得不到獎金。要想得到獎金,他必須每天至少訂購 134 份報紙。令 $Q=140$,代入總收益公式中,計算得到每天的收益期望值是 2.82 元,一個月的收益為 $2.82 \times 30 + 300 = 384.6$ 元,低於最佳訂購量的期望收益,這說明售報員不能為了得到獎金而多訂報紙。

(3) 當 $C=0.35, P=0.5, S=0.15$ 時,有

$$C_0 = C - S = 0.35 - 0.15 = 0.2; C_u = P - C = 0.5 - 0.35 = 0.15(元)$$

$$SL = \frac{C_u}{C_u + C_0} = \frac{0.15}{0.2 + 0.15} \approx 0.428(元)$$

這時應訂 100 份報紙,訂購量增加了 20 份,殘值由 0.1 增加到 0.15,不缺貨的概率由 0.375 提高到 0.428,缺貨的概率由 0.625 減少到 0.572,因此要增加訂貨量。

【例 9-10】　設某貨物的需求量在 17 件與 26 件之間,已知需求量的概率分佈如表 9-3 所示:

表 9-3　需求量概率分佈表

需求量	17	18	19	20	21	22	23	24	25	26
概率	0.12	0.18	0.23	0.13	0.10	0.08	0.05	0.04	0.04	0.03

並知其成本為每件 5 元,售價為每件 10 元,處理價為每件 2 元,問應進貨多少,能使總利潤的期望值最大?若因缺貨造成的損失為每件 25 元,那最佳經濟批量是多少?

解:此題屬於單時期需求是離散隨機變量的存儲模型,已知 $C=5, P=10, S=2$,由公式

$$\sum_{r=17}^{Q-1} P(r) \leq \frac{10-5}{10-2} \leq \sum_{r=17}^{Q} P(r)$$

得

$$\sum_{r=17}^{Q-1} P(r) \leq 0.625 \leq \sum_{r=17}^{Q} P(r)$$

因為 $P(17)=0.12, P(18)=0.18, P(19)=0.23, P(20)=0.13$,所以

$$P(17) + P(18) + (19) = 0.53 < 0.625;$$

$$P(17)+P(18)+P(19)+P(20)=0.66>0.625,$$

則最佳訂貨批量 $Q^*=20$(件)。

出售一件商品所獲利潤,應看成是有形的獲利與潛在的獲利之和,故有:$P-C=10-5=5$,表示每售出一件物品的獲利;$C-S=5-2=3$,表示每處理一件物品的損失。此時,有

$$\sum_{x=0}^{Q-1}P_i \leqslant \frac{P-C}{(P-C)+(C-S)} \leqslant \sum_{x=0}^{Q}P_i$$

$$\sum_{x=0}^{Q-1}P_i \leqslant \frac{5+25}{5+25+3} \leqslant \sum_{x=0}^{Q}P_i$$

通過計算累計概率,可得 $Q^*=24$(件)。

2. 連續型存儲模型

離散型存儲策略的分析方法同樣適用連續型。設需求量 x 的概率密度為 $f(x)$,滿足

$$\int_0^{+\infty} f(x)\mathrm{d}x = 1 (x \geqslant 0)$$

當 $x \leqslant Q$ 時,總存儲費期望值為:

$$C_0 \int_0^Q (Q-x)f(x)\mathrm{d}x$$

當 $x > Q$ 時,總缺貨費期望值為:

$$C_u \int_Q^{+\infty} (x-Q)f(x)\mathrm{d}x$$

總費用期望值為:

$$f(Q) = C_0 \int_0^Q (Q-x)f(x)\mathrm{d}x + C_u \int_Q^{+\infty} (x-Q)f(x)\mathrm{d}x$$

最優解 Q^* 是滿足下列公式成立的 Q 值:

$$F(Q) = \int_0^Q f(x)\mathrm{d}x = \frac{C_u}{C_u+C_0}$$

【例 9-11】 電腦商在經營過程中發現,同一型號的計算機硬盤上市後不久,其價格平均每週下降 5%,到了一定時期後新的型號或更大容量的硬盤占據了主要市場。電腦商決定一週訂貨一次,避免因價格變動而產生的損失。假設硬盤的進價為 C,利潤率是 10%,若一週內還有庫存,則下一週利潤率只有 3%。根據以往銷售經驗,一週內硬盤的銷售服從 [50,100] 上的均勻分佈,電腦商一週內應訂購多少硬盤最好?

解:已知獲得成本為 C,售價為 $p=1.1C, c_2=0$。當訂貨量大於需求量時,利潤損失是 $0.07C$(如果沒有庫存,下一週的新進貨可以獲得 10% 的利潤),產品實際已貶值,殘值是 $S=C-0.07C=0.93C$,因此有

$$C_0=C-S=0.07C; C_u=p-C=0.1C; SL=0.588,2$$

[50,100] 上均勻分佈的概率密度函數和分佈函數分別為:

$$f(x) = \begin{cases} \dfrac{1}{50} & (50 \leqslant x \leqslant 100) \\ 0 & (其他) \end{cases}$$

$$F(Q) = P(x \leqslant Q) = \int_{50}^Q \frac{1}{50}\mathrm{d}x = \frac{Q-50}{50} = 0.588,2$$

得到 $Q=79.4$,即電腦商一週內應訂購 79 件硬盤最好。

【例 9-12】 某服裝店計劃冬季到來之前訂購一批款式新穎的皮製服裝,每套皮裝進價是 800 元,估計可以獲得 80% 的利潤,冬季一過則只能按進價的 50% 處理。根據市場需求預測,該皮裝的銷售量服從參數為 1/80 的指數分佈。

(1) 求最佳訂貨量。

(2) 如果季節過後,商店經理不想處理剩餘皮裝,而是放入庫存到下一個冬季再銷售,利潤率只有 50%,還要支付 8% 的流動資金利息、15% 的庫存費,需求量服從期望為 70、均方差為 30 的正態分佈,求最佳訂貨量。

解:(1)已知 $C=800, P=1.8 \times 800=1,440, S=0.5 \times 800=400, c_2=0$
$C_0=C-S=800-400=400, C_u=p-C=1,440-800=640, SL=0.615,4$
指數分佈的概率密度函數為:

$$f(x) = \begin{cases} \dfrac{1}{80}e^{-\frac{x}{80}} & (x>0) \\ 0 & (其他) \end{cases}$$

令

$$F(Q) = \int_{80}^{Q} \frac{1}{80} e^{-\frac{x}{80}} dx = 1 - e^{-\frac{Q}{80}} = 0.615,4$$

解得 $Q=76$,最佳訂貨量為 76 件。

(2) 根據題意,$C_0=(0.3+0.08+0.15) \times 800=424, C_u=p-C=1,440-800=640$,殘值 $S=800-424=376, C_0=C-S=800-376=424$。

$$SL = \frac{C_u}{C_u+C_0} = \frac{640}{640+424} = 0.6015$$

由於 $x \sim N(70, 35)$,

$$F(Q) = F(\frac{Q-70}{35}) = 0.601,5$$

查正態分佈表,得到 $\dfrac{Q-70}{35}=0.26$。

$Q=78$,最佳訂貨量為 78 件。

二、多時期存儲控製系統

對於多時期隨機存儲問題來說,要解決的問題仍然是何時訂貨及每次訂多少貨的問題。由於多時期隨機存儲問題較為複雜,多時期庫存模型是考慮了時間因素的一種隨機動態庫存模型。它與單時期庫存模型的不同之處在於:每個週期的期末庫存貨物在下一個週期仍然可用。由於多時期隨機庫存問題更為複雜和廣泛,在實際應用中,庫存系統的管理人員往往要根據不同物資的需求特點及資源情況,本著經濟的原則採用不同的庫存策略。最常用的是 (s, S) 策略。

1. 需求是隨機離散的多時期存儲模型

該模型的特點在於訂貨的機會是週期出現的。假設在一個階段開始時原有庫存量為 Q_0,若供不應求,則需承擔缺貨損失費;若供大於求,則多餘部分仍需庫存起來,供下一階段使用。當本階段開始時,若訂貨量為 Q,庫存水平達到 $S=Q_0+Q$,則本階段的總費用應是訂貨費、庫存費和缺貨費之和。

設貨物的單位成本為 p_0,單位庫存費為 c_1,缺貨損失為 c_2,每次訂貨費為 c_3,需求為 x_i,概率分佈為 $P(x_i)$,為方便可設 $x_i < x_{i+1}$。

此時需支付訂貨及購貨費、庫存費或缺貨損失費。

訂購費為 c_3+Qp_0。設市場的需求量為 x,市場上實際賣出產品數量為 $\min\{x, Q_0+Q\}$,缺貨量為 $\max\{0, x-Q_0-Q\}$,本期的庫存量為 $\max\{0, Q+Q_0-x\}$。

利用 $S=Q_0+Q$,總費用函數可表示為:

$$f(x, S) = a + p_0(S-Q_0) + R\max\{0, x-S\} + b\max\{0, S-x\}$$

期望總費用函數 $f(S)$ 為:

$$f(S) = E[f(x, S)] = c_3 + p_0(S-Q_0) + c_2 \sum_{x_i > S}(x_i - S)P(x_i) + c_1 \sum_{x_i \leq S}(S-x_i)P(x_i)$$

使上式達到最小的 S 即為最優庫存水平。

因為 $f(S)$ 是離散的,設 $x_{r-2}<S^*=x_{r-1}<x_r$,採用邊際分析法。

由 $f(x_{r-1})\leqslant f(x_r)$ 及 $f(x_{r-1})\leqslant f(x_{r-2})$,得出

$$\sum_{i=1}^{r-2}P(x_i)<\frac{c_2-p_0}{c_2+c_1}\leqslant\sum_{i=1}^{r-1}P(x_i)$$

稱 $\frac{c_2-p_0}{c_2+c_1}$ 為臨界值,據上式可求出 $S^*=x_{r-1}$,最佳訂貨量為 $x_{r-1}-Q_0$,實際訂貨量選擇 $\max\{0, x_{r-1}-Q_0\}$。

【例 9-13】 設某企業對某種材料每月需求量的資料如表 9-4 所示。

表 9-4 每月需求量情況表

需求量 噸	55	64	75	82	88	90	100	110
概率	0.05	0.10	0.15	0.15	0.20	0.10	0.15	0.10
累積概率	0.05	0.15	0.30	0.45	0.65	0.75	0.90	1.00

每次訂貨費為 400 元,每月每噸保管費為 40 元,每月每噸缺貨費為 1,400 元,每噸材料的購置費為 752 元,該企業欲採用 (s,S) 庫存策略來控製庫存量,試求出 S 的值。

解:由題意知 $p_0=752$ 元,$c_1=40$ 元,$c_2=1,400$ 元。

臨界值 $\frac{c_2-p_0}{c_2+c_1}=0.45$。由 $\sum_{i=1}^{3}P(x_i)<0.45\leqslant\sum_{i=1}^{4}P(x_i)$,$S=x_4=82$ 噸。若 $Q_0=40$ 噸,則需補充 42 噸貨物。此時期望費用為:

$$400+42\times 752+40\times[(82-55)\times 0.05+(82-64)\times 0.10+(82-75)\times 0.15]$$
$$+1,400\times[(88-82)\times 0.2+(90-82)\times 0.1+(100-82)\times 0.15+(110-82)\times 0.1]$$
$$=42,640(元)$$

2. 需求是隨機連續的多時期模型

設貨物的單位成本為 p_0,單位庫存費為 c_1,單位缺貨損失費為 c_2,每次訂貨費為 c_3,假定滯後時間為零,需求 x 是連續的隨機變量,概率密度為 $\varphi(x)$,期初庫存量為 Q_0,訂貨量為 Q。確定訂貨量 Q,使總費用的期望值最小。

現要考慮的費用有訂購費、庫存費和缺貨損失費。

訂貨費為 c_3+Qp_0。

當需求 $x\leqslant S$ 時有剩餘貨物,而當 $x>S$ 時無庫存。式中 S 為最大庫存量($S=Q_0+Q$)。

庫存的期望值為:

$$\int_0^S(S-x)c_1\varphi(x)\mathrm{d}x$$

當需求 $x>S$ 時,$x-S$ 這部分需付缺貨費,缺貨費的期望值為:

$$\int_S^\infty c_2\times(x-S)\varphi(x)\mathrm{d}x$$

總費用的期望值為:

$$f(S)=c_3+p_0(S-Q_0)+\int_0^S(S-x)c_1\varphi(x)\mathrm{d}x+\int_S^\infty c_2\times(x-S)\varphi(x)\mathrm{d}x$$

利用含參變量求導,得:

$$\frac{\mathrm{d}f(S)}{\mathrm{d}S}=p_0+c_1\int_0^S\varphi(x)\mathrm{d}x-c_2\int_S^\infty\varphi(x)\mathrm{d}x=p_0+(c_2+c_1)\int_0^S\varphi(x)\mathrm{d}x-c_2$$

令其為零,得:

$$\int_0^S\varphi(x)\mathrm{d}x=\frac{c_2-p_0}{c_1+c_2}$$

稱 $\dfrac{c_2-p_0}{c_1+c_2}$ 為臨界值，由上式可定出 S，再由 $Q=S-Q_0$ 可確定最佳訂貨量。

模型存在訂貨費 c_3，如果不訂貨，就可以節省訂貨費，因此我們設想是否存在一個數 $s(s\leqslant S)$，使下面的不等式成立。

$$p_0 s + \int_0^s (s-x)c_1\varphi(x)\mathrm{d}x + \int_s^\infty c_2\times(x-s)\varphi(x)\mathrm{d}x$$
$$\leqslant c_3 + p_0 S + \int_0^S (S-x)c_1\varphi(x)\mathrm{d}x + \int_S^\infty c_2\times(x-S)\varphi(x)\mathrm{d}x$$

從此式中一定能找到一個使此式成立的最小的 x 作為 s。相應的存儲策略是：每階段初期檢查存儲量，當庫存 $Q_0<s$ 時需訂貨，訂貨數量為 $Q, Q=S-Q_0$；當 $Q_0\geqslant s$ 時，不訂貨，這屬於定期訂貨但訂貨量不確定的情況。

【例 9-14】 某商場經銷一種電子產品，根據歷史資料，該產品的銷售量服從在區間 $[75, 100]$ 的均勻分佈，每臺產品進貨價為 4,000 元，單位庫存費為 60 元。若缺貨，商店為了維護自己的信譽，將以每臺 4,300 元向其他商店進貨後再賣給顧客。每次訂購費為 5,000 元，設期初無庫存，試確定最佳訂貨量及 S 值。

解：由題意知，$p_0=4,000, c_1=60, c_2=4,300, c_3=5,000, Q_0=0$。

臨界值為 $\dfrac{c_2-p_0}{c_1+c_2}=\dfrac{4,300-4,000}{60+4,300}\approx 0.069$。有

$$\varphi(x)=\begin{cases}\dfrac{1}{25} & (75\leqslant x\leqslant 100) \\ 0 & (其他)\end{cases}$$

根據公式有

$$\int_0^S \varphi(x)\mathrm{d}x = \int_{75}^S \dfrac{1}{25}\mathrm{d}x = 0.069$$

所以

$$\dfrac{1}{25}(S-75)=0.069, S=76.7$$

最佳訂購批量為 $Q^*=S-Q_0=76.7-0\approx 77$。

將

$$p_0 s + \int_0^s (S-x)c_1\varphi(x)\mathrm{d}x + \int_s^\infty c_2\times(x-S)\varphi(x)\mathrm{d}x$$
$$\leqslant c_3 + p_0 S + \int_0^S (S-x)c_1\varphi(x)\mathrm{d}x + \int_S^\infty c_2\times(x-S)\varphi(x)\mathrm{d}x$$

視為等式，有

$$4,000s + 60\int_{75}^s (s-x)\dfrac{1}{25}\mathrm{d}x + 4,300\int_s^{100}(x-s)\dfrac{1}{25}\mathrm{d}x = 5,000 + 4,000\times 76.7$$
$$+ 60\int_{75}^{76.7}(76.7-x)\dfrac{1}{25}\mathrm{d}x + 4,300\int_{76.7}^{100}(x-76.7)\dfrac{1}{25}\mathrm{d}x$$

經積分和整理後，得方程

$$87.2s^2 - 13,380s + 508,258 = 0$$

解此方程，得 $s_1=84.292, s_2=69.147$。

由於 $84.292>S=76.7$，不合題意，應舍去，因此取 $s=69.147\approx 70$（臺）。

因此最優策略是：最佳訂購批量 $Q^*=77$（臺），最大庫存量 $S=77$（臺），最低庫存量 $s=70$（臺）。

思考與練習 >>>>

1. 某工廠按照合同每月向外單位供貨 100 件，每次生產準備結束費用為 5 元，每件年存儲費為

4.8元,每件生產成本為20元。若不能按期交貨,每件每月罰款0.5元(不計其他損失),試求總費用最小的生產方案。

2. 某商店計劃從工廠購進一種產品,預測年銷量為500件,每批訂貨手續為50元,工廠制訂的單價為(元/件)

$$P_i = \begin{cases} 40 & (0<Q<100) \\ 39 & (100 \leq Q<200) \\ 38 & (200 \leq Q<300) \\ 37 & (300 \leq Q) \end{cases}$$

且每件產品年存儲費率為0.5,求最優存儲策略。

3. 某製造廠每週購進50件某種機械零件,訂購費為40元,每週保管費為3.6元。
(1) 求 EOQ;
(2) 該廠為少占用流動資金,希望存儲量達到最低限度,決定使總費用超過最低費用4%,問這時訂購批量為多少?

4. 某工廠的採購情況為:數量在0～1,999個時,單價為100元;數量在2,000以上時,單價為80元。假設年需求量為10,000個,每次訂貨費為2,000元,存儲費率為20%,則每次應採購多少?

5. 某廠對原料需求的概率如表9-5所示。

表 9-5 原料需求情況表

需求量	30	30	40	50	60
概率	0.1	0.2	0.3	0.3	0.1

每次訂購費500元,原料每噸400元,每噸原料存儲費為50元,缺貨費每噸600元,該廠希望制訂(s,S)型存儲策略,試求s及S值。

6. 某產品的需求量為每週650單位,且均勻出貨,訂購費為25元,每件產品的單位成本為3元,存貨保存成本為每單位每週0.05元。
(1) 假定不允許缺貨,求多久訂購一次與每次應購數量。
(2) 設缺貨成本每單位每週2元,求多久訂購一次與每次應購數量。
(3) 可允許缺貨且設送貨期為一週,求多久訂購一次與每次應購數量。

7. 若某產品的需求量服從正態分佈,已知$\mu=150, \sigma=25$。又知每個產品的進價為8元,售價為15元,如銷售不完按每個5元退回原單位,問該產品的訂貨量應為多少個可使預期的利潤最大?

8. 某車間每月需要某零件300件,該零件的生產準備率為10元/次,生產速度為400件/月,存儲費為0.1元/件·月,短缺損失費為0.3元/件·月,生產準備時間為0.3月,試作出生產存儲決策。

9. 鮮花商店準備在9月10日教師節到來之前比以往多訂購一批鮮花,用來製作「園丁頌」的花籃。每只花籃的材料、保養及製作成本是60元,售價為120元/只。9月10日過後只能按20元/只出售。根據歷年經驗,其銷售量服從期望值為200、均方差為150的正態分佈。該商店應準備製作多少花籃使利潤最大?期望利潤是多少?

10. 電腦不但價格變化快,而且更新快。某電腦商盡量縮短訂貨週期,計劃10天訂貨一次。某週期內每臺電腦可獲得進價15%的利潤。若這期沒有售完,則他只能按進價的90%出售並且可以售完。到了下一期電腦商發現一種新產品上市了,價格上漲了10%,他的利潤率只有10%,如果沒有售完,則他可以按進價的95%出售並且可以售完。假設市場需求量的概率不變,問電腦商的訂貨量是否發生變化,為什麼?

參考文獻

[1] 胡運權. 運籌學教程[M]. 4版. 北京：清華大學出版社,2012.
[2] 胡運權. 運籌學習題集[M]. 4版. 北京：清華大學出版社,2012.
[3] 《運籌學》教材編寫組. 運籌學：本科版[M]. 4版. 北京：清華大學出版社,2014.
[4] 江文奇. 管理運籌學[M]. 北京：電子工業出版社,2014.
[5] 熊偉. 運籌學[M]. 3版. 北京：機械工業出版社,2014.
[6] 徐玖平,胡知能. 運籌學：數據·模型·決策[M]. 2版. 北京：科學出版社,2015.
[7] 魏權齡,胡顯佑. 運籌學基礎教程[M]. 3版. 北京：中國人民大學出版社,2012.

國家圖書館出版品預行編目(CIP)資料

運籌學 / 董君成 主編. -- 第一版.
-- 臺北市：財經錢線文化出版：崧博文化發行, 2018.11
　面 ；　公分

ISBN 978-957-680-256-0(平裝)

1.作業研究

319.7　　　　107018111

書　　名：運籌學
作　　者：董君成 主編
發行人：黃振庭
出版者：財經錢線文化事業有限公司
發行者：崧博出版事業有限公司
E-mail：sonbookservice@gmail.com
粉絲頁　　　　　　網　址：
地　　址：台北市中正區延平南路六十一號五樓一室
8F.-815, No.61, Sec. 1, Chongqing S. Rd., Zhongzheng Dist., Taipei City 100, Taiwan (R.O.C.)
電　　話：(02)2370-3310　傳　真：(02) 2370-3210
總經銷：紅螞蟻圖書有限公司
地　　址：台北市內湖區舊宗路二段 121 巷 19 號
電　　話：02-2795-3656　傳真：02-2795-4100　網址：
印　　刷：京峯彩色印刷有限公司（京峰數位）

　　本書版權為西南財經大學出版社所有授權崧博出版事業有限公司獨家發行電子書及繁體書繁體版。若有其他相關權利及授權需求請與本公司聯繫。

定價：600元
發行日期：2018 年 11 月第一版
◎ 本書以POD印製發行